中等职业学校规划教材

有机化学例题与习题

第二版

邓苏鲁　黎春南　主编

化学工业出版社

·北京·

图书在版编目（CIP）数据

有机化学例题与习题/邓苏鲁，黎春南主编．—2版．—北京：化学工业出版社，2005.12（2024.7重印）

中等职业学校规划教材

ISBN 978-7-5025-8082-7

Ⅰ．有…　Ⅱ．①邓…②黎…　Ⅲ．有机化学-专业学校-教学参考资料　Ⅳ．062

中国版本图书馆CIP数据核字（2005）第156701号

责任编辑：陈有华　旷英姿　　文字编辑：向　东

责任校对：洪雅姝　　装帧设计：尹琳琳

出版发行：化学工业出版社（北京市东城区青年湖南街13号　邮政编码100011）

印　　装：三河市双峰印刷装订有限公司

787mm×1092mm　1/16　印张16　字数408千字　2024年7月北京第2版第27次印刷

购书咨询：010-64518888　　售后服务：010-64518899

网　　址：http://www.cip.com.cn

凡购买本书，如有缺损质量问题，本社销售中心负责调换。

定　　价：36.00元

前　言

为配合21世纪中等职业教育改革及素质教育的需要，根据教育部有关中等职业学校教材要突出实用性和实践性的原则，对1996年出版 的《有机化学例题与习题》进行了修订。该书与邓苏鲁、黎春南分别主编的两本《有机化学》教材相配套。

在修订的过程中，编者本着以能力和素质培养为目标，为学生提供科学的思维方法，帮助学生捋清知识脉络，掌握重点、掌握规律，把所学知识转化为解决问题和分析问题的能力。

全书内容由烃及其衍生物、杂环化合物和高分子化合物等构成。全书共分16章，每章由主要内容要点、例题解析和习题3部分组成。书中还编有3个单元自测题，以便学生测试自己对有机化学知识掌握的程度。本书有如下特点。

1. 较好的适用性。本书烃的衍生物按照官能团体系，采用脂肪族化合物和芳香族化合物分编的系统编写，这种编排方式对于按分编系统或混编系统编写的《有机化学》教材均有较好的适用性。

2. 降低内容的深度和难度。删除了偏深的理论性内容，如涉及反应历程的内容及较复杂的有机合成题等；增编了具有实用性、贴近生活、环保且富有时代气息的应用型例题和习题。

3. 突出重点，精析知识点。主要内容要点是对每章所涉及的重要基本概念、基础知识和化学反应及其应用进行系统的归纳和概括，以利于学生解题前做好必要的知识准备。

4. 例题解析，点拨思路。围绕各章的重点、难点精选例题，通过例题解析、点评，使学生从中熟悉各类习题的解题思路、方法、步骤及一般规则，提高解题技能和技巧。

5. 严格的能力训练。各章编入一定量的具有代表性、典型性的习题及标准化练习题，习题的类型有基础知识训练型、应用型，习题的内容由浅入深、循序渐进。书中还编有3个单元测试题，通过这些训练，旨在完成知识与能力的转化，提高综合应用能力。

本书附有各章习题及单元自测题参考答案，由于有机反应的复杂性，尽管我们力求给出最佳答案，但给出的并非是惟一答案，仅供参考。

本书由安徽化工学校邓苏鲁、武汉工交职业学院黎春南主编，安徽化工学校江霞参编。黎春南编写第一章至第六章，邓苏鲁编写第七章至第十三章，江霞编写第十四章至第十六章。全书由邓苏鲁统稿。

本书可供中等职业学校化工类专业及其他工科、医科、农科的教师和学生作为有机化学课程的教学用书。也可供其他专业技术人员学习或参考。

由于编者水平有限，书中可能会存在不妥之处，敬请读者批评指正。

编　者

2005年9月

第一版前言

使学生掌握和灵活运用有机化学的基础知识、基本理论和基本技能，提高分析问题和解决问题的能力，除了要有一本好的教材外，还需要有与之相配套的补充习题。为此，根据全国化工中专《有机化学》教学大纲，并参照邓苏鲁和黎春南主编的两本《有机化学》教材及其他有关资料，结合多年的教学经验编写了这本《有机化学例题与习题》，可作为中等专业学校化工工艺类及工业分析专业的有机化学教学的参考书，也可供化工类其他专业有关工科中等专业学校及职业学校参考。

本书内容按官能团体系编排，为便于上述两本教材的使用，把酚单独编写为一章。

全书共分十四章，每章前概括了教学的主要内容，以便读者在解题前重温该章主要内容，为解题做好必要的知识准备；为了便于自学，每章前列举了一些典型例题，通过解答，使读者从中熟悉各类习题解题思路、具体方法、步骤及一般规则，提高解题技能和技巧；有些章节对有机化合物的命名、同分异构、合成、鉴别、分离提纯、推导结构式等内容分别进行侧重讨论、归纳和总结，对巩固课堂教学内容，培养自学能力、提高分析问题和解决问题的能力很有帮助。

例题和习题的选取，尽量有典型性、代表性，内容力求由浅入深，循序渐进，习题中选编了大量的标准化练习题，书末附有各章的习题及综合练习题参考答案。由于有机反应的复杂性，加之我们只限于上述两本《有机化学》教材中涉及到的内容，尽管我们力求给出最佳答案，但给出的答案并不是惟一的，只供读者参考。

本书由安徽化工学校邓苏鲁，武汉化工学校黎春南合编。黎春南编写一至七章，邓苏鲁编写八至十四章。本书初稿完成后在基础化学课程组组长蒋镒平主持下，由南京化工学校邵丽丽主审，常州化工学校李弘、天津化工学校王玉鑫参审。审稿中提出了许多宝贵意见，在此谨向邵丽丽及其他同志表示感谢。

由于编者水平有限，书中难免有错误和不妥之处，恳请读者批评、指正。

编　者

1996年4月

目　录

第一章　绪　论

主要内容要点

一、有机化合物及有机化学的涵义

有机化合物是指含碳（元素）的化合物或碳氢化合物及其衍生物；有机化学是指研究含碳（元素）的化合物或碳氢化合物及其衍生物的化学。

二、有机化合物的特性

有机化合物大多具有下列特性：容易燃烧；熔点、沸点较低；难溶于水而易溶于有机溶剂；反应速率慢且常有副反应。

三、有机化合物的结构

（1）碳原子为 4 价，并可自相成链（或成环）。

（2）有机化合物的性质，主要决定于其化学结构；根据化合物的化学结构，也可以推测化合物的性质。

（3）分子式相同、化学结构相异的现象，称同分异构现象；这些化合物互称同分异构体。凡分子式相同、分子构造（分子中原子间相互连接的顺序和方式）不同的化合物，叫作构造异构体（例如 CH_3CH_2OH 与 CH_3OCH_3）。构造异构体又可分为碳链异构体（例如 $CH_3CH_2CH_2CH_3$ 与 $CH_3\underset{\underset{CH_3}{|}}{C}HCH_3$）、位置异构体（例如 $CH_2=CHCH_2CH_3$ 与 $CH_3CH=CHCH_3$）和官能团异构体（例如 CH_3CH_2CHO 与 $CH_3\underset{\underset{O}{\|}}{C}CH_3$）3 种类型。

（4）共价键形成的本质可以看作是电子配对或原子轨道重叠的结果。

（5）共价键的基本属性——键长、键能、键角、键的极性。

例题解析

【例 1-1】用于制造隐形飞机的某种物质具有吸收微波的功能，其主要成分的结构如下

```
         S             S
       /   \         /   \
  H—C       \       /     C—H
     ‖        C=C         ‖
  H—C       /       \     C—H
       \   /         \   /
         S             S
```

它属于（　　）。

A. 无机物　　　　B. 烃　　　　C. 高分子化合物　　　　D. 有机物

解析　无机化合物一般是指除碳元素以外的各种元素的化合物；烃是指由碳、氢两种元素组成的化合物；高分子化合物一般是指相对分了质量在10000以上的化合物。显然上述结构不符合A、B、C 3种类型，它属于碳氢化合物的衍生物，即D有机物。

【例1-2】有人说，两个熔点相同的样品，一定是同一化合物。你以为对吗？为什么？如果不对，该怎样说才对？

解析　此人说得不对。因为有机物种类繁多，现已知有机物在1000万种以上。且它们的熔点大多在300℃以下。可见，具有相同熔点的化合物不一定是同一化合物。只有把两种熔点相同的样品各取少许混合均匀再测其混合熔点，若仍相同，则二者一定是同一化合物。

【例1-3】下例化合物中，哪些分子有极性？试用箭头⟼（由正极指向负极）表示出偶极矩的方向。

1. HBr　　2. CH_2Cl_2　　3. CCl_4　　4. CH_3OH　　5. CH_3OCH_3

6. $H_3C(Cl)C{=}C(CH_3)Cl$（H_3C 与 Cl 处于对位）　　7. $H_3C(Cl)C{=}C(Cl)CH_3$（两个 CH_3 同侧，两个 Cl 同侧）

解析　双原子分子键的极性大小与成键的两个原子的电负性大小有关。多原子分子的偶极矩，等于各键键矩的向量之和。因此，影响分子偶极矩的因素即与分子中原子间的电负性大小有关，也与分子的空间结构有关。即

1. H—Br（有极性）　　2. CH_2Cl_2（有极性）　　3. CCl_4（无极性）　　4. H_3C—O—H（有极性）

5. H_3C—O—CH_3（有弱极性）　　6. $H_3C(Cl)C{=}C(Cl)CH_3$（无极性，因为双键不能旋转）　　7. $H_3C(Cl)C{=}C(Cl)CH_3$（有极性）

【例1-4】一般有机化合物是以共价键结合的，共价键的键能又比离子键的键能大，而有机物的熔点一般却比无机物低，试以蔗糖（$C_{12}H_{22}O_{11}$）和NaCl为例加以解释。

解析　典型无机物（例如NaCl）是离子晶体，熔化时要破坏正、负离子（例如Na^+与Cl^-）间的离子键；而一般有机物（例如蔗糖）是分子晶体，熔化时只需要破坏分子间的范德华力（而非共价键断裂）。因离子键键能远大于范德华力，所以一般有机物的熔点比无机物低。

【例1-5】一个微溶于水而易溶于热乙醇（酒精）的固体有机物，它夹杂着易溶于水的杂质，你如何提纯这个有机物？

解析　把该有机物先溶于热乙醇中，稍冷后，在搅拌下加入冷水，再冷却，结晶析出，过滤分离（杂质在滤液水层中），固体产物经重结晶即得纯品。

习　题

一、填空题

1. 有机环状化合物的结构简式可进一步简化，例如，A式可简写为B式。C式是1990年公开报道的

第1000万种新化合物。

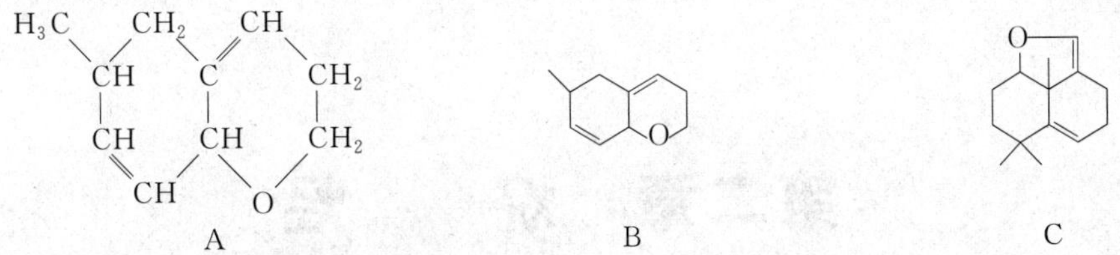

则C（第1000万种新化合物）中的碳原子数是__________，分子式是__________。

2. 多数纯的有机化合物都有固定的熔点和沸点，若有杂质，固体有机物的熔点一般是__________的。

3. 碳原子有______个价电子，在有机物中，它呈______价。碳原子可以以__________、__________或__________相互连接成__________或__________。

4. 有机化学中，官能团是指________________的原子或原子团。

5. 目前，已知有机化合物在__________种以上，有机物________普遍存在，是有机化合物数目繁多的重要原因之一。

二、选择题

1. 1828年德国化学家魏勒（F. Wöhler）在实验室内加热蒸发一种无机盐溶液得到有机物尿素，这是人类第一次从无机物合成有机物，它是有机化学发展史上的里程碑。魏勒当时使用的无机盐是（　　）。

A. NH_4CN　　B. NH_4OCN　　C. NH_4HCO_3　　D. CH_3COONH_4

2. 有外观相似的两种白色粉末，已知它们分别为无机物和有机物。可用下列简便方法进行鉴别的是（　　）。

A. 分别溶于水，不溶于水的为有机物

B. 分别溶于有机溶剂，易溶的为有机物

C. 分别测熔点，熔点低的为有机物

D. 分别灼烧，能燃烧或炭化变黑的为有机物

3. 大多数有机物分子是（　　）。

A. 离子键结构，属于离子晶体

B. 共价键结构，属于原子晶体

C. 共价键结构，属于分子晶体

D. 既有共价键，又有离子键，属于原子晶体和离子晶体的混合物

4. 某有机物在氧气中充分燃烧，生成的二氧化碳和水蒸气的摩尔数比为1∶1。由此可得出的结论是（　　）。

A. 分子中碳、氢两元素的原子个数比为1∶2

B. 该有机物分子中必定含有氧

C. 该有机物分子中必定不含有氧

D. 无法判断该有机物分子中是否含有氧

三、判断题（下列叙述对的在括号中打“√”，错的打“×”）

1. 含碳元素的物质都是有机物。（　　）

2. 有机物都能燃烧。（　　）

3. 大多数有机物难溶于水，易溶于有机溶剂，是因为有机物都是分子晶体。（　　）

4. 结构和极性相似的物质彼此间容易相溶。（　　）

5. 有机物发生化学反应速率缓慢，是因为它发生许多副反应。（　　）

6. 有机化学反应一般比较缓慢，往往需要加热和使用催化剂。（　　）

7. 有机化学反应比较缓慢，常为可逆反应。（　　）

8. 有机物的分子式只能反映该有机物的分子组成，只有构造式才能确定它属何种有机物。（　　）

第二章 烷 烃

主要内容要点

一、烷烃的通式、同系列、同分异构现象及命名

1. 烷烃的通式

烷烃的通式为 C_nH_{2n+2}。

2. 烷烃的同系列

在有机化学中，把结构和化学性质相似，在组成上相差一个或多个 CH_2，具有同一通式的一系列化合物称为同系列。同系列中的各个化合物互称同系物。

3. 烷烃的同分异构现象

在烷烃的构造异构体中，凡分子式相同、碳链骨架相异而形成的异构体，叫作碳链异构体或碳架异构体（例如 $CH_3CH_2CH_2CH_3$ 与 $CH_3\underset{\underset{CH_3}{|}}{C}HCH_3$）。

4. 烷烃的命名

烷烃的系统命名法，要遵循下列 3 项原则。

（1）选择碳原子及支链最多的最长碳链为主链，命名为某烷（母体）。

（2）主链编号时遵循“最低系列”原则。

（3）把取代基位次、数目、名称写在母体烷烃名称前面。不同的取代基按先简后繁次序；相同的取代基要合并写出。

二、烷烃的化学性质

（1）
$$C_nH_{2n+2}\begin{cases}\xrightarrow[\text{(燃烧)}]{O_2} nCO_2+(n+1)H_2O+\text{热量}\\ \xrightarrow[\text{催化剂},\triangle]{O_2} \text{各种羧酸及醇、醛、酮等}\\ \xrightarrow[\text{(裂解)}]{400\sim600℃} C_1\sim C_4\text{的烷烃、烯烃及氢气}\end{cases}$$

（2）
$$CH_3CH_2CH_2CH_3\begin{cases}\underset{\text{(异构化)}}{\overset{AlBr_3,HBr,27℃}{\rightleftharpoons}} CH_3\overset{\overset{CH_3}{|}}{C}HCH_3\\ \xrightarrow[140\sim155℃,4\sim5MPa]{O_2,\text{醋酸钴}} CH_3COOH\end{cases}$$

（3）
$$CH_4\begin{cases}\xrightarrow[\text{(裂解)}]{1500℃} HC\equiv CH\\ \xrightarrow[NO,600℃]{O_2} HCHO\end{cases}$$

(4) $R-H+X_2 \xrightarrow[\text{或热}]{\text{光}} RX+HX$（RX 通常是混合物）

反应活性　X_2：$F_2 \gg Cl_2 > Br_2$（I_2 不反应）

　　　　　H：$3^\circ H > 2^\circ H > 1^\circ H$

烷烃各种卤代产物的相对产率，主要受其相同类型氢原子的数目（即概率因素）、氢原子的活泼性及卤素的活泼性所制约。一般地说，在氯代反应中，由于氯的活泼性较大，但选择性较差，而相同类型氢原子数目的多少，往往预示着相应产物产率的高低。而在溴代反应中，由于溴的活泼性较小，但选择性较高，决定产物产率的主要因素通常是氢的活泼性大小，即溴代时，取代叔氢的产物占绝对优势。因此，同一烷烃在氯代和溴代反应时，其相应产物的产率是极不相同的。

三、烷烃的制法

烷烃的制法主要通过烯烃、炔烃、醛、酮和卤代烃的还原反应来完成。

(1) 烯烃

$$>C=C< \xrightarrow[\text{Pt、Pd 或 Ni},\triangle]{H_2} -\underset{H}{\overset{|}{C}}-\underset{H}{\overset{|}{C}}-$$

(2) 炔烃

$$-C\equiv C- \xrightarrow[\text{Pt、Pd 或 Ni},\triangle]{2H_2} -\underset{H}{\overset{H}{C}}-\underset{H}{\overset{H}{C}}-$$

(3) 卤代烃

$$RX \xrightarrow[\triangle]{H_2\text{-}Pd} RH$$

$$RX \xrightarrow[\text{绝对乙醚}]{Mg} RMgX \xrightarrow[\triangle]{H_2O} RH$$

(4) 醛酮

$$R-\overset{O}{\overset{\|}{C}}-H(R') \xrightarrow[\triangle]{Zn\text{-}Hg/HCl} RCH_2-H\,(R')$$

$$R-\overset{O}{\overset{\|}{C}}-H(R') \xrightarrow[HOCH_2CH_2OCH_2CH_2OH]{H_2NNH_2\cdot H_2O,\,NaOH} RCH_2-H\,(R')$$

(5)

$$RCOONa \xrightarrow[\triangle]{NaOH\text{-}CaO} RH$$

例题解析

【例 2-1】从某些松木中可提取到一种分子式为 C_7H_{16} 的挥发性松油，试写出这种挥发性松油所有的构造异构体，并用系统命名法命名。

解析　分子式 C_7H_{16} 符合烷烃的通式 C_nH_{2n+2}，故它为烷烃。烷烃的构造异构体，是由于碳骨架不同而构成的，推导烷烃异构体时，首先要把它的最长直链烷烃写出，然后写出逐步减少碳原子的主链，把减少的碳原子作为一个支链或 2 个（或 n 个）支链，连在主链上，并不断变换连接的位置，再剔除相同的结构，最后再用氢原子饱和。因此，C_7H_{16} 的构造异构体有：

(1) $\underset{\text{(主链)}}{C-C-C-C-C-C-C} \longrightarrow CH_3CH_2CH_2CH_2CH_2CH_2CH_3$　　庚烷

(2) C—C—C—C—C—C →（主链）

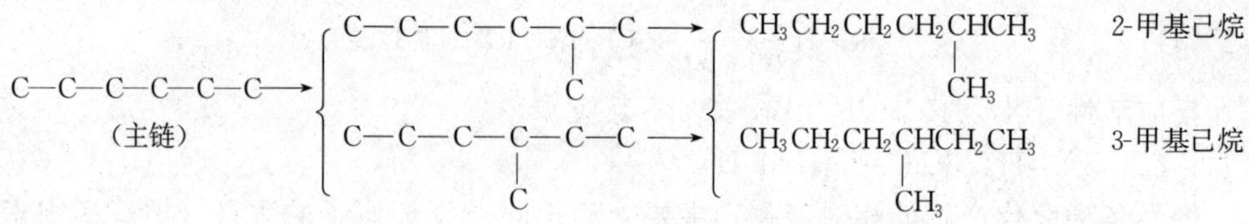

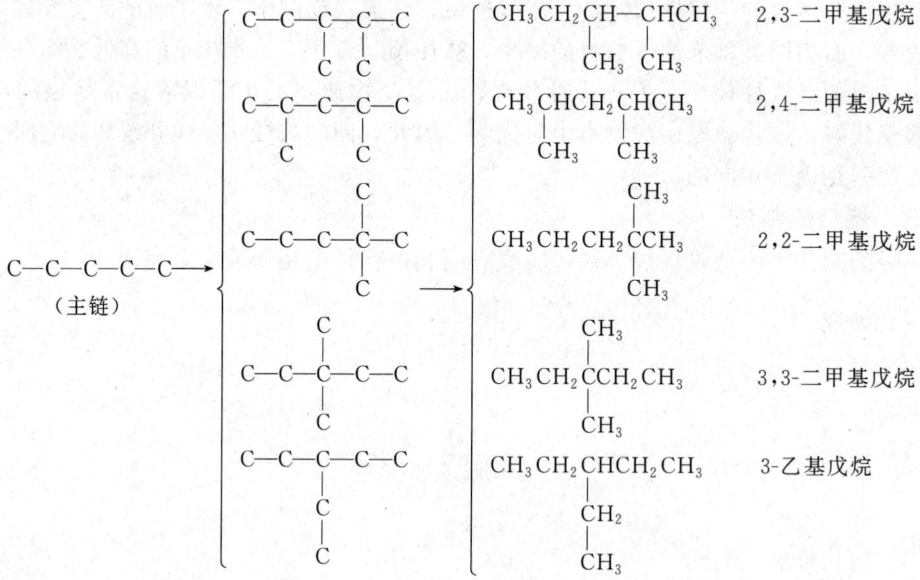

- C—C—C—C—C(C)—C → $CH_3CH_2CH_2CH_2CH(CH_3)CH_3$　2-甲基己烷
- C—C—C—C(C)—C—C → $CH_3CH_2CH_2CH(CH_3)CH_2CH_3$　3-甲基己烷

(3) C—C—C—C—C →（主链）

- C—C—C(C)—C(C)—C → $CH_3CH_2CH(CH_3)—CH(CH_3)CH_3$　2,3-二甲基戊烷
- C—C(C)—C—C(C)—C → $CH_3CH(CH_3)CH_2CH(CH_3)CH_3$　2,4-二甲基戊烷
- C—C—C—C(C)(C)—C → $CH_3CH_2CH_2C(CH_3)_2CH_3$　2,2-二甲基戊烷
- C—C—C(C)(C)—C—C → $CH_3CH_2C(CH_3)_2CH_2CH_3$　3,3-二甲基戊烷
- C—C—C(C—C)—C—C → $CH_3CH_2CH(CH_2CH_3)CH_2CH_3$　3-乙基戊烷

(4) C—C—C—C（主链）→ C—C(C)—C(C)(C)—C → $CH_3CH(CH_3)—C(CH_3)_2CH_3$　2,2,3-三甲基丁烷

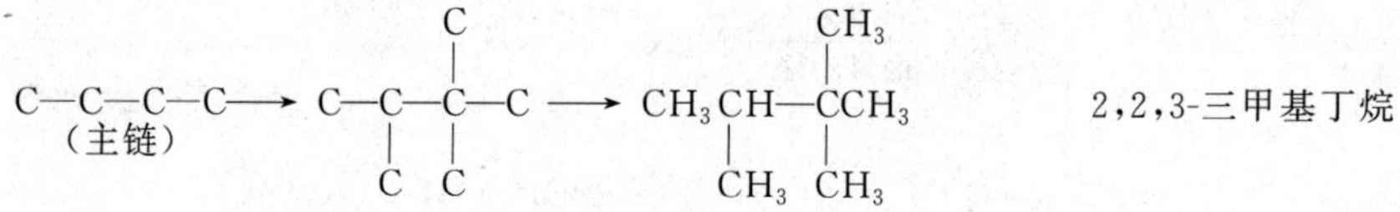

综上所述，C_7H_{16} 有 9 个构造异构体。

【例 2-2】 用系统命名法命名下列化合物。

1. 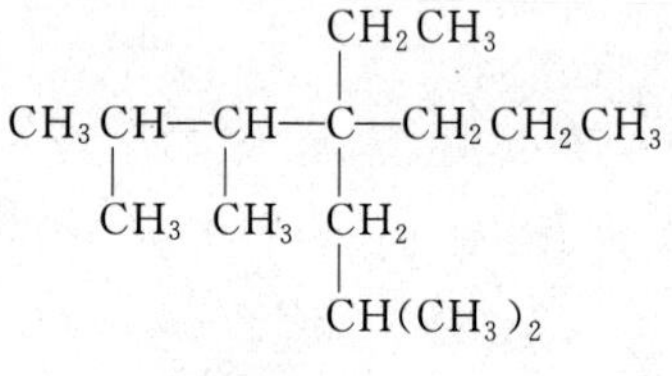 $CH_3CH(CH_3)—CH(CH_3)—C(CH_2CH_3)(CH_2CH(CH_3)_2)—CH_2CH_2CH_3$

2. $CH_3CH(CH_3)CH_2CH(CH_2C(CH_3)_3)CH(CH_3)—CH(CH_2CH_3)CH_3$

3. $CH_3CH_2CH(CH_3)—CH(CH_3)CH_2CH_2CH_2CH_2CH(CH_3)CH_3$

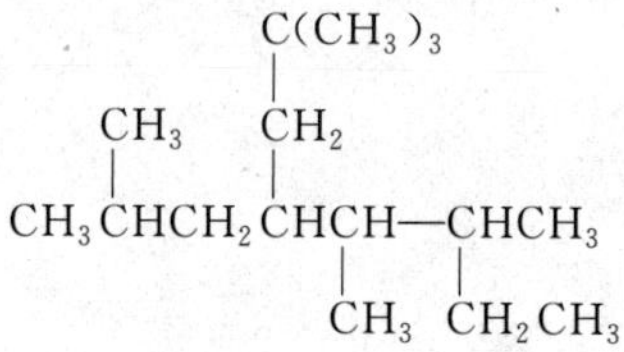

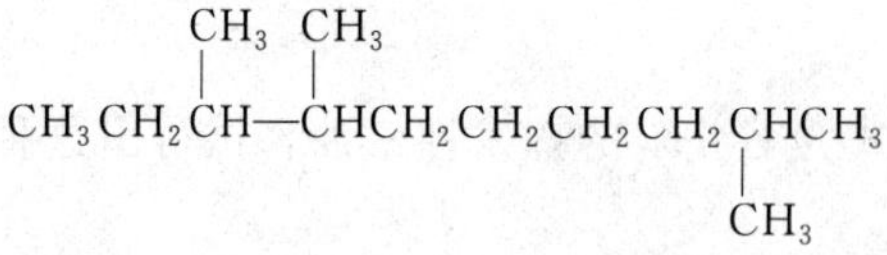

解析　首先检查上述分子结构属于何种有机物，它均以碳碳单键相连，说明它属于烷烃。在烷烃命名中，要遵循“一长、二多、三小”的原则，即首先要正确选取最长碳链作为主链（母体），切莫把题目写出的直链误为主链，因为 σ 键是可以旋转的。如果有两个以上等长的最长碳链时，要选取取代基最多的一个最长碳链为主链，按主链含碳数称某烷。基次是位次编号时，要从靠近支链的一端开始，遵循最小编号的原则，对每个取代基要一一对应，用阿拉伯数字标出位次；相同取代基要合并，并用中文数字标明其个数；不同的取代基

要把简单基团写在前面，复杂基团写在后面，即得全称。

1. 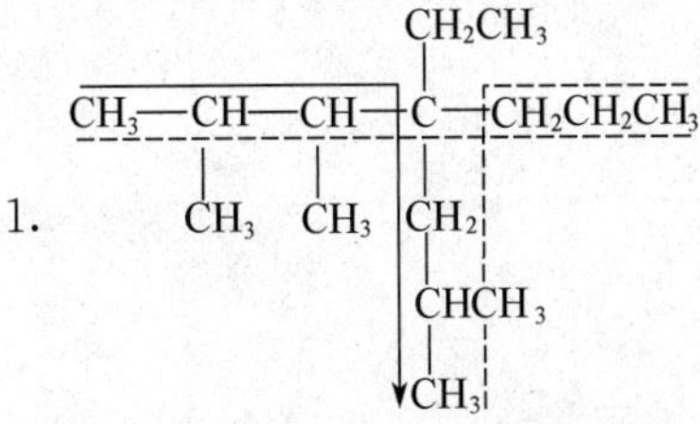

式中含 7 个碳原子的最长碳链有 3 个，因为实线标记的碳链连接的取代基最多，故应选为主链。它正确名称为：

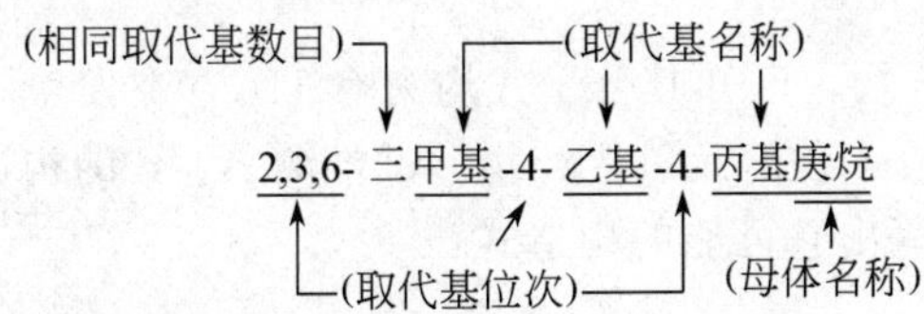

而不应是 2,3-二甲基-4-乙基-4-异丁基庚烷、2,5,6-三甲基-4-乙基-4-丙基庚烷、2-甲基-4-乙基-4-(1′,2′-二甲基丙基) 庚烷等错误名称。

2. $CH_3CH(CH_3)CH_2CH[CH_2C(CH_3)_3]CH(CH_3)CH(CH_3)CH_2CH_3$

同理，此化合物的正确名称为 2,2,5,6-四甲基-4-异丁基辛烷。而不应是 2,5,6-三甲基-4-新戊基辛烷；3,4,7,7-四甲基-5-异丁基辛烷等错误名称。

3. $CH_3CH_2CH(CH_3)—CH(CH_3)(CH_2)_4CH(CH_3)CH_3$

从右到左的支链号为 2,7,8；从左到右的支链号为 3,4,9；逐项对比，第一项即有不同，右到左编号为 2，左到右编号为 3，根据选定编号的“最低系列”❶ 原则，应选右到左编号法，称为：2,7,8-三甲基癸烷（不叫 3,4,9-三甲基癸烷）

【例 2-3】 写出下列名称的构造式，并在构造式中用 1°、2°、3°、4°分别标出伯碳、仲碳、叔碳、季碳原子。

1. 2,2,4-三甲基-3-乙基己烷　　2. 5-甲基-4-异丙基-5-叔丁基壬烷

解析　解这种按系统命名法名称书写构造式的题，都是以母体烷烃含碳数写成最长直链式（主链），然后从主链一端开始，把碳原子依次编号，在相应碳原子上连接相应取代基，最后用氢原子饱和即可。

1. C—C—C—C—C—C ⟶ C—C(CH₃)₂—C(CH₂CH₃)—C(CH₃)—C—C ⟶ $CH_3C(CH_3)_2—CH(CH_2CH_3)—CH(CH_3)CH_2CH_3$

❶ 根据中国化学会《有机化学命名原则》(1980) 在 2.13 中提出：所谓“最低系列”，指的是……顺次逐项比较各系列的不同位次，最先遇到的位次最小者，定为“最低系列”。

2. 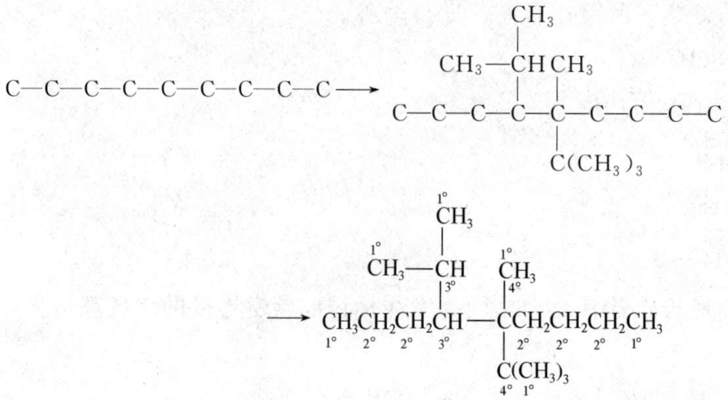 C—C—C—C—C—C—C—C—C ⟶

$$\begin{array}{c} CH_3 \\ | \\ CH_3—CH\ CH_3 \\ |\quad | \\ C—C—C—C—C—C—C—C—C \\ | \\ C(CH_3)_3 \end{array}$$

$$\longrightarrow \begin{array}{c} \overset{1°}{CH_3} \\ | \\ \overset{1°}{CH_3}—CH \quad \overset{1°}{CH_3} \\ |3° \quad |4° \\ \underset{1°}{CH_3}\underset{2°}{CH_2}\underset{2°}{CH_2}\underset{3°}{CH}—C\underset{2°}{CH_2}\underset{2°}{CH_2}\underset{2°}{CH_2}\underset{1°}{CH_3} \\ | \\ \underset{4°\ 1°}{C(CH_3)_3} \end{array}$$

【例 2-4】A、B 两化合物，已知其分子式均为 C_5H_{12}，在发生一元氯代反应时，A 只生成一种氯代产物，B 则生成 4 种一元氯代产物。试推测 A、B 的构造式。

解析 首先按 C_5H_{12} 写出它可能的构造式：

(1) 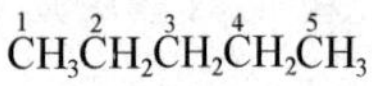 $\overset{1}{C}H_3\overset{2}{C}H_2\overset{3}{C}H_2\overset{4}{C}H_2\overset{5}{C}H_3$

(2) $\overset{1}{C}H_3\overset{2}{C}H\overset{3}{C}H_2\overset{4}{C}H_3$，2 位上连 $^5CH_3$

(3) $\overset{1}{C}H_3\overset{2}{C}—\overset{3}{C}H_3$，2 位上连 $^4CH_3$ 和 $^5CH_3$

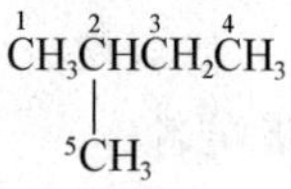

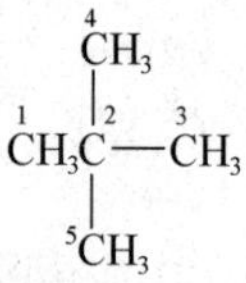

式（1）中 1 碳与 5 碳的氢为同一类型（伯氢）；2 碳、4 碳的氢为另一种类型（仲氢）；3 碳的氢虽为仲氢，但位置与 2 碳、4 碳不同，是第三种类型。发生一元氯代反应时，自然有三种一氯代物，故式（1）不合题意。式（2）中 1 碳、5 碳的氢为一种类型（伯氢）；2 碳的氢为叔氢，是第二种类型；3 碳的氢为仲氢，是第三种类型；4 碳的氢虽为伯氢，但位置与 1 碳、5 碳不同，是第四种类型。一元取代时自然应有四种一元取代物，故式（2）为 B 化合物的构造式。式（3）中 1 碳、3 碳、4 碳、5 碳上的氢均为伯氢，且位置相同，故一元取代时，只生成一种氯代产物，故式（3）为 A 化合物的构造式。

【例 2-5】100mL 甲烷、乙烷混合气体，完全燃烧后得 130mL 二氧化碳气体（均在同温度、同压强下测定），求原混合气体中甲烷、乙烷的体积分数。

解析 设甲烷为 xmL，则乙烷为（$100-x$）mL，各自生成 CO_2 的体积为：

$$CH_4+O_2 \longrightarrow CO_2 \qquad\qquad C_2H_6+O_2 \longrightarrow 2CO_2$$

$$x\text{mL} \qquad x\text{mL} \qquad\qquad (100-x)\text{mL} \qquad 2(100-x)\text{mL}$$

二者共生成 CO_2 为 130mL 的关系式为：

$x+2（100-x）=130$ 解之 $x=70$mL

乙烷为：$100-70=30$mL

即混合气体中甲烷占 70%，乙烷占 30%。

【例 2-6】某纯有机物 0.720g，燃烧后得 1.056g CO_2 和 0.432g H_2O，已知其相对分子质量为 60，求其分子式。

解析 (1) 先求出样品中各元素的质量分数

$$C\text{的质量}=CO_2\text{的质量}\times\frac{C\text{相对原子质量}}{CO_2\text{相对分子质量}}=1.056\times\frac{12}{44}=0.288\ (g)$$

$$H\text{的质量}=H_2O\text{的质量}\times\frac{H\text{相对原子质量}\times 2}{H_2O\text{相对分子质量}}=0.432\times\frac{1\times 2}{18}=0.048\ (g)$$

C、H 在样品中所占的质量分数为：

$$w(C)=\frac{C\text{的质量}}{\text{样品的质量}}\times 100\%=\frac{0.288}{0.72}\times 100\%=40\%$$

$$w(H)=\frac{H\text{的质量}}{\text{样品的质量}}\times 100\%=\frac{0.048}{0.72}\times 100\%=6.66\%$$

因 C、H 两元素质量分数之和不足 100%，不足部分即为 O 的质量分数。

$$w(O)=100\%-(40\%+6.66\%)=53.34\%$$

(2) 求出各元素原子的个数比及实验式

$$C:H:O=\frac{40}{12}:\frac{6.66}{1}:\frac{53.34}{16}=3.33:6.66:3.33=1:2:1$$

即实验式为 CH_2O。

(3) 求分子式

实验式量 $(CH_2O)=12+1\times 2+16=30$

所以 60/30=2　　　　分子式为 $(CH_2O)_2=C_2H_4O_2$

【例 2-7】 1 体积某烃，充分燃烧时生成的 CO_2 比水蒸气少了 1 体积（相同状态下测定），0.1mol 该烃完全燃烧的产物用无水氯化钙吸收，无水氯化钙增重 32.8g；它与氯气发生一元取代，它的一氯代物有 3 种，试写出它的构造式。

解析　要写出构造式，必须先求出其分子式。从 1 体积某烃充分燃烧生成的 CO_2 比水蒸气少了 1 体积可知，该烃为烷烃（它符合烷烃燃烧的通式）。0.1mol 该烃燃烧后生成水的质量，即无水氯化钙增重的量（32.8g），其关系式如下：

$$C_nH_{2n+2}+\frac{3n+1}{2}O_2\xrightarrow{\text{燃烧}}nCO_2+(n+1)H_2O$$

1mol　　　　　　　$44ng+(18n+18)g=(62n+18)g$

0.1mol　　　　　　　　32.8g

即 $\frac{1mol}{0.1mol}=\frac{(62n+18)g}{32.8g}$　　解之 $n=5$

分子式即为 C_5H_{12}。C_5H_{12} 有 3 种异构体，但其一元氯代产物有 3 种的异构体为 $CH_3CH_2CH_2CH_2CH_3$。

【例 2-8】 我国"西气东输"工程为千家万户送来了天然气。现有甲、乙两用户，分别以管道煤气（主要成分是 CO 和 H_2）、液化石油气（主要成分为 C_3H_8）为燃料的灶具都欲改为烧天然气（主要成分为 CH_4），问上述两种灶具该如何改变进风口的大小，以确保天然气正常燃烧，并简要说明理由。

解析　改造灶具时，灶具进风口的大小，主要由灶具所烧燃气完全燃烧时所需氧气多少而定。因此有以下结论。

(1) 烧管道煤气的灶具应增大进风口。因为：

$$CO+\frac{1}{2}O_2\xrightarrow{\text{燃烧}}CO_2$$

$$H_2+\frac{1}{2}O_2\xrightarrow{\text{燃烧}}H_2O$$

$$CH_4+2O_2\xrightarrow{\text{燃烧}}CO_2+2H_2O$$

所以烧天然气比烧同体积的管道煤气需 O_2 量多，故须把其灶具进风口增大。

(2) 烧液化石油气的灶具应减小进风口。因为：

$$C_3H_8+5O_2\xrightarrow{\text{燃烧}}3CO_2+4H_2O$$

所以烧同体积的天然气比烧液化石油气所需 O_2 量少。

习　题

一、命名或写构造式

1. 写出下列烷基的构造式。

(1) 正丙基　　(2) 异丙基　　(3) 异丁基　　(4) 叔丁基　　(5) 异戊基

2. 写出符合下列要求的各个化合物的构造式，并用系统命名法命名。

(1) 含有 1 个甲基、1 个乙基的化合物的构造式是________，它的系统命名法名称是________。

(2) 含有 2 个异丙基的化合物的构造式是________，它的系统命名法名称是________。

(3) 只含有伯碳原子的烷烃构造式是________，它的系统命名法名称是________。

(4) 含有伯碳、仲碳、叔碳、季碳原子的相对分子质量最小的烷烃构造式是________，它的系统命名法名称是________。

3. 写出分子式为 C_6H_{14}，并能满足下列要求的烷烃构造式。

(1) 溴代时，能生成 2 种一溴代烷；该烷烃的构造式应为________。

(2) 溴代时，能生成 3 种一溴代烷；该烷烃的构造式应为________。

(3) 溴代时，能生成 4 种一溴代烷；该烷烃的构造式应为________。

(4) 溴代时，能生成 5 种一溴代烷；该烷烃的构造式应为________。

4. 写出相对分子质量为 100，并符合下列条件的烷烃构造式。

(1) 氯代时，能生成 3 种一氯代烷。该烷烃的构造式应为________。

(2) 氯代时，能生成 6 种一氯代烷。该烷烃的构造式应为________。

5. 在 C_5～C_{10} 的烷烃中其一氯取代物只有 1 种（无异构体）的烷烃构造式为________。

6. 有效利用现有能源和开发新能源，已受到各国的普遍重视。在发动机使用的高品质无铅汽油中，加入了异辛烷、新己烷、2,2,3-三甲基丁烷、$CH_3OC(CH_3)_3$ 等作抗震剂。其中异辛烷的构造式是________、系统命名法的名称是________。新己烷的构造式是________、系统命名法的名称是________。2,2,3-三甲基丁烷的构造式是________。

上述抗震剂的碳骨架具有的共同结构是________。

7. 用系统命名法命名下列化合物。

(1)
$$\begin{array}{lll} & CH_2CH_3 & \\ & | & \\ CH_3— & C & —CH_2CH_3 \\ & | & \\ & CH_2CH_2CH_2CH_3 & \end{array}$$

(2)
$$\begin{array}{lllllll} & CH_3 & & & & CH_3 & \\ & | & & & & | & \\ CH_3CH_2 & C & — & CH & — & CH & CH_2CH_3 \\ & | & & | & & & \\ & CH_3 & & CH_2 & & & \\ & & & | & & & \\ & & & CH & —CH_3 & & \\ & & & | & & & \\ & & & CH_3 & & & \end{array}$$

(3)
$$\begin{array}{lllllll} CH_3 & CH & (CH_2)_4 & CH & — & CH & —CH_3 \\ & | & & | & & | & \\ & CH_3 & & CH_3 & & CH_2CH_3 & \end{array}$$

(4)
$$\begin{array}{lllll} CH_3— & CH & —CH_2— & CH & —CH_2CH_3 \\ & | & & | & \\ & CHCH_3 & & C(CH_3)_3 & \\ & | & & & \\ & CH_3 & & & \end{array}$$

(5)
$$\begin{array}{lllllll} & & & CH_3 & & CH_2CH_3 & \\ & & & | & & | & \\ CH_3CH_2CH_2 & CH & — & CH & — & CH & CH_3 \\ & | & & & & & \\ & CH & —CH_3 & & & & \\ & | & & & & & \\ & CH_3 & & & & & \end{array}$$

(6)
$$\begin{array}{lllll} & CH_2CH_3 & & & \\ & | & & & \\ CH_3— & C & — & CH & —CH_2CH_3 \\ & | & & | & \\ & CH_3 & & CH & —CH_3 \\ & & & | & \\ & & & CH_3 & \end{array}$$

(7) $CH_3CH_2C(CH_3)_2CH(CH_3)_2$

(8) $(CH_3)_2CH(CH_2)_3C(CH_3)_3$

(9) $(CH_3CH_2)_3CH$

(10) $(CH_3CH_2)_2C(CH_3)CH_2CH_3$

8. 用系统命名法命名下列烷烃。并用1°、2°、3°、4°分别标出其中的伯碳、仲碳、叔碳和季碳原子。

(1) $$\begin{array}{ccccc} & & CH_3 & & \\ & & | & & \\ CH_3 & — & C & — & CH_3 \\ & & | & & \\ & & CH_2CH_3 & & \end{array}$$

(2) $$\begin{array}{ccccccc} & & CH_3 & & & & CH_3 \\ & & | & & & & | \\ CH_3 & — & C & — & CH_2 & — & CH \\ & & | & & & & | \\ & & CH(CH_3)_2 & & & & CH_3 \end{array}$$

9. 写出下列化合物的构造式，这些名称如不符合系统命名法的要求，请给予正确命名。

(1) 2,2,4-三甲基戊烷

(2) 2,3,5-三甲基-6-乙基-4-异丙基辛烷

(3) 3-甲基-3,4-二乙基己烷

(4) 2,2,3,3-四甲基丁烷

(5) 2,6-二乙基-4-异丙基壬烷

(6) 2,4-二甲基-4-异丙基己烷

(7) 2-甲基-3-乙基戊烷

(8) 2,4-二甲基-6-乙基-5-叔丁基辛烷

(9) 2,4,4-三甲基-5-乙基-3-异丙基庚烷

(10) 2-甲基-3-异丙基丁烷

10. 下列各化合物的系统命名对吗？如果有错，请指出违背了什么命名原则，并请正确命名之。

(1) $$\begin{array}{ccc} & CH_3 & \\ & | & \\ CH_3 & C & —CH_2CH_2CH_3 \\ & | & \\ & CH_3 & \end{array}$$

2-甲基戊烷

(2) $$\begin{array}{ccccc} CH_3CH & — & CH & — & CH_3 \\ | & & | & & \\ CH_3 & & CH_3 & & \end{array}$$

2,3,2-甲基丁烷

(3) $$\begin{array}{ccc} & & CH_3 \\ & & | \\ CH_3CH_2CH & — & CH(CH_2)_3CH_3 \\ | & & \\ CH_2CH_3 & & \end{array}$$

3-乙基-4-甲基辛烷

(4) $$\begin{array}{ccccccc} & & C_2H_5 & & & & \\ & & | & & & & \\ CH_3CH_2CH_3 & — & C & — & CH & — & CH—CH_3 \\ & & | & & | & & | \\ & & CH_2 & & CH_3 & & CH_3 \\ & & | & & & & \\ & & CH(CH_3)_2 & & & & \end{array}$$

2,3-二甲基-4-乙基-4-异丁基庚烷

11. 下列所有的构造式中代表几种化合物？哪些代表相同的物质？

(1) $$\begin{array}{ccc} CH_3CH & CH_2CH & CH_2CH_3 \\ | & | & \\ CH_3 & CH_3 & \end{array}$$

(2) $$\begin{array}{ccccc} & & CH_3 & & \\ & & | & & \\ CH_2 & — & CHCH_2 & CHCH_3 & \\ | & & & | & \\ CH_3 & & & CH_3 & \end{array}$$

(3) $$\begin{array}{ccc} & & CH_3 \\ & & | \\ CH_3CH_2CH & CH_2 & CH \\ | & & | \\ CH_3 & & CH_3 \end{array}$$

(4) $$\begin{array}{ccccc} & & CH_3 & & \\ & & | & & \\ CH_3CH & — & CHCH_2 & CH_2 & \\ | & & & | & \\ CH_3 & & & CH_3 & \end{array}$$

(5) $$\begin{array}{ccc} & & CH_3 \\ & & | \\ & & CH_3CHCH_2 \\ & & | \\ CH_3CH_2 & — & CCH_3 \\ & & | \\ & & H \end{array}$$

(6) $$\begin{array}{ccccc} CH_3 & & & & \\ | & & & & \\ CH_3CH & & CH_2CH_3 & & \\ | & & | & & \\ CH_2 & — & C & — & H \\ & & | & & \\ & & CH_3 & & \end{array}$$

二、完成反应方程式

1. “西气东输”工程是我国开发西部的重要举措。天然气不仅是重要的绿色能源，也是重要的化工原料。试写出天然气在加热条件下被氯气取代生成一氯甲烷及高温裂解生成乙炔的化学反应式。

2. 试写出 C_5H_{12} 的所有同分异构体分别与氯气发生一元取代的有关反应式。

3. 试写出异丁烷与氯气发生取代反应所有可能的二氯代物的反应式。

三、填空题

1. 在有机化学中，把化学性质______，物理性质______，在组成上相差一个或若干个______，具有______通式的一系列化合物，称为______。把分子组成相同，构造式相异的化合物，彼此互称______。例如己烷和乙烷属于______；己烷和2-甲基戊烷属于______。

2. 直链烷烃随着相对分子质量（碳原子数）增加，分子间的范德华引力______，要克服范德华引力所需要的能量也越______，因此，直链烷烃的相对分子质量越大，其沸点也越______。

3. 在相同碳原子数的烷烃异构体中，直链烷烃的沸点______，支链烷烃的沸点______，支链越多，沸点______。

4. 烷烃分子间是以σ键相互连接的。σ键的特征是电子云沿键轴方向近似于______形对称分布。这种键______自由旋转。

5. 烷烃的天然来源主要是______和______。石油的组成很复杂，主要成分是______、______和少量的______烃。

6. 石油在炼制过程中常采用______蒸馏。把重油转化为轻油的过程叫______。深度裂化叫______。为了获得更多的轻油，需把重油进行______；为了获得更多的烯烃等化工原料，需把重油进行______。

7. 我国目前使用的车用汽油的牌号是按汽油的辛烷值大小划分的，例如，93号汽油表示该汽油的辛烷值______。汽油牌号越高，表示其辛烷值______，抗爆震性能______。

8. 实验室用无水醋酸钠和碱石灰共热制取甲烷的关键，是要求其原料及仪器______，温度要______。制取甲烷的试管口要稍向下倾斜，其目的是为了防止醋酸钠受热分解生成的副产物______蒸气冷凝而使试管爆裂。

9. 煤矿矿井里的“瓦斯爆炸”事故，实质是______在空气中的浓度达到______（5.3%～14%的体积分数）时，遇到火花就发生爆炸。因此，在矿坑中必须采取______，______，并经常监测甲烷在空气中的浓度等安全措施，杜绝爆炸事故发生。

10. 下列各组物质中，表示是同一种物质的是______；表示互为同系物的是______；表示互为同分异构体的是______。

```
      CH3                        CH3                                           CH3
         \                        |                                             |
(1)       CHCH2CH2CH3  和  CH2—CH            (2) CH3(CH2)2CH(CH3)2 与 CH3CHCH2
         /                 |      |                                                 |
      CH3                 CH3    CH3                                            CH3CH2
```

(3) $CH_3(CH_2)_2C(CH_3)_3$ 与 $(CH_3)_2CHC(CH_3)_3$

11. 不查物理数据表，试根据烷烃沸点变化规律，把下列物质按沸点由高至低排列成序。

(1) ①正戊烷　②异戊烷　③新戊烷______

(2) ①2-甲基己烷　②2,3-二甲基己烷　③癸烷　④3-甲基辛烷　⑤己烷______

(3) ①3,3-二甲基戊烷　②2-甲基庚烷　③正庚烷　④正戊烷　⑤2-甲基己烷______

12. 石油裂化的本质是______。石油裂解时，C—C键比C—H键易于断裂的主要原因时C—C键比C—H键______。

四、选择题

1. 为了减少大气污染，许多城市推广汽车使用清洁燃料。目前使用的清洁燃料主要有两类：一类是压缩天然气（CNG），另一类是液化石油气（IPG）。这两类清洁燃料的主要成分都是（　　）。

A. 氢气　　B. 碳氢化合物　　C. 碳水化合物　　D. 醇类

2. 下列分子中，属烷烃的是（　　）。

A. C_2H_4　　B. C_2H_6　　C. C_7H_{14}　　D. $C_{15}H_{32}$

3. 下列各组化合物中，属同系物的是（　　）。

A. C_2H_6 和 C_4H_8　B. C_3H_8 和 C_6H_{14}　　C. C_8H_{18} 和 C_4H_{10}　　D. C_5H_{12} 和 C_7H_{14}

4. 甲烷分子不是以碳原子为中心的平面结构，而是以碳原子为中心的正四面体结构，其原因之一是甲烷的平面结构式解释不了下列事实（　　）。

A. CH_3Cl 不存在同分异构体　　B. CH_2Cl_2 不存在同分异构体

C. $CHCl_3$ 不存在同分异构体　　D. CH_4 是非极性分子

5. 甲烷和丙烷混合气体的密度与同温、同压下乙烷的密度相同，该混合气体中甲烷和丙烷的体积比是（　　）。

A. 1∶1　　B. 2∶1　　C. 3∶1　　D. 1∶3

6. 下列化合物的沸点由高到低的顺序是（　　）。

①戊烷　②辛烷　③2-甲基庚烷　④2,3-二甲基己烷　⑤2,2,3,3-四甲基丁烷

A. ②>③>④>①>⑤　　B. ②>③>④>⑤>①

C. ②>①>③>④>⑤　　D. ①>②>③>④>⑤

7. 某烃相对分子质量为 86，控制一氯取代时，能生成 3 种一氯代烷，符合题意的该烃构造式有（　　）。

A. 1 种　　B. 2 种　　C. 3 种　　D. 4 种

8. 2-甲基丁烷和氯气发生取代反应时，能生成一氯代物异构体的数目是（　　）。

A. 2 种　　B. 3 种　　C. 4 种　　D. 5 种

9. 2,3-二甲基丁烷的一溴代物异构体的数目是（　　）。

A. 2 种　　B. 3 种　　C. 4 种　　D. 5 种

10. 碳原子数在 10 以内的烷烃中。其一卤代烷不存在同分异构体的烷烃数目有（　　）。

A. 2 种　　B. 3 种　　C. 4 种　　D. 5 种

11. 实验室制取甲烷的正确方法是（　　）。

A. 乙醇与浓硫酸在 170℃条件下反应

B. 电石直接与水反应

C. 无水醋酸钠与碱石灰混合物加热至高温

D. 醋酸钠与氢氧化钠混合物加热至高温

12. 烷烃氯代 $RH+Cl_2(g) \longrightarrow RCl(l)+HCl(g)$ 生成的副产物氯化氢气体，在有机合成工业中已获得综合利用。试指出上述副产物盐酸可能使用的最佳分离方法是（　　）。

A. 蒸馏法　　B. 升华法　　C. 有机溶液萃取法　　D. 水洗分离法

13. 关于烷烃的叙述中正确的是（　　）。

A. 烷烃中除了支链以外，所有碳原子都在一条直线上

B. 烷烃都不能使溴的 CCl_4 溶液和稀的 $KMnO_4$ 水溶液褪色

C. 烷烃在光照条件下可与溴水蒸气反应

D. 大分子烷烃经高温裂化生成两分子小烷烃

14. 在我国城市交通中禁止使用含铅汽油，主要是为了（　　）。

A. 防止大气污染，保护环境　　B. 提高汽油燃烧效率

C. 减少铅的消耗，增加出口创汇　　D. 节省开支，降低成本

15. 从石油分馏得到的固体石蜡，用氯气漂白后，燃烧时会产生含氯元素的气体，这是由于石蜡在漂白时与氯气发生过（　　）。

A. 加成反应　　B. 取代反应　　C. 聚合反应　　D. 催化裂化反应

16. 据报道，近年来科学家发现在深海底部存在大量称为“可燃冰”的物质，其蕴藏量是地球上煤、石油的几百倍，因而是一种等待开发的巨大能源。初步查明“可燃冰”是甲烷等可燃性气体的水合物($CH_4 \cdot xH_2O$)。有关“可燃冰”的下述推测中错误的是（　　）。

A. 高压、低温有助于“可燃冰”的形成

B. 常温、常压下“可燃冰”是一种稳定的物质

C. “可燃冰”的微粒间存在着范德华引力

D. 构成“可燃冰”的原子间存在极性共价键

五、判断题（下列叙述对的在括号中打“√”，错的打“×”）

1. 石油和天然气都是碳氢化合物。（　　）

2. 某有机物燃烧后的产物只有 CO_2 和 H_2O，因此可以推知该有机物肯定是烃，它只含有碳和氢两种元素。（　　）

3. 互为同系物的物质，它们的分子式一定不同；互为同分异构体的物质，它们的分子式一定相同。（　　）

4. 最简式相同的不同化合物，互为同分异构体。（　　）

5. 同分异构体的化学性质相似，物理性质不同。（　　）

6. 同系物具有相似的化学性质。（　　）

7. 具有同一通式的两种物质，一定互为同系物。（　　）

8. 每种化合物，都有一定的组成；反过来说，组成一定的化合物就是同一化合物。（　　）

9. 石油化工厂把原油经过常压蒸馏，就可以得到汽油、煤油、柴油、润滑油、凡士林、石蜡和沥青等石油产品。（　　）

10. 含 C_{18} 以上烷烃的重油，经过催化裂化，可以得到汽油等轻质油。（　　）

11. 在石油化工厂中，为了获得更多的汽油、煤油、柴油，要把重油进行裂解；为了获得更多的烯烃，要把重油进行催化裂化。（　　）

六、计算题

1. 50mL 甲烷、乙烷混合气体，完全燃烧后得 60mL CO_2 气体（上述气体均在同温、同压下测量），试计算出该混合气体中甲烷的体积分数。

2. 从某有机物燃烧后生成的 CO_2 和 H_2O 中可以计算出它含碳 37.5%、含氢 12.5%，实验测定它的相对分子质量为 32。试写出它的分子式。

3. 0.1mol 某烷烃完全燃烧的产物用碱石灰吸收，碱石灰增重 39g。它被氯气取代生成的一氯代物有 3 种，试写出它的分子式和构造式。

4. 10mL 甲烷、乙烷和氮气的混合气体，在 80mL 氧气中完全燃烧，燃烧后冷却的体积为 69mL；用 KOH 吸收后体积为 54mL（上述气体在同样温度、同样压强下测量），求出此混合物中甲烷、乙烷和氮气的体积分数。

第三章 烯　　烃

主要内容要点

一、烯烃的同分异构现象及命名

1. 烯烃的同分异构现象

烯烃的同分异构有构造异构和顺反异构两种类型。

（1）烯烃的构造异构　烯烃的构造异构又分为由于碳链的排列方式不同而产生的碳键异构和由于碳碳双键（官能团）位置不同而产生的位置异构。构造异构体可用构造式表示。

（2）烯烃的顺反异构　烯烃的顺反异构是由于双键不能自由旋转而形成分子空间构型不同的现象，当两个双键碳原子各连着不同的原子或基团时，就有顺反异构体产生。顺反异构体要用构型式表示。

2. 烯烃的系统命名法

要点：要选取含双键的最长碳链作主链；从靠近双键一端开始编号；双键的位次要用较小的数字表示，并写在母体烯烃名称前面。顺反异构体的命名有顺、反和 *Z*、*E* 两种命名法。*Z*、*E* 命名法要依据“次序规则”确定 *Z*、*E* 的构型，顺、反与 *Z*、*E* 构型要写在全名称前面。

二、烯烃的化学性质

1. 加成反应

烯烃最典型最主要的化学性质。

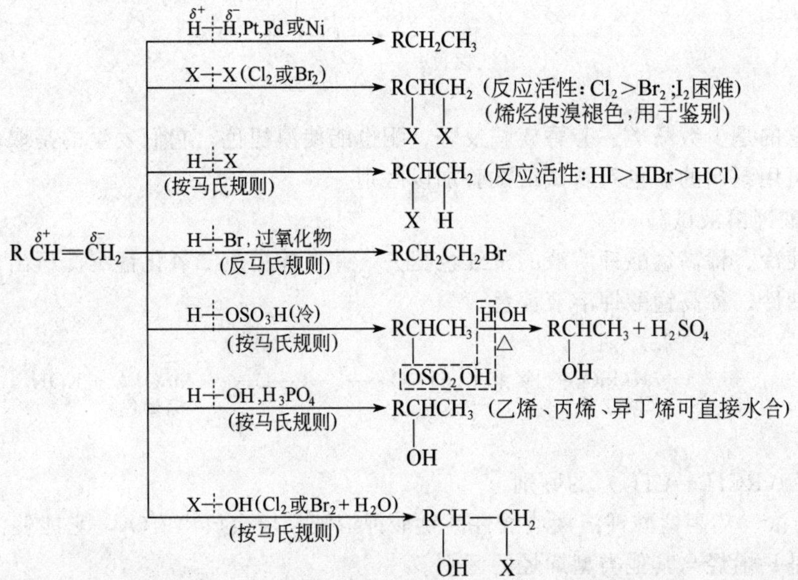

2. 氧化反应

$$\rangle C=C\langle + (冷、稀)\ \underset{(紫红色)}{KMnO_4} \xrightarrow{中性或 OH^-} \underset{(无色)}{-\underset{OH}{\overset{|}{C}}-\underset{OH}{\overset{|}{C}}-} + \underset{(棕褐色)}{MnO_2\downarrow} + KOH$$

烯烃能使冷、稀高锰酸钾溶液褪色，用于烯烃的鉴别。

$$\begin{matrix}R\\ \quad\backslash \\ \quad C=CH_2 \\ \quad / \\ R'\end{matrix} \xrightarrow[或 KMnO_4, H^+]{KMnO_4(热、浓)} \begin{matrix}R\\ \quad\backslash \\ \quad C=O \\ \quad / \\ R'\end{matrix} + CO_2\uparrow + H_2O$$

$$\begin{matrix}R\\ \quad\backslash \\ \quad C=CHR'' \\ \quad / \\ R'\end{matrix} \xrightarrow[或 KMnO_4, H^+]{KMnO_4(热、浓)} \begin{matrix}R\\ \quad\backslash \\ \quad C=O \\ \quad / \\ R'\end{matrix} + R''C\begin{matrix}\nearrow O \\ \searrow OH\end{matrix}$$

反应从左至右，表明烯烃的氧化产物；反之，反应由右至左，可从氧化产物推知原烯烃的结构。

3. 聚合反应

$$n\underset{H(CH_3、C_6H_5、Cl)}{\overset{}{CH}}=CH_2 \xrightarrow{引发剂} \left[\underset{H(CH_3、C_6H_5、Cl)}{CH}-CH_2\right]_n$$

4. α-氢原子的卤代反应

$$-\underset{H}{\overset{|}{C}}-CH=CH_2 + X_2 \xrightarrow[或高温]{500℃} -\underset{X}{\overset{|}{C}}-CH=CH_2 \quad (X_2 = Cl_2 或 Br_2)$$

三、烯烃（$\rangle C=C\langle$）的鉴别

1. 加溴试验

烯烃易与溴加成，使溴褪色。

$$\rangle C=C\langle + \underset{(红棕色)}{Br_2} \xrightarrow{CCl_4} -\underset{Br}{\overset{|}{C}}-\underset{Br}{\overset{|}{C}}- \quad (无色)$$

但应注意的是少数酚类、芳香族胺及醛、酮也能使溴褪色，它们发生的是取代反应，放出溴化氢，可用湿润的蓝色石蕊试纸试验加以区别。

2. 高锰酸钾溶液试验

烯烃能使冷、稀高锰酸钾溶液的紫红色褪去，并有棕褐色二氧化锰沉淀析出。饱和烃和芳香烃不能使冷、稀高锰酸钾溶液褪色。

$$\rangle C=C\langle + \underset{(紫红色)}{KMnO_4}\ (冷、稀) + H_2O \longrightarrow -\underset{OH}{\overset{|}{C}}-\underset{OH}{\overset{|}{C}}- + \underset{(棕褐色)}{MnO_2\downarrow} + KOH$$

3. α-烯烃（$RCH=CH_2$）的鉴别

α-烯烃与浓、热高锰酸钾溶液或酸性高锰酸钾溶液反应会放出 CO_2，它能使澄清石灰水变浑浊。这是α-烯烃与其他类型烯烃的区别。

四、烯烃的制法

1. 炔烃加氢

$$-C\equiv C- + H_2 \xrightarrow{\text{林德拉催化剂}} \underset{}{-\overset{H}{\overset{|}{C}}=\overset{H}{\overset{|}{C}}-}$$

2. 由醇脱水

$$\underset{\underset{OH}{|}}{RCH}CH_2R' \xrightarrow[\text{(按查依采夫规律)}]{H_2SO_4\text{ 或 }Al_2O_3\text{(适宜温度)}} RCH=CHR'$$

3. 卤代烃脱 HX

$$\underset{\underset{X}{|}}{RCH}CH_2R' \xrightarrow[\text{(按查依采夫规律)}]{\text{KOH-乙醇}} RCH=CHR'$$

例题解析

【例 3-1】命名下列烯烃。

1. $CH_3CH=CH\underset{\underset{CH_3}{|}}{CH}CH_3$

2. $CH_3\underset{\underset{CH_2CH_3}{|}}{C}=CH\underset{\underset{CH_3}{|}}{CH}CH_2CH_3$

3. $CH_3\underset{}{\overset{CH_3}{\overset{|}{CH}}}-\overset{\overset{CH_2}{\overset{\|}{CH}}}{\overset{|}{CH}}CH_2CH_2CH_3$

4. $CH_3\overset{\overset{CH_2CH_3}{|}}{C}=CHCH_3$

解析 要注意选择含碳碳双键的最长碳链作主链，从靠近双键一端开始编号。

1. $CH_3CH=CH\underset{\underset{CH_3}{|}}{CH}-CH_3$（主链）

4-甲基-2-戊烯

2. $CH_3-\underset{\underset{CH_2CH_3}{|}}{C}=CH\underset{\underset{CH_3}{|}}{CH}CH_2CH_3$（主链）

3,5-二甲基-3-庚烯

3. $CH_3\overset{\overset{CH_3}{|}}{CH}-\overset{\overset{CH_2}{\overset{\|}{CH}}}{\overset{|}{CH}}CH_2CH_2CH_3$（主链）

3-异丙基-1-己烯

4. $CH_3-\overset{\overset{CH_2-CH_3}{|}}{C}=CH-CH_3$（主链）

3-甲基-2-戊烯

【例 3-2】写出分子式为 C_6H_{12} 烯烃的各种异构体的构造式，并用系统命名法命名。

解析 根据烯烃同分异构体的书写方法，可按下列步骤写出。

1. 写出最长的碳链（直链式），并不断变换双键位置，最后用氢原子饱和。

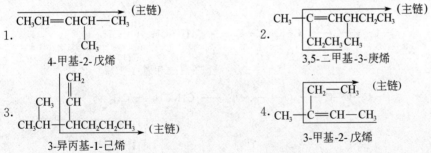

$$C-C-C-C-C-C \longrightarrow \begin{cases} C-C-C-C-C=C \\ C-C-C-C=C-C \\ C-C-C=C-C-C \end{cases} \longrightarrow \begin{cases} CH_3CH_2CH_2CH_2CH=CH_2 \text{（1-己烯）} & ① \\ CH_3CH_2CH_2CH=CHCH_3 \text{（2-己烯）} & ② \\ CH_3CH_2CH=CHCH_2CH_3 \text{（3-己烯）} & ③ \end{cases}$$

2. 写出少一个碳原子的直链，把减少的这个碳原子作为支链，并不断变换支链和双键的位置，最后用氢原子饱和。

(1) C—C—C—C—C (C on C-4) →

C—C—C—C═C (C on C-4)
C—C—C═C—C (C on C-4)
C—C═C—C—C (C on C-4)
C═C—C—C—C (C on C-4)

→

$CH_3CH_2CH_2C{=}CH_2$ (CH_3 on C-2) 2-甲基-1-戊烯 ④

$CH_3CH_2CH{=}C—CH_3$ (CH_3 on C-2) 2-甲基-2-戊烯 ⑤

$CH_3CH{=}CHCH—CH_3$ (CH_3 on C-4) 4-甲基-2-戊烯 ⑥

$CH_2{=}CHCH_2CH—CH_3$ (CH_3 on C-4) 4-甲基-1-戊烯 ⑦

(2) C—C—C—C—C (C on C-3) →

C—C—C—C═C (C on C-3)
C—C—C═C—C (C on C-3)

→

$CH_3CH_2CHCH{=}CH_2$ (CH_3 on C-3) 3-甲基-1-戊烯 ⑧

$CH_3CH_2C{=}CHCH_3$ (CH_3 on C-3) 3-甲基-2-戊烯 ⑨

3. 写出少两个碳原子的直链，把减少的这两个碳原子作为两个支链，或作为一个支链，并不断变换支链和双键的位置。

(1) C—C—C—C (C on C-2, C on C-3) →

C—C—C═C (C on C-2, C on C-3)
C—C═C—C (C on C-2, C on C-3)

→

$CH_3CH—C{=}CH_2$ (CH_3 on C-3, CH_3 on C-2) 2,3-二甲基-1-丁烯 ⑩

$CH_3C{=}C—CH_3$ (CH_3 on C-2, CH_3 on C-3) 2,3-二甲基-2-丁烯 ⑪

(2) C—C—C—C (two C on C-3) → C═C—C—C (two C on C-3) → $CH_2{=}CH—C—CH_3$ (two CH_3 on C-3) 3,3-二甲基-1-丁烯 ⑫

(3) C—C—C—C (C—C on C-3) → C—C—C═C (C—C on C-3) → $CH_3CH_2C{=}CH_2$ (CH_2CH_3 on C-2) 2-乙基-1-丁烯 ⑬

共 13 个异构体。

【例 3-3】 哪些己烯有顺反异构体？试写出它们的构型式和名称。

解析 由于两个双键碳原子各连着不同的原子或基团时，就有顺反异构体产生，因此，下列己烯有顺反异构体。

1. $CH_3CH_2CH_2CH{=}CHCH_3$

$CH_3CH_2CH_2$ and CH_3 on the same side of C═C, H and H on the other side: 顺（或 *Z*）-2-己烯

$CH_3CH_2CH_2$ and H on top, H and CH_3 below of C═C: 反（或 *E*）-2-己烯

2. $CH_3CH_2CH{=}CHCH_2CH_3$

```
CH3CH2      CH2CH3          CH3CH2      H
      \    /                      \    /
       C=C                         C=C
      /    \                      /    \
     H      H                    H      CH2CH3
```

顺（或 Z)-3-己烯　　　　反（或 E)-3-己烯

3. $CH_3CH{=}CHCHCH_3$（$CHCH_3$ 上连 CH_3）

```
                 CHCH3
H3C              |                H3C        H
   \            /                    \      /
    C=C        CH3                    C=C
   /    \                            /    \
  H      H                          H      CH—CH3
                                           |
                                           CH3
```

顺（或 Z)-4-甲基-2-戊烯　　　　反（或 E)-4-甲基-2-戊烯

4. $CH_3CH_2C{=}CHCH_3$（第三个 C 上连 CH_3）

```
CH3CH2      H              CH3CH2      CH3
      \    /                     \    /
       C=C                        C=C
      /    \                     /    \
   H3C      CH3               H3C      H
```

顺（或 E)-3-甲基-2-戊烯　　　　反（或 Z)-3-甲基-2-戊烯

【例 3-4】有 A、B、C 三种异构体，它们有相同的分子组成，它们分别用酸性高锰酸钾溶液氧化时，A 生成丙酸 $\left(CH_3CH_2C\begin{matrix}\nearrow O\\ \searrow OH\end{matrix}\right)$和 CO_2；B 生成丙酮 $\left(\begin{matrix}O\\ \|\\ CH_3CCH_3\end{matrix}\right)$和 CO_2；C 仅生成乙酸 $\left(CH_3C\begin{matrix}\nearrow O\\ \searrow OH\end{matrix}\right)$。试推测它们的构造式。

解析　A 用高锰酸钾氧化时，生成 $CH_3CH_2C\begin{matrix}\nearrow O\\ \searrow OH\end{matrix}$ 和 CO_2，说明它未氧化前，应具有 $CH_3CH_2CH{=}$和$=CH_2$ 结构，把二者通过双键连接起来，即 A 的构造式为 $CH_3CH_2\overset{H}{\overset{|}{C}}{=}CH_2$。同理，B 氧化后生成丙酮和 CO_2，说明它未氧化前，应具有 $CH_3\overset{\|}{C}CH_3$ 和$=CH_2$ 结构，把二者通过双键连接起来，B 的构造式应为 $CH_3{-}\underset{\underset{CH_3}{|}}{C}{=}CH_2$。C 化合物氧化后仅生成 $CH_3C\begin{matrix}\nearrow O\\ \searrow OH\end{matrix}$，说明它未氧化前应具有 $CH_3\overset{H}{\overset{|}{C}}{=}$ 结构，而它和化合物 A、B 是同分异构体，都是含 4 个碳原子的烯烃，说明它具有对称结构，把 2 个 $CH_3\overset{H}{\overset{|}{C}}{=}$ 通过双键连接起来，即得 C 的构造式 $CH_3\overset{H}{\overset{|}{C}}{=}\overset{H}{\overset{|}{C}}CH_3$。

【**例 3-5**】以 C_4 或 C_4 以下的烯烃和必要的无机试剂合成下列化合物。

1. 叔丁醇　　　　2. $\underset{\displaystyle Cl}{CH_2}—\underset{\displaystyle OH}{CH}—\underset{\displaystyle Br}{CH_2}$

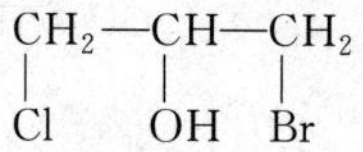

解析　合成题一般要先写出原料及合成物的构造式，再看原料与合成物碳架结构及官能团的差异寻求适当的合成方法。

1. 要合成 $CH_3—\overset{\displaystyle CH_3}{\underset{\displaystyle OH}{C}}—CH_3$ ，其碳架为 4 个碳原子的支链，故宜选取 $CH_3—\overset{\displaystyle CH_3}{C}═CH_2$ 为原料，即

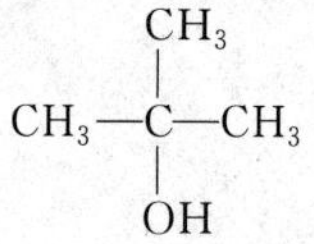

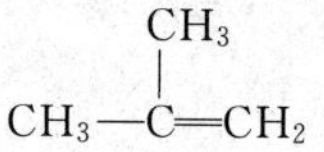

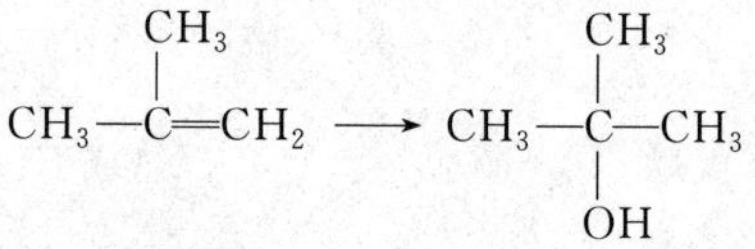

$$CH_3—\overset{\displaystyle CH_3}{C}═CH_2 \longrightarrow CH_3—\overset{\displaystyle CH_3}{\underset{\displaystyle OH}{C}}—CH_3$$

从上述原料与合成物的构造式对比可知，原料比合成物少了一个 H 及一个 OH，故合成时，原料与水加成即可。

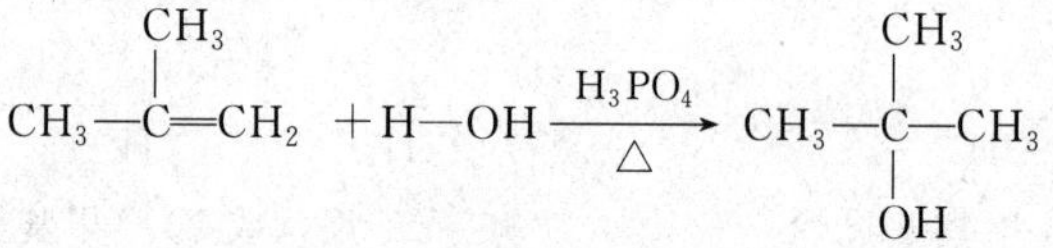

$$CH_3—\overset{\displaystyle CH_3}{C}═CH_2 + H—OH \xrightarrow[\triangle]{H_3PO_4} CH_3—\overset{\displaystyle CH_3}{\underset{\displaystyle OH}{C}}—CH_3$$

2. 合成物含 3 个碳原子，故宜选丙烯为原料。即

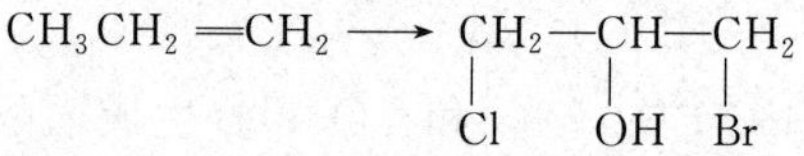

$$CH_3CH_2═CH_2 \longrightarrow \underset{\displaystyle Cl}{CH_2}—\underset{\displaystyle OH}{CH}—\underset{\displaystyle Br}{CH_2}$$

从上述原料与合成物的构造式对比可知，$CH_3CH═CH_2$ 的 α-氢原子被氯原子取代了，烯键左、右两边分别缺少一个 OH 及 Br，可见，$CH_3CH═CH_2$ 必须经过①高温 α-氢原子氯代；②再与 HOBr 加成即可。合成路线如下：

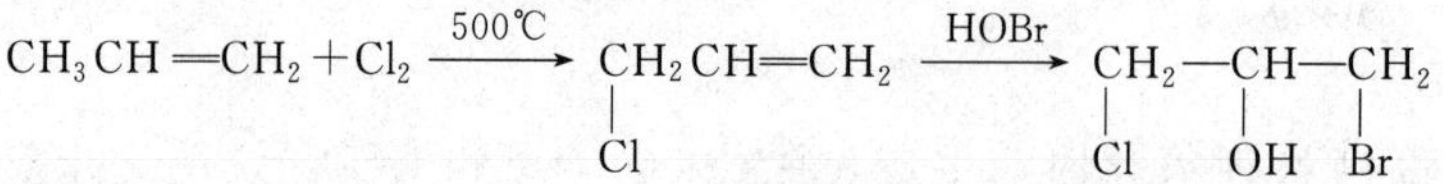

$$CH_3CH═CH_2 + Cl_2 \xrightarrow{500℃} \underset{\displaystyle Cl}{CH_2}CH═CH_2 \xrightarrow{HOBr} \underset{\displaystyle Cl}{CH_2}—\underset{\displaystyle OH}{CH}—\underset{\displaystyle Br}{CH_2}$$

必须指出：$CH_3CH═CH_2$ 的 α-氢原子取代反应，必须是第一步进行；如果是先加成，加成后的分子中就不存在烯键了，自然也就不再存在烯烃的 α-氢原子取代了。

【**例 3-6**】己烷中混有少量 1-己烯杂质，试用化学方法提纯。

解析　可把适当的化学试剂与少量 1-己烯杂质反应弃去。其法是加入浓硫酸洗涤不纯物，由于 1-己烯常温下与浓硫酸反应生成硫酸氢烷基酯，且溶于过量的浓硫酸中，沉于下层；己烷与浓硫酸不反应，浮于上层；分离弃去下层，即得上层的纯己烷。也可用下列简式表示：

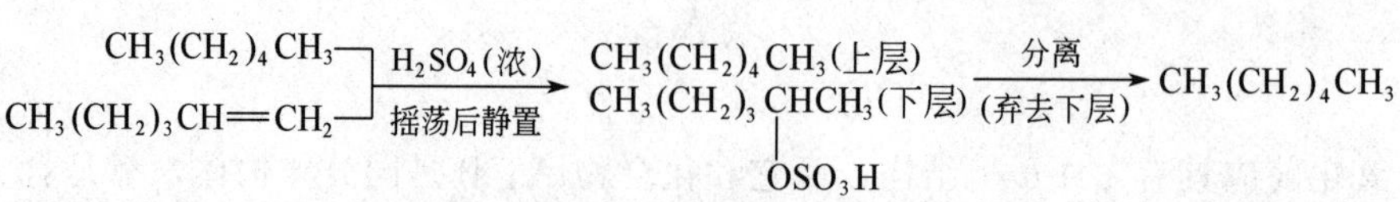

$$\left.\begin{array}{r}CH_3(CH_2)_4CH_3\\ CH_3(CH_2)_3CH═CH_2\end{array}\right\} \xrightarrow[\text{摇荡后静置}]{H_2SO_4(\text{浓})} \begin{array}{l}CH_3(CH_2)_4CH_3(\text{上层})\\ CH_3(CH_2)_3\underset{\displaystyle OSO_3H}{CH}CH_3(\text{下层})\end{array} \xrightarrow[(\text{弃去下层})]{\text{分离}} CH_3(CH_2)_4CH_3$$

此外，也可以用高锰酸钾溶液洗涤，己烯被氧化为二元醇溶于水，弃去水层（下层）。

【**例 3-7**】某烃 0.35g 与 0.8g 溴作用时，恰好完全反应，它与浓高锰酸钾溶液一起回流后，在反应液中只有丁酮 $\left(CH_3\overset{\displaystyle O}{\overset{\|}{C}}CH_2CH_3\right)$，问此烃该有什么样的结构？

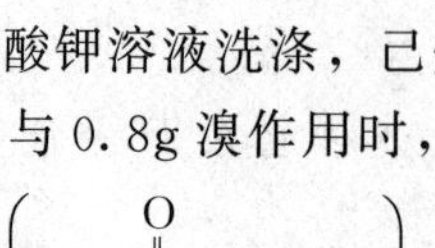

解析 依题意此烃可能为烯烃，烯烃与溴是等摩尔数加成的。

(1) 求该烃的相对分子质量。

$$\begin{array}{ccc} C_nH_{2n} & +Br_2 \longrightarrow & C_nH_{2n}Br_2 \\ x & 160 & \\ 0.35 & 0.8 & \end{array}$$

解之，$x=\dfrac{160\times0.35}{0.8}=70$

(2) 由产物丁酮可推知某烃应具有 $CH_3CH_2\overset{\displaystyle CH_3}{\overset{|}{C}}=$ 结构。此结构相对分子质量为 56，与某烃相对分子质量相差 (70－56)＝14，即 CH_2。换言知，CH_2 是此烃结构的一部分，故该烃的结构为 $CH_3CH_2\overset{\displaystyle CH_3}{\overset{|}{C}}=CH_2$ 。该烃被高锰酸钾氧化时，应产生 $CH_3CH_2\overset{\displaystyle CH_3}{\overset{|}{C}}=O$ 、CO_2 和水，而 CO_2 在加热回流时被蒸发掉了，因此，反应液中只有丁酮。

【例 3-8】 某气态烃能使 $KMnO_4$ 稀溶液褪色，该烃在标准状态下 112mL 的质量为 0.21g，将其完全燃烧后的产物通入足量的装有浓硫酸的洗瓶中，其质量增加了 0.27g，求此烃的构造式。

解析 (1) 先求该烃的相对分子质量。

$$\frac{0.21g}{112mL}\times22400mL/mol=42g/mol$$

即该烃相对分子质量为 42。

(2) 再求该烃的最简式。

浓硫酸增重 0.27g，即为它吸收水的质量。0.27g 水中，氢的质量为：

$$H\text{ 的质量}=0.27g\times\frac{2}{18}=0.03g$$

$$C\text{ 的质量}=0.21-0.03=0.18g$$

$$C:H=\frac{0.18}{12}:\frac{0.03}{1}=1:2$$

即该烃最简式为 CH_2。

(3) 由最简式求分子式。

$(CH_2)_n$ 相对分子质量＝42　　解之 $n=3$

即该烃分子式为 C_3H_6。

(4) 求构造式。

C_3H_6 有两种结构 $CH_3CH=CH_2$ 和 $H_2C\overset{CH_2}{\diagup\!\!\!\diagdown}CH_2$（环丙烷）。但该烃能使 $KMnO_4$ 稀溶液褪色，说明它是烯烃，即 $CH_3CH=CH_2$。

习　题

一、命名或写出构造式

1. 写出组成为 C_5H_{10} 的烯烃的各种同分异构体，并用系统命名法命名。

2. 命名下列基团或构造式。

(1) $CH_2=CH-$　　(2) $CH_3CH=CH-$　　(3) $CH_2=CHCH_2-$　　(4) $CH_3CH=CHCH_3$

(5) 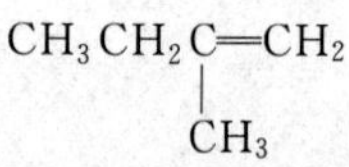 $CH_3CH_2C=CH_2$（C 上连 CH_3）

(6) 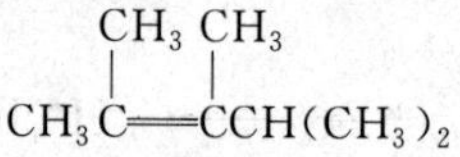 $CH_3C=CCH(CH_3)_2$（两个双键 C 上各连 CH_3）

(7) 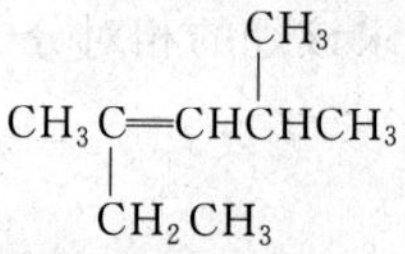 $CH_3C=CHCHCH_3$（C 上连 CH_2CH_3，CH 上连 CH_3）

3. 在 C_5H_{10} 的烯烃各异构体中，哪些含有乙烯基？哪些含有丙烯基？哪些含有烯丙基？哪些有顺反异构体？有顺反异构体的请写出其构型式及命名。

4. 用系统命名法命名下列化合物。其中有顺、反异构体的，还要写出相应构型式及命名。

(1) 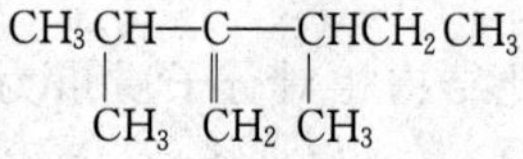 $CH_3CH-C-CHCH_2CH_3$（CH 上连 CH_3，C 上以双键连 CH_2，CH 上连 CH_3）

(2) $CH_3C=C(CH_3)CH(CH_3)_2$（第一个 C 上连 C_2H_5）

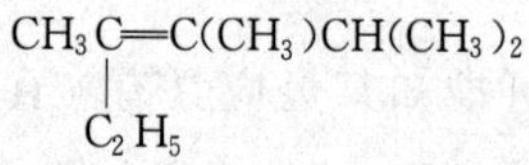

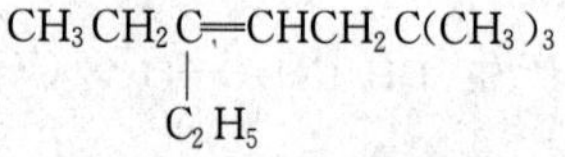

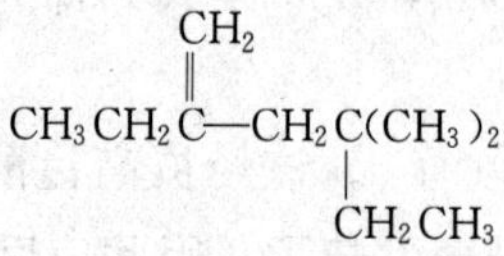

(3) $CH_3CH_2C=CHCH_2C(CH_3)_3$（C 上连 C_2H_5）

(4) $CH_3CH_2C-CH_2C(CH_3)_2$（C 上以双键连 CH_2；$C(CH_3)_2$ 上连 CH_2CH_3）

(5) $CH_3(CH_2)_3-C=CHCH(CH_3)_2$（C 上连 C_2H_5）

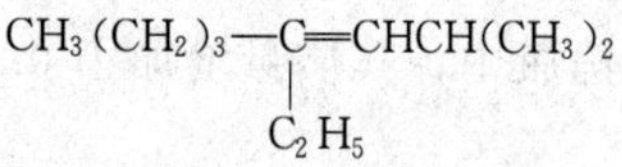

(6) 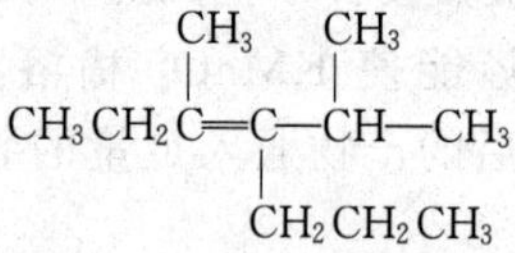 $CH_3CH_2C=C-CH-CH_3$（第一个 C 上连 CH_3，第二个 C 上连 $CH_2CH_2CH_3$，CH 上连 CH_3）

(7) 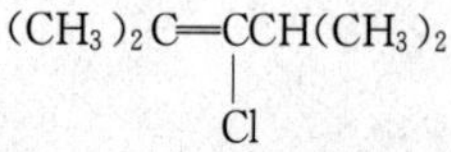 $(CH_3)_2C=CCH(CH_3)_2$（C 上连 Cl）

(8) $CH_3CH_2CH=CHCH_2I$

5. 根据下列名称写出相应的构造式，并指出哪些物质互为同分异构体。

(1) 异丁烯　　(2) 2-甲基-4-异丙基-2-庚烯

(3) 2-甲基-3-乙基-1-戊烯　　(4) *Z*-3-甲基-2-己烯

(5) 2,3-二甲基-2-戊烯　　(6) 反-3,4-二甲基-3-庚烯

(7) 顺-2-戊烯　　(8) *E*-3-甲基-4-异丙基-3-庚烯

6. 根据下列化合物名称，写出相应的构型式，并用 *Z*/*E* 构型标记法命名。

(1) 顺-3-甲基-2-戊烯　　(2) 反-4,4-二甲基-2-戊烯

(3) 顺-3,4-二甲基-3-己烯　　(4) 反-3-甲基-4-氯-3-己烯

二、完成下列反应方程式

1. 食品包装袋是由聚乙烯塑料制成的。试写出由乙醇（CH_3CH_2OH）为原料合成聚乙烯塑料的有关反应式。

2. 写出异丁烯与下列含溴试剂反应的主要有机产物。

(1) 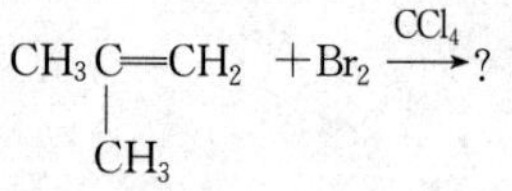 $CH_3C(CH_3)=CH_2 + Br_2 \xrightarrow{CCl_4} ?$

(2) $CH_3C(CH_3)=CH_2 + Br_2 \xrightarrow{500℃} ?$

(3) $CH_3C(CH_3)=CH_2 + Br_2/H_2O \xrightarrow{\triangle} ?$

(4) $CH_3C(CH_3)=CH_2 + Br_2 \xrightarrow{KI\ 水溶液} ?$

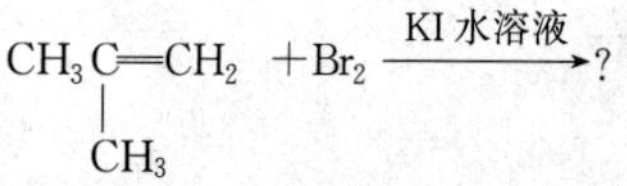

(5) 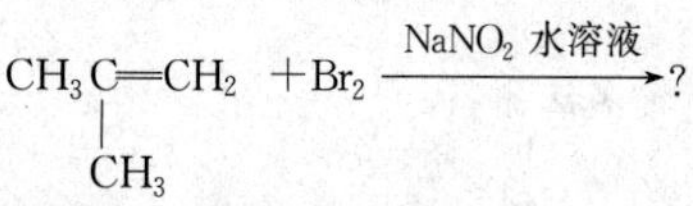 $CH_3C(CH_3)=CH_2 + Br_2 \xrightarrow{NaNO_2\ 水溶液} ?$

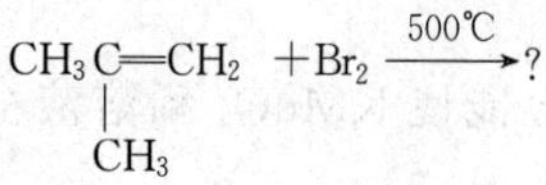

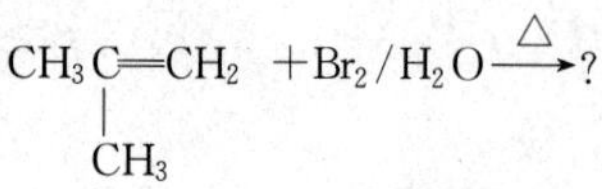

3. 完成下列反应式，写出其中主要产物。

(1) $CH_3CH_2C(CH_3){=}CH_2 + Cl_2 \xrightarrow{(1mol)}$ $\xrightarrow{常温} A$；$\xrightarrow{500℃} B$

(2) $CH_3CH_2C(CH_3){=}CH_2$ —— $\xrightarrow{HBr} A$；$\xrightarrow[过氧化物]{HBr} B$

(3) $CH_3CH_2C(CH_3){=}CHCH_3$ —— $\xrightarrow{HCl} A$；$\xrightarrow[过氧化物]{HCl} B$

(4) $CH_3-C(CH_3){=}CH_2 + H_2SO_4 \xrightarrow{30℃} A \xrightarrow[\triangle]{H_2O} B$

(5) $CH_3CH_2CH{=}CH_2 + H_2O \xrightarrow[200℃]{H^+} A$

(6) $CH_3C(CH_3){=}CH_2 + Cl_2 + H_2O \xrightarrow{\triangle} A$

(7) $CH_3-C(CH_3){=}CHCH_3$ —— $\xrightarrow{KMnO_4(冷、稀)} A$；$\xrightarrow[或KMnO_4+H^+]{KMnO_4(浓、热)} B$

(8) $CH_3CH{=}CH_2$ —— $\xrightarrow{KMnO_4, H^+} A$；$\xrightarrow[Ni,\triangle]{H_2} B$

(9) $CH_2{=}CH_2 + \frac{1}{2}O_2 + \xrightarrow[120\sim130℃]{Cu_2Cl_2\text{-}PdCl_2} A$

(10) $nCH_3CH{=}CH_2 \xrightarrow[50\sim60℃]{三乙基铝\text{-}TiCl_4} A$

三、填空题

1. 有机物分子中比较活泼而易发生化学反应的原子或原子团称__________。烯烃的官能团是__________，烯烃的通式是__________。

2. σ键和π键的成键情况不同，其中σ键是沿着成键两原子的__________成键；π键是成键两原子的p电子云__________成键。

3. 构成碳碳双键的两个碳原子上，分别连有__________时，就会产生顺反异构体。

4. 顺反异构体的性质有一定的差异，其中，反式异构体比顺式异构体熔点较__________、沸点及溶解度较__________、性质较__________。

5. 不对称烯烃与极性试剂反应时，试剂中带正电荷部分，主要加到连着双键含氢较__________的双键碳原子上；带负电荷部分，主要加到连着双键含氢较__________的双键碳原子上。在HOX中，带正电荷部分是__________；带负电荷部分是__________。

6. 异丁烯与HBr作用，生成物的构造式是__________，其反应类型是__________。异丁烯在高温(500℃)下与溴作用，生成产物的构造式是__________，此反应称烯烃的__________反应。

7. 石油裂解时，生成大量的乙烯、丙烯、异丁烯气体，用浓硫酸吸收后水解生成醇，其产物的构造式分别是__________、__________、__________。

8. 试把与HI作用主要生成下列碘代烷的适当烯烃构造式写在相应的横线上。

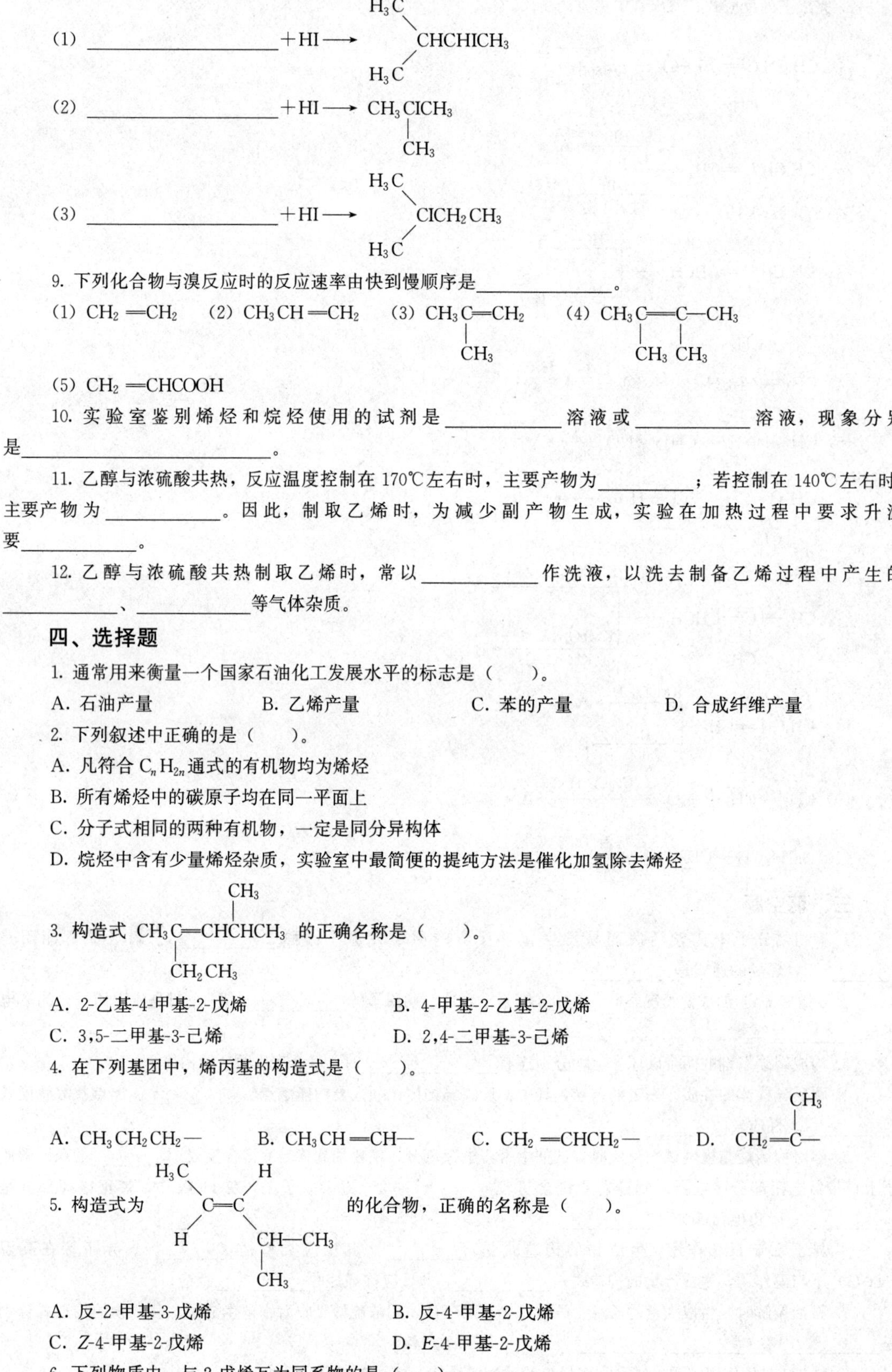

(1) ________________ + HI ⟶ $(H_3C)_2CHCHICH_3$

(2) ________________ + HI ⟶ $CH_3CI(CH_3)CH_3$

(3) ________________ + HI ⟶ $(H_3C)_2CICH_2CH_3$

9. 下列化合物与溴反应时的反应速率由快到慢顺序是____________。

(1) $CH_2=CH_2$　(2) $CH_3CH=CH_2$　(3) $CH_3C(CH_3)=CH_2$　(4) $CH_3C(CH_3)=C(CH_3)-CH_3$

(5) $CH_2=CHCOOH$

10. 实验室鉴别烯烃和烷烃使用的试剂是__________溶液或__________溶液，现象分别是______________________。

11. 乙醇与浓硫酸共热，反应温度控制在170℃左右时，主要产物为________；若控制在140℃左右时，主要产物为__________。因此，制取乙烯时，为减少副产物生成，实验在加热过程中要求升温要__________。

12. 乙醇与浓硫酸共热制取乙烯时，常以__________作洗液，以洗去制备乙烯过程中产生的__________、__________等气体杂质。

四、选择题

1. 通常用来衡量一个国家石油化工发展水平的标志是（　　）。

A. 石油产量　　B. 乙烯产量　　C. 苯的产量　　D. 合成纤维产量

2. 下列叙述中正确的是（　　）。

A. 凡符合 C_nH_{2n} 通式的有机物均为烯烃

B. 所有烯烃中的碳原子均在同一平面上

C. 分子式相同的两种有机物，一定是同分异构体

D. 烷烃中含有少量烯烃杂质，实验室中最简便的提纯方法是催化加氢除去烯烃

3. 构造式 $CH_3C(CH_2CH_3)=CHCH(CH_3)CH_3$ 的正确名称是（　　）。

A. 2-乙基-4-甲基-2-戊烯　　B. 4-甲基-2-乙基-2-戊烯

C. 3,5-二甲基-3-己烯　　D. 2,4-二甲基-3-己烯

4. 在下列基团中，烯丙基的构造式是（　　）。

A. $CH_3CH_2CH_2-$　　B. $CH_3CH=CH-$　　C. $CH_2=CHCH_2-$　　D. $CH_2=C(CH_3)-$

5. 构造式为 $(H_3C)(H)C=C(H)(CH(CH_3)CH_3)$（$H_3C$ 与 H 分别在双键两侧上方，H 与 $CH-CH_3$ 在下方）的化合物，正确的名称是（　　）。

A. 反-2-甲基-3-戊烯　　B. 反-4-甲基-2-戊烯

C. *Z*-4-甲基-2-戊烯　　D. *E*-4-甲基-2-戊烯

6. 下列物质中，与2-戊烯互为同系物的是（　　）。

A. 1-戊烯　　B. 2-甲基-1-丁烯　　C. 2-甲基-2-丁烯　　D. 4-甲基-2-戊烯

7. 下列物质中，具有顺反异构体的是（　　）。

A. $CH_3CH=CHCH_2CH_3$

B. $CH_2=C-CH_3$
　　$|$
　　Cl

C. $CH_3CH_2C=CCH_2CH_3$
　　$|\ \ |$
　　$Br\ Br$

D.
$$\begin{array}{ccc} & & CH_3 \\ & & | \\ H_3C & & CH-CH_3 \\ & \diagdown \ \diagup & \\ & C=C & \\ & \diagup \ \diagdown & \\ Cl & & CH(CH_3)_2 \end{array}$$

8. 下列物质中，有固定沸点的物质是（　　）。

A. 乙烯　　B. 聚乙烯　　C. C_5H_{12}　　D. 汽油

9. 在下列烯烃中，用作水果催熟剂的物质是（　　）。

A. 乙烯　　B. 丙烯　　C. 丁烯　　D. 异丁烯

10. 在下列烯烃中，最易与浓硫酸反应而被吸收的物质是（　　）。

A. $CH_2=CH_2$　　B. $CH_3CH=CH_2$　　C. $CH_3\overset{\overset{\large CH_3}{|}}{C}=CH_2$　　D. $CH_3CH_2CH=CH_2$

11. 下列化合物在与溴、卤化氢等试剂（亲电试剂）发生加成反应时，其反应活性由大到小的顺序是（　　）。

a. $CH_3CH=CH_2$　　b. $CH_3\underset{\underset{\large CH_3}{|}}{C}=CH_2$　　c. $(CH_3)_2C=C(CH_3)_2$　　d. $(CH_3)_2C=CHCH_3$

A. b＞a＞d＞c　　B. b＞d＞a＞c　　C. c＞d＞b＞a　　D. d＞b＞a＞c

12. 由许多单体相互作用，只生成高分子化合物的反应称为（　　）。

A. 化合反应　　B. 聚合反应　　C. 取代反应　　D. 加成反应

13. 乙烯和丙烯按 1∶1 摩尔数比聚合，生成乙丙橡胶。其结构表示式是（　　）。

A. $\left[CH_2CH_2\underset{\underset{\large CH_3}{|}}{C}HCH_2\right]_n$

B. $\left[CH_2CH_2CH_2-\underset{\underset{\large CH_3}{|}}{CH}\right]_n$

C. $\left[CH_2CH_2CH=CHCH_2\right]_n$

D. $\left[CH_2CH_2CH_2CH_2CH_2\right]_n$

14. 下列烯烃被浓热的高锰酸钾溶液氧化时，有乙酸（CH_3COOH）产生的是（　　）。

A. $CH_3CH=CHCH(CH_3)_2$　　B. $(CH_3)_2C=CHCH_2CH_3$

C. $CH_2=CHCH_2CH_3$　　D. $CH_3CH=CHCH=CHCH_3$

15. 下列烯烃用高锰酸钾酸性溶液氧化时，有丙酮$\left(\begin{array}{c} O \\ \| \\ CH_3CCH_3 \end{array}\right)$、丁二酸（$HOOCCH_2CH_2COOH$）和二氧化碳生成的是（　　）。

A. $CH_3CH_2CH_2CH=\underset{\underset{\large CH_3}{|}}{C}-CH_3$

B. $CH_3\underset{\underset{\large CH_3}{|}}{C}=CHCH_2CH_2CH=\underset{\underset{\large CH_3}{|}}{C}-CH_3$

C. $CH_2=CHCH_2CH_2CH=\underset{\underset{\large CH_3}{|}}{C}-CH_3$

D. $CH_2=CHCH_2CH_2CH=CHCH_3$

16. 实验室制备乙烯的实验，下列说法正确的是（　　）。

A. 反应物是乙醇和过量浓硫酸的混合溶液

B. 温度计水银球插入液面下，控制反应温度在 170℃左右

C. 温度计水银球的上端应与蒸馏烧瓶支管下缘处在同一水平线上，控制在 140℃左右

D. 反应完毕时要先灭火，再从水中取出导气管

五、判断题（下列叙述对的在括号中打“√”，错的打“×”）

1. 苯乙烯（C_6H_5—CH═CH_2）是乙烯的同系物。（　）

2. 在顺反异构体的构型命名中，顺式都是 *Z* 型；反式都是 *E* 型。（　）

3. 乙烯分子中的 6 个原子都在同一平面上，是个平面型分子。其他烯烃和乙烯类似，也是平面型的分子结构。（　）

4. 乙烯是具有平面型的分子结构；其他烯烃则是具有立体型的分子结构。（　）

5. 烯烃中连接双键的两个碳原子都连接不同的原子或基团时，才会产生顺反异构体。（　）

6. 烯烃中连接双键的两个碳原子分别连接不同的原子或基团时，才会产生顺反异构体。（　）

7. 在过氧化物存在下，不对称烯烃与卤化氢加成时，违反马氏规则。（　）

8. $(H_3C)_2C═C(CH_3)_2$ 比 $CH_2═CH_2$ 空间位阻大，所以前者比后者难发生与 HX、H_2SO_4 等试剂的加成反应。（　）

9. 烯烃能使溴的 CCl_4 溶液及稀高锰酸钾溶液褪色，反应时都是 π 键断裂，分子中分别引入两个溴原子及两个羟基（—OH）：

$$RCH═CH_2 + Br_2 \xrightarrow{CCl_4} RCH(Br)CH_2Br$$

$$RCH═CH_2 + KMnO_4（冷、稀）+ H_2O \longrightarrow RCH(OH)CH_2OH + MnO_2 + KOH$$

所以它们都属于加成反应。（　）

10. 烯烃能使溴的 CCl_4 溶液或溴水褪色，是加成反应的结果；烯烃能使稀高锰酸钾溶液褪色，是烯烃被稀高锰酸钾氧化的结果。（　）

六、鉴别、分离和提纯题

1. 汽油中有少量烯烃杂质，在实验室中如何使用最简便的化学方法提纯？

2. 顺-2-丁烯和反-2-丁烯分子组成都是 C_4H_8，它们的偶极矩、熔点和沸点是否相同？为什么？如何把它们鉴别出来？

3. 用简便的化学方法区别下列两组同分异构体。

（1）1-丁烯与 2-丁烯

（2）2-甲基-2-戊烯与 2,3-二甲基-2-丁烯

4. 用简便的化学方法区别下列两组化合物

（1）己烷、1-己烯和 2,3-二甲基-2-丁烯

（2）戊烷、1-戊烷和 2-戊烯

5. 在聚丙烯的生产中，常用己烷或庚烷作溶剂。但要求溶剂中不能含有烯烃。请列举两种化学方法，检验该溶剂中有无烯烃杂质。若有，如何除去？

6. 现有 3 瓶标签已脱落的药品，已知它们是庚烷、1-庚烯和 3-庚烯，试用化学方法把它们一一鉴别出来。3-庚烯有顺、反两种异构体。试鉴别出它们的构型（可用物理方法）。

七、合成题

1. 用 C_4 以下的烯烃和必要的无机试剂为原料，合成下列化合物。

（1）1-溴丙烷　（2）2-溴丙烷　（3）$CH_2(Br)CH_2CH_2Br$　（4）$CH_2(Br)CH(OH)CH_3$

(5) $\underset{\text{Cl}}{\underset{|}{CH_2}}\underset{\text{OH}}{\underset{|}{CH}}—\underset{\text{Cl}}{\underset{|}{CH_2}}$ (6) 异丙醇$\left(\begin{array}{c}\text{OH}\\ |\\ CH_3CHCH_3\end{array}\right)$ (7) 叔丁醇$\left(\begin{array}{c}CH_3\\ |\\ CH_3C—OH\\ |\\ CH_3\end{array}\right)$ (8) $\underset{\text{Cl}}{\underset{|}{CH_2}}\overset{\text{OH}}{\overset{|}{\underset{CH_3}{\underset{|}{C}}}}CH_2Cl$

2. 3-氯-1,2-丙二醇$\left(\begin{array}{c}ClCH_2CHCH_2OH\\ |\\ OH\end{array}\right)$为一种新型的灭鼠剂。试以水、氯气及下列的适当原料合成上述灭鼠剂。

(1) $ClCH_2—CH_2—CH_2OH$　　(2) $CH_2═CHCH_2OH$

(3) $CH_2═CHCH_2Cl$　　(4) $HOCH_2\overset{\text{Cl}}{\overset{|}{CH}}CH_2OH$

八、推测构造式

1. 有一化合物，分子式为 $C_{11}H_{20}$，催化加氢时，可吸收 2mol 的氢，剧烈氧化时，可得到丁酮$\left(\begin{array}{c}O\\ \|\\ CH_3CCH_2CH_3\end{array}\right)$、丙酸（$CH_3CH_2COOH$）和丁二酸（$HOOCCH_2CH_2COOH$），试推测此烃的构造式。

2. 将 100mL 氧气通入 20mL 某气态烃中，经点火燃烧并把产生的水蒸气冷凝除去后，测定剩余气体体积为 80mL，再用氢氧化钠溶液吸收后，剩余气体为 40mL（上述气体均在同温同压下测定），问此气态烃为何物？

3. 某烯烃 5mL 与氧气 20mL（过量）混合，使其完全燃烧后，冷却其体积变为 15mL（均在标准状态下测定），求此烯烃的构造式。

九、计算题

1. 1.0g 戊烷和戊烯的混合物，能使 5mL 溴的 CCl_4 溶液（每升中含溴 1mol）褪色，求此混合物中戊烯的质量分数。

2. 10mL 某种气态烃，在 50mL 氧气里充分燃烧，得到液态水和 35mL 混合气体（所有气体均在同温同压下测定），求该气态烃可能的构造式。

十、解答题

1. 烯烃与硫酸作用间接水合制取醇时，各种烯烃的活泼性有什么规律？为什么？试把下列各组烯烃按与硫酸加成的活性由大至小排列成序。

(1) ①乙烯　②丙烯　③2-丁烯

(2) ①1-丁烯　②2-丁烯　③异丁烯

(3) ①1-戊烯　②2-甲基-1-丁烯　③2-甲基-2-丁烯

2. 下述反应的产物不符合马氏规则，为什么？

$$F_3C—CH═CH_2+HBr \longrightarrow F_3C—CH_2CH_2Br$$

第四章　炔烃和二烯烃

主要内容要点

一、炔烃

1. 炔烃的同分异构现象及命名

炔烃的同分异构现象只有碳链异构及官能团位置异构，没有顺反异构体，因此，炔烃的同分异构现象比烯烃简单。

炔烃的系统命名法，其原则与烯烃相似，只需将“烯”字改成“炔”字即可。

2. 炔烃的化学性质

（1）加成反应

(R)HC≡CH：

$$\text{(R)HC}\equiv\text{CH}\xrightarrow[\text{Pt,Pd 或 Ni}]{H_2}\text{(R)HCH}=\text{CH}_2\xrightarrow[\text{Pt,Pd 或 Ni}]{H_2}\text{(R)HCH}_2\text{CH}_3$$

$$\text{(R)HC}\equiv\text{CH}\xrightarrow[\text{Lindlar}]{H_2}\text{(R)HCH}=\text{CH}_2$$

$$\text{(R)HC}\equiv\text{CH}\xrightarrow{X_2}\text{(R)HCX}=\text{CHX}\xrightarrow{X_2}\text{(R)H}-\text{CX}_2-\text{CX}_2-\text{H}$$

（X_2═Cl_2 或 Br_2）（炔烃能使溴褪色，用于鉴别）

$$\text{(R)HC}\equiv\text{CH}\xrightarrow[\text{(按马氏规则)}]{HX}\text{(R)HCX}=\text{CH}_2\xrightarrow{HX}\text{(R)H}-\text{CX}_2-\text{CH}_3$$

（反应活性：HI＞HBr＞HCl）

$$\text{(R)HC}\equiv\text{CH}\xrightarrow[\text{(反马氏规则)}]{\text{HBr, 过氧化物}}\text{(R)HCH}=\text{CHBr}$$

$$\text{(R)HC}\equiv\text{CH}\xrightarrow[\text{(按马氏规则)}]{\text{H}-\text{OH}, HgSO_4, H_2SO_4}\left[\text{(R)HC(OH)}=\text{CH}_2\right]\xrightarrow{\text{(重排)}}\text{(R)H}-\text{C(=O)}-\text{CH}_3$$

$$\text{(R)HC}\equiv\text{CH}\xrightarrow[\text{(按马氏规则)}]{HCN, Cu_2Cl_2, NH_4Cl}\text{(R)HC(CN)}=\text{CH}_2$$

（2）氧化反应

$$\text{RC}\equiv\text{CH}\xrightarrow[KMnO_4\text{(浓、热)或 }KMnO_4, H^+]{[O]}\text{RCOOH}+CO_2\uparrow$$

$$RC\equiv CR' \xrightarrow[KMnO_4(浓、热)或 KMnO_4,H^+]{[O]} RCOOH + R'COOH$$
（炔烃能使$KMnO_4$褪色，用于鉴别）

（3）聚合反应

$$H-C\equiv CH \xrightarrow[(二聚)]{Cu_2Cl_2,NH_4Cl,84\sim95℃} CH_2=CHC\equiv CH$$

$$H-C\equiv CH \xrightarrow[(三聚)]{羰基镍，三苯基膦} \text{苯}$$

（4）三键碳上氢原子的反应

$$\overset{(R)}{HC}\equiv CH \xrightarrow{Ag(NH_3)_2NO_3} \overset{(R)}{AgC}\equiv CAg\downarrow(白色) \xrightarrow{HNO_3(稀)} \overset{(R)}{HC}\equiv CH$$

$$\overset{(R)}{HC}\equiv CH \xrightarrow{Cu(NH_3)_2Cl} \overset{(R)}{CuC}\equiv CCu\downarrow(红色) \xrightarrow{HNO_3(稀)} \overset{(R)}{HC}\equiv CH$$

$$\overset{(R)}{HC}\equiv CH \xrightarrow[液氨]{NaNH_2} \overset{(R)}{HC}\equiv CNa \xrightarrow{R'X} \overset{(R)}{HC}\equiv CR'$$

3. 炔烃（—C≡C—）的鉴别

（1）加溴或高锰酸钾溶液试验　炔烃与烯炔相似，能使溴的红棕色及高锰酸钾溶液的紫红色褪去。

（2）硝酸银或氯化亚铜的氨溶液试验　具有—C≡CH 结构的炔烃，能生成—C≡CAg 白色沉淀或—C≡CCu 棕红色沉淀。

4. 炔烃的制法

（1）二卤代烷脱 HX

$$\underset{X}{RCH}\underset{X}{CH_2} \xrightarrow[\triangle]{2KOH-醇} RC\equiv CH$$

$$R\overset{X}{\underset{X}{C}}CH_2R' \xrightarrow[\triangle]{2KOH-醇} RC\equiv CR'$$

（2）炔钠与卤烷反应

$$HC\equiv CH \xrightarrow[液氨]{NaNH_2} HC\equiv CNa \xrightarrow{RX} RC\equiv CH$$

$$RC\equiv CH \xrightarrow[液氨]{NaNH_2} RC\equiv CNa \xrightarrow{R'X} RC\equiv CR'$$

（3）乙炔的制法

$$CaC_2 + H_2O \longrightarrow HC\equiv CH$$

$$2CH_4 \xrightarrow{1500℃} HC\equiv CH$$

二、二烯烃

二烯烃根据两个碳碳双键相对位置的不同分为积累二烯烃、共轭二烯烃和孤立二烯烃三类，其中以共轭二烯烃最为重要。

1. 共轭二烯烃的化学性质

(1)

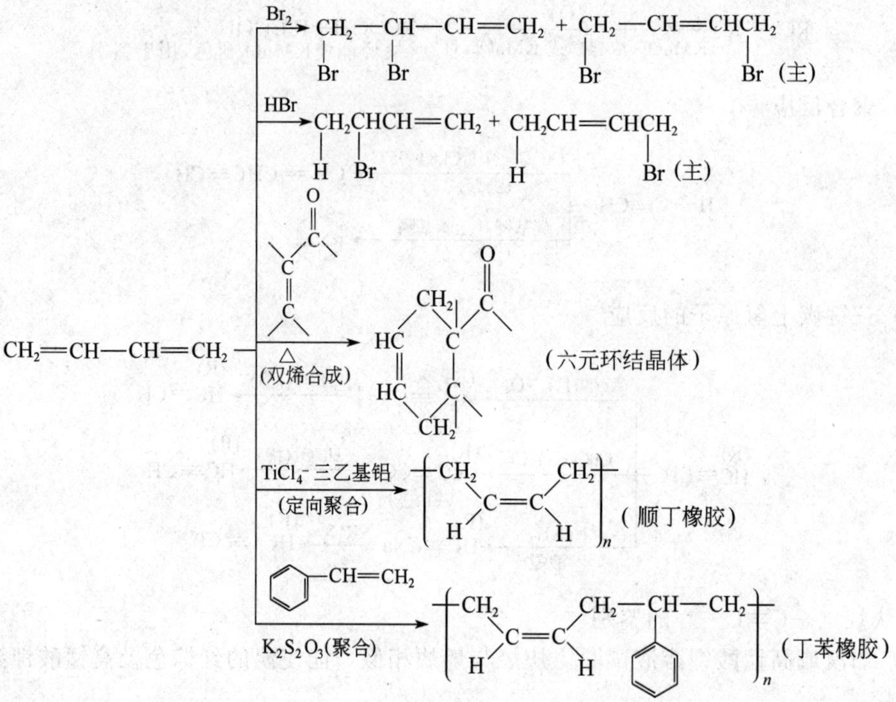

$$CH_2{=}CH{-}CH{=}CH_2 \xrightarrow{Br_2} \underset{Br}{CH_2}{-}\underset{Br}{CH}{-}CH{=}CH_2 + \underset{Br}{CH_2}{-}CH{=}\underset{Br}{CHCH_2}\ (主)$$

$$CH_2{=}CH{-}CH{=}CH_2 \xrightarrow{HBr} \underset{H}{CH_2}\underset{Br}{CH}CH{=}CH_2 + \underset{H}{CH_2}CH{=}\underset{Br}{CHCH_2}\ (主)$$

$$CH_2{=}CH{-}CH{=}CH_2 \xrightarrow[\text{(双烯合成)}]{\triangle}$$ （六元环结晶体）

$$CH_2{=}CH{-}CH{=}CH_2 \xrightarrow[\text{(定向聚合)}]{TiCl_4\text{-三乙基铝}} \left[CH_2{-}\underset{H}{C}{=}\underset{H}{C}{-}CH_2\right]_n$$ （顺丁橡胶）

$$CH_2{=}CH{-}CH{=}CH_2 \xrightarrow[K_2S_2O_3\text{(聚合)}]{C_6H_5CH{=}CH_2} \left[CH_2{-}\underset{H}{C}{=}\underset{H}{C}{-}CH_2{-}CH_2{-}\underset{C_6H_5}{CH}{-}CH_2\right]_n$$ （丁苯橡胶）

(2)

$$CH_2{=}\underset{CH_3}{C}{-}CH{=}CH_2 \xrightarrow{HBr} \underset{H}{CH_2}{-}\overset{Br}{\underset{CH_3}{C}}{-}CH{=}CH_2 + \underset{H}{CH_2}{-}\underset{CH_3}{C}{=}\underset{Br}{CHCH_2}\ (主)$$

$$CH_2{=}\underset{CH_3}{C}{-}CH{=}CH_2 \xrightarrow[\text{(双烯合成)}]{\triangle}$$ （六元环结晶体）

$$CH_2{=}\underset{CH_3}{C}{-}CH{=}CH_2 \xrightarrow[\triangle]{TiCl_4,\text{三异丁基铝}} \left[CH_2{-}\underset{H}{C}{=}\underset{H}{C}{-}CH_2\right]_n$$ （合成天然橡胶）

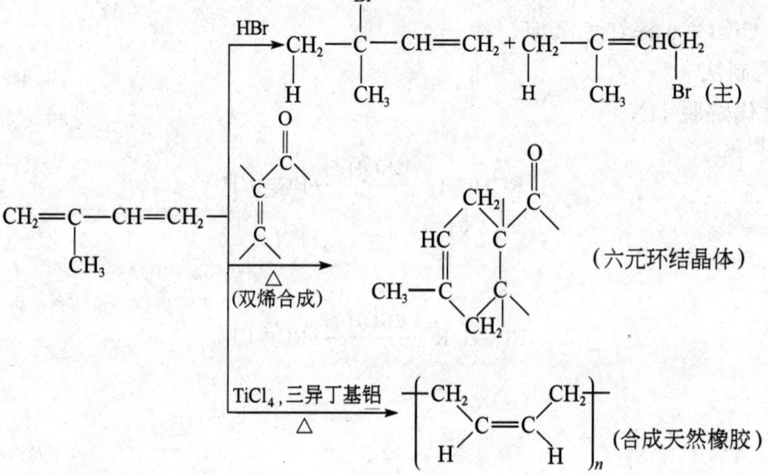

2. 共轭二烯烃的鉴别

共轭二烯烃与顺丁烯二酸酐反应，生成具有六元环结构的加成物结晶固体。

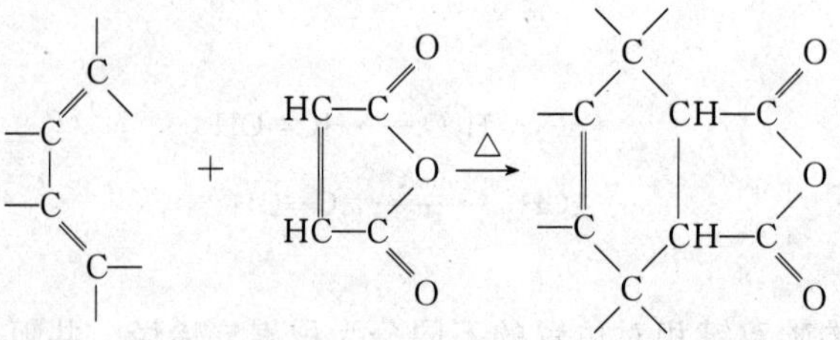

$$\text{共轭二烯} + \text{顺丁烯二酸酐} \xrightarrow{\triangle} \text{六元环加成物}$$

3. 共轭二烯烃的制法

(1) 二卤代烷脱 HX

$$\underset{\substack{| \quad | \\ X \quad X}}{CH_3CHCHCH_3} \xrightarrow[\triangle]{2KOH\text{-醇}} CH_2=CH-CH=CH_2$$

（2）烯丙基卤脱 HX

$$CH_2=CH\underset{\substack{| \\ X}}{C}HCH_3 \xrightarrow[\triangle]{KOH\text{-醇}} CH_2=CH-CH=CH_2$$

（3）$2CH_3CH_2OH \xrightarrow[390℃]{MgO\text{-}SiO_2} CH_2=CH-CH=CH_2$

（4）$CH_3CH_2CH_2CH_3 \xrightarrow[600℃]{Al_2O_3\text{-}Cr_2O_3} CH_2=CH-CH=CH_2$

例题解析

【例 4-1】 写出分子式为 C_6H_{10} 的所有炔烃的构造异构体，并用系统命名法命名。

解析 炔烃同分异构体的推导方法和烯烃类似，也是从 C_6 的烷烃碳骨架加入一个三键，并不断变换三键位置产生的。

（1）$C-C-C-C-C-C \longrightarrow \begin{cases} CH_3CH_2CH_2CH_2C\equiv CH & \text{1-己炔} \\ CH_3CH_2CH_2C\equiv CCH_3 & \text{2-己炔} \\ CH_3CH_2C\equiv CCH_2CH_3 & \text{3-己炔} \end{cases}$

（2）$C-C-C-\underset{\substack{| \\ C}}{C}-C \longrightarrow \begin{cases} CH_3C\equiv CC\underset{\substack{| \\ CH_3}}{H}CH_3 & \text{4-甲基-2-戊炔} \\ CH\equiv CCH_2C\underset{\substack{| \\ CH_3}}{H}CH_3 & \text{4-甲基-1-戊炔} \end{cases}$

（3）$C-C-\underset{\substack{| \\ C}}{C}-C-C \longrightarrow HC\equiv CC\underset{\substack{| \\ CH_3}}{H}CH_2CH_3$　　3-甲基-1-戊炔

（4）$C-C-\overset{\substack{C \\ |}}{\underset{\substack{| \\ C}}{C}}-C \longrightarrow CH_3-\overset{\substack{CH_3 \\ |}}{\underset{\substack{| \\ CH_3}}{C}}-C\equiv CH$　　3,3-二甲基-1-丁炔

（5）$C-\underset{\substack{| \\ C}}{C}-\underset{\substack{| \\ C}}{C}-C \longrightarrow$不可能加入三键，故无相应的炔烃。

【例 4-2】 化合物 A、B，分子式均为 C_6H_{10}，经催化加氢都可生成 3-甲基戊烷。分别与硝酸银的氨溶液作用时，A 可生成白色沉淀，B 不生成沉淀物。当 B 与顺丁烯二酸酐作用时，生成结晶 C。试推测 A、B、C 的结构。

解析 分子式 C_6H_{10} 符合炔烃、二烯烃、环烯烃 C_nH_{2n-2} 的通式，因此 A、B 可能是炔烃、二烯烃或环烯烃。A、B 经催化加氢可生成 3-甲基戊烷，说明它们不可能是环烯烃，而可能是炔烃或二烯烃，且具有 $C-C-\underset{\substack{| \\ C}}{C}-C-C-$ 碳架。当与硝酸银氨溶液作用时，A 有白色沉淀物生成，说明 A 具有 $RC\equiv CH$ 结构，结合其碳架推测，A 的构造式为 $CH_3CH_2\underset{\substack{| \\ CH_3}}{CH}-C\equiv CH$ 。从 B 与顺丁烯二酸酐作用能生成结晶，推测 B 为共轭二烯烃，再结合

其碳架考虑，B 的构造式为 $CH_3CH{=}\underset{\displaystyle CH_3}{\underset{|}{C}}{-}CH{=}CH_2$ 。

而 B 与顺丁烯二酸酐作用生成结晶 C，反应式为：

$$\underset{B}{\begin{array}{l} \quad\;\; CH_3 \\ \quad\;\; CH \\ \quad /\!\!/ \\ CH_3{-}C \\ \quad\;\; | \\ \quad\;\; CH \\ \quad\;\; \backslash\!\!\backslash \\ \quad\;\;\; CH_2 \end{array}} + \begin{array}{l} HC{-}C{=}O \\ \| \qquad\;\; \backslash \\ \| \qquad\;\;\; O \\ \| \qquad\;\; / \\ HC{-}C{=}O \end{array} \xrightarrow{\triangle} \underset{C}{\begin{array}{l} \qquad\quad CH_3 \\ \qquad\quad | \\ \qquad\quad CH \\ \qquad / \qquad \backslash \\ CH_3{-}C \qquad\; CH{-}C{=}O \\ \quad\;\; \| \qquad\;\; | \qquad\;\; \backslash \\ \quad\;\; \| \qquad\;\; | \qquad\;\;\; O \\ \quad\;\; \| \qquad\;\; | \qquad\;\; / \\ \quad\;\; CH \qquad CH{-}C{=}O \\ \qquad \backslash \qquad / \\ \qquad\quad CH_2 \end{array}}$$

【**例 4-3**】化合物 A，分子式为 C_5H_8，它能与金属钠反应，生成物再与 1-溴丙烷（$CH_3CH_2CH_2Br$）作用，生成分子式为 C_8H_{14} 的化合物 B，B 经高锰酸钾溶液氧化，得到两种分子式为 $C_4H_8O_2$ 的酸 C 和 D，C 和 D 均具有 RCOOH 结构，彼此互为同分异构体。A 在 $HgSO_4$ 和稀硫酸存在下，发生水合反应得到 C_5 的酮 E，E 的分子式为 $C_5H_{10}O$，它具有 $R{-}\overset{\displaystyle O}{\overset{\|}{C}}{-}R'$ 结构。试推测 A、B、C、D、E 的构造式，并用反应式表示其转化过程。

解析 化合物 A 的分子式 C_5H_8，符合通式 C_nH_{2n-2}，因此，它可能是炔烃、二烯烃或环烯烃。它能与金属钠反应，说明它是具有 $R{-}C{\equiv}C{-}H$ 结构的炔烃，不可能是二烯烃或环烯烃。因此 A 可能为下列构造式：

（1）$CH_3CH_2CH_2C{\equiv}CH$ （2）$CH_3\underset{\displaystyle CH_3}{\underset{|}{C}}HC{\equiv}CH$

化合物 A 的钠盐与 $CH_3CH_2CH_2Br$ 作用后生成 B(C_8H_{14})，B 应为高级炔。B 经高锰酸钾氧化后得到两种分子式均为 $C_4H_8O_2$ 的酸 C 和 D，C 和 D 为构造异构体，说明这两种酸必为 $CH_3\underset{\displaystyle CH_3}{\underset{|}{C}}HCOOH$ （C）和 $CH_3CH_2CH_2COOH$（D），由此可推知 B 的构造式为 $CH_3\underset{\displaystyle CH_3}{\underset{|}{C}}HC{\equiv}C{-}CH_2CH_2CH_3$ ，B 是由 A 的钠衍生物（$RC{\equiv}CNa$）与 $CH_3CH_2CH_2Br$ 作用生成的，可知 A 的构造式为 $CH_2\underset{\displaystyle CH_3}{\underset{|}{C}}HC{\equiv}CH$ ，A 在 $HgSO_4$ 的催化下水合生成 E，E 的构造式为 $CH_3\underset{\displaystyle CH_3}{\underset{|}{C}}H{-}\underset{\displaystyle O}{\underset{\|}{C}}CH_3$ ，其反应式如下：

$$\underset{A}{CH_3\underset{\displaystyle CH_3}{\underset{|}{C}}HC{\equiv}CH} \xrightarrow{Na} CH_3\underset{\displaystyle CH_3}{\underset{|}{C}}HC{\equiv}CNa \xrightarrow{CH_3CH_2CH_2Br} \underset{B}{CH_3\underset{\displaystyle CH_3}{\underset{|}{C}}HC{\equiv}CCH_2CH_2CH_3}$$

$$\underset{B}{CH_3\underset{\displaystyle CH_3}{\underset{|}{C}}HC{\equiv}CCH_2CH_2CH_3} \xrightarrow[KMnO_4]{[O]} \underset{C}{CH_3\underset{\displaystyle CH_3}{\underset{|}{C}}HCOOH} + \underset{D}{CH_3CH_2CH_2COOH}$$

$$\underset{A}{CH_3\underset{\displaystyle CH_3}{\underset{|}{C}}HC{\equiv}CH} + H{-}OH \xrightarrow{HgSO_4} \left[CH_3\underset{\displaystyle CH_3}{\underset{|}{C}}H{-}\underset{\displaystyle OH}{\underset{|}{C}}{=}CH_2 \right] \xrightarrow{\text{重排}} \underset{E}{CH_3\underset{\displaystyle CH_3}{\underset{|}{C}}H{-}\underset{\displaystyle O}{\underset{\|}{C}}CH_3}$$

【例 4-4】 化合物 A 和 B，都含碳 88.82％、含氢 11.18％，室温下它们都能使溴的 CCl_4 溶液褪色。当 A 和 B 分别用氯化亚铜的氨溶液作用时，A 能生成沉淀，而 B 不能生成沉淀物。当 A 和 B 分别用热的高锰酸钾溶液氧化时，A 能生成丙酸（CH_3CH_2COOH）和二氧化碳，而 B 则生成草酸 $\left(\begin{array}{c}COOH\\|\\COOH\end{array}\right)$ 和二氧化碳，试推测 A、B 的构造式。

解析 (1) 先求 A、B 两化合物的分子式

$$C:H=\frac{88.82\%}{12}:\frac{11.18\%}{1}=2:3 \qquad \text{实验式为 } C_2H_3$$

题目未给出相对分子质量，分子式即为 $(C_2H_3)_n$。n 值为多少呢？从 A、B 氧化后所得产物推知，A、B 都是含 4 个碳原子的烃，因此，只有分子式（C_2H_3）$_n$ 中的 $n=2$ 时，即它们的分子式为 C_4H_6 时，才是合理的。

(2) A、B 的分子式为 C_4H_6，符合 C_nH_{2n-2} 的通式，因此，它们可能是炔烃、二烯烃或环烯烃。这三类化合物都能使溴的 CCl_4 溶液褪色。而化合物 A 与氯化亚铜的氨溶液作用有沉淀生成，说明它是具有 R—C≡CH 结构的炔烃，且 A 氧化后生成 CH_3CH_2COOH 和二氧化碳，故 A 的构造式为 $CH_3CH_2C≡CH$。

化合物 B 与氯化亚铜氨溶液作用不发生沉淀，说明它可能是 RC≡CR′型的炔、二烯烃或环烯烃。但它氧化后生成 $\begin{array}{c}COOH\\|\\COOH\end{array}$ 和二氧化碳，因此，它必须具有 $\begin{array}{cc}H & H\\ | & |\\ =C- & C=\end{array}$ 结构和$=CH_2$ 结构，而它的分子式为 C_4H_6，故 B 的构造式为 $CH_2=CH-CH=CH_2$。

【例 4-5】 有 5 瓶不慎失落标签的药品，已知它们是 1-戊炔、1-戊烯、2-戊烯、异戊二烯、戊烷，试用简便的化学方法把它们鉴别出来。

解析 鉴别物质，要使用物质的特性反应，即要求加入的试剂能使待检物质呈特殊现象，例如有气体生成、沉淀或颜色变化等现象，从而把物质鉴别出来。也可以使用表格法或图示法，而表格法、图示法简明扼要，一目了然。上述物质鉴别如下：

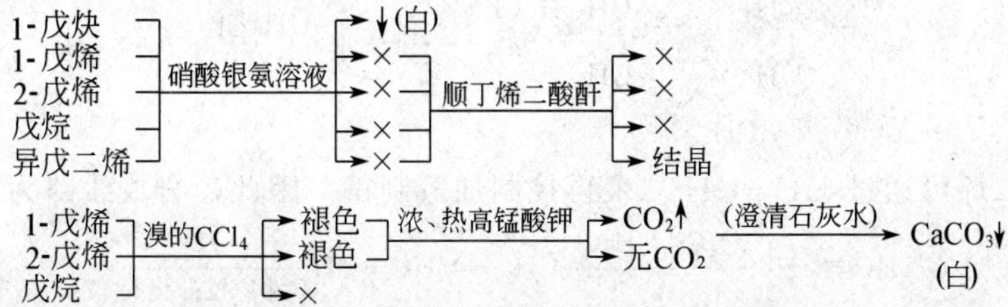

【例 4-6】 用化学方法分离 1-戊炔、2-戊烯、戊烷的混合物。

解析 有机化学反应往往生成主产物和副产物的混合物，把产物进行分离和提纯，是科研和化工生产中经常遇到的实际问题，也是一种十分繁杂而艰巨的工作。既需用化学方法，也需用物理方法（如溶解、沉淀、过滤、洗涤、萃取、蒸馏、重结晶等），把得到的粗产品进行分离，再进行提纯精制，才能得到纯产品。这里我们着重讨论从混合物中分离得粗产品。

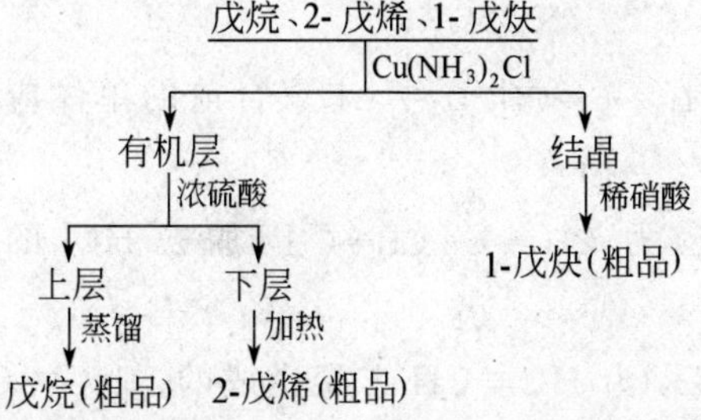

【例 4-7】以乙炔为起始原料及与其他适当的无机、有机试剂合成下列化合物。

1. 4-甲基-1-戊炔　　2. (环己烯-4-基)$-CH_2Cl$

解析　1. 合成 4-甲基-1-戊炔

先写出原料与产物的构造式：$HC\equiv CH \longrightarrow HC\equiv CCH_2CH(CH_3)CH_3$。

从原料与产物的构造式看，产物是比原料 $HC\equiv CH$ 增加了异丁基 $\left(-CH_2CH(CH_3)CH_3\right)$ 的高级炔。而合成高级炔的通式为 $HC\equiv CNa + RX \longrightarrow HC\equiv CR + NaX$，式中高级炔（$HC\equiv CR$）增加的烷基（R）是来自卤代烷（RX）。本题中卤代烷的烷基（R）应含异丁基 $\left(-CH_2CH(CH_3)CH_3\right)$ 结构；而 $HC\equiv CNa$ 是由 $HC\equiv CH$ 与 $NaNH_2$ 反应制得的。根据这种思路，可写成下述合成线路。

$$HC\equiv CH + NaNH_2 \xrightarrow{\text{液氨}} HC\equiv CNa \xrightarrow[\triangle]{BrCH_2CH(CH_3)CH_3} HC\equiv CCH_2CH(CH_3)CH_3 + NaBr$$

2. $HC\equiv CH \longrightarrow$ (环己烯-4-基)$-CH_2Cl$

产物是具有六元环的双烯加合物。要合成这个加合物，必须通过共轭二烯烃与亲双烯体合成。从产物结构 (环己烯-4-基)$-CH_2Cl$ 分析，共轭二烯烃应为 1,3-丁二烯，而亲双烯体是 $CHCH_2Cl{=}CH_2$。即：

$$CH_2{=}CH{-}CH{=}CH_2 + CHCH_2Cl{=}CH_2 \longrightarrow \text{(环己烯-4-基)}-CH_2Cl$$

而 1,3-丁二烯可通过 $HC\equiv CH$ 二聚再控制加氢制得。因此，合成线路为：

$$2HC\equiv CH \xrightarrow[\triangle]{Cu_2Cl_2\text{-}NH_4Cl} CH_2{=}CHC\equiv CH \xrightarrow[\text{林德拉催化剂}]{H_2}$$

$$CH_2{=}CH{-}CH{=}CH_2 \xrightarrow{CH_2{=}CHCH_2Cl} \text{(环己烯-4-基)}-CH_2Cl$$

【例 4-8】写出以电石为起始原料及与其他无机试剂合成氯丁橡胶的有关反应式。

解析　$CaC_2 \longrightarrow \left[-CH_2-C(Cl){=}CHCH_2-\right]_n$

我们运用倒推法，$\left[-CH_2-C(Cl){=}CHCH_2-\right]_n$ 未聚合前的单体应为 $CH_2{=}C(Cl){-}CH{=}CH_2$；此物在未与 HCl 加成之前，应为 $CH_2{=}C(Cl){-}CH{=}CH_2$ 脱去 HCl 的结构，即 $CH\equiv C{-}CH{=}CH_2$，而 $CH\equiv C{-}CH{=}CH_2$ 为 $HC\equiv CH$ 二聚生成的；$HC\equiv CH$ 又是电石 CaC_2 与 H_2O

反应的结果。在此按照“逆向思维，顺向作答”的原则可写成下列合成反应式：

$$2CaC_2 + H_2O \longrightarrow 2HC\equiv CH \xrightarrow[CuCl_2\text{-}NH_4Cl,\triangle]{\text{聚合}} CH\equiv C-CH=CH_2 \xrightarrow{HCl} H_2C=\underset{\displaystyle Cl}{\underset{|}{C}}-CH=CH_2$$

$$nH_2C=\underset{\displaystyle Cl}{\underset{|}{C}}-CH=CH_2 \xrightarrow{\text{聚合}} \left[H_2C-\underset{\displaystyle Cl}{\underset{|}{C}}=CH-CH_2 \right]_n$$

氯丁橡胶

习　题

一、命名或写出构造式

1. 用系统命名法命名下列化合物。

(1) $HC\equiv C-\underset{\displaystyle CH_2CH_3}{\underset{|}{CH}}-CH_3$　(2) $(CH_3)_3CC\equiv CCH(CH_3)_2$　(3) $CH_3\underset{\displaystyle CH_3}{\underset{|}{C}H}CH=CHCH=CH_2$

(4) $CH_3\underset{\displaystyle CH_2CH_3}{\underset{|}{CH}}-CH_2\underset{\displaystyle C\equiv CH}{\underset{|}{C}H}\overset{\displaystyle CH_3}{\overset{|}{C}H}CH_3$　(5) $CH_3CH=\underset{\displaystyle C(CH_3)_3}{\underset{|}{C}}-CH=CHCH_3$　(6) $CH_3CH_2-\overset{\displaystyle CHC_2H_5}{\overset{\|}{C}}-CH=CH_2$

(7) $\begin{matrix} CH_3 & & (CH_2)_2CH=CH_2 \\ & C=C & \\ H & & CH_2CH_3 \end{matrix}$

2. 写出 C_5H_8 的各种同分异构体，并用系统命名法命名。有顺反异构体的要写出构型和名称。

3. 写出 C_6H_{10} 中碳架是 $C-C-\underset{\displaystyle C}{\underset{|}{C}}-C-C$ 的炔烃和二烯烃的同分异构体，并用系统命名法命名。

4. 写出下列化合物的构造式，并分别指出它们有无顺、反异构现象。若有，请写出它们的顺、反异构体的构型式。

(1) 1,3-戊二烯　(2) 异戊二烯

(3) 乙烯基乙炔　(4) 4-甲基-3-叔丁基-1-己炔

5. 下列化合物中，哪些是相同的化合物？哪些是同系物？哪些是同分异构体。

(1) $CH_2=\underset{\displaystyle CH_2CH_3}{\underset{|}{C}}-CH(CH_3)_2$　(2) $HC\equiv C-\underset{\displaystyle CH_3}{\underset{|}{\overset{\displaystyle CH_3}{\overset{|}{CH}}}}$　(3) $CH_3-\overset{\displaystyle CH_2}{\overset{\|}{C}}-\underset{\displaystyle CH_2}{\underset{\|}{CH}}$

(4) $\underset{\displaystyle H}{\underset{|}{\overset{\displaystyle CH_3}{\overset{|}{C}}\equiv C}}$　(5) $CH_3CH_2-\underset{\displaystyle CH_2}{\underset{\|}{C}}-CH(CH_3)_2$　(6) $CH_2=\underset{\displaystyle CH_3}{\underset{|}{CH}}$

二、完成反应方程式

1. 写出 3-甲基-1-丁炔与下列试剂的反应简式。

(1) 溴的 CCl_4 溶液　(2) 过量的溴的 CCl_4 溶液　(3) H_2O/Hg^{2+}，H^+，加热

(4) CH_3CH_2Cl，加热　(5) 碘的水溶液　(6) Cu_2Cl_2 的氨溶液

(7) $KMnO_4$，H^+，加热

2. 完成下列反应式。

(1) $R-C\equiv CR'\xrightarrow[\text{喹啉},\triangle]{H_2,Pd\text{-}CaCO_3}A$；$R-C\equiv CR'\xrightarrow{2H_2,Pd,\triangle}B$

(2) $CH_3CH(CH_3)C\equiv CH\xrightarrow{HBr(\text{过量})}A$；$CH_3CH(CH_3)C\equiv CH\xrightarrow{HBr\text{过氧化物}}B$

(3) $HC\equiv CH+CH_3COOH\xrightarrow{\text{醋酸锌}}A$

(4) 1-乙炔基环己醇（环己烷同一碳上连 $C\equiv CH$ 和 OH） $+H_2O\xrightarrow{HgSO_4,H_2SO_4(\text{稀})}A$

(5) $nHC\equiv CH+nHCN\xrightarrow[80\sim90℃]{Cu_2Cl_2\text{-}NH_4Cl}A\xrightarrow{\text{聚合}}B$

(6) $CH_3CH_2C\equiv CH\xrightarrow{NaNH_2}A\xrightarrow{CH_3CH_2Br}B\xrightarrow[HgSO_4,H_2SO_4]{H_2O,\triangle}C$

(7) $2HC\equiv CH\xrightarrow[84\sim95℃]{Cu_2Cl_2\text{-}NH_4Cl}A\xrightarrow[\triangle]{KMnO_4(\text{浓})}B$

(8) $CH_3CH(CH_3)C\equiv CH+Ag(NH_3)_2NO_3\longrightarrow A\xrightarrow{HNO_3}B$

(9) $CH_2=CHCH=CH_2+$ 顺丁烯二酸酐（HC—C(=O)—O—C(=O)—CH，HC=CH） $\xrightarrow[\text{苯}]{100℃}A$

(10) $CH_2=CHCH=CHCH_3+HBr\longrightarrow A$

3. 写出异戊二烯分别与下列试剂发生双烯合成反应的产物构造式。

(1) 顺丁烯二酸酐（HC—C(=O)—O—C(=O)—CH，HC=CH）　(2) $HC(COOH)=HC(COOH)$（HC—COOH ‖ HC—COOH）　(3) $CH_2=CHCHO$

三、填空题

1. 甲烷是________结构，分子中各原子________同一平面上。乙烯是________结构，分子中各原子________同一平面上。乙炔是________结构，分子中各原子________同一直线上。

2. C_nH_{2n-2}属于________烃和________烃的结构通式。炔烃的官能团是________。共轭二烯烃具有的碳架结构特征是____________。

3. 炔烃与烯烃都能发生与溴、卤化氢等（亲电试剂）的加成反应，炔烃还能与____________（称亲核试剂）加成，这是烯烃不能发生的反应。

4. 炔烃与烯烃都能发生聚合反应。但二者有区别：烯烃的聚合物一般是________；炔烃的聚合物主要是____________。

5. 炔烃和烯烃均能发生水合反应。烯烃在酸的催化下水合，其产物是________类。炔烃在 Hg^{+} 催化下水合，产物是________。

6. 炔烃催化加氢时，催化剂有选择性。若要制取烷烃，使用的催化剂是________；若要制取烯烃，使用的催化剂是________。

7. 烃类物质分别与硝酸银的氨溶液或氯化亚铜的氨溶液作用时，具有________结构的炔烃能发生沉淀反应。

8. 无水醋酸钠与碱石灰共热制取甲烷时，洗气瓶中的洗液是________，以洗去气体中的________

副产物。乙醇与浓硫酸共热制取乙烯时，洗气瓶中的洗液是________溶液，以洗去气体中的________副产物。用电石制取乙炔时，洗液是________溶液，以洗去气体中的________副产物。

9. 在乙炔与氯化氢加成制备氯乙烯的过程中，氯乙烯中往往含有少量氯化氢杂质，该杂质可用简便易行、经济实用的________法洗涤除去。

10. 丙烯中的少量丙炔杂质，实验室可用________洗涤除去；工业上则用________催化剂进行催化加氢来提纯。

11. 用电石和水反应生成的乙炔中，含有 H_2S、PH_3 等杂质，某学生拟用 NaOH 溶液、$KMnO_4$ 溶液、$CuSO_4$ 溶液中的一种除 H_2S 杂质，经互相比较，最后选用 $CuSO_4$ 溶液。请简要回答：

(1) 选用 NaOH 的理由是 NaOH 与 H_2S 反应生成________。排除选用 NaOH 溶液的原因可能是________。

(2) 选用 $KMnO_4$ 的理由是 $KMnO_4$ 与 H_2S 反应，把 H_2S 氧化生成________。排除选用 $KMnO_4$ 溶液的原因可能是________。

(3) 选用 $CuSO_4$ 的理由是 $CuSO_4$ 与 H_2S 反应生成________沉淀。最后确定选用 $CuSO_4$ 溶液的原因可能是________。

12. 合成橡胶中，产量居世界第一位的是________橡胶，其结构表示式是________。产量居世界第二位的是________橡胶，其结构表示式是________。

13. 丁腈橡胶具有优良的耐油和耐高温性能，常用来制备耐油耐热的橡胶制品。制备丁腈橡胶的单体构造式是 $CH_2=CH-CH=CH_2$ 和 $CH_2=CHCN$；丁腈橡胶的结构表示式为________。

14. 工程塑料 ABS 树脂是由丙烯腈（$CH_2=CHCN$）、1,3-丁二烯和苯乙烯（$C_6H_5-CH=CH_2$）三种单体共聚而成，ABS 树脂的结构简式是________。

四、选择题

1. 下列描述 $CH_3-CH=CH-C\equiv CCH_3$ 分子结构的叙述中，正确的是（　　）。

A. 6 个碳原子有可能都在一条直线上　　B. 6 个碳原子不可能都在一条直线上

C. 6 个碳原子有可能都在同一平面上　　D. 6 个碳原子不可能都在同一平面上

2. 据报道，1995 年，科学家合成了分子式为 $C_{200}H_{200}$ 的有机物，它是含多个碳碳三键（$-C\equiv C-$）的链状烃，该烃含碳碳三键（$-C\equiv C-$）的数目是（　　）。

A. 49 个　　B. 50 个　　C. 51 个　　D. 100 个

3. 下列物质中，与 1-丁炔互为同系物的是（　　）。

A. $CH_3C\equiv CCH_3$　　B. $CH_3CH_2C\equiv CCH_3$　　C. $CH_3CH(CH_3)CH_2C\equiv CH$　　D. $CH_2=CH-CH=CH_2$

4. 在常温常压下，称取相同质量的下列各烃，分别在氧气中充分燃烧，消耗氧气最多的是（　　）。

A. 甲烷　　B. 乙烷　　C. 乙烯　　D. 乙炔

5. 在常温常压下，称取相同摩尔数的下列各烃，分别在氧气中充分燃烧，消耗氧气最多的是（　　）。

A. 甲烷　　B. 乙烷　　C. 乙烯　　D. 乙炔

6. 在适当温度下，1-丁炔与硫酸汞的稀硫酸溶液反应，主要产物是（　　）。

A. $CH_3CH_2C(OSO_3H)=CH_2$　　B. $CH_3CH_2C(OH)=CH_2$　　C. $CH_3CH_2CH_2CHO$　　D. $CH_3CH_2COCH_3$

7. 在适当条件下 1mol 丙炔与 2mol 溴化氢加成，主要产物是（　　）。

A. $CH_3CH_2CHBr_2$　　B. $CH_3CBr_2CH_3$　　C. $CH_3CHBrCH_2Br$　　D. $CH_2BrCBr=CH_2$

8. 具有单、双键交替排列的高分子化合物有可能成为导电塑料（如$-CH=CH-CH=CH-CH=$

CH—…)。2000 年诺贝尔化学奖授予了开辟该研究领域并做出了突出贡献的黑格等三位科学家。下列聚合物掺入碘（或钠）成为导电塑料的是（　　）。

A. 聚乙烯　　B. 聚乙炔　　C. 聚丁二烯　　D. 聚苯乙烯

9. 下列各种实验方法可制取纯净物的是（　　）。

A. 电石与水反应制取乙炔　　B. 1,3-丁二烯与溴加成，再加氢制 1,4-二溴丁烷

C. 乙醇与浓硫酸加热至 170℃制乙烯　　D. 乙烯与氯化氢加成制取氯乙烷

10. 在室温下，某气态烃 10mol 与过量氧气混合，燃烧后冷至原来温度，其体积比原来混合物体积少 15mL，所得气体用氢氧化钠溶液吸收后，体积又缩小 20mL。此气态烃是（　　）。

A. 甲烷　　B. 乙烷　　C. 乙烯　　D. 乙炔

11. $CH_2{=}CHC{\equiv}CH$ 在硫酸汞-稀硫酸催化下与水加成，主要有机产物是（　　）。

A. $CH_3\underset{\displaystyle OH}{\underset{|}{C}}HC{\equiv}CH$　　B. $\underset{\displaystyle OH}{\underset{|}{CH_2}}CH_2C{\equiv}CH$　　C. $CH_2{=}CH\underset{\displaystyle OH}{\underset{|}{C}}{=}CH_2$　　D. $CH_2{=}CH\underset{\displaystyle O}{\underset{\|}{C}}CH_3$

12. $CH_2{=}CHC{\equiv}CH$ 在低温下，与等当量的溴的 CCl_4 溶液作用，主要有机产物是（　　）。

A. $CH_2{=}CH\underset{\displaystyle Br}{\underset{|}{C}}{=}\underset{\displaystyle Br}{\underset{|}{CH}}$　　B. $\underset{\displaystyle Br}{\underset{|}{CH_2}}\underset{\displaystyle Br}{\underset{|}{CH}}C{\equiv}CH$　　C. $\underset{\displaystyle Br}{\underset{|}{CH_2}}CH{=}C{=}\underset{\displaystyle Br}{\underset{|}{CH}}$　　D. $\underset{\displaystyle Br}{\underset{|}{CH_2}}\underset{\displaystyle Br}{\underset{|}{CH}}\underset{\displaystyle Br}{\underset{|}{C}}{=}\underset{\displaystyle Br}{\underset{|}{CH}}$

13. 在室温下，下列物质分别与硝酸银的氨溶液作用能立即产生沉淀的是（　　）。

A. 乙烯基乙炔　　B. 1,3-己二烯　　C. 1,3-己二炔　　D. 2,4-己二炔

14. 下列对共轭效应的叙述正确的是（　　）。

A. 共轭效应的产生，有赖于参加共轭的各个原子都在同一平面上

B. 具有共轭效应的分子，其所有原子或基团都处于同一平面上

C. 共轭效应的显著特点是键长趋于平均化

D. 共轭效应和诱导效应类似，会随着碳链的增长而逐渐减弱

15. 下列分子结构中，具有共轭效应的是（　　）。

A. $CH_3CH{=}C{=}CH_2$　　B. $CH_2{=}\underset{\displaystyle CH_3}{\underset{|}{C}}{-}CH{=}CHCH{=}CHCH_3$

C. $CH_2{=}\underset{\displaystyle CH_3}{\underset{|}{C}}{-}CH{=}CHCH_3$　　D. $CH_2{=}\underset{\displaystyle CH_3}{\underset{|}{C}}{-}CH_2CH{=}CH_2$

16. 要清除乙腈（CH_3CN）中微量的丙烯腈（$CH_2{=}CHCN$）杂质，下列试剂中最适宜的是（　　）。

A. 催化加氢　　B. 加溴的 CCl_4 溶液　　C. 加 $KMnO_4$ 溶液　　D. 加 1,3-丁二烯

17. 在室温下，$CH_3CH{=}CH{-}CH{=}CH_2$ 与 1mol 的 HBr 加成时，其主要产物是（　　）。

A. $CH_3\underset{\displaystyle Br}{\underset{|}{CH}}CH{=}CHCH_3$　　B. $CH_3CH_2CH{=}CHCH_2Br$

C. $CH_3\underset{\displaystyle Br}{\underset{|}{CH}}CH_2CH{=}CH_2$　　D. $CH_3CH{=}CH\underset{\displaystyle Br}{\underset{|}{CH}}CH_3$

五、判断题（下列叙述对的在括号中打“√”，错的打“×”）

1. C_4H_6 和 C_5H_8 结构的烃一定是互为同系物。（　　）

2. 乙炔是直线型分子，其他炔烃和乙炔类似，都属于直线型的分子结构。（　　）

3. 炔烃和烯烃的同分异构现象类似，都有碳链异构、官能团异构和顺反异构现象。（　　）

4. 烯烃的化学性质比烷烃活泼，是因为烯烃分子中存在着 π 键，炔烃比烯烃多了一个 π 键，因此，炔烃的化学性质比烯烃活泼。（　　）

5. 炔烃和烯烃的鉴别试剂是硝酸银或氯化亚铜的氨溶液。（　　）

6. 炔烃和二烯烃是同分异构体。（　　）

7. 共轭二烯烃不存在典型的碳碳单键和碳碳双键，键长趋于平均化。（　　）

8. 炔烃与共轭二烯烃的鉴别试剂是顺丁烯二酸酐。（　　）

9. 炔银和炔亚铜在干燥状态时具有爆炸性，故做完实验后，宜把炔银、炔亚铜倒在水槽或废液缸里，再用稀硝酸或稀盐酸洗刷试管。（　　）

六、鉴别与分离题

1. 用简便的化学方法鉴别下列各组化合物。

（1）戊烷、1-戊烯、1-戊炔、异戊二烯

（2）丁烷、1,3-丁二烯、1-丁炔、2-丁炔

（3）乙烯基乙炔、1,3-己二烯、1,5-己二烯

2. 用化学方法分离1-己炔和2-己炔的混合物（提示：一般的分离方法往往需通过沉淀、溶解、蒸馏等步骤）。

七、合成题

1. 以乙炔为惟一的有机原料和其他的无机试剂合成下列化合物。

（1）乙醇　（2）CH_3CHO　（3）1,1-二溴乙烷

（4）1-丁炔　（5）$CH_3\overset{\overset{O}{\|}}{C}CH_2CH_3$　（6）$CH_3CH_2C\equiv CCH_2CH_3$

2. 以乙炔为起始原料及适当的有机、无机试剂合成下列化合物。

（1）$CH_2{=}CHO\underset{\underset{O}{\|}}{C}CH_3$　（2）丙酮　（3）烯丙基氯（$CH_2{=}CHCH_2Cl$）　（4）2-丁炔

（5）$CH_2{=}\underset{\underset{Cl}{|}}{C}CH_2CH_3$　（6）$\underset{\underset{Cl}{|}}{C}H_2\overset{\overset{Cl}{|}}{\underset{\underset{Br}{|}}{C}}CH_2CH_3$　（7）$\underset{\underset{Cl}{|}}{C}H_2\overset{\overset{Cl}{|}}{\underset{\underset{OH}{|}}{C}}CH_2CH_3$

3. 以乙烯、乙炔为基本原料和其他无机试剂合成下列化合物。

（1）1,2,2-三溴丁烷　（2）2-氯-3-溴丁烷　（3）1,2,3-三氯丁烷

4. 激素可的松的一种合成线路中，有人通过狄-阿反应合成下列中间体：

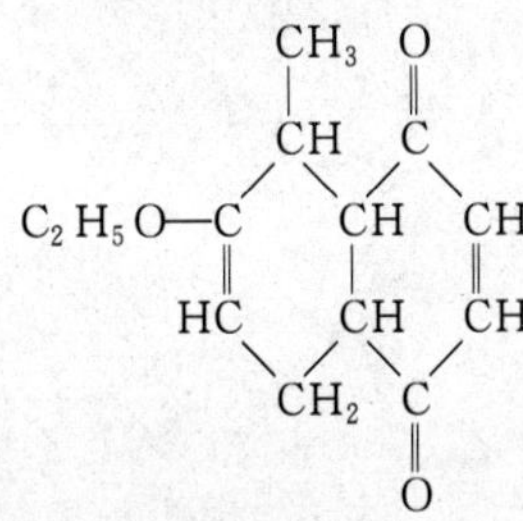

试写出由适当原料及试剂合成上述中间体的反应式。

八、推测构造式

1. 有机物A，分子式为$C_{10}H_{18}$，经催化加氢可生成B，其分子式为$C_{10}H_{22}$。A经酸性高锰酸钾溶液氧化得到 $CH_3\overset{\overset{O}{\|}}{C}CH_3$ 和 $CH_3\overset{\overset{O}{\|}}{C}CH_2\overset{\overset{O}{\|}}{C}{-}OH$，试写出A、B的结构简式。

2. 某烃分子式为C_5H_8，当它与氯化亚铜的氨溶液作用时，有红色沉淀产生。根据上述事实推测该烃可能的构造式。

3. 某化合物A，分子式为C_9H_{16}，它经高锰酸钾溶液氧化后得到 $CH_3\overset{\overset{O}{\|}}{C}{-}OH$、$CH_3\overset{\overset{O}{\|}}{C}CH_3$ 及 $CH_3\overset{\overset{O}{\|}}{C}CH_2\overset{\overset{O}{\|}}{C}OH$。根据上述事实推测A可能的构造式。

4. 有 A、B、C 3 种化合物，它们都含碳 88.24%、含氢 11.76%，相对分子质量为 68，它们都能使溴的 CCl_4 溶液褪色。它们分别与硝酸银的氨溶液作用时，A 能产生白色沉淀，但 B、C 都不能。当用热的高锰酸钾溶液氧化时，A 能得到 $\underset{\displaystyle CH_3}{\overset{}{CH_3\underset{|}{C}HCOOH}}$ 和 CO_2；B 得到 CH_3COOH 和 CH_3CH_2COOH；C 得到 $HOOCCH_2COOH$ 和 CO_2。试推测 A、B、C 的构造式。

5. 某直链烃 A，分子式为 C_6H_8，它经催化加氢可得到一种直链烷烃；它与氯化亚铜的氨溶液作用时，能产生红色沉淀 B；A 在 $Pd/BaSO_4$ 作用下，可吸收 1mol 氢生成化合物 C；C 可与顺丁烯二酸酐反应生成加成物 D。试推测 A、B、C、D 的构造式。

九、问答题

乙烷、乙烯、乙炔的燃烧热反应方程式分别是：

$$C_2H_6 + 3\frac{1}{2}O_2 \longrightarrow 2CO_2 + 3H_2O \qquad \Delta H = -1560kJ/mol$$

$$C_2H_4 + 3O_2 \longrightarrow 2CO_2 + 2H_2O \qquad \Delta H = -1410kJ/mol$$

$$C_2H_2 + 2\frac{1}{2}O_2 \longrightarrow 2CO_2 + H_2O \qquad \Delta H = -1326kJ/mol$$

但它们燃烧时以乙炔火焰温度最高，你如何解释这一事实？

第五章 脂 环 烃

主要内容要点

一、脂环烃的同分异构及命名

环烷烃的通式是 C_nH_{2n}（$n \geqslant 3$），与烯烃的通式相同，因此，环烷烃和相同碳原子数的烯烃互为不同系列的同分异构体。环烷烃不仅有构造异构体，还有因取代基在环平面上、下两侧而产生的顺、反异构体。

单环脂环烃的命名和相应的链烃相似，命名时在相应链烃名称前加一“环”字即可。

二、环烷烃的化学性质

总的说，“小环”似烯，“大环”似烷。

(R)H—C(H(R′))—CH₂—CH—H(R″)（三元环）：

- $\xrightarrow[\text{Pt,Ni,}\triangle]{H_2}$ (R)H—C(H)(H(R′))—CH(CH₃)—H(R″)
- $\xrightarrow[\text{室温}]{X_2,CCl_4}$ (R)H—C(X)(H(R′))—CH(CH₂X)—H(R″)　（$X_2 = Cl_2$ 或 Br_2）
  （环丙烷及其烷基衍生物能使溴的 CCl_4 溶液褪色，用于与烷烃鉴别）
- $\xrightarrow{HX}$ (R)H—C(X)(H(R′))—CH(CH₂—H)—H(R″)
- $\xrightarrow[\text{室温}]{KMnO_4,\text{水}}$ 无反应（“小环”环烷烃与烯烃的鉴别）

环己烷：

- $\xrightarrow[\text{高温}]{Br_2}$ 溴代环己烷（环己基—Br） + HBr
- $\xrightarrow[\text{醋酸钴,140~180℃}]{O_2}$ 环己醇（环己基—OH） + 环己酮（环己基=O）
- $\xrightarrow{HNO_3}$ CH_2CH_2COOH—CH_2CH_2COOH（上下两行以竖线相连）

环烯、环炔的化学性质与相应的烯烃、炔烃相似。

三、各种类型气态烃燃烧前后体积变化的规律

各种类型气态烃燃烧的一般通式：

$$C_xH_y + \left(x+\frac{y}{4}\right)O_2 \xrightarrow[100℃以上]{燃烧} xCO_2 + \frac{y}{2}H_2O(g)$$

体积关系：　　1L　　$\left(x+\frac{y}{4}\right)$L　　xL　　$\frac{y}{2}$L

据此，在分子式为 C_xH_y 的气态烃中，通过计算，在反应前后同温同压下，气态烃燃烧前后的体积变化有下列规律。

（1）$y=4$，即含有 4 个氢原子的烃，如 CH_4、C_2H_4、C_3H_4，燃烧前后体积相等。

（2）$y<4$，即含有少于 4 个氢原子的烃（只有 C_2H_2），燃烧后体积减小。

（3）$y>4$，即含有大于 4 个氢原子的烃，如 C_2H_6、C_3H_6、C_4H_8、C_5H_{12} 等燃烧后体积增大。

四、脂环烃的鉴别

环丙烷及其烷基衍生物，常温下可使溴的 CCl_4 溶液褪色（与烷烃区别），但不能使稀高锰酸钾溶液褪色（与烯烃区别）。

环烯、环炔烃能使溴的 CCl_4 溶液及稀高锰酸钾溶液褪色。

例题解析

【例 5-1】 已知某有机物含碳 85.7%、含氢 14.3%，在标准状态下，该气态有机物的密度为 2.5g/L，试写出它的分子式及可能的构造式。

解析　(1) 先求相对分子质量。

$$相对分子质量 = 2.5g/L \times 22.4L/mol = 56g/mol$$

(2) 求分子式。

设它的分子式为 C_xH_y，则 C_xH_y 相对分子质量＝56。试解之，分子式为 C_4H_8。

(3) 写出 C_4H_8 可能的构造式。

C_4H_8 符合烯烃和环烷烃 C_nH_{2n} 的通式，它可能为烯烃或环烷烃。它若为烯烃，可能的构造式为 $CH_3CH_2CH{=}CH_2$、$CH_3CH{=}CHCH_3$、$CH_3C(CH_3){=}CH_2$；它若为环烷烃，可能的构造式为 □ 和 △—CH_3。

【例 5-2】 写出下列反应的反应式。

1. 环丙烷常温下与溴的 CCl_4 溶液反应
2. 环戊烷在紫外光照射及加热下与溴作用
3. 1,2-二甲基-2-乙基环丙烷与氢碘酸反应
4. 1-乙基-2-异丁烯基环丙烷与高锰酸钾的酸性溶液作用
5. 1-甲基环己烯与氢溴酸反应

解析　环丙烷与溴发生加成反应；环戊烷与溴发生取代反应；环丙烷烷基衍生物与氢碘酸发生开环反应，断键发生在连接氢原子最多和最少的两个碳原子间，按马氏规则加成。发生氧化反应时，碳环不开裂。环烯烃与 HX 加成时，按马氏规则进行。反应式如下：

1. △ $+ Br_2 \xrightarrow{CCl_4} BrCH_2CH_2CH_2Br$

2. ⬠ $+ Br_2 \xrightarrow[\triangle]{光}$ ⬠—Br $+ HBr$

3. CH_3—(环丙烷环)—$C(CH_3)(CH_2CH_3)$ $+ HI \longrightarrow CH_3—CH(CH_3)—CI(CH_3)—CH_2CH_3$

4. CH_3CH_2—(环丙烷环)—$CH{=}C(CH_3)CH_3 \xrightarrow[KMnO_4,H^+]{[O]} CH_3CH_2$—(环丙烷环)—$COOH + CH_3\overset{O}{\overset{\|}{C}}CH_3$

5. (1-甲基环己烯, CH_3) $+ HBr \longrightarrow$ (环己烷环, 同一碳上 CH_3、Br)

【例 5-3】 用化学方法区别下列两组化合物。

1. 异丁烯、甲基环丙烷、丁烷

2. (环戊二烯)、(环戊烯)、1-戊烯

解析 1. 小环环烷烃室温下能使溴的 CCl_4 熔液褪色（与烷烃区别），但不被一般氧化剂氧化，不能使稀高锰酸钾溶液褪色。因此，鉴别方法如下：

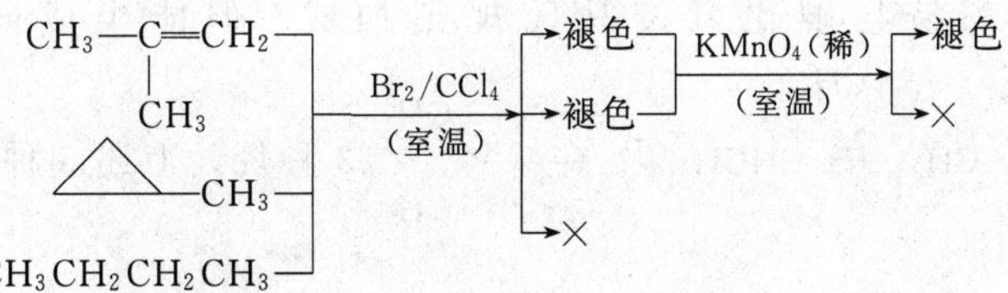

2. 环烷烃不能使稀高锰酸钾溶液褪色，烯烃和环烯烃在室温下都能使稀高锰酸钾溶液或溴的 CCl_4 溶液褪色，而环戊二烯（环戊二烯结构）属于共轭二烯烃，它可与顺丁烯二酸酐发生狄-阿反应，生成结晶物。因此，鉴别方法如下：

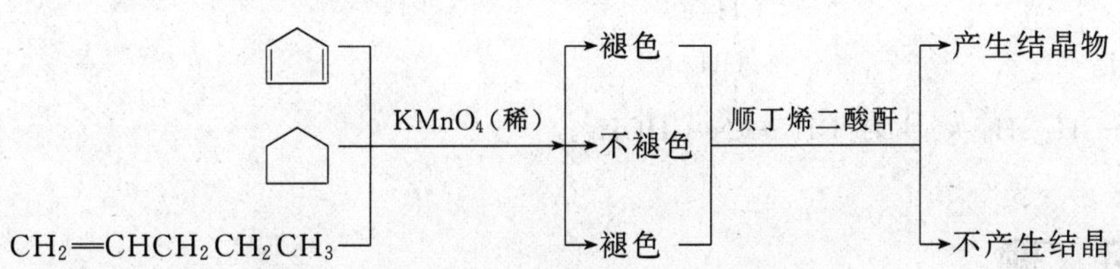

环戊二烯产生结晶的反应式如下：

$$\text{环戊二烯 (CH=CH—CH}_2\text{—CH=CH)} + \text{顺丁烯二酸酐 (H—C—C(=O)—O—C(=O)—C—H)} \xrightarrow{\triangle} \text{加成产物 (CH—CH—C(=O)—O—C(=O), CH}_2\text{ 桥, CH=CH)}\ \text{（结晶）}$$

【例 5-4】 室温下某气态烃 10mL，在 50mL 氧气里充分燃烧，得到液态水和 35mL 混合气体（所有气体均在同温同压下测定）。该烃能使溴的 CCl_4 溶液褪色，遇稀 $KMnO_4$ 溶液不褪色，试根据上述事实，推测该烃的构造式。

解析 设该烃的分子式为 C_xH_y，则燃烧前后气体体积变化关系如下：

$$C_xH_y + \left(x+\frac{y}{4}\right)O_2 \longrightarrow xCO_2 + \frac{y}{2}H_2O \quad (液)$$

$$1\text{mL} \quad \left(x+\frac{y}{4}\right)\text{mL} \quad x\text{mL} \quad V\text{减少了}\left(1+\frac{y}{4}\right)\text{mL}$$

10mL 某气态烃燃烧后减少了(10+50−35)=25mL

据此，可建立下列关系式：

$$1:10=\left(1+\frac{y}{4}\right):25 \qquad 解之 \quad y=6$$

即分子中含有 6 个氢原子的烃（C_xH_6）：C_2H_6（CH_3CH_3）、C_3H_6（$CH_3CH=CH_2$、△）均符合上述燃烧关系式，而能使溴的 CCl_4 溶液褪色，遇稀 $KMnO_4$ 溶液不褪色的只有△。

【例 5-5】有 A、B、C 3 种烃，其分子式都是 C_5H_{10}，它们与碘化氢反应时，生成相同的碘代烷；室温下都能使溴的 CCl_4 溶液褪色；与高锰酸钾酸性溶液反应时，A 不能使其褪色，B 和 C 则能使其褪色，C 同时还能产生 CO_2 气体。试推测 A、B、C 的构造式。

解析 C_5H_{10} 符合 C_nH_{2n} 的通式，故 A、B、C 3 种烃为烯烃或环烷烃。而烯烃和环丙烷及其烷基衍生物都易与碘化氢按马氏规则加成，但能生成同一碘代烷的只有 $CH_2=C(CH_3)-CH_2CH_3$、$CH_3-C(CH_3)=CHCH_3$ 及 1,1-二甲基环丙烷（△ 上连两个 CH_3）3 种烃，上述 3 种烃与 HI 加成时都生成 $CH_3-C(CH_3)(I)-CH_2CH_3$。三者都能使溴的 CCl_4 溶液褪色。三者分别与高锰酸钾酸性溶液反应时，不能褪色的为 A（即 1,1-二甲基环丙烷，△ 上连两个 CH_3），B、C 都能褪色，C 同时还产生 CO_2，即 C 为 α-烯烃 $CH_2=C(CH_3)-CH_2CH_3$，B 为 $CH_3-C(CH_3)=CHCH_3$。

习　题

一、命名或写出构造式

1. 命名下列构造式。

(1) 环丙基—$CH(CH_3)_2$　　(2) 环丁烷（同一碳上连两个 CH_3）　　(3) CH_3—环己基—$CH_2CH=CH_2$

(4) 环戊基—$CH_2=CH_2$　　(5) $CH_3CHCH_2C(CH_3)_3$（CH 上连环丙基）　　(6) 环丙基—环丁基

(7) 环戊烯（双键碳上连 CH_3，相邻碳上连 CH_3）　　(8) 环戊二烯基—$C(CH_3)_3$　　(9) 环己烷（CH_3、H / H、CH_3）　　(10) 环丁烷（H、H / CH_3、CH_2CH_3）

2. 写出下列化合物的构造式。

(1) 1-甲基-2-乙基环丁烷　　(2) 3-异丙基环己烯

(3) 环戊基乙炔　　(4) 1,1,2-三甲基环己烷

(5) 顺-1,2-二溴环丙烷　　(6) 反-1-甲基-3-乙基环戊烷

二、完成下列反应方程式

1. 写出下列反应中 A、B、C、D 的构造式。

(3) 1-乙炔基环己醇（C≡CH，OH） $+ H_2O \xrightarrow{HgSO_4, H_2SO_4(稀)} A$　　(4) 环己烯 $+ A \xrightarrow{B}$ 3-溴环己烯（Br，H） $+ HBr$

(5) 1,1-二甲基-2-甲基环丙烷（H_3C，H_3C，$-CH_3$） $+ HBr \longrightarrow A$　　(6) H_3C、H_3C、C、$CH-CH=C(CH_3)_2$、CH_2（环） $\xrightarrow{KMnO_4, \triangle} A$

(7) 环丙基 $-CH=C(CH_3)-CH_3 \xrightarrow{KMnO_4(冷、稀)} A$

2. 分别写出下列各反应的主要有机产物的构造式。

(1) 环己烷在 300℃下与溴反应

(2) 1,1-二甲基-2-乙基环丙烷与溴化氢反应

(3) 1-甲基-2-丙烯基环丁烷与热的高锰酸钾溶液反应

(4) 1-甲基环己烯在过氧化物存在下与溴化氢反应

(5) 环己基亚基 $=CH-CH_3$ 在硫酸催化下与水相互反应

3. 写出环戊烯、1-甲基环戊烯分别与下列试剂反应的主要有机产物的构造式（如果可以发生反应的话）。

(1) H_2，Ni，△　　(2) Br_2，CCl_4，室温　　(3) Br_2，高温　　(4) 冷、稀 $KMnO_4$

(5) 热、浓 $KMnO_4$　　(6) HBr　　(7) HBr（过氧化物）

三、填空题

1. 现有 CH_4、CH_3CH_3、$CH_2=CH_2$、$HC\equiv CH$、$CH_3CH=CH_2$、环丙烷 6 种气态烃，在氧气中完全燃烧。当上述物质相同质量时，耗 O_2 量最大的是________，最小的是________；生成 CO_2 的量最多的是________，最少的是________。上述物质在同温同压下，同体积（同摩尔数）时，耗 O_2 量最多的是__________，最少的是________。生成水最多的是________，最少的是________。

2. 碳原子数相同的烯烃与________烃，互为不同系列的同分异构体；碳原子数相同的炔烃、二烯烃，与________烃互为不同系列的同分异构体。

3. 下列化合物的沸点，由高到低的排列顺序是____________________。

(1) $CH_3(CH_2)_4CH_3$　　(2) $(CH_3)_2CH(CH_2)_2CH_3$　　(3) $(CH_3)_3CCH_2CH_3$　　(4) 环己烷

4. 环丙烷、环丁烷、环戊烷发生开环反应的活性顺序是____________________。

5. 环丙烷及其烷基衍生物与卤代氢加成时，开环发生在____________的两个碳原子之间，按________规则加成。

6. 环丙烷及其烷基衍生物性质活泼，容易发生开环反应，其原因是环丙烷中 C—C σ 键成键时形似“香蕉”，称________键。这种键较一般 σ 键轨道重叠少，键较弱。

7. 环________烷及更高级环烷与溴不加成，但能发生________反应。

8. 蒸馏与分馏是有机化学实验的重要基本操作。普通蒸馏一般只能用于分离沸点差大于________℃的液体混合物；而分馏则可分离沸点差小于________℃的液体混合物。蒸馏速率一般以________为宜；分馏速率以___________为宜。

9. 蒸馏时，如果馏出液易受潮分解，宜于在接收瓶上连接一个________，以防止________的侵入。

10. 要测得精确的熔点，要求使用的毛细管内径一般为________ mm，长约________ mm，样品要________，填装要________，填装的高度以________ mm 为宜；升温要较慢，接近样品熔点时，升温以________℃/min 为宜。

四、选择题

1. 分子式为 C_4H_8 和 C_6H_{12} 的两种烃属于（　　）。

A. 同系列　　B. 不一定是同系列

C. 同分异构体　　D. 既不是同系列，也不是同分异构体

2. 下列物质与环丙烷为同系物的是（　　）。

A. $CH_3CH(CH_3)$—△　　B. ⬠　　C. CH_3—△—CH_3　　D. 1-丁烯

3. 具有分子式为 C_4H_8 的烃中，其构造异构体的数目是（　　）。

A. 2 种　　B. 3 种　　C. 4 种　　D. 5 种

4. 下列物质中，与异丁烯不属于同分异构体的是（　　）。

A. 2-丁烯　　B. 甲基环丙烷　　C. 2-甲基-1-丁烯　　D. 环丁烷

5. （环戊烷，两取代基 CH_3、CH_2CH_3，对应 H、H）的正确名称是（　　）。

A. 1-甲基-3-乙基环戊烷　　B. 顺-1-甲基-4-乙基环戊烷

C. 反-1-甲基-3-乙基环戊烷　　D. 顺-1-甲基-3-乙基环戊烷

6. 两种气态烃以任意比例混合，在 110℃时 1L 该混合烃与 9L 氧气混合，充分燃烧后恢复到原来状态，所得气体体积仍为 10L。下列各组混合烃中符合此条件的是（　　）。

A. CH_4，C_2H_4　　B. CH_4，C_2H_6　　C. C_2H_4，C_3H_4　　D. C_2H_2，C_3H_6

7. 下列物质的化学活泼性顺序是（　　）。

①丙烯　②环丙烷　③环丁烷　④丁烷

A. ①>②>③>④　　B. ②>①>③>④

C. ①>②>④>③　　D. ①>②>③=④

8. （环丙烷，同一碳上连 CH_3 和 CH_2CH_3）与 HBr 反应的主要产物是（　　）。

A. $BrCH_2CH_2CH(CH_3)CH_2CH_3$　　B. $CH_3CH_2C(CH_3)(Br)CH_2CH_3$

C. $BrCH_2—C(CH_3)_2—CH_2CH_3$　　D. 上述都不对

9. 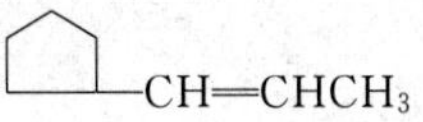 —CH═CHCH$_3$ 与浓热高锰酸钾溶液反应的主要有机产物是（　　）。

A. 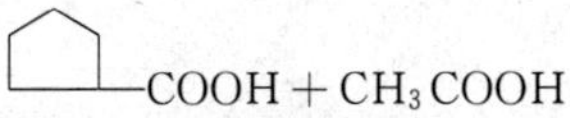 —COOH＋CH_3COOH　　B.  ＋CH_3COOH＋CO_2

C. 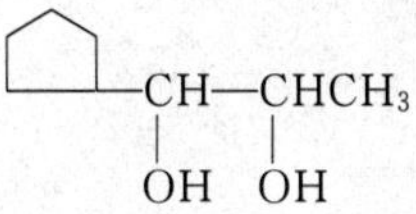 —CH—CHCH$_3$（OH OH）　　D. HOOC$(CH_2)_3$COOH＋CH_3COOH

10. 下列反应式中，正确的是（　　）。

A. 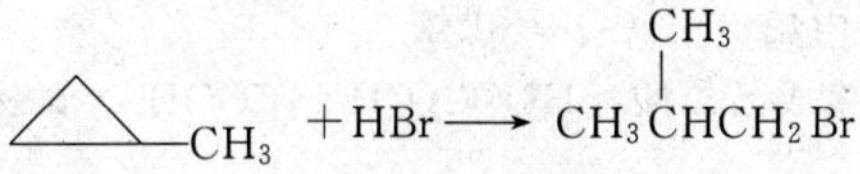 —CH_3 ＋HBr ⟶ $CH_3CH(CH_3)CH_2Br$

B.  —CH_2CH═CH_2 $\xrightarrow{稀\ KMnO_4}$ —$CH_2CH(OH)CH_2(OH)$

C. 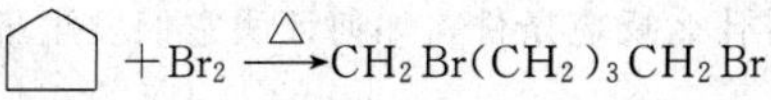 ＋Br_2 $\xrightarrow{\triangle}$ $CH_2Br(CH_2)_3CH_2Br$

D. 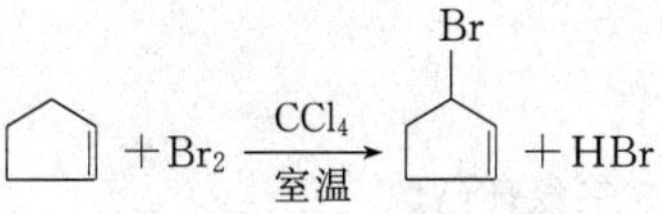 ＋Br_2 $\xrightarrow[室温]{CCl_4}$ (Br) ＋HBr

11. 室温下，能使溴褪色，但不能使高锰酸钾溶液褪色的是（　　）。

A. 　　B. 　　C. $CH_3(CH_2)_3CH_3$　　D. 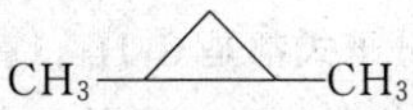 CH_3——CH_3

12. 下列物质中，在室温下不能使高锰酸钾溶液褪色的是（　　）。

A. 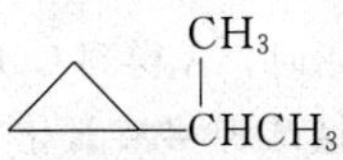 —$CH(CH_3)CH_3$　　B. $CH_3(CH_2)_4CH_3$　　C. 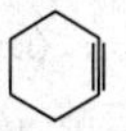　　D. 异丁烯

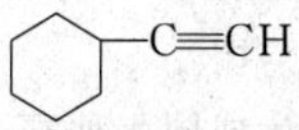

13. 下列试剂中，与最适当的鉴别试剂是（　　）。

A. 冷、稀 $KMnO_4$　　B. 热、浓 $KMnO_4$　　C. 冷的溴的 CCl_4 溶液　　D. 热的溴的 CCl_4 溶液

14. 下列试剂中，—CH═CH_2 与 —C≡CH 最适当的鉴别试剂是（　　）。

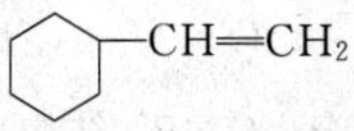

A. 稀 $KMnO_4$ 溶液　　B. 稀溴水　　C. 硝酸银的氨溶液　　D. 1,3-丁二烯

15. 用 pH 试纸测定某无色溶液的 pH 时，正确的操作法是（　　）。

A. 将 pH 试纸放入待测溶液中，观察其颜色变化，跟标准比色卡比较

B. 将待测溶液倒在试纸上，跟标准比色卡比较

C. 用干燥的洁净玻璃棒蘸取待测溶液，滴在 pH 试纸上，跟标准比色卡比较

D. 在试管内放入少量待测溶液，煮沸，把 pH 试纸润湿后放在试管口观察颜色，跟标准比色卡比较

五、判断题（下列叙述，对的在括号中打“√”，错的打“×”）

1. C_4H_{10} 和 C_5H_{12} 的有机物一定是同系物；C_4H_8 和 C_5H_{10} 的有机物不一定是同系物。（　　）

2. C_2H_4 和 C_3H_6 都是由碳氢两元素组成的，二者相差一个 CH_2，所以它们一定互为同系物。（　　）

3. 环丙烷和环己烷都是环烷烃，二者相差 3 个 CH_2，它们互为同系物。（　　）

4. 环丙烷和环己烷虽然都是环烷烃，二者相差 3 个 CH_2，但二者化学性质不同，它们不能互称同系物。（　　）

5. 在蒸馏操作中为防止爆沸，蒸馏前，应预先在蒸馏瓶中加入沸石。如加热蒸馏过程中忘记加入沸石，一旦发觉，应立即向正在加热的蒸馏瓶中补加。（　　）

6. 环丙烷含有丙烯杂质，可加入硫酸洗涤后分离。（　　）

六、鉴别与分离题

1. 用简便的化学方法区别下列各组化合物。

(1) 乙基环丙环、环戊烷和1-戊烯

(2) 环己烷、环己烯、$CH_3(CH_2)_3C\equiv CH$ 、 $CH_3CH=C(CH_3)-CH=CH_2$

(3) 丙烷、环丙烷、丙烯和丙炔

2. 试用简便的化学方法区别 C_5H_{10} 的下列4种同分异构体。

(1) 1-戊烯　　(2) 2-戊烯　　(3) 1,2-二甲基环丙烷　　(4) 环戊烷

3. 1,7-辛二烯和环己烯经高锰酸钾溶液氧化后，均生成己二酸［$HOOC(CH_2)_4COOH$］，试提出区别1,7-辛二烯和环己烯的两种方法。

4. 提纯下列两组化合物。

(1) 环丙烷含有微量丙烯　　(2) 戊烷中含有环丙烷杂质

5. 环丙烷、环戊烷与溴作用都能使溴褪色，请写出各需什么反应条件，如何证明它们发生了加成反应还是取代反应？

七、合成题

由环己烯及其他无机原料合成下列化合物。

(1) 3-溴环己烯　　(2) 2-氯环己醇　　(3) 1,2,3-三氯环己烷

八、推测构造式

1. 化合物A和B，分子式都是 C_4H_8，室温下它们都能使溴的 CCl_4 溶液褪色；与高锰酸钾溶液作用时，B能褪色，但A却不能褪色。1mol的A或B和1mol的溴化氢作用时，都生成同一化合物C，试推测A、B、C的构造式，并写出各步化学反应式。

2. 化合物A和B，分子式均为 C_6H_{12}。在适当条件下，A与B分别与溴作用时，A得到 $C_6H_{11}Br$，B得到 $C_6H_{12}Br_2$。A用热硝酸氧化得到己二酸［$HOOC(CH_2)_4COOH$］，B用高锰酸钾溶液氧化得到丙酸（CH_3CH_2COOH）。试推测化合物A和B的构造式。

3. 化合物A、B、C，分子式均为 C_4H_6，常温下它们都能使溴的 CCl_4 溶液褪色，当使用等摩尔数的样品与溴反应时，B和C所需的溴量是A的2倍；它们都能与HBr充分反应，而B和C得到的是同一种化合物；B和C能与含 $HgSO_4$ 的稀硫酸溶液反应生成同一种酮（含 $R-\overset{O}{\overset{\|}{C}}-R'$ 结构）；B能与硝酸银的氨溶液作用生成白色沉淀，但C不与之反应。试推测A、B、C的构造式。

第六章　芳　香　烃

主要内容要点

一、单环芳烃的同分异构和命名

（1）单环芳烃的构造异构包括苯环上烷基的碳链异构及烷基在环上及侧链的位置异构。

（2）芳烃的命名　当芳环上连有简单的烷基时，以芳烃部分为母体。苯环上连有复杂的烷基或不饱和烃基时，则把侧链当母体，苯环当作取代基命名。

（3）单环芳烃衍生物的命名　首先按照取代基的优先次序选择母体并编为1位，再按照支链的“最低系列”编号原则循环编号，取代基列出顺序按次序规则，指定“较优基团”后列出。

二、单环芳烃及萘的化学性质

1. 单环芳烃的化学性质

$$C_6H_6 \xrightarrow[55\sim60^\circ C\ (X_2=Cl_2或Br_2)]{X_2,Fe或FeX_3} C_6H_5-X$$

$$C_6H_6 \xrightarrow[50\sim60^\circ C]{HNO_3,H_2SO_4} C_6H_5-NO_2$$

$$C_6H_6 \underset{H_2O,H^+,\triangle}{\overset{H_2SO_4(浓),70\sim80^\circ C}{\rightleftharpoons}} C_6H_5-SO_3H$$

$$C_6H_6 \xrightarrow[AlCl_3、HF或BF_3]{RX、烯烃或醇} C_6H_5-R$$

$$C_6H_6 \xrightarrow[AlCl_3,\triangle]{R-COCl\ 或\ (RCO)_2O} C_6H_5-CO-R$$

$$C_6H_6 \xrightarrow[\triangle]{(HCHO)_3,HCl} C_6H_5-CH_2Cl$$

$$C_6H_6 \xrightarrow[\triangle]{3H_2,Ni} C_6H_{12}\ (环己烷)$$

$$C_6H_6 \xrightarrow[400\sim500^\circ C]{O_2,V_2O_5} \begin{matrix}H-C-C(=O)\\ \| \qquad\ \ O\\ H-C-C(=O)\end{matrix}$$

注意：烷基化反应在芳环上引入C_3以上的直链烷基时，易发生异构化、多元取代。芳环上连有间位定位基时，不起烷基化反应和酰基化反应。

苯环上原有的取代基分邻、对位定位基（如—NH_2、—OH、—OCH_3、—R、—X等）和间位定位基（如—NO_2、—SO_3H、—COOH等）两类，要进行再取代时，苯环上新引入取代基的位置，主要决定于环上原有取代基的性质。此外，苯环上的取代反应，有时还要考虑空间位阻问题，如取代基体积较大时，不易在邻位发生取代反应。

2. 萘的化学性质

萘的取代反应，一般易在 α 位进行。

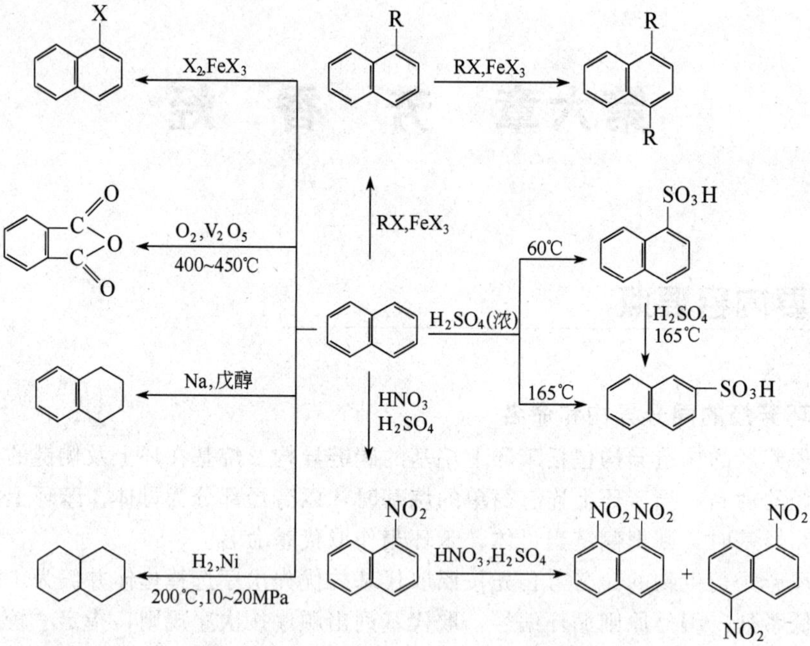

X

X_2,FeX_3

R

RX,FeX_3

R

R

O

C

O

C

O

O_2,V_2O_5

400~450℃

RX,FeX_3

SO_3H

60℃

H_2SO_4(浓)

H_2SO_4

165℃

Na,戊醇

165℃

SO_3H

HNO_3

H_2SO_4

NO_2

NO_2 NO_2

NO_2

H_2,Ni

200℃,10~20MPa

HNO_3,H_2SO_4

+

NO_2

三、芳烃的鉴别

(1) 芳烃与烷烃的区别　室温下，芳烃很易被发烟硫酸所磺化，并溶于发烟硫酸中；烷烃不与浓硫酸反应而分为两层，借此反应可与烷烃相区别。

(2) 芳烃与烯烃的区别　室温下，芳烃不能使溴的 CCl_4 溶液或高锰酸钾（冷、稀、中性）溶液褪色，借此反应可与烯烃相区别。

(3) 某些芳烃的区别　溶入氯仿中的芳烃，与经升华的无水三氯化铝作用时，生成橙色或红色的为苯或烷基苯；产生蓝色的为萘。

含 α-氢原子的烷基苯，还可被酸性高锰酸钾溶液氧化，从而使高锰酸钾溶液褪色，而苯不被酸性高锰酸钾溶液氧化，借此反应，含 α-氢原子的烷基苯可与苯相区别。

烷基苯侧链的数目及其相对位置，也可通过酸性高锰酸钾溶液氧化成相应的羧酸，再测其熔点相鉴别。

带有不饱和侧链的芳烃，能发生相应的不饱和烃的特征反应。

例题解析

【例 6-1】 A、B、C、D、E、F 6 种烃，已知 A 的分子式为 C_4H_6，它与硝酸银氨溶液反应时生成白色沉淀；A 在林德拉催化剂催化下加氢可得到 B，B 在 Ni 催化下加氢可生成 C。D 是 A 的同分异构体，且 D 与顺丁烯二酸酐反应可生成加成物结晶。E 的分子式为 C_8H_{10}，它遇稀 $KMnO_4$ 溶液不褪色，它能溶于发烟硫酸中，遇酸性 $KMnO_4$ 溶液生成苯甲酸（ COOH ），E 催化加氢生成 F，F 遇溴的 CCl_4 溶液及稀 $KMnO_4$ 溶液均不褪色。根据上述事实写出 A、B、C、D、E、F 的构造式，并用反应式表示转化过程。

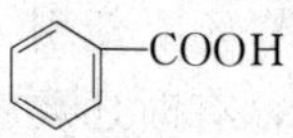

解析　A 分子式为 C_4H_6，符合 C_nH_{2n-2} 的通式，它应为炔烃或二烯烃。而 A 遇硝酸银氨溶液反应生成沉淀，说明它具 $RC\equiv CH$ 结构，所以 A 为 $CH_3CH_2C\equiv CH$。

$$\underset{A}{CH_3CH_2C\equiv CH}\xrightarrow[\text{林德拉催化剂}]{H_2}\underset{B}{CH_3CH_2CH=CH_2}\xrightarrow[Ni]{H_2}\underset{C}{CH_3CH_2CH_2CH_3}$$

D 是 A 的同分异构体，且能与顺丁烯二酸酐反应生成结晶，可知 D 应为共轭二烯烃 $CH_2=CHCH=CH_2$

$$\underset{D}{CH_2=CH-CH=CH_2}\xrightarrow{\text{顺丁烯二酸酐}}\text{结晶}$$

E 的分子式为 C_8H_{10}，它符合 C_nH_{2n-6} 的通式，应为芳烃。它遇酸性 $KMnO_4$ 溶液生成 C_6H_5-COOH，说明 E 为 $C_6H_5-CH_2CH_3$。

$$\underset{E}{C_6H_5-CH_2CH_3}\xrightarrow{KMnO_4,H^+}C_6H_5-COOH$$

$$\underset{E}{C_6H_5-CH_2CH_3}\xrightarrow[Ni]{H_2}\underset{F}{C_6H_{11}-CH_2CH_3}$$

【例 6-2】 写出芳香烃为 C_9H_{12} 的所有异构体的构造式并命名。

解析　苯环含有 6 个碳原子，该芳烃含 9 个碳原子，因此可把芳环以外这 3 个碳原子分作 3 个支链或分为 2 个支链，连在芳环不同的位置上；也可作为 1 个支链写成碳链异构体的形式，连在苯环上即可。共 8 个异构体。

（结构式：1,2,3-三甲基苯环）
连三甲苯
（1,2,3-三甲苯）

（结构式：1,2,4-三甲基苯环）
偏三甲苯
（1,2,4-三甲苯）

（结构式：1,3,5-三甲基苯环，H_3C、CH_3、CH_3）
均三甲苯
（1,3,5-三甲苯）

（结构式：CH_3 与 CH_2CH_3 邻位）
邻乙基甲苯
（2-乙基甲苯
或 1-甲基-2-乙基苯）

（结构式：CH_3 与 CH_2CH_3 间位）
间乙基甲苯
（3-乙基甲苯
或 1-甲基-3-乙基苯）

（结构式：CH_3 与 CH_2CH_3 对位）
对乙基甲苯
（4-乙基甲苯
或 1-甲基-4-乙基苯）

$C_6H_5-CH_2CH_2CH_3$
（正）丙苯

$C_6H_5-CH(CH_3)-CH_3$
异丙苯

【例 6-3】 用箭头表示下列化合物进一步发生卤代、硝化、磺化等取代反应时，最可能发生取代的位置。

1. （苯环：OH，邻位 CH_3）
2. （苯环：CH_3，间位 NO_2）
3. （苯环：Cl，对位 OCH_3）
4. （苯环：CH_3，间位 SO_3H）
5. （苯环：$NHCOCH_3$，对位 Br）

解析 根据二取代苯的定位效应规律，当一个为邻对位定位基，另一个为间位定位基时，由邻、对位定位基决定定位；较强定位基团与较弱定位基团竞争时，由较强的定位基团决定定位。此外，取代基导入的位置，还会受到空间位阻的影响。因此，上述化合物进一步发生取代时，最可能发生取代的位置为：

1. OH, CH_3 2. CH_3, NO_2 3. Cl, OCH_3

4. CH_3, SO_3H 5. $NHCOCH_3$, Br

【例 6-4】完成下列反应式，并指出该反应属何种反应类型。

1. C_2H_5-苯 $+(HCHO)_3+HCl \xrightarrow[\triangle]{ZnCl_2} ?$ 2. CH_3-苯 + 丁二酸酐（H_2C—C(=O)—O—C(=O)—CH_2）$\xrightarrow[\triangle]{AlCl_3} ?$

3. CH_3、$C(CH_3)_3$ 对位二取代苯 $\xrightarrow[\triangle]{KMnO_4, H^+} ?$ 4. 苯—C(=O)—苯—CH_3（COOH） $\xrightarrow{Cl_2, Fe} ?$；$\xrightarrow{Cl_2, 光} ?$

5. 苯—C(=O)—CH_2—苯 $+CH_3Cl \xrightarrow[\triangle]{AlCl_3} ?$ 6. CH_3-萘 $+HNO_3 \xrightarrow{H_2SO_4} ?$

7. NO_2-萘 $+H_2SO_4 \xrightarrow{\triangle} ?$

解析 1. CH_2CH_3-苯 $+(HCHO)_3+HCl \longrightarrow$ CH_2CH_3、CH_2Cl（主）对位产物 + CH_2CH_3、CH_2Cl 邻位产物 （氯甲基化反应）

乙基是邻对位定位基，在其邻、对位发生氯甲基化反应。

2. CH_3-苯 + 丁二酸酐（CH_2C(=O)—O—C(=O)CH_2）$\xrightarrow[\triangle]{AlCl_3}$ CH_3—苯—C(=O)—CH_2CH_2C(=O)OH（主） （酰基化反应）

酸酐发生在酰基与氧连接的部位断键，发生酰基化反应。

3. （对叔丁基甲苯）$\xrightarrow{KMnO_4, H^+}$（对叔丁基苯甲酸）（氧化反应）

题中叔丁基不含 α-氢原子，不发生氧化反应。

4. （2-(4-甲基苯甲酰基)苯甲酸）$\xrightarrow{Cl_2, Fe}$（3-氯-4-甲基苯甲酰基取代产物）（芳环卤代反应）

$\xrightarrow{Cl_2, 光}$（4-氯甲基苯甲酰基取代产物，$-CH_2Cl$）（芳烃侧链 α- 氢原子卤代反应）

题中反应物在 Fe 催化下与 Cl_2 反应属芳环上的卤代反应；在光的催化下与 Cl_2 反应，属芳烃侧链 α-氢原子的卤代反应。

5. $C_6H_5-CO-CH_2-C_6H_5 + CH_3Cl \xrightarrow[\triangle]{AlCl_3} C_6H_5-CO-CH_2-C_6H_4-CH_3$（对位）（主）$+ C_6H_5-CO-CH_2-C_6H_4-CH_3$（邻位）（烷基化反应）

题中 $-\overset{O}{\overset{\|}{C}}-$ 与左边苯环连接，它使相连的苯环钝化；$-CH_2-$与右边苯环连接，使右边苯环活化，故反应在右边苯环进行，且在$-CH_2-$的邻、对位发生烷基化反应。

6. （1-甲基萘）$+ HONO_2 \xrightarrow{H_2SO_4}$（1-甲基-4-硝基萘）$+$（1-甲基-3-硝基萘）（硝化反应）

萘环上的$-CH_3$ 是供电子基，能使它连接的苯环活化，发生同环取代，在同环的 4 位或 2 位进行。

7. （1-硝基萘）$+ H_2SO_4 \xrightarrow{\triangle}$（8-硝基萘-1-磺酸，$SO_3H$、$NO_2$）$+$（5-硝基萘-1-磺酸，$NO_2$、$SO_3H$）（磺化反应）

萘环上的$-NO_2$ 是吸电子基，能使它连接的苯环钝化，发生异环取代，在异环的 α-位进行。

【例 6-5】 某芳烃含碳 90.46%、含氢 9.54%，该烃的蒸气对空气的相对密度为 3.66。该芳烃用高锰酸钾酸性溶液强烈氧化可得到二元羧酸；在室温下可与 80%的硫酸溶液反应，生成的产物用稀硫酸加热水解，又生成原来的芳烃。试推测这个芳烃的构造式，并写出有关反应式。

解析 （1）求该烃的实验式。

$$C : H = \frac{90.46}{12} : \frac{9.54}{1} = 7.54 : 9.54 = 8 : 10$$

所以，该芳烃的实验式为 C_8H_{10}。

（2）求该烃的分子式。

该烃的相对分子质量 $=29\times d_{空气}=29\times3.66=106.14$

因为 $(C_8H_{10})_n=106.14$，所以 $n=1$。因此，该烃的分子式为 C_8H_{10}。

（3）求某芳烃的构造式。

因某芳烃用高锰酸钾氧化时得到二元羧酸，说明该芳烃侧链连着两个甲基，可能有以下的构造式。

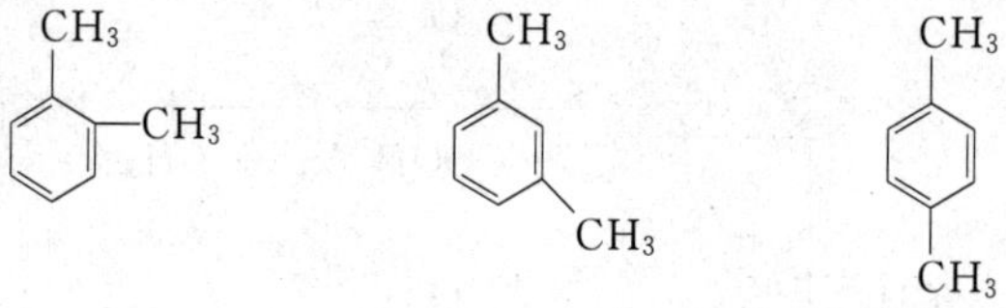

CH_3 CH_3　　CH_3 CH_3　　CH_3 CH_3

这 3 个二甲苯中，以（CH_3 CH_3）化学性质最活泼，发生磺化反应时，由于它两个甲基互处间位，定位效能一致，因此易发生磺化反应。而（CH_3 CH_3）及（CH_3 CH_3）磺化时，两个甲基定位效能不一致，性质不活泼，在上述条件下不磺化。因此，该芳烃的构造式应为（CH_3 CH_3）。

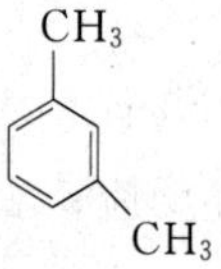

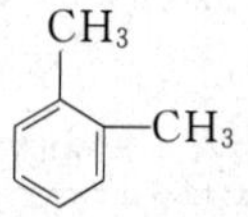

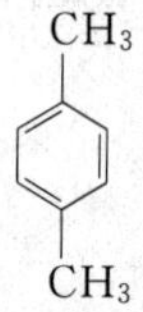

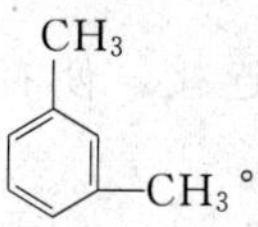

反应式如下：

CH_3 CH_3 $\xrightarrow{KMnO_4,H^+}$ COOH COOH

CH_3 CH_3 $\xrightarrow{H_2SO_4(浓)}$ CH_3 CH_3 SO_3H $\xrightarrow[\triangle]{H_2O,H^+}$ CH_3 CH_3

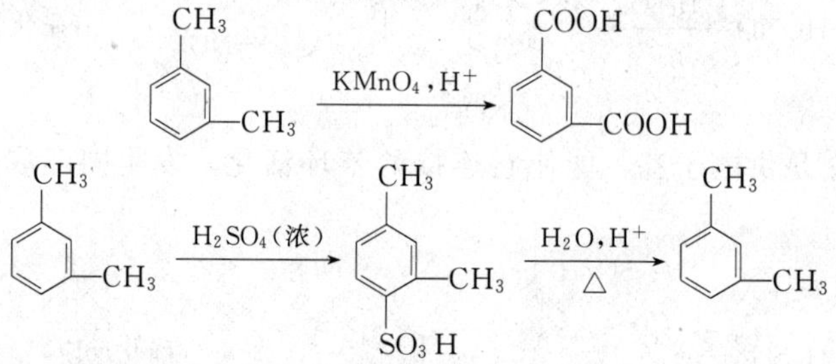

【例 6-6】 某液态有机物 6.7g，完全燃烧后，生成 11.20L（标准状态下）二氧化碳和 6.30g 水，该有机物不能使溴的 CCl_4 溶液褪色，但能被热的酸性高锰酸钾溶液强烈氧化而生成对苯二甲酸；若用稀硝酸在温和条件下氧化，得对甲基苯甲酸。试推测该有机物可能的构造式。

解析　（1）求该有机物的实验式。

$$C:12\times\frac{11.2}{22.4}=6(g)$$

$$H:6.30\times\frac{2}{18}=0.7(g)$$

由于 C、H 两元素的质量和，与原有机物样品质量一致，因此，它不含氧元素。

$$C:H=\frac{6}{12}:\frac{0.7}{1}=5:7$$

所以，实验式为 C_5H_7。

(2) 求该有机物的分子式。

根据题目所述该有机物的性质，可推知它为苯的同系物。其分子式应符合 C_nH_{2n-6} 的通式。则 $(C_5H_7)_x=C_nH_{2n-6}$ 即 $C_{5x}H_{7x}=C_nH_{2n-6}$

故 $C_{5x}=C_n$ 所以 $5x=n$ (1)

$H_{7x}=H_{2n-6}$ $7x=2n-6$ (2)

式 (1) 代入式 (2) 解之 $x=2$，该有机物的分子式应为 $C_{10}H_{14}$。

(3) 推测该芳烃的构造式。

从 $C_{10}H_{14}$ 可知，该芳烃的苯环侧链有 4 个碳原子，从氧化产物对苯二甲酸可知，这 4 个碳原子分成 2 个侧链，且处于对位，从温和氧化的产物对甲基苯甲酸可知，小的基团为甲基，大的基团为—$CH_2CH_2CH_3$ 或—$CH(CH_3)_2$。所以，该液态有机物可能的构造式为：

CH_3—⟨苯环⟩—$CH_2CH_2CH_3$ 或 CH_3—⟨苯环⟩—$CH(CH_3)_2$

【例 6-7】 某石油化工厂有苯、甲苯、直馏汽油、裂化汽油 4 瓶无色液体有机物，试用化学方法把它们鉴别出来。并用化学方法证明裂化汽油中有少量甲苯或二甲苯等苯的同系物(要求简要说明实验操作步骤)。

解析 本题的难点是裂化汽油中除主要含烷烃外，还有少量烯烃及甲苯、二甲苯等苯的同系物存在。而烯烃对检验苯的同系物的试剂——酸性高锰酸钾溶液也褪色。因此，在检验苯的同系物是否存在前，必须先排除待检物质中烯烃双键的存在。具体步骤表示如下：

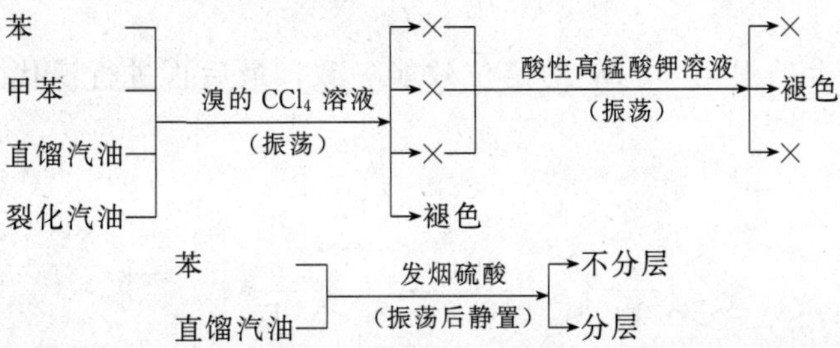

另取少量裂化汽油置于洁净试管中，逐滴加入溴的 CCl_4 溶液并振荡，滴至溴不再褪色为止（说明此时溶液中已无烯烃的双键存在）。然后再加入 2～3 滴酸性高锰酸钾溶液并用力振荡，若褪色，则证明裂化汽油中含有甲苯或二甲苯等苯的同系物存在。

【例 6-8】 以苯或甲苯为惟一的有机原料及其他无机试剂，采用能获得较高产率的方法合成下列化合物：

1. 3-硝基-4-溴苯甲酸　　2. 3,4-二溴硝基苯（Br、Br、NO_2 取代的苯环）

解析 1. 苯 或 甲苯（CH_3）$\longrightarrow$ 3-硝基-4-溴苯甲酸（COOH、NO_2、Br）

化合物中—COOH是由—CH_3氧化来的，而—COOH导入后，不可能把Br再导入其对位，因此，以甲苯为原料，第一步应进行溴代；第二步把—CH_3氧化为—COOH；由于—Br与—COOH定位效能一致，再把—NO_2导入溴的邻位及羧基的间位。其合成路线为：

$$CH_3 \xrightarrow[Fe]{Br_2} CH_3,\ Br \xrightarrow[\triangle]{KMnO_4,H^+} COOH,\ Br \xrightarrow[H_2SO_4]{HNO_3} COOH,\ NO_2,\ Br$$

若上述对溴甲苯先硝化，由于—CH_3及—Br均为弱的邻对位定位基，定位效能不一致，且—NO_2主要进入—CH_3的邻位，因此所需产物产率较低而不宜采用。

2. $\longrightarrow$ Br, Br, NO_2

产物芳环上连接的—NO_2及—Br均为吸电子基，均属对苯环的致钝基团，尤以—NO_2的致钝作用更甚。如果第一步发生硝化，除使苯环钝化外，对后来进行的二溴代反应除生成 (NO_2, Br, Br) 外，将有较多副产物 (NO_2, Br, Br) 生成。故第一步应溴代，第二步在溴的对位导入硝基，由于芳环上的溴与—NO_2的定位效能一致，最后再进行溴代，这是最佳合成路线。即

$$\xrightarrow[Fe]{Br_2} Br \xrightarrow[H_2SO_4]{HNO_3} Br,\ NO_2 \xrightarrow[Fe]{Br_2} Br,\ Br,\ NO_2$$

【例 6-9】以苯为原料，合成4-甲基-3-硝基苯乙酮。

解析 $\longrightarrow$ CH_3, NO_2, $COCH_3$

从产物与原料的分子结构看出，产物比原料增加了3个基团，哪个基团最先引入呢？硝基及乙酰基为间位定位基团，它们引入芳环后，烷基不可能再引入其邻、对位，因此，烷基应比硝基及酰基优先导入苯环。其次是硝基还是乙酰基先导入苯环呢？若先硝化导入硝基，硝基会使苯环钝化，增加傅-克酰基化反应的困难；若先进行酰基化导入乙酰基，最后导入硝基，反应则没有困难，而且烷基和酰基的定位方向一致，显然这是较佳的合成路线。即

$$C_6H_6 \xrightarrow[AlCl_3]{CH_3Cl} C_6H_5CH_3 \xrightarrow[AlCl_3]{CH_3COCl} p\text{-}CH_3C_6H_4COCH_3 \xrightarrow[H_2SO_4]{HNO_3} \text{(2-}NO_2\text{)}\ CH_3C_6H_3(NO_2)COCH_3$$

习　题

一、命名或写构造式

1. 命名下列芳烃。

(1) p-$CH_3C_6H_4CH(CH_3)_2$　(2) CH_3, CH_2CH_3, $CH_2CH_2CH_3$ 取代苯　(3) CH_3-C_6H_4-$CH{=}CH{-}CH_3$

(4) C_6H_5-$CH(CH_2CH_3)CH(CH_3)_2$　(5) C_6H_5-$CH{=}CH_2$　(6) $CH(CH_3)_2$-C_6H_4-$CH_2CH{=}CH_2$

(7) CH_3-C_6H_4-$C(CH_3){=}CHCH_3$　(8) CH_3-C_6H_4-$C(CH_3){=}CH{-}CH{=}CH_2$　(9) CH_3 CH_3 萘

(10) C_6H_5-$CH_2{-}C{\equiv}C{-}CH_2$-C_6H_5

2. 命名下列芳香族化合物。

(1) CH_3, Cl 取代苯　(2) O_2N-C_6H_4-NH_2　(3) HO_3S, OH, SO_3H 取代苯

(4) OH, OCH_3, CHO 取代苯　(5) COOH, CH_3, Br 取代苯　(6) CH_3, OH 取代萘

(7) SO_3H, NO_2 取代萘　(8) SO_3H, Br 取代萘

3. 写出下列化合物的构造式。

(1) 叔丁基苯　(2) 邻二甲苯　(3) 2,4-二硝基氯苯

(4) 对烯丙基苯乙烯 (5) 对甲氧基苯甲酸 (6) 对十二烷基苯磺酸钠
(7) β-萘磺酸 (8) α-溴萘

二、完成反应方程式

1. 在下列化合物中，若发生卤代、硝化、磺化等取代反应时，取代基最易导入哪个位置，试用箭头表示出来。

(1) 对-C_2H_5-$N(CH_3)_2$苯 (2) 邻-CH_3-SO_3H苯 (3) 间-溴-$NHC(=O)CH_3$苯 (4) α-萘酚(OH)

(5) β-萘-OH (6) β-萘-NO_2 (7) CH_3-萘-OCH_3

(8) C_6H_5-C(=O)-O-C_6H_5 (9) C_6H_5-C(=O)-C_6H_4-NO_2(间) (10) C_6H_5-CH_2-C_6H_4-C(=O)-CH_3(对)

2. 完成下列反应式（写出题中的 A、B、C、D)。

(1) 苯 $\xrightarrow{A}$ 苯-SO_3H $\xrightarrow{B}$ 苯

(2) 苯 $\xrightarrow[HF]{CH_3CH{=}CH_2}$ A；A $\xrightarrow[光]{Cl_2}$ B；A $\xrightarrow[Fe,\triangle]{Cl_2}$ C $\xrightarrow[\triangle]{KMnO_4(浓)}$ D

(3) 苯 $\xrightarrow[AlCl_3]{CH_3CH_2Cl}$ A $\xrightarrow[H_2SO_4]{HNO_3}$ B $\xrightarrow[FeBr_3]{Br_2}$ C $\xrightarrow[H_2SO_4]{K_2Cr_2O_7}$ D

(4) 苯 $\xrightarrow[HF]{(CH_3)_2C{=}CH_2}$ A $\xrightarrow[AlCl_3]{C_2H_5Cl}$ B $\xrightarrow[H_2SO_4]{KMnO_4}$ C

(5) 甲苯(CH_3) $\xrightarrow[\triangle]{(HCHO)_3+HCl}$ A $\xrightarrow[AlCl_3]{苯}$ B

(6) 苯 $\xrightarrow[BF_3]{CH_3OH}$ A $\xrightarrow[100℃]{H_2SO_4(浓)}$ B $\xrightarrow[H_2SO_4]{HNO_3}$ C $\xrightarrow{H_3^+O,\triangle}$ D

(7) 萘 $+H_2SO_4$ $\xrightarrow{60℃}$ A $\xrightarrow{HNO_3\text{-}H_2SO_4}$ B；$\xrightarrow{165℃}$ C $\xrightarrow{HNO_3\text{-}H_2SO_4}$ D

(8) β-萘-OH $\xrightarrow{HNO_3(稀)}$ A

3. 写出异丙苯与下列试剂发生反应的主要有机产物。

(1) H_2-Ni，200℃，10MPa (2) Br_2，Fe，△ (3) Br_2，光或△
(4) HNO_3，H_2SO_4 (5) 浓 H_2SO_4；100℃ (6) 热、浓 $KMnO_4$ 溶液
(7) C_6H_5-CH_2Cl，$AlCl_3$，△ (8) 异丁烯，BF_3，△ (9) $CH_3C(=O)Cl$，$AlCl_3$，△

4. 写出下列化合物进行傅-克反应的主要产物。

(1) 苯 + $C_6H_5CH_2Cl$ $\xrightarrow[\triangle]{AlCl_3}$

(2) $C_6H_5-\overset{O}{\overset{\|}{C}}-CH_2-C_6H_5$ $+CH_3Cl$（1mol）$\xrightarrow[\triangle]{AlCl_3}$

(3) $C_6H_5OCH_3$ $+CH_3CH_2CH_2Cl$ $\xrightarrow[\triangle]{AlCl_3}$

(4) $C_6H_5CH_3$ $+$ $(CH_3CO)_2O$ $\xrightarrow[\triangle]{AlCl_3}$

(5) 苯 + 丁二酸酐（CH_2-CO, CH_2-CO 经 O 成环）$\xrightarrow[\triangle]{AlCl_3}$

(6) $CH_3-C_6H_4-CH_3$（对二甲苯）$+$ $ClCH_2CH_2\overset{O}{\overset{\|}{C}}-Cl$ $\xrightarrow[\triangle]{AlCl_3}$

5. 写出下列化合物进行氧化反应的主要有机产物。

(1) $CH_3-C_6H_4-CH(CH_3)_2$（对位）$\xrightarrow[回流]{HNO_3(稀)}$

(2) $CH_3-C_6H_4-C(CH_3)_3$（对位）$\xrightarrow[\triangle]{KMnO_4}$

(3) $C_6H_5-CH=CH_2$ $\xrightarrow{KMnO_4(稀)}$

(4) $(CH_3)_2C=CH-C_6H_4-CH_3$（对位）$\xrightarrow[回流]{K_2Cr_2O_7+H_2SO_4}$

(5) 萘 $\xrightarrow[400\sim450℃]{O_2, V_2O_5}$

6. 下列反应式有无错误？若有错误，请指出（①、②两步应分别判断正误）。

(1) 苯 $+CH_3CH_2CH_2Cl$ $\xrightarrow[①]{AlCl_3}$ $C_6H_5-CH_2CH_2CH_3$ $\xrightarrow[②]{[O]}$ $C_6H_5-CH_2CH_2COOH$

(2) 苯 $+$ $CH_3CH_2CH_2\overset{O}{\overset{\|}{C}}-Cl$ $\xrightarrow{AlCl_3}$ $C_6H_5-\overset{O}{\overset{\|}{C}}-\underset{CH_3}{\underset{|}{CH}}-CH_3$

(3) $C_6H_5-NO_2$ $+C_2H_5OH$ $\xrightarrow[①]{AlCl_3}$ m-$O_2N-C_6H_4-C_2H_5$ $\xrightarrow[②]{Cl_2,光}$ m-$O_2N-C_6H_4-CH_2CH_2Cl$

(4) $C_6H_5-NH_2$ $+(CH_3)_2CHCH_2Cl$ $\xrightarrow{AlCl_3}$ $H_2N-C_6H_4-CH_2CH(CH_3)_2$（对位）

(5) 苯 $+(CH_3CO)_2O$ $\xrightarrow[①]{AlCl_3}$ $C_6H_5-\overset{O}{\overset{\|}{C}}-CH_3$ $\xrightarrow[②]{(CH_3CO)_2O, AlCl_3}$ m-$C_6H_4(\overset{O}{\overset{\|}{C}}-CH_3)_2$

(6) $C_6H_5-SO_3H$ $+(HCHO)_3+HCl$ $\xrightarrow{AlCl_3}$ o-$ClCH_2-C_6H_4-SO_3H$

三、填空题

1. 今有 CH_4、$CH_2=CH_2$、 $HC\equiv CH$ 、环丙烷、苯 5 种有机物，分别取 1mol 完全燃烧后，各生成 m mol CO_2 和 n mol 的 H_2O，问

当 $m=n$ 时，该烃为__________；当 $m=2n$ 时，该烃为__________；当 $2m=n$ 时，该烃为__________。

2. 在烃类物质中，在室温下能使溴的 CCl_4 溶液及稀高锰酸钾溶液褪色的物质有__________；室温下能使溴的 CCl_4 溶液褪色，但不能使稀的高锰酸钾溶液褪色的物质是低级的__________烃；室温下不能使溴褪色，但能使浓、热或酸性高锰酸钾溶液褪色的物质是__________。

3. $C_{10}H_{14}$ 的芳烃异构体中，不能被酸性高锰酸钾溶液氧化生成芳香族羧酸的芳烃构造式是__________。

4. 某烃的分子式为 $C_{10}H_{14}$，它不能使溴的 CCl_4 溶液褪色，但可使酸性高锰酸钾溶液褪色，并生成苯甲酸（C_6H_5—COOH），此烃可能的结构有__________。

5. 甲、乙、丙 3 种三甲苯，经硝化后分别得到 1 种、2 种、3 种一硝基化合物。甲、乙、丙的构造式分别是__________。

6. 某烃分子式为 $C_{10}H_{12}$，它能使溴的 CCl_4 溶液褪色，也能被热的酸性高锰酸钾溶液氧化，生成对苯二甲酸和乙酸。该烃的构造式应为__________。

7. 聚苯乙烯是一种性能优良的塑料，它的结构表示式是__________。

8. 苯的磺化反应是可逆的平衡反应，为使磺化反应能顺利进行，一般采取①__________；②__________。要使苯磺酸脱去磺酸基，一般要采取__________。

9. 芳环上的烷基化、酰基化及氯甲基化反应，是芳烃重要的合成反应，但芳环上连有__________基团时，一般不能进行上述反应。

10. 芳环上连有烷基长度不等的多烷基苯氧化时，通常是__________烷基先被氧化。

11. $—OCH_3$、$—NHCOCH_3$、—Cl、$—N(CH_3)_2$、—OH、$—CH_3$ 分别与苯环相连时，它们都是________位定位基，其定位效应由强至弱顺序是__________。

12. 在$—SO_3H$、$—NO_2$、—COOH、$—COCH_3$、—CHO 分别与苯环相连时，它们都是________位定位基，其定位效应由强至弱顺序是__________。

13. 分别除去下列物质中括号注明的少量杂质，请填入适当试剂及简要操作方法。

(1) 苯（己烯）__________。

(2) 环己烷（苯）__________。

(3) 苯（甲苯）__________。

14. 3,4-苯并芘（结构式）是强烈的致癌物质，它存在于烟囱灰、煤焦油、燃烧烟草的烟雾和内燃机的尾气中，也存在于烧焦的鱼、肉中。3,4-苯并芘属于________类有机物，它的分子式为__________。

15. 由苯制备间硝基苯磺酸，可采取①苯先硝化后磺化；②苯先磺化后硝化两条工艺路线，而最佳的工艺路线应是__________。

四、选择题

1. 在苯环的平面正六边形结构中，碳碳键不是单、双键交替排列的事实是（ ）。

A. 苯的一元取代物只有一种　　B. 苯的邻位二元取代物只有一种

C. 苯的间位二元取代物只有一种　　D. 苯的对位二元取代物只有一种

2. 室内空气污染的主要来源之一，是室内装饰材料、家具、化纤地毯等不同程度都释放出有毒有害气体，它主要是（ ）。

A. 一氧化碳　B. 二氧化碳　C. 甲醇　D. 甲苯和苯的同系物及甲醛

3. 关于构造式为 HC≡C—C_6H_4—CH═CH—CH_3 的物质，下列说法中正确的是（ ）。

A. 所有的碳原子有可能都在同一平面上　　B. 最多有 9 个碳原子在同一平面上

C. 有 7 个碳原子可能在同一直线上　　　　D. 最多有 5 个碳原子在同一直线上

4. 下列基团中，不属于烃基的是（　　）。

A. $—CH(CH_3)_2$　　B. $—CH═CH_2$　　C. $—OCH_3$　　D. $C_6H_5—CH_2—$

5. 下列各组物质中，一定属于同系物的是（　　）。

A. C_2H_4 和 C_4H_8　　B. $C_6H_5—CH═CH_2$ 和 $C_6H_5—CH═C(CH_3)—CH_3$

C. C_3H_4 和 C_4H_6　　D. C_6H_6 和 $C_6H_5—CH(CH_3)—CH_3$

6. 芳烃 C_9H_{12} 的同分异构体有（　　）。

A. 3 种　　B. 6 种　　C. 7 种　　D. 8 种

7. 在铁的催化作用下，苯与液溴反应，使溴的颜色逐渐变浅直至无色，属于（　　）。

A. 取代反应　　B. 加成反应　　C. 氧化反应　　D. 萃取反应

8. 在室温下，下列有机物不能使高锰酸钾或溴的 CCl_4 溶液都褪色的是（　　）。

A. 甲基环丙烷　　B. 乙烯基乙炔　　C. 1,3-丁二烯　　D. 甲苯

9. 下列物质中，能使酸性高锰酸钾溶液褪色，但不能使溴的 CCl_4 溶液褪色的是（　　）。

A. $C_6H_5—CH_3$　　B. $C_6H_5—C(CH_3)_3$　　C. $C_6H_5—CH═CH_2$　　D. $CH_3—C_6H_4—CH_2CH_3$

10. 下列有机物，在常温下能溶于浓硫酸的是（　　）。

A. 环己烷　　B. 苯　　C. 甲苯　　D. 硝基苯

11. 下列化合物和苯发生傅-克烷基化反应时，会发生碳链异构的是（　　）。

A. 溴乙烷　　B. 1-溴丙烷　　C. 2-溴丙烷　　D. 2-甲基-1-溴丙烷

12. 下列各组试剂中，可用于鉴别 C_6H_6（苯）、$CH_3CH_2CH═CH—C≡CH$ 和 环状 H_2C（$CH═CH$，$C≡C$）CH_2 的试剂是（　　）。

A. 稀溴水、稀高锰酸钾溶液　　B. $AgNO_3$、Cu_2Cl_2、氨水

C. 稀高锰酸钾溶液、$AgNO_3$、氨水　　D. 发烟硫酸、Cu_2Cl_2、氨水

13. 下列诸“褪色反应”中，属于加成反应的是（　　）。

A. 乙烯与溴的 CCl_4 溶液反应使溴褪色　　B. 乙烯与高锰酸钾溶液反应使高锰酸钾褪色

C. 乙基环丙烷与溴的 CCl_4 溶液反应使溴褪色　　D. 苯在加热及 $FeCl_3$ 催化下与溴反应，使溴褪色

14. 苯环上分别连接下列基团时，最能使苯环活化的基团是（　　）。

A. $—NHCH_3$　　B. $—OH$　　C. $—Br$　　D. $—CHO$

15. 苯环上分别连接下列基团时，最能使苯环钝化的基团是（　　）。

A. $—NH_2$　　B. $—COOH$　　C. $—Cl$　　D. $—NO_2$

16. 下列烷基苯中，不宜由苯通过烷基化反应直接制取的是（　　）。

A. 丙苯　　B. 异丙苯　　C. 叔丁苯　　D. 正丁苯

17. 由苯合成 2-氯-4-硝基苯甲酸（苯环上 COOH、邻位 Cl、对位 NO_2），在下列诸合成路线中，最佳合成路线是（　　）。

A. 烷基化、硝化、氯代、氧化　　B. 烷基化、氯代、硝化、氧化

C. 氯化、烷基化、硝化、氧化　　D. 硝化、氯代、烷基化、氧化

18. 下列诸反应中，正确的是（　　）。

A. 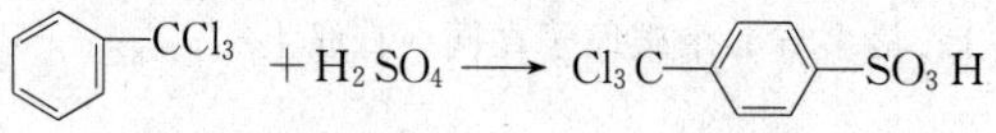 C_6H_5—CCl_3 + H_2SO_4 ⟶ Cl_3C—C_6H_4—SO_3H

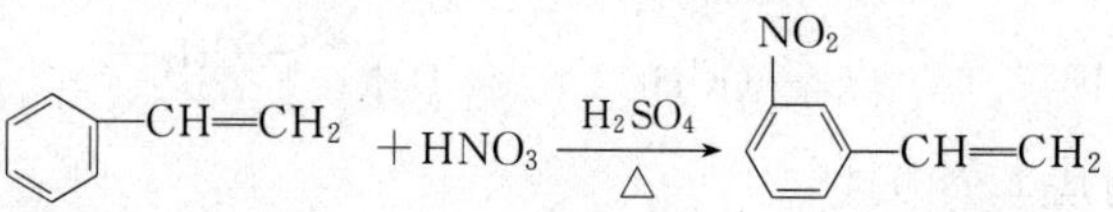

B. C_6H_5—CH═CH_2 + HNO_3 $\xrightarrow[\triangle]{H_2SO_4}$ NO_2—C_6H_4—CH═CH_2

C. CH_3—C_6H_4—NHC(═O)CH_3 + Cl_2 $\xrightarrow[\triangle]{Fe}$ CH_3—C_6H_3(Cl)—NHC(═O)CH_3

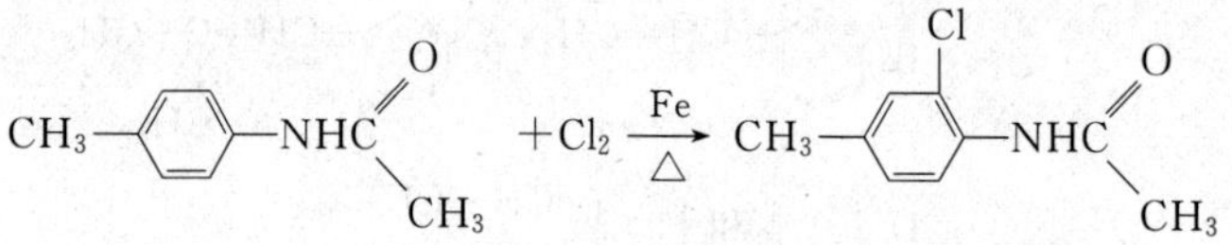

D. 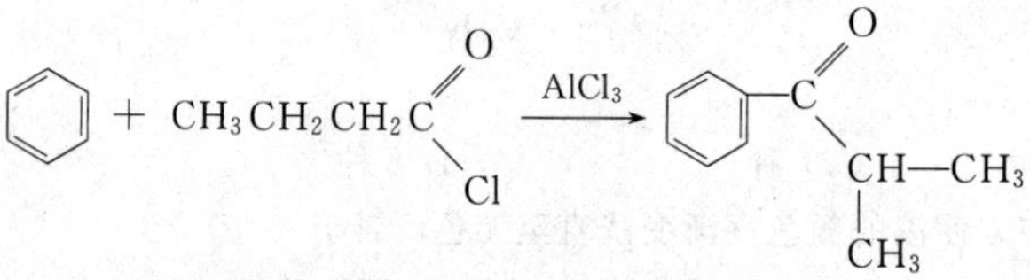 C_6H_6 + $CH_3CH_2CH_2C$(═O)Cl $\xrightarrow{AlCl_3}$ C_6H_5—C(═O)—CH(CH_3)—CH_3

19. 工业上获得芳香烃的主要方法是（　　）。

A. 石油的催化裂化　　B. 石油的高温裂解

C. 轻汽油的铂重整　　D. 煤焦油的分馏

五、判断题（下列叙述对的在括号中打“√”，错的打“×”）

1. 甲苯和苯乙烯都是苯的同系物。（　　）

2. 苯的构造式是 ⌬ 。因为它有 3 个碳碳双键和 3 个碳碳单键，因此，苯分子结构中所有碳碳键的键长是不相等的。（　　）

3. 邻、对位定位基都能使苯环活化。（　　）

4. 间位定位基都能使苯环钝化。（　　）

5. 所有的烷基苯在高锰酸钾强氧化剂氧化下，无论烷基长短，都被氧化成羧基。（　　）

6. 含 α-氢原子的烷基苯，在高锰酸钾强氧化剂氧化下，无论烷基长短，都被氧化成羧基。（　　）

7. 与苯环直接相连的原子，凡是只以单键相连的，大都是邻、对位定位基，少数例外。（　　）

8. 与苯环直接相连的原子，凡是带正电荷或具有重键的，大都是间位定位基，少数例外。（　　）

9. 萘的分子结构和苯类似，由于分子中 π 电子云的离域，也使萘所有的碳碳键键长完全相等。（　　）

10. 萘分子发生一元取代时，与苯相似，只得到一种一元取代物。（　　）

六、鉴别题（试用化学方法区别下列各组化合物）

（1）苯、甲苯、苯乙烯、苯乙炔

（2）环己烷、苯、邻二甲苯、间二甲苯

七、合成题

1. 以苯或甲苯为起始原料，选取适当的无机及有机试剂，合成下列化合物。

（1）CH_2Br（对位 Br）　　（2）$COCH_3$（间位 NO_2）　　（3）Cl, Cl, Cl, SO_3H

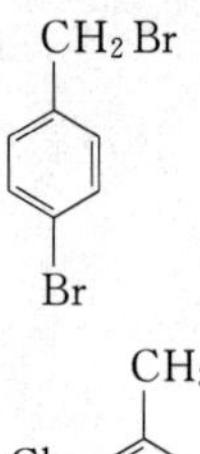

（4）CH_3, Cl, NO_2（纯）　　（5）$CH(CH_3)_2$, SO_3H, NO_2　　（6）COOH, NO_2, Br

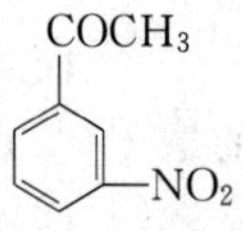

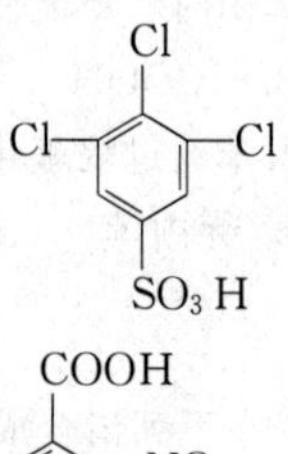

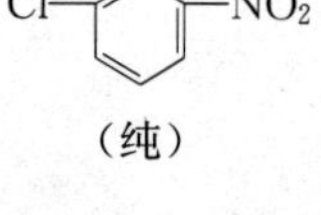

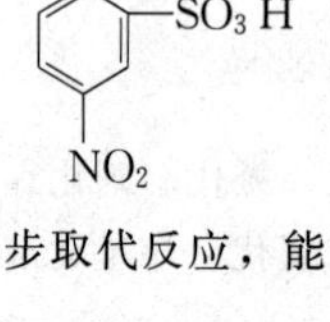

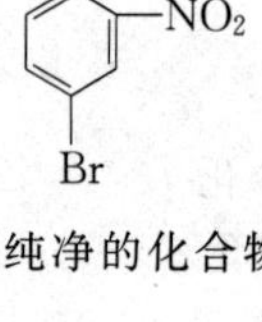

2. 以苯为原料，通过连续两步取代反应，能否得到下列纯净的化合物？如果能，请写出其反应步骤。如果不能，请阐述理由。

(1) $COCH_3$ SO_3H　(2) $COCH_3$ $COCH_3$　(3) NO_2 CH_3　(4) CH_3 Br

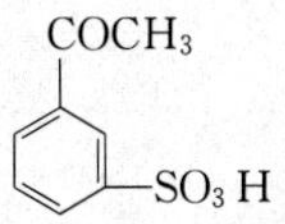

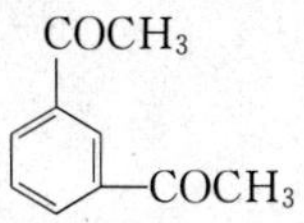

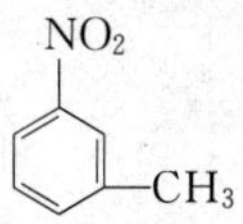

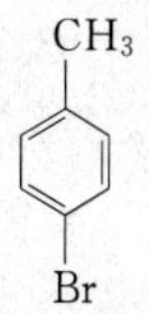

3. 能否选取适当的二取代苯为原料，仅经一步取代反应，就能制备较纯的下列化合物？如能，请写出有关的反应方程式；如果不能，请阐述理由。

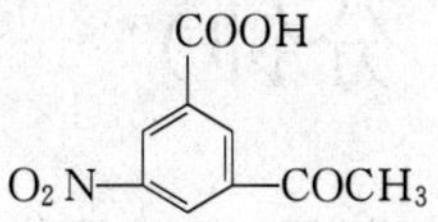

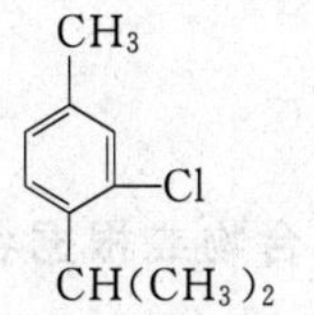

(1) 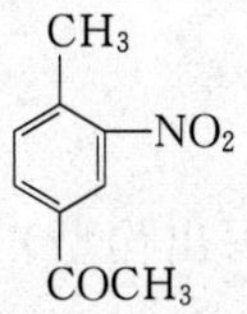 CH_3 NO_2 $COCH_3$　(2) COOH O_2N $COCH_3$　(3) CH_3 Cl $CH(CH_3)_2$　(4) OCH_3 NO_2 NO_2

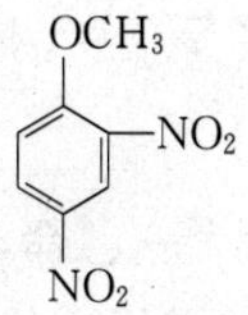

八、推测构造式

1. A、B、C 3 种芳烃，分子式都是 C_9H_{12}，它们分别硝化时，都能生成一硝基化合物，A 的主要产物有两种，B 和 C 的产物均为两种。上述芳烃经热的重铬酸钾酸性溶液氧化时，A 生成一元羧酸，B 生成二元羧酸，C 生成三元羧酸。试推测 A、B、C 的构造式。

2. 某芳烃 A，分子式为 $C_{10}H_8$，室温下它能使溴的 CCl_4 溶液褪色；也能与硝酸银的氨溶液反应生成白色沉淀；它在 Pt 催化下加氢生成 B($C_{10}H_{14}$)。B 在铬酸溶液中煮沸回流，得到一酸性物质C($C_8H_6O_4$)；C 在 $FeBr_3$ 催化下与溴反应只生成一种一溴化合物 D($C_8H_5O_4Br$)。试推测 A、B、C、D 的构造式。

第一章～第六章　自测题

（120 分钟）

一、命名下列化合物或根据名称写出构造式（标 * 号的要进一步写出构型）（标 * 的 2 分，共 10 分）

1. $CH_3-C(CH_2CH_3)(CH_3)-CH(CH(CH_3)CH_3)-CH_2CH_3$

2*. $(CH_3)(CH_3CH_2)C=C(CH_2CH_2CH_3)(CH(CH_3)CH_3)$

3. $p\text{-}CH_3C_6H_4-CH(CH_3)-CH(CH_3)-C\equiv CH$

4. $CH_2=C(CH_3)-CH=CH_2$

5. 环丙基环戊烷（结构式）

6. $m\text{-}CH_3C_6H_4-CH=C(CH_3)-CH_3$（苯环所连 CH 下方标 CH_3，C 下方标 CH_3）

7. 异丁烯

8. 对烯丙基苯乙烯

9. 5-硝基-2-萘磺酸

二、完成下列反应方程式（每问 1.5 分，第 8 题为 2 分，共 23 分）

1. $CH_3-C(CH_3)=CH_2 \xrightarrow{Cl_2,\text{常温}} A$；$\xrightarrow{Cl_2,500℃} B$

2. $CH_3C(CH_3)=CHCH_3 \xrightarrow{\text{酸性}KMnO_4} A$；$\xrightarrow{KMnO_4(\text{稀})} B$

3. $CH_3C\equiv CH \xrightarrow{HBr(\text{过量})} A$；$\xrightarrow{HBr,\text{过氧化物}} B$

4. $CH_2=C(CH_3)-CH=CH_2 + H-C(COOCH_3)=C(COOCH_3)-H \xrightarrow{\triangle} A$

5. 1,1-二甲基-2-乙基环丙烷 $+ HI \longrightarrow A$

6. 苯 $+CH_3CH=CH_2 \xrightarrow{HF} A$；$A \xrightarrow[Fe]{Br_2} B$；$A \xrightarrow[\text{光}]{Br_2} C$

7. 萘 $\xrightarrow[60℃]{H_2SO_4(\text{浓})} A$；$\xrightarrow[165℃]{H_2SO_4(\text{浓})} B$

8. $C_6H_5-CO-CH_2-C_6H_5 + CH_3CH_2Cl \xrightarrow{AlCl_3} A$

9. 萘 $\xrightarrow[400\sim500℃]{O_2,V_2O_5} A$

三、填空题（9 小题 4 分，10 小题 3 分，其余各小题每题 1 分，共 15 分）

1. 有机化合物和无机化合物一般可通过简便的__________试验加以区别，其现象是大多数有机化合物____。

2. 石油在炼制过程中常采用__________蒸馏。把重油转化为轻油的过程叫__________，深度裂化叫__________。为了获得更多的轻油，需把重油进行__________；为了获得更多的烯烃等化工原料，需把重油进行__________。

3. 我国目前使用的车用汽油的牌号是按汽油的__________大小划分的，95 号汽油表示该汽油的______________________________。汽油牌号愈高，表示其抗爆震性能________。

4. 据报道，1995 年科学家合成了分子式为 $C_{200}H_{200}$ 的有机物，它是含多个碳碳三键（—C≡C—）的链状烃，该烃的结构表示式可写成____________________；该烃含碳碳三键的数目是__________。

5. 合成橡胶中，产量居世界第一位的是__________橡胶，其结构表示式是__________。产量居世界第二位的是__________橡胶，其结构表示式是______________________________。

6. 芳环上的烷基化、酰基化及氯甲基化反应，是芳烃重要的合成反应，但芳环上连有____________________基团时，一般不能进行上述反应。

7. 在烃类物质中，室温下能使溴的 CCl_4 溶液及稀高锰酸钾溶液褪色的物质有____________________；室温下能使溴的 CCl_4 溶液褪色，但不能使稀的高锰酸钾溶液褪色的物质是低级的__________烃；室温下不能使溴褪色，但能使浓、热或酸性高锰酸钾溶液褪色的物质是____。

8. 3,4-苯并芘（ ）是强烈的致癌物质，它属于____________________类有机物，它的分子式是__________。

9. 用化学方法分别除去下列物质中括号内注明的杂质，并简要说明操作过程。

（1）庚烷（庚烯）____。

（2）2-丁炔（1-丁炔）____。

（3）1-丁炔(1,3-丁二烯) ____。

（4）苯（甲苯）____。

10. 无水醋酸钠与碱石灰共热制取甲烷时，洗气瓶中的洗液是__________溶液，以洗去气体中的____________副产物。乙醇与浓硫酸共热制取乙烯时，洗气瓶中的洗液是__________溶液，以洗去气体中的__________副产物。用电石制取乙炔时，洗液是__________溶液，以洗去气体中的__________副产物。

四、选择题（单项或多项选择）（3、10 每小题 3 分，其余各小题 1 分，共 14 分）

1. $CH_3CH(CH_2)_4CH—CH—CH_3$（2 位 CH 上连 CH_3，7 位 CH 上连 CH_3，8 位 CH 上连 CH_2CH_3）的正确名称是（　　）。

A. 2,7-二甲基-8-乙基壬烷　　B. 2-乙基-3,8-二甲基壬烷

C. 3,4,9-三甲基癸烷　　D. 2,7,8-三甲基癸烷

2. 分子式为 C_9H_{12} 的有机物，其同分异构体的数目为（　　）。

A. 3 种　B. 6 种　C. 7 种　D. 8 种

3. 下列各组物质中，属于同一物质的是（　　），属于同系物的是（　　），属于同分异构体的是（　　）。

A. C_4H_{10} 与 C_6H_{14}　　B. $HC≡C—CH(CH_3)—CH_3$ 与 $CH_2=C(H_3C)—CH=CH_2$

C. $CH_2=C-CH(CH_3)_2$ 与 $CH_3CH_2-C-CH-CH_3$

$\quad\;\; CH_2CH_3 \qquad\qquad\qquad\quad \| \quad\; |$

$\qquad\qquad\qquad\qquad\qquad\quad CH_2 \;\; CH_3$

D. C_6H_6（苯） 与 $H_3C-C_6H_4-CH_3$（对二甲苯）

E. $CH_3CH_2-C-CH-CH_3$ 与 $CH_3CH=C-CHCH_3$

$\qquad\qquad\quad \| \quad\; | \qquad\qquad\qquad\qquad\quad | \quad\;\; |$

$\qquad\qquad CH_2 \;\; CH_3 \qquad\qquad\qquad\quad CH_3 \;\; CH_3$

F. C_4H_8 与 C_6H_{12}

G. $\triangle-CH_3$（甲基环丙烷） 与 环己烷

H. $CH_2=CH_2$ 与 $C_6H_5-CH=CH_2$

I. C_6H_6（苯） 与 $C_6H_5-CH=CH_2$

4. 在室温下，下列物质能分别使 $KMnO_4$ 溶液及溴的 CCl_4 溶液褪色的是（　　）。

A. 乙基环丙烷　B. 异丁烯　C. 苯乙炔　D. 乙苯

5. 室温下，能溶于浓硫酸的是（　　）。

A. 环己烷　B. 苯　C. 甲苯　D. 苯乙烯

6. 在室温下，下列物质分别与硝酸银氨溶液反应，能立即产生白色沉淀的物质是（　　）。

A. 乙烯基乙炔　B. 2-戊炔　C. 苯乙烯　D. 苯乙炔

7. 下列诸“褪色反应”中，属于加成反应的是（　　）。

A. 乙烯与溴的 CCl_4 溶液反应使溴褪色

B. 乙烯与高锰酸钾溶液反应使高锰酸钾溶液褪色

C. 乙基环丙烷与溴的 CCl_4 溶液反应使溴褪色

D. 苯在加热及 $FeCl_3$ 催化下与溴反应，使溴褪色

8. 具有单键、双键交替排列的高分子化合物有可能成为导电塑料（如$—CH=CH—CH=CH—CH=CH—\cdots$）。2000 年诺贝尔化学奖授予了开辟该领域研究并做出了突出贡献的黑格等三位科学家。下列聚合物掺入碘（或钠）成为导电塑料的是（　　）。

A. 聚乙烯　B. 聚乙炔　C. 聚丁二烯　D. 聚苯乙烯

9. 室内空气污染的主要来源之一是室内装饰材料、家具、化纤地毯等不同程度都释放出有毒有害气体，它主要是（　　）。

A. 一氧化碳　B. 二氧化碳　C. 甲醇　D. 甲苯和苯的同系物及甲醛

10. 下列关于实验操作的叙述，正确的是（　　）。

A. 无水醋酸钠和碱石灰混合物共热制甲烷时使用的大试管，管口宜向下倾斜，以防加热过程中试管炸裂。

B. 浓硫酸和乙醇共热制乙烯时，温度计的水银球上端，应与蒸馏烧瓶支管下缘处于同一水平线上，控制在 170℃。

C. 浓硫酸和乙醇共热制乙烯时，温度计的水银球应插入液面下控制在 170℃左右反应。

D. 制取乙烯的实验完毕后，要先灭火，再从水中取出导气管。

E. 电石与水反应制乙炔的实验，最宜选用启普发生器制取乙炔。

五、鉴别与分离题（每小题 5 分，共 15 分）

1. 有 6 瓶不慎失落标签的液态有机物，已知它们分别是戊烷、1-戊烯、1-戊炔、2-戊烯、异戊二烯、乙基环丙烷，试用简便的化学方法把它们鉴别出来。

2. 某石油化工厂有 4 瓶无色液体，已知它们分别是邻二甲苯、间二甲苯、直馏汽油、裂化汽油。试用化学方法把它们鉴别出来，并用化学方法证明裂化汽油中有少量甲苯等苯的

同系物存在。

3. 用化学方法分离苯、苯乙烯、苯乙炔的液体混合物。

六、合成题（1 小题 3 分，其余小题各 4 分，共 15 分）

1. 由 C_4 的烯烃为原料和无机试剂合成 $\underset{\substack{|\\ \text{Cl}}}{}$ $CH_2Cl-C(OH)(CH_3)-CH_2Cl$（即 $\text{CH}_2(\text{Cl})-\text{C}(\text{OH})(\text{CH}_3)-\text{CH}_2\text{Cl}$）。

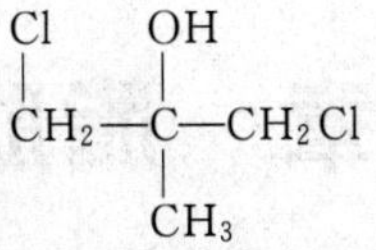

2. 由丙烯、丙炔为起始原料和其他无机试剂合成 $CH_3C\equiv C-CH(CH_3)-CH_3$。

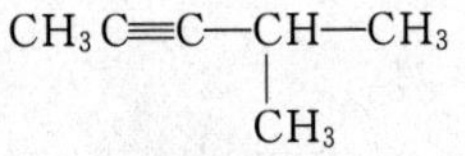

3. 由苯为起始原料和其他无机试剂合成 4-硝基-2-溴苯甲酸。

4. 由苯或甲苯为起始原料和其他无机试剂合成纯的 2,6-二氯甲苯（CH_3 两侧邻位各连 Cl 的苯环）。

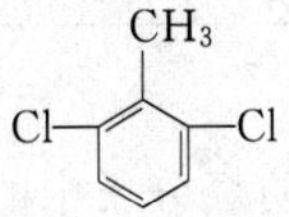

七、推测构造式（每小题 4 分，共 8 分）

1. 化合物 A 和 B，都含碳 88.82%、含氢 11.18%，室温下它们都能使溴的 CCl_4 溶液褪色。当 A 和 B 分别用氯化亚铜的氨溶液作用时，A 能生成沉淀，而 B 不能生成沉淀物。当 A 和 B 分别用热的高锰酸钾溶液氧化时，A 能生成丙酸（CH_3CH_2COOH）和二氧化碳，而 B 则生成草酸（$\begin{matrix}COOH\\ |\\ COOH\end{matrix}$）和二氧化碳，试推测 A、B 的构造式。

2. 有机物 A，分子式为 $C_{10}H_{18}$，经催化加氢可生成 B，其分子式为 $C_{10}H_{22}$。A 经酸性高锰酸钾溶液氧化得到 $CH_3\overset{O}{\overset{\|}{C}}CH_3$ 和 $CH_3\overset{O}{\overset{\|}{C}}CH_2\overset{O}{\overset{\|}{C}}-OH$，试写出 A、B 的构造式。

第七章　脂肪族卤代烃

主要内容要点

脂肪族卤代烃是脂肪烃分子中的氢原子被卤原子取代后生成的化合物。常用通式 R—X 表示，其中卤原子是卤代烃的官能团。

一、卤代烃的同分异构现象和命名

一卤代烷的构造异构包括碳链异构和官能团的位置异构。

卤代烷的系统命名法原则与烷烃相似，选取含有卤素原子的最长碳链作主链，把卤原子作为取代基，从靠近支链一端，开始给主链上的碳原子编号，根据主链上的碳原子数称"某烷"；将取代基的位次、名称写在母体名称"某烷"之前。取代基列出顺序按"次序规则"排列，较优基团后列出，先烷基后卤素，不同的卤素按氟、氯、溴、碘的顺序排列。命名不饱和卤代烃时，应选取既含卤素原子又含不饱和键的最长碳链作为主链，称为"某烯"，卤素作为取代基，编号时应使不饱和键的位次最小。

二、卤代烃的化学反应

R—X：

- 水解 $\xrightarrow{NaOH,H_2O}$ ROH
- 氰解 $\xrightarrow{NaCN}$ RCN （只限于 1°RX）
- 醇解 $\xrightarrow{NaOR'}$ ROR′ （只限于 1°RX）
- 氨解 $\xrightarrow{NH_3}$ $RNH_2 \xrightarrow{RX} R_2NH \xrightarrow{RX} R_3N \xrightarrow{RX} R_4N^+X^-$
- 生成卤化银 $\xrightarrow[\text{醇溶液}]{AgNO_3}$ $RONO_2 + AgX\downarrow$
- 与镁的反应 $\xrightarrow[\text{绝对乙醚}]{Mg}$ RMgX

$$RMgX \xrightarrow{HY} RH + Mg\begin{matrix}X\\Y\end{matrix}$$ （HY＝H_2O、ROH、HX、NH_3 等）

消除反应 $$RCH_2\underset{\underset{X}{|}}{CH}—CH_3 \xrightarrow[\triangle]{KOH\text{-}C_2H_5OH} RCH═CH—CH_3$$

（按查依采夫规则）

三、卤代烃的鉴别

硝酸银乙醇溶液试验，卤代烃与硝酸银乙醇溶液反应，生成不溶性的卤化银沉淀。

不同结构的卤代烃，与硝酸银醇溶液的反应速率有很大的差别。根据卤化银沉淀的速率把卤代烃分为下列 3 种类型。

Ⅰ	Ⅱ	Ⅲ
$R-CH=CH-CH_2-X$	$RCH=CH\text{-}(CH_2)_n\text{-}X$ $n \geqslant 2$	$RCH=CHX$
R_3CCl、$RCHBrCH_2Br$	RCH_2Cl、R_2CHCl	$CHCl_3$
RI	$RCHBr_2$	CCl_4

Ⅰ类卤代烃与硝酸银乙醇溶液在室温下能立刻生成卤化银沉淀，Ⅱ类卤代烃需加热才能生成沉淀，Ⅲ类卤代烃即使加热也无卤化银沉淀生成。

不同卤原子的卤代烃，除根据其反应活性外，还可根据其产物 AgX 的不同颜色（AgCl↓白、AgBr↓浅黄、AgI↓黄）来鉴别。

四、卤代烃的制法

1. 烷烃的卤化

$$CH_3-\underset{\underset{CH_3}{|}}{\overset{\overset{CH_3}{|}}{C}}-CH_3 + Cl_2 \xrightarrow{\text{光或热}} CH_3-\underset{\underset{CH_3}{|}}{\overset{\overset{CH_3}{|}}{C}}-CH_2Cl + HCl$$

多数烷烃生成复杂混合物，此法制备意义不大。

2. 不饱和烃与卤素或卤化氢加成（以烯烃为例）

$$R-CH=CH_2 \xrightarrow{HX} R-\underset{\underset{X}{|}}{CH}-CH_3 \quad (\text{按马氏规则})$$

$$R-CH=CH_2 \xrightarrow{X_2} R\underset{\underset{X}{|}}{CH}-\underset{\underset{X}{|}}{CH_2}$$

3. 由醇制备

$RCH_2OH + HX \rightleftharpoons RCH_2X + H_2O$（主要适宜制伯卤烷）

$ROH + PX_3 \longrightarrow 3RX + H_3PO_3$（制备溴代烷或碘代烷）

$ROH + SOCl_2 \xrightarrow{\text{吡啶}} RCl + SO_2\uparrow + HCl$（只用于制氯代烷）

五、不饱和度及其应用

1. 不饱和度

不饱和度又名缺氢指数，用希腊字母 Δ 表示，它是反映有机分子不饱和程度的量化标志。由于烷烃分子饱和程度最大，规定其 Δ=0，烃分子中每增加一个双键或一个饱和脂环，氢原子就减少两个，其不饱和度就增加 1。烃及其衍生物的不饱和度的计算公式为：

$$\Delta = \frac{2C+2-H-X+N}{2}$$

式中，C、H、X、N 分别代表分子式中碳、氢、卤素、氮的原子数。一个单位的不饱和度相当于一个双键或一个饱和脂环结构。对于含氧化合物，不饱和度与氧数无关。

2. 不饱和度的应用

（1）可以辅助判断同分异构体　本方法适宜用于结构很复杂的有机物，若两种有机物互为同分异构体，其分子式必相同，则其不饱和度也必然相等。也就是说，若两个有机物的分子式相同，当其不饱和度相等时，两个有机物一定互为同分异构体。

（2）可以辅助推测有机物的构造　根据化学性质推测有机物的构造，通常解题思路是先确定分子式，根据分子式确定其不饱和度，以此来初步推测分子中是否含脂环、苯环（苯环

的 Δ=4)、—C≡C—(Δ=2)、 >C═O(Δ=1)及其他不饱和键，然后根据各步化学性质推出其各种可能的构造。推出可能的构造后，再从前到后逐步验证。

例题解析

【例 7-1】 命名下列化合物或写出构造式。

1. CH_3CH_2CHBr（CHBr 上连 CH_3）　　2. $ClCH_2CCl_2CH_3$

3. $CH_3—C(CH_3)(Cl)—C(CH_3)_2—CH_2—CH_3$　　4. $CH_2═C(C_2H_5)—CH_2—CH_2Cl$

5. （环己烯，Br，$—CH_3$）　　6. $CH_3CH_2CH_2—C(Br)(CH(CH_3)_2)—CH(I)—CH(Cl)—CH_3$

7. （环己烷，I、H、H、Br）　　8. $CH_3CH_2CH(CHClCH_3)CH_2CH(CH_3)CH_3$

9. 3-溴环己烯　　10. 烯丙基氯

11. 4-乙基-3-氯-1-己炔　　12. *E*-2-甲基-3-溴-3-己烯

解析　下列化合物的命名按卤代烷及卤代烯烃的命名原则命名。

1. 2-溴丁烷　　2. 1,2,2-三氯丙烷　　3. 2,3,3-三甲基-2-氯戊烷

4. 2-乙基-4-氯-1-丁烯（选取既含卤原子又含不饱和键的最长碳链为主链，编号以双键的位次最小）

5. 1-甲基-3-溴环己烯（母体为环己烯）

6. 4-异丙基-2-氯-4-溴-3-碘庚烷（取代基列出顺序按烷基、F、Cl、Br、I 排列）

7. *E*-1-溴-4-碘环己烷（母体为环己烷，二元卤代，为构型异构体，本题 I、Br 在环平面的上、下方为 *E* 型）

8. 5-甲基-3-乙基-2-氯己烷（选取含有卤素原子最长碳链作主链）

9. （环己烯，—Br）　　10. $CH_2═CHCH_2Cl$

11. $CH_3—CH_2—CH(C_2H_5)—CH(Cl)—C≡CH$　　12. $(C_2H_5)(H)C═C(Br)(CH(CH_3)_2)$

【例 7-2】 写出分子式为 $C_5H_{11}Br$ 的所有同分异构体，并用系统命名法命名。同时指出 1°、2°、3°卤代烷。

解析　先按一定次序写出所有可能的碳链，再依次移动卤原子的位置，推出卤原子能连在碳链上的不同位置（用数字表示），最后用氢原子饱和，共推出 8 个异构体。

$$C-C-\overset{3}{C}-\overset{2}{C}-\overset{1}{C} \longrightarrow \begin{cases} CH_3CH_2CH_2CH_2CH_2Br & 1° \quad 1\text{-溴戊烷} \\ CH_3CH_2CH_2CHBrCH_3 & 2° \quad 2\text{-溴戊烷} \\ CH_3CH_2CHBrCH_2CH_3 & 2° \quad 3\text{-溴戊烷} \end{cases}$$

$$\overset{4}{C}-\underset{\underset{C}{|}}{\overset{3}{C}}-\overset{2}{C}-\overset{1}{C} \longrightarrow \begin{cases} CH_3\underset{\underset{CH_3}{|}}{C}HCH_2CH_2Br & 1° \quad 3\text{-甲基-1-溴丁烷} \\ CH_3\underset{\underset{CH_3}{|}}{C}HCHBrCH_3 & 2° \quad 2\text{-甲基-3-溴丁烷} \\ CH_3\underset{\underset{CH_3}{|}}{C}BrCH_2CH_3 & 3° \quad 2\text{-甲基-2-溴丁烷} \\ CH_2Br\underset{\underset{CH_3}{|}}{C}HCH_2CH_3 & 1° \quad 2\text{-甲基-1-溴丁烷} \end{cases}$$

$$C-\underset{\underset{C}{|}}{\overset{\overset{C}{|}}{C}}-\overset{1}{C} \longrightarrow CH_3-\underset{\underset{CH_3}{|}}{\overset{\overset{CH_3}{|}}{C}}-CH_2Br \quad 1° \quad 2,2\text{-二甲基-1-溴丙烷}$$

【例 7-3】完成下列化学反应。

1. $CH_2{=}CH_2 \xrightarrow{HBr} A \begin{cases} \xrightarrow{NaCN} B \\ \xrightarrow{NaOC_2H_5} C \end{cases}$

2. $CH_3-CH{=}CH_2 \xrightarrow[500℃]{Cl_2} A \xrightarrow[FeCl_3,\ 40℃]{Cl_2} B \xrightarrow[H_2O]{NaOH} C$

3. $CH_3-\underset{\underset{Cl}{|}}{C}{=}CH-CH_2Cl + H_2O \xrightarrow[\triangle]{NaHCO_3} A$

4. $CH_3-\underset{\underset{CH_3}{|}}{CH}-CH{=}CH_2 \xrightarrow[\text{过氧化物}]{HBr} A \xrightarrow[\text{绝对乙醚}]{Mg} B \xrightarrow{H_2O} C$

5. $CH_3-CH_2-CH{=}CH_2 \xrightarrow{A} CH_3-CH_2-\underset{\underset{Br}{|}}{CH}-CH_3 \begin{cases} \xrightarrow{AgNO_3\text{-醇}} B \\ \xrightarrow[\triangle]{NH_3} C \end{cases}$

6. 环己烷 $\xrightarrow[\text{高温}]{Br_2} A \begin{cases} \xrightarrow{KOH\text{-}H_2O} B \\ \xrightarrow[\triangle]{KOH\text{-醇}} C \end{cases}$

7. $CH_3-\underset{\underset{CH_3}{|}}{CH}-CH_2-CH_2Br \xrightarrow[\triangle]{KOH\text{-醇}} A \xrightarrow{HBr} B \xrightarrow[\triangle]{KOH\text{-醇}} C \xrightarrow{HBr} D$

8. $CH_2{=}CH_2 \xrightarrow{Cl_2} A \xrightarrow{KOH\text{-醇}} B \xrightarrow{D} CH_2ClCHCl_2$；$B \xrightarrow{\text{聚合}} C$

解析　解此类题要熟悉烯烃、卤代烃的性质，并根据不同的反应条件、不同的试剂得到不同的产物。

1. A. CH_3CH_2Br（按马氏规则加成）　B. CH_3CH_2CN　C. $CH_3CH_2OCH_2CH_3$

2. A. $ClCH_2-CH{=}CH_2$　B. $ClCH_2CHClCH_2Cl$　C. $CH_2OHCHOHCH_2OH$

（高温时烯烃的 α-H 与 Cl_2 发生取代反应，在 $FeCl_3$ 催化下 Cl_2 与烯烃发生加成反应）

3. A. $CH_3—C(Cl)═CH—CH_2OH$ （乙烯基氯不活泼，烯丙基氯活泼，发生反应）

4. A. $CH_3CH(CH_3)CH_2CH_2Br$ （当有过氧化物存在时，烯烃与氢溴酸加成时，反应方向违反马氏规则）

B. $CH_3CH(CH_3)CH_2CH_2MgBr$　　C. $CH_3CH(CH_3)CH_2CH_3$

5. A. HBr　B. $CH_3CH_2CH(CH_3)ONO_2 + AgBr\downarrow$　　C. $CH_3CH_2CH(CH_3)NH_2$

6. A. 溴代环己烷（取代反应）　B. 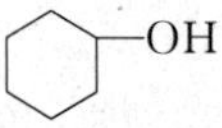 环己醇　C.  环己烯（消除反应）

7. A. $CH_3—CH(CH_3)CH═CH_2$　　B. $CH_3CH(CH_3)CHBrCH_3$

C. $CH_3—C(CH_3)═CHCH_3$　　D. $CH_3—CBr(CH_3)—CH_2CH_3$

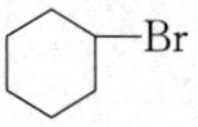

8. A. $CH_2Cl—CH_2Cl$　B. $CH_2═CHCl$　C. $\text{⫯}CH_2—CH(Cl)\text{⫯}_n$　D. Cl_2

【例 7-4】用化学方法鉴别下列各组化合物。

1. 1-氯丁烷、1-溴丁烷、1-碘丁烷、己烷、1-己烯
2. 1-溴-2-戊烯、5-溴-2-戊烯、3-溴-2-戊烯
3. $CH_2═CHCH_2Br$、$CH_3CH_2CH_2Br$、CH_3CH_2I、$CH_2═C(CH_3)—CH_2Cl$、$CH_3—C(CH_3)_2—Br$

解析　1. 先加 Br_2-CCl_4 溶液鉴别出烯烃，再用硝酸银醇溶液鉴别出不同卤素原子的卤代烷烃，不反应的为己烷。

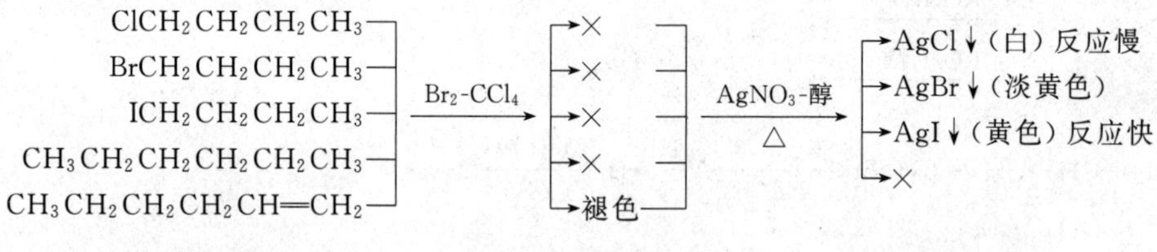

$ClCH_2CH_2CH_2CH_3$、$BrCH_2CH_2CH_2CH_3$、$ICH_2CH_2CH_2CH_3$、$CH_3CH_2CH_2CH_2CH_2CH_3$、$CH_3CH_2CH_2CH_2CH═CH_2$ $\xrightarrow{Br_2\text{-}CCl_4}$ ×、×、×、×、褪色（1-己烯）

前四者 $\xrightarrow[\triangle]{AgNO_3\text{-}醇}$ $AgCl\downarrow$（白）反应慢；$AgBr\downarrow$（淡黄色）；$AgI\downarrow$（黄色）反应快；×

2. 利用不同类型的卤代烯烃与硝酸银醇溶液反应速率的不同来鉴别它们。

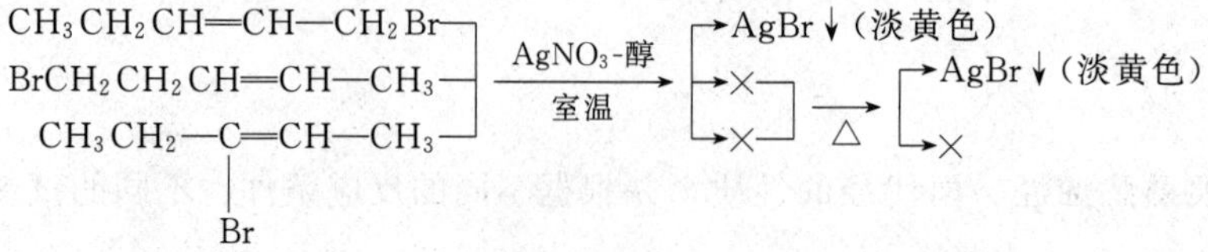

$CH_3CH_2CH═CH—CH_2Br$、$BrCH_2CH_2CH═CH—CH_3$、$CH_3CH_2—C(Br)═CH—CH_3$ $\xrightarrow[室温]{AgNO_3\text{-}醇}$ $AgBr\downarrow$（淡黄色）、×、×

后两者 $\xrightarrow{\triangle}$ $AgBr\downarrow$（淡黄色）、×

3. 先加硝酸银醇溶液，鉴别不同卤素原子和不同类型的卤代烃，再加 Br_2-CCl_4 溶液鉴别饱和卤代烃和卤代烯烃。

$$
\left.\begin{array}{l}
CH_3CH_2I \\
CH_2{=}CHCH_2Br \\
(CH_3)_3CBr \\
CH_2{=}\underset{\displaystyle CH_3}{\underset{|}{C}}{-}CH_2Cl \\
CH_3CH_2CH_2Br
\end{array}\right]
\xrightarrow{AgNO_3\text{-醇}}
\begin{cases}
AgI\downarrow\text{(黄色)} \\
AgBr\downarrow\text{(淡黄色)} \\
AgBr\downarrow\text{(淡黄色)} \\
AgCl\downarrow\text{(白色)} \\
\text{无沉淀生成}\xrightarrow[\triangle]{}AgBr\downarrow\text{(淡黄色)}
\end{cases}
$$

（两种 AgBr↓（淡黄色）产物分别经 Br_2-CCl_4：→褪色；→×）

【例 7-5】 将下列各组化合物按照指定试剂的反应活性从大到小排列成序。

1. 在 2%$AgNO_3$ 乙醇溶液中反应。

A. 1-溴丁烷　B. 1-氯丁烷　C. 1-碘丁烷

2. 在 KOH 醇溶液中反应。

A. $CH_3-\underset{\displaystyle CH_3}{\underset{|}{\overset{\displaystyle CH_3}{\overset{|}{C}}}}-Br$　B. $CH_3-\overset{\displaystyle CH_3}{\overset{|}{CH}}-\underset{\displaystyle Br}{\underset{|}{CH}}-CH_3$　C. $\overset{\displaystyle CH_3}{\overset{|}{CH_3CH}}CH_2CH_2Br$

3. 在 2%$AgNO_3$ 乙醇溶液中反应。

A. $CH_3CH_2CH{=}CHCl$　B. $CH_3\underset{\displaystyle Cl}{\underset{|}{CH}}CH{=}CH_2$　C. $ClCH_2CH_2CH{=}CH_2$

解析　1. C＞A＞B 因该反应活性为 RI＞RBr＞RCl。

2. A＞B＞C 因该反应活性为叔卤代烃＞仲卤代烃＞伯卤代烃。

3. B＞C＞A 因该反应活性为烯丙基型卤代烯烃＞孤立型卤代烯烃＞乙烯型卤代烯烃。

【例 7-6】 由 1-溴丙烷转变为下列化合物，以反应方程式表示。

1. 烯丙基氯　　2. 1,2-二溴丙烷
3. 2,2-二溴丙烷　　4. 1,1,2,2-四氯丙烷
5. 1,3-二氯-2-丙醇　　6. 2,3-二溴-1-丙醇
7. 丁腈（$CH_3CH_2CH_2CN$）　　8. 异丙胺（$CH_3\underset{\displaystyle NH_2}{\underset{|}{CH}}CH_3$）

解析　1. 产物为 α 位取代的卤代烯烃，与原料相比碳链无变化，先消除溴化氢生成烯烃，然后进行 α 位卤代反应。

$$CH_3CH_2CH_2Br\xrightarrow[\triangle]{KOH\text{-醇}}CH_3CH{=}CH_2\xrightarrow[500^\circ C]{Cl_2}\overset{\displaystyle Cl}{\overset{|}{CH_2}}CH{=}CH_2$$

2. 产物为邻二卤代烃，先把原料转化为丙烯后，再与 Br_2-CCl_4 加成即可得到。

$$CH_3CH_2CH_2Br\xrightarrow[\triangle]{KOH\text{-醇}}CH_3CH{=}CH_2\xrightarrow[CCl_4]{Br_2}CH_3CHBrCH_2Br$$

3. 产物为同碳二卤代烃，碳链无变化，先把原料转化为丙炔后，再与 HX 加成即可得到。

$$CH_3CH_2CH_2Br\xrightarrow[\triangle]{KOH\text{-醇}}CH_3CH{=}CH_2\xrightarrow[CCl_4]{Br_2}CH_3CHBrCH_2Br\xrightarrow{NaNH_2}$$

$$CH_3C{\equiv}CH\xrightarrow{2HBr}CH_3-CBr_2-CH_3$$

4. 产物为相邻 2 个碳原子的同碳二卤代烃，先把原料转化为丙炔后，再与卤素加成即可得到。

$$CH_3CH_2CH_2Br\xrightarrow[\triangle]{KOH\text{-醇}}\xrightarrow[CCl_4]{Br_2}\xrightarrow{NaNH_2}CH_3C{\equiv}CH\xrightarrow{2Cl_2}CH_3CCl_2CHCl_2$$

点评　1～4 题是训练学生如何在烯烃、炔烃碳链的不同位置，引入数量不同的卤素原子的方法。

5. 产物碳链无变化，同时引入—OH 和—Cl，用烯烃与次卤酸加成反应得到。

$$CH_3CH_2CH_2Br \xrightarrow[\triangle]{KOH-醇} CH_3CH{=}CH_2 \xrightarrow[500℃]{Cl_2} \underset{\displaystyle Cl}{\underset{|}{CH_2}}—CH{=}CH_2 \xrightarrow{\overset{\delta^-\delta^+}{HOCl}} \underset{\displaystyle Cl}{\underset{|}{CH_2}}—\underset{\displaystyle OH}{\underset{|}{CH}}—\underset{\displaystyle Cl}{\underset{|}{CH_2}}$$

6. 产物为邻二卤代伯醇，先将 1-溴丙烷转变为烯丙基氯（见 1）后，再经碱性水解，与卤素加成即得到产物。

$$CH_2ClCH{=}CH_2 \xrightarrow[H_2O]{NaOH} CH_2OHCH{=}CH_2 \xrightarrow[CCl_4]{Br_2} CH_2OHCHBrCH_2Br$$

7. 产物比原料多 1 个碳原子，且引入—CN，可由卤烷与 NaCN 反应得到。

$$CH_3CH_2CH_2Br \xrightarrow{NaCN} CH_3CH_2CH_2CN$$

8. 此题因—NH_2 取代位置与原料中—Br 取代位置不同，先把伯卤代烃转变为仲卤代烃，再氨解即可得到产物。

$$CH_3CH_2CH_2Br \xrightarrow[\triangle]{KOH-醇} CH_3CH{=}CH_2 \xrightarrow{HBr} CH_3—\underset{\displaystyle Br}{\underset{|}{CH}}—CH_3 \xrightarrow{NH_3} CH_3—\underset{\displaystyle NH_2}{\underset{|}{CH}}—CH_3$$

【例 7-7】 按指定的原料合成下列化合物。

1. 由 $CH_3\underset{\displaystyle CH_3}{\underset{|}{C}}HCH_2CH_2Br$ 制备 $CH_3—\overset{\displaystyle CH_3}{\overset{|}{C}}Br—CH_2CH_3$

2. 由 $C_6H_{11}—\underset{\displaystyle CH_3}{\underset{|}{C}}{=}CH_2$（环己基）制备 $C_6H_{10}{=}C(CH_3)_2$（亚环己基）

3. 由环戊烯制备 1,2,3,4-四溴环戊烷（Br、Br、Br、Br）

4. 由 $CH_3CH{=}C(CH_3)_2$ 制备 $CH_2ClCHCl\underset{\displaystyle CH_3}{\underset{|}{C}}ClCH_2Cl$

5. 由 $CH_3CH_2CH_2CH_2Br$ 和 $HC{\equiv}CH$ 制备 $CH_3CH_2CH_2CH_2CHNH_2CH_3$

6. 由 $CH_3CH{=}CH_2$ 和 $CH_3—\overset{\displaystyle CH_3}{\overset{|}{\underset{\displaystyle CH_3}{\underset{|}{C}}}}—ONa$ 制备 $CH_3CH_2CH_2OC(CH_3)_3$

解析　1. 本题从原料到产物碳链不变，只要将伯卤烷转变为叔卤烷，可采用分步脱卤化氢，再加卤化氢的方法达到此目的。

$$CH_3\underset{\displaystyle CH_3}{\underset{|}{C}}HCH_2CH_2Br \xrightarrow[\triangle]{KOH-醇} CH_3\underset{\displaystyle CH_3}{\underset{|}{C}}HCH{=}CH_2 \xrightarrow{HBr} CH_3\underset{\displaystyle CH_3}{\underset{|}{CH}}—\underset{\displaystyle Br}{\underset{|}{CH}}CH_3 \xrightarrow[\triangle]{KOH-醇}$$

$$CH_3\underset{\displaystyle CH_3}{\underset{|}{C}}{=}CH—CH_3 \xrightarrow{HBr} CH_3—\overset{\displaystyle Br}{\overset{|}{\underset{\displaystyle CH_3}{\underset{|}{C}}}}—CH_2—CH_3$$

2. 产物碳架无变化，双键位置改变，可采用先加 HBr，后消除 HBr 的方法得到。

$$\text{C}_6\text{H}_{11}\text{—C(CH}_3\text{)=CH}_2 \xrightarrow{HBr} \text{C}_6\text{H}_{11}\text{—CBr(CH}_3\text{)}_2 \xrightarrow[\triangle]{KOH\text{-}醇} \text{C}_6\text{H}_{10}\text{=C(CH}_3\text{)}_2$$

3. 产物碳环不变，采用倒推法分析，产物应由 2 个双键加溴得到，此中间产物可由原料先加溴，再脱卤化氢即可得到。

$$\text{环戊烯} \xrightarrow[CCl_4]{Br_2} \text{1,2-二溴环戊烷} \xrightarrow[\triangle]{KOH\text{-}醇} \text{环戊二烯} \xrightarrow[CCl_4]{2Br_2} \text{1,2,3,4-四溴环戊烷}$$

4. 产物碳链无变化，为四卤代物，应为双烯加成产物。

$$CH_3CH=C(CH_3)_2 \xrightarrow{Cl_2} CH_3CHCl—CCl(CH_3)_2 \xrightarrow[\triangle]{KOH\text{-}醇}$$

$$CH_2=CH—C(CH_3)=CH_2 \xrightarrow{2Cl_2} CH_2Cl—CHCl—CCl(CH_3)—CH_2Cl$$

5. 产物比原料增加了两个碳原子，其碳链为两原料直链连接后的碳架，胺可由 RX 氨解得到，注意氨基的位置。

$$HC\equiv CH \xrightarrow{NaNH_2} HC\equiv CNa$$

$$CH_3(CH_2)_3Br + NaC\equiv CH \longrightarrow CH_3(CH_2)_3C\equiv CH \xrightarrow[林德拉催化剂]{H_2}$$

$$CH_3(CH_2)_3CH=CH_2 \xrightarrow{HBr} CH_3(CH_2)_3CHBrCH_3 \xrightarrow{NH_3} CH_3(CH_2)_3CH(NH_2)CH_3$$

6. 产物可由 RX 与 $(CH_3)_3CONa$ 反应制备。

$$CH_3CH=CH_2 \xrightarrow[过氧化物]{HBr} CH_2CH_2CH_2Br \xrightarrow{(CH_3)_3CONa} CH_3CH_2CH_2OC(CH_3)_3$$

【例 7-8】某化合物 A 能使冷的碱性 $KMnO_4$ 稀溶液褪色，同时生成含 1 个溴原子的 1,2-二醇。A 与溴的四氯化碳溶液作用生成含有 3 个溴原子的化合物 B。A 很容易与 NaOH 水溶液反应生成化合物 C，C 经氢化后得到化合物 2-丁醇。试推测 A、B、C 的构造式。

解析 由分子式算出 A 的不饱和度为 1，根据 A 能使冷的碱性 $KMnO_4$ 稀溶液褪色，同时生成 1,2-二醇及与溴作用生成含有 3 个溴原子的化合物，可知 A 分子是含有一个溴原子的溴代烯烃。A 还很容易与 NaOH 水溶液反应，说明 A 中的溴原子在 α 位碳上，水解、氢化后生成 2-丁醇，说明 A 是一个含 4 个碳原子的直链不饱和卤代烯烃，其构造式可能为 $CH_2=CHCH(Br)CH_3$。各步化学反应如下：

$$\underset{A}{CH_2=CHCH(Br)CH_3} \xrightarrow{KMnO_4(冷、稀)} CH_2(OH)—CH(OH)—CH(Br)—CH_3$$

$$CH_2=CHCH(Br)CH_3 \xrightarrow{Br_2\text{-}CCl_4} \underset{B}{CH_2BrCHBrCHBrCH_3}$$

$$CH_2=CHCH(Br)CH_3 \xrightarrow[H_2O]{NaOH} \underset{C}{CH_2=CHCH(OH)CH_3} \xrightarrow[Ni]{H_2} CH_3CH_2CH(OH)CH_3$$

根据以上化学反应验证，A、B、C 的构造式分别为：

$$CH_2{=}CH\underset{\displaystyle Br}{\underset{|}{C}}HCH_3\ ,\quad \underset{\displaystyle Br}{\underset{|}{CH_2}}{-}\underset{\displaystyle Br}{\underset{|}{CH}}{-}\underset{\displaystyle Br}{\underset{|}{CH}}{-}CH_3\ ,\quad CH_2{=}CH\underset{\displaystyle OH}{\underset{|}{C}}HCH_3$$

【例 7-9】 某邻二卤代烃 A（$C_6H_{10}Br_2$），经与氢氧化钾醇溶液反应后得产物 B，B 与高锰酸钾酸溶液反应得乙二酸和丁二酸，试推测 A、B 的构造式。

解析 由 B 经高锰酸钾酸溶液反应得乙二酸和丁二酸，可知 B 是一个具有共轭双键的六元环状化合物（环己二烯结构式），B 是 A 的脱 HBr 的产物，因此 A 的构造式可能为（1,2-二溴环己烷结构式，Br、Br），各步化学反应如下：

$$\underset{A}{\text{(1,2-二溴环己烷)}} \xrightarrow[\triangle]{KOH\text{-}C_2H_5OH} \underset{B}{\text{(环己二烯)}} \xrightarrow[H_2SO_4]{KMnO_4} HOOC{-}CH_2CH_2{-}COOH + HOOC{-}COOH$$

根据以上化学反应验证，A、B 的构造式分别为：

（1,2-二溴环己烷结构式，Br、Br），（环己二烯结构式）

【例 7-10】 某烃 A（C_4H_8）在较低温度下与氯反应生成化合物 B（$C_4H_8Cl_2$），而在较高温度下则生成 C（C_4H_7Cl），C 很容易与 NaOH 水溶液反应生成 D（C_4H_7OH）；C 与 NaOH 醇溶液反应生成 E（C_4H_6）。E 能与顺丁烯二酸酐反应，生成 F（环己烯并二酸酐结构式：C=O、O、C=O）。试推测 A～E 的构造式。

解析 由分子式算出 A 的不饱和度为 1，E 与顺丁烯丁二酸酐反应生成（环己烯并二酸酐结构式：C=O、O、C=O）该反应是双烯合成（Diels-Alder）反应，则 E 是 $CH_2{=}CH{-}CH{=}CH_2$。E 是由 C 脱卤化氢得到的，C 又很容易与 NaOH 水溶液反应，说明 C 是 α-溴代烯烃。又根据 A～E 一系列反应中碳架无变化，C 是由 A 经氯代反应得到，结合 A 的分子式及不饱和度，可知 A 的构造式可能是 $CH_3CH_2CH{=}CH_2$。各步化学反应如下：

$$\underset{A}{CH_3CH_2CH{=}CH_2} \xrightarrow[\text{低温}]{Cl_2} \underset{B}{CH_3CH_2\underset{\displaystyle Cl}{\underset{|}{C}}HCH_2Cl}$$

$$CH_3CH_2CH{=}CH_2 \xrightarrow[\text{高温}]{Cl_2} \underset{C}{CH_3\underset{\displaystyle Cl}{\underset{|}{C}}HCH{=}CH_2} \xrightarrow[H_2O]{NaOH} \underset{D}{CH_3\underset{\displaystyle OH}{\underset{|}{C}}HCH{=}CH_2}$$

$$CH_3\underset{\displaystyle Cl}{\underset{|}{C}}HCH{=}CH_2 \xrightarrow[\triangle]{KOH\text{-醇}} \underset{E}{CH_2{=}CH{-}CH{=}CH_2}$$

$$\begin{matrix}CH_2\\ /\!/ \\ CH\\ | \\ CH\\ \backslash\!\backslash \\ CH_2\end{matrix} + \begin{matrix}HC{-}C{=}O\\ \| \quad\ \ \ \ \backslash \\ \quad\ \ \ \ \ \ O\\ \| \quad\ \ \ \ / \\ HC{-}C{=}O\end{matrix} \longrightarrow \text{(环己烯并二酸酐：C=O、O、C=O)}$$

根据以上化学反应验证，构造式分别为：

A. $CH_3CH_2CH=CH_2$　　B. $CH_3CH_2\underset{Cl}{\underset{|}{C}}HCH_2Cl$　　C. $CH_3\underset{Cl}{\underset{|}{C}}HCH=CH_2$

D. $CH_3\underset{OH}{\underset{|}{C}}HCH=CH_2$　　E. $CH_2=CH-CH=CH_2$

习　题

一、写出符合下列分子式的所有同分异构体，并用系统命名法命名

1. $C_3H_6Cl_2$　2. C_4H_7Cl　3. $C_3H_5Br_3$

二、命名下列化合物或写出构造式

1. $CH_3\overset{H_3C}{\overset{|}{C}}H\overset{Br}{\overset{|}{C}}HCH_3$　　2. $CH_3CH_2\overset{CH_3}{\overset{|}{\underset{Cl}{\underset{|}{C}}}}CH(CH_3)_2$

3. $CH_3CH_2-\underset{CHCl-CH_3}{\underset{|}{C}}=CH-CH_2Br$　　4. $CH_3CH_2\underset{H_3C}{\underset{|}{C}}Br\underset{I}{\underset{|}{C}}HCH_3$

5. $CH_3CH_2\underset{H_3C}{\underset{|}{C}}H\underset{Cl}{\underset{|}{C}}HCH_3$　　6. $\begin{array}{ccc} H_3C & & Cl \\ & C=C & \\ Cl & & CH_3 \end{array}$

7. $\underset{Br}{\underset{|}{CH_2}}-CH=CH-\underset{Br}{\underset{|}{CH_2}}$　　8. ⬠$\begin{array}{l}-CH_3 \\ -Cl\end{array}$

9. 烯丙基溴　10. 叔丁基碘　11. 二氟二氯甲烷　12. 3-甲基-2-氯戊烷

13. 碘仿　14. 4-氯-5-溴-2-戊烯

三、完成下列化学反应式

1. $CH_3\underset{H_3C}{\underset{|}{C}}H\underset{Br}{\underset{|}{C}}HCH_2\underset{CH_3}{\underset{|}{C}}HCH_3 \xrightarrow[\triangle]{\text{KOH-醇}} A$

2. $CH_3CH=CH_2 \xrightarrow[500℃]{Cl_2} A$；$A \xrightarrow[\text{FeCl}_3\text{,二氯乙烷}]{Cl_2} B$；$A \xrightarrow{C_2H_5ONa} C$

3. $CH_3CH=CH_2 \xrightarrow[\text{过氧化物}]{HBr} A \xrightarrow[\text{绝对乙醚}]{Mg} B$

4. $CH_3\underset{CH_3}{\underset{|}{C}}H-CH=CH_2 \xrightarrow[CCl_4]{Br_2} A \xrightarrow[\triangle]{\text{2KOH-醇}} B$

5. $CH_3\underset{CH_3}{\underset{|}{C}}HCH_2Cl \xrightarrow[\triangle]{\text{KOH-醇}} A$；$A \xrightarrow{HCl} B$；$A \xrightarrow[\text{FeCl}_3\text{,二氯乙烷}]{Cl_2} C \xrightarrow[\triangle]{\text{NaOH-醇}} D$

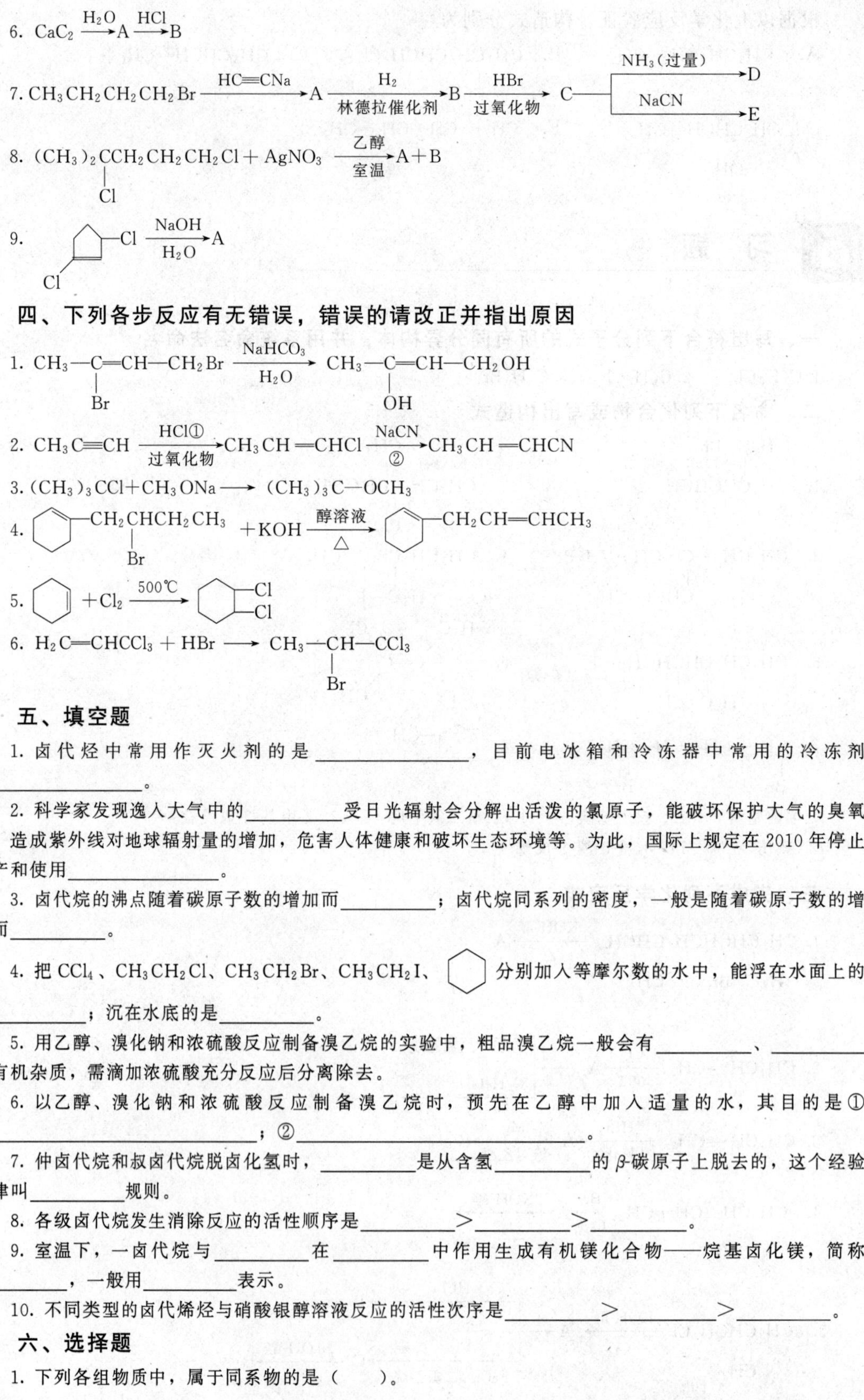

6. $CaC_2 \xrightarrow{H_2O} A \xrightarrow{HCl} B$

7. $CH_3CH_2CH_2CH_2Br \xrightarrow{HC\equiv CNa} A \xrightarrow[\text{林德拉催化剂}]{H_2} B \xrightarrow[\text{过氧化物}]{HBr} C$ —— $\xrightarrow{NH_3\text{(过量)}} D$；$\xrightarrow{NaCN} E$

8. $(CH_3)_2\underset{\underset{Cl}{|}}{C}CH_2CH_2CH_2Cl + AgNO_3 \xrightarrow[\text{室温}]{\text{乙醇}} A + B$

9. 1,3-二氯环戊烯（环上—Cl，双键碳上—Cl） $\xrightarrow[H_2O]{NaOH} A$

四、下列各步反应有无错误，错误的请改正并指出原因

1. $CH_3-\underset{\underset{Br}{|}}{C}=CH-CH_2Br \xrightarrow[H_2O]{NaHCO_3} CH_3-\underset{\underset{OH}{|}}{C}=CH-CH_2OH$

2. $CH_3C\equiv CH \xrightarrow[\text{过氧化物}]{HCl①} CH_3CH=CHCl \xrightarrow[②]{NaCN} CH_3CH=CHCN$

3. $(CH_3)_3CCl + CH_3ONa \longrightarrow (CH_3)_3C-OCH_3$

4. 环己烯基—$CH_2\underset{\underset{Br}{|}}{C}HCH_2CH_3$ $+ KOH \xrightarrow[\triangle]{\text{醇溶液}}$ 环己烯基—$CH_2CH=CHCH_3$

5. 环己烯 $+ Cl_2 \xrightarrow{500℃}$ 1,2-二氯环己烷

6. $H_2C=CHCCl_3 + HBr \longrightarrow CH_3-\underset{\underset{Br}{|}}{CH}-CCl_3$

五、填空题

1. 卤代烃中常用作灭火剂的是__________，目前电冰箱和冷冻器中常用的冷冻剂是__________。

2. 科学家发现逸入大气中的________受日光辐射会分解出活泼的氯原子，能破坏保护大气的臭氧层，造成紫外线对地球辐射量的增加，危害人体健康和破坏生态环境等。为此，国际上规定在2010年停止生产和使用__________。

3. 卤代烷的沸点随着碳原子数的增加而________；卤代烷同系列的密度，一般是随着碳原子数的增加而________。

4. 把 CCl_4、CH_3CH_2Cl、CH_3CH_2Br、CH_3CH_2I、(环己烷) 分别加入等摩尔数的水中，能浮在水面上的是________；沉在水底的是________。

5. 用乙醇、溴化钠和浓硫酸反应制备溴乙烷的实验中，粗品溴乙烷一般会有________、________等有机杂质，需滴加浓硫酸充分反应后分离除去。

6. 以乙醇、溴化钠和浓硫酸反应制备溴乙烷时，预先在乙醇中加入适量的水，其目的是①________________；②________________。

7. 仲卤代烷和叔卤代烷脱卤化氢时，________是从含氢________的β-碳原子上脱去的，这个经验规律叫________规则。

8. 各级卤代烷发生消除反应的活性顺序是________>________>________。

9. 室温下，一卤代烷与________在________中作用生成有机镁化合物——烷基卤化镁，简称________，一般用________表示。

10. 不同类型的卤代烯烃与硝酸银醇溶液反应的活性次序是________>________>________。

六、选择题

1. 下列各组物质中，属于同系物的是（　　）。

A. ⬡ 和 C_6H_{12}

B. $CH_3-\underset{Cl}{\overset{CH_3}{C}}-CH_3$ 和 $CH_3-\underset{Cl}{CH}-CH_2-CH_3$

C. $CH_3\underset{CH_3}{\overset{CH_3}{C}}CH_3$ 和 $CH_3\underset{CH_3}{CH}CH_2CH_3$

D. $CH_2=CH-Cl$ 和 $CH_2=\underset{Cl}{C}-CH_3$

2. 俗称“塑料王”的物质是指（　　）。

A. 聚乙烯　　　B. 聚丙烯

C. 聚氯乙烯　　D. 聚四氟乙烯

3. 下列各组化合物与 NaOH 水溶液的反应活性由大到小顺序排列正确的是（　　）。

A. $CH_3CH_2\underset{Br}{CH}CH_3 > CH_2=\underset{CH_3}{C}-CH_2Br > CH_3\underset{CH_3}{CH}CH_2Br$

B. $CH_2=\underset{CH_3}{C}-CH_2Br > CH_3CH_2\underset{Br}{CH}CH_3 > CH_3\underset{CH_3}{CH}CH_2Br$

C. $CH_3\underset{CH_3}{CH}CH_2Br > CH_2=\underset{CH_3}{C}-CH_2Br > CH_3CH_2\underset{Br}{CH}CH_3$

4. 下列化合物与 $AgNO_3$-C_2H_5OH 溶液反应最慢的是（　　），最快的是（　　）。

A. $CH_3CHBrCH_2CH_3$　　B. $BrCH=CH-CH_2CH_3$

C. $CH_3CH_2CH_2CH_2Br$　　D. $H_3C-\underset{CH_3}{\overset{Br}{C}}-CH_3$

5. 下列物质中，在室温下与 $AgNO_3$ 醇溶液反应能产生卤化银沉淀的是（　　）。

A. 二氯乙烷　　B. 3-氯丙烯

C. 1-溴丙烷　　D. 1-碘丙烷

6. 下列制备 1-碘丁烷诸方法中，从生产实际考虑，最佳制备方法是（　　）。

A. 正丁醇与氢碘酸反应　　B. 正丁醇、碘化钠与浓硫酸反应

C. 正丁醇与三碘化磷反应　　D. 正丁醇、碘与红磷反应

7. 要制取较纯的氯乙烷，下列诸路线中最佳路线是（　　）。

A. 乙烷和氯气在光照下发生取代反应　　B. 乙烯和氯气加成

C. 乙烯和 HCl 加成　　D. 乙炔在 Pt 催化下加氢，再与 HCl 加成

8. 在使用分液漏斗分液时，下列操作中正确的是（　　）。

A. 使用前，先用水检查顶塞、旋塞是否紧密不漏水

B. 顶塞上的小孔未与大气相通就拉开旋塞放出液体

C. 经分液漏斗先放出下层液体（废弃物），再放出上层液体（产物）

D. 经分液漏斗放出下层液体（废弃物）及两相间的絮状物后，再把上层液体（产物）从分液漏斗中的上口倒出

9. 足球运动员在比赛中腿部受伤时，医生常喷洒一种液体物质，使受伤部位皮肤表面温度骤然下降，从而减轻伤员的痛感。这种物质是（　　）。

A. 氯乙烷　B. 氟里昂　C. 酒精　D. 碘酒

七、判断题（下列叙述对的在括号中打“√”，错的打“×”）

1. 卤代烯烃是指烯烃中与双键上碳原子相连的氢原子被卤素取代后生成的化合物。（　　）

2. $\underset{\displaystyle OH}{\underset{|}{CH_2}}CH_2CH_2Cl$ 在绝对乙醚存在下与镁作用，可以顺利地制取格氏试剂。(　　)

3. 粗品溴乙烷中含的乙醇杂质可用食盐水洗涤后过滤除去。(　　)

4. 同一烃基的卤代烷，氯代烷的相对密度最小，碘代烷的相对密度最大。(　　)

5. 卤代烷在铜丝上燃烧时，能产生绿色火焰，这可作为鉴定有机化合物中含有卤素的简便方法。(　　)

6. “氟里昂”是专指二氟二氯甲烷这种冷冻剂的商品名称。(　　)

7. 当卤代烷的结构相同时，在稀碱的水溶液中主要发生取代反应，而在浓碱的醇溶液中主要发生消除反应。(　　)

8. 卤代烷脱卤化氢时，氢原子主要从含氢较少的β-碳原子上脱去的。(　　)

八、鉴别下列各组化合物

1. $CHCl_3$ 和 $CH_3CH_2CH_2CH_2Cl$

2. $CH_3CH_2CH_2CH_2Br$、$CH_3CH_2CH_2CH_2I$、$CH_3\leftarrow CH_2\rightarrow_4CH_3$ 和 环己烯

3. $CH_3\underset{\displaystyle CH_3}{\underset{|}{C}}HCH{=}CHCl$、 $CH_3\underset{\displaystyle Cl}{\underset{|}{C}}HCH_2CH_3$ 和 $CH_3\underset{\displaystyle CH_3}{\underset{|}{C}}{=}CHCH_2Cl$

4. $CH_3{-}C{\equiv}CH$、$CH_2{=}CHCl$ 和 $CH_3CH_2CH_2Br$

5. $CH_3CH{=}\underset{\displaystyle Br}{\underset{|}{C}}CH_2CH_3$　$CH_3CH{=}CH\underset{\displaystyle Br}{\underset{|}{C}}HCH_3$ 和 $CH_3CH{=}CHCH_2CH_2Br$

九、完成下列转变

1. 由乙炔⟶三氯乙烯和四氯乙烯

2. 由乙炔⟶1,2,3,4-四氯乙烷

3. 由乙烯⟶氯乙烯

4. 由异丁烯⟶叔丁基溴

5. 由 2-甲基-2-溴丙烷⟶2-甲基-1,2-二溴丙烷

6. 由 1-碘丙烷⟶2-溴丙烯

7. 由 2-溴丙烷⟶3-溴丙烯

十、由卤代烃制备下列化合物

1. 1-碘丙烷制备异丙醇($CH_3{-}\underset{\displaystyle OH}{\underset{|}{C}}H{-}CH_3$)

2. 用 3 个碳原子的有机物制备 $(CH_3)_2CHOCH_2CH_2CH_3$

十一、推测构造式

1. 某溴化物 A 脱 HBr 后生成化合物 B(C_4H_8)，B 经高锰酸钾酸性溶液氧化后，得到丙酸(CH_3CH_2COOH)、二氧化碳和水，B 与溴化氢作用，则得 A 的同分异构体 C，试推侧 A、B、C 的构造式。

2. 某化合物 A(C_4H_8)加溴后的产物与 KOH-C_2H_5OH 作用生成化合物 B(C_4H_6)，B 能与硝酸银的氨溶液反应生成沉淀，试推测 A、B 的构造式。

3. 某化合物 A($C_6H_{11}Cl$)不溶于硫酸，与 NaOH 醇溶液作用后生成化合物 B(C_6H_{10})，B 被稀的 $KMnO_4$ 溶液氧化后生成已二酸 ($HOOCCH_2CH_2CH_2CH_2COOH$)，试推测化合物 A、B 的构造式。

第八章　醇和醚

主要内容要点

醇和醚都是烃的含氧衍生物。醇可以看成是烃分子中饱和碳原子上的氢原子被羟基（—OH）取代后的生成物，常用通式 R—OH 表示，羟基是醇的官能团。氧原子与两个烃基相连的有机物称为醚，通式为 R—O—R，其中—O—叫做醚键是醚的官能团。

一、醇

1. 醇的同分异构现象和命名

醇的构造异构体包括碳链异构和羟基位置不同而产生的位置异构。

醇的系统命名法：选择含有羟基的最长碳链作为主链，支链作为取代基，从靠近羟基的一端开始将主链碳原子的位次编号，根据主链所含碳原子数目称为“某醇”，将取代基的位次、名称和羟基的位次用阿拉伯数字写在名称前面，并分别用短横线隔开。

不饱和醇的系统命名法：应选择含有羟基同时又含不饱和键的最长碳链作为主链，编号时应使羟基位次最小。

脂环醇的命名：若羟基直接与脂环烃相连，称为环某醇，若羟基与脂环的侧链相连，则把脂环作为取代基。

2. 醇的化学反应

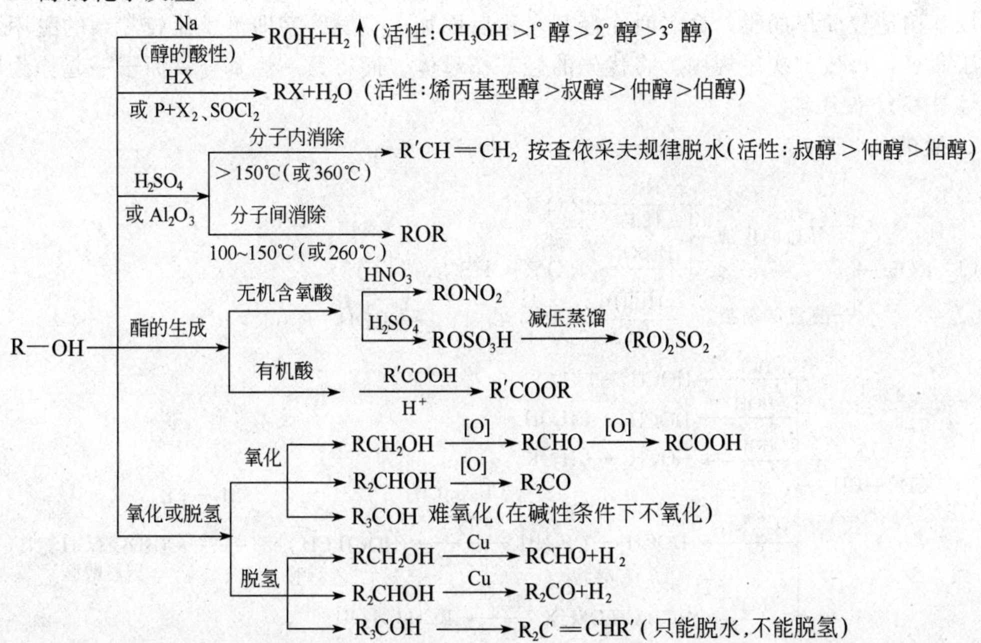

3. 醇的鉴别

(1) 金属钠试验　低级醇和金属钠反应放出氢气。但应注意含有活泼氢的化合物都可发生上述反应。

(2) 重铬酸钾酸性溶液试验　伯醇或仲醇加入橙黄色的重铬酸钾硫酸水溶液后，迅速变成绿色。叔醇在上述条件下无此反应。

(3) 成酯试验　低级醇与低级羧酸、酰卤或酸酐反应生成酯，有香味逸出。

(4) 卢卡斯试剂（浓 HCl-无水 $ZnCl_2$）试验　3～6 个碳原子的伯醇、仲醇、叔醇及烯丙基型醇可用此法鉴别。叔醇及烯丙基型醇在室温下与卢卡斯试剂立即反应，生成氯代烷，溶液变浑浊；仲醇在 5～15min 反应，溶液呈浑浊；伯醇不发生反应，溶液不浑浊。

(5) 次碘酸钠试验　具有 $CH_3-\underset{\displaystyle OH}{\underset{|}{CH}}-$ 构造的低级醇被次碘酸钠溶液氧化后，生成黄色的碘仿沉淀。

(6) 氢氧化铜溶液试验　丙三醇、乙二醇及具有联二醇构造的多元醇与新制的氢氧化铜溶液作用，生成绛蓝色可溶于水的醇铜溶液。

4. 醇的制法

(1) 烯烃的水合　$R-CH=CH_2+H_2O\xrightarrow{H_2SO_4}R-\underset{\displaystyle OH}{\underset{|}{CH}}-CH_3$

(2) 卤代烃水解　只有相应的卤代烃比较容易得到时，才采用此法。

$$RX+H_2O\xrightarrow{OH^-}ROH+HX$$

$$R-CH=CH-CH_2X\xrightarrow[H_2O]{NaHCO_3}R-CH=CH-CH_2OH$$

二、醚

1. 醚的同分异构现象和命名

醚的构造异构体包括碳链异构和位置异构，可根据醚键（—O—）的游离价所连接的烃基相同或不同推写出醚的构造异构体。分子式相同的饱和一元醇和饱和脂肪醚是同分异构体。

烃基构造较简单的醚，命名时在烃基名称后面加上“醚”字即可。比较复杂的醚用系统命名法命名，可按“次序规则”将优先的烃基作母体，而将另一烃基与氧原子一起作为取代基（烃氧基）来命名。

2. 醚的化学反应

(1) ROR'

- 鉡盐的生成
  - $\xrightarrow[\text{低温}]{HCl}[R\overset{H}{\ddot{O}}R]^+\ Cl^-$
  - $\xrightarrow[\text{低温}]{H_2SO_4}[R\overset{H}{\ddot{O}}R]^+\ HSO_4^-$
- 醚键的断裂
  - $\xrightarrow[\text{低温}]{HI(HBr)}[R\overset{H}{\ddot{O}}R']^+I^-\xrightarrow{\triangle}ROH+R'I(R>R')$

(2) $\underset{O}{CH_2-CH_2}$（环氧乙烷）

- $\xrightarrow{HCl}HOCH_2-CH_2Cl$
- $\xrightarrow{HOH}HOCH_2-CH_2OH$
- $\xrightarrow{HOR}HOCH_2-CH_2OR$
- $\xrightarrow{H-NH_2}HOCH_2-CH_2NH_2$（乙醇胺）$\xrightarrow{\text{环氧乙烷}}(HOCH_2CH_2)_2NH$（二乙醇胺）$\xrightarrow{\text{环氧乙烷}}(HOCH_2CH_2)_3N$（三乙醇胺）
- $\xrightarrow{RMgX}RCH_2CH_2OMgX\xrightarrow[H^+]{H_2O}RCH_2CH_2OH$

3. 醚的鉴别

(1) 浓的强无机酸试验　醚溶于冷的强无机酸（浓 H_2SO_4）生成鉡盐。此反应可使醚与烃及卤代烃区别开。

(2) 氢碘酸试验　醚与 HI 在加热下反应生成卤代烃及醇，较小的烃基生成易挥发的碘代烷（含 4 个碳原子以下）。碘代烷遇硝酸汞溶液生成橙色或粉红色的碘化汞。这一反应可作为低级烷氧基的鉴定。

4. 醚的制法

(1) 醇分子间脱水

$$2ROH \xrightarrow[140^\circ C(260^\circ C)]{H_2SO_4(\text{浓})\text{或}Al_2O_3} ROR + H_2O(\text{制简单的醚})$$

(2) 卤烷与醇钠作用（威廉森合成法）

$$RONa + R'X \longrightarrow ROR' + NaX\ (\text{制混醚，适用于 }1^\circ R'X)$$

例题解析

【例 8-1】 写出分子式为 $C_5H_{12}O$ 所有同分异构体的构造式。其中的醇用系统命名法命名，同时指出 1°醇、2°醇、3°醇；醚则用习惯命名法命名。

解析　1. 分子式 $C_5H_{12}O$ 符合饱和一元醇和饱和醚的通式 $C_nH_{2n+2}O$。饱和一元醇的构造异构体的推导方法与饱和一卤代烃相同，只需将卤素原子换成羟基即可（见第七章例 7-2）。

$$C-C-\overset{3}{C}-\overset{2}{C}-\overset{1}{C} \longrightarrow \begin{cases} CH_3CH_2CH_2CH_2CH_2OH & \text{1-戊醇} \quad 1^\circ\text{醇} \\ CH_3CH_2CH_2CHOHCH_3 & \text{2-戊醇} \quad 2^\circ\text{醇} \\ CH_3CH_2CHOHCH_2CH_3 & \text{3-戊醇} \quad 3^\circ\text{醇} \end{cases}$$

$$\overset{4}{C}-\overset{3}{C}-\overset{2}{C}-\overset{1}{C} \longrightarrow \begin{cases} CH_3\underset{\displaystyle CH_3}{\underset{|}{C}H}CH_2CH_2OH & \text{3-甲基-1-丁醇} \quad 1^\circ\text{醇} \\ CH_3\underset{\displaystyle H_3C}{\underset{|}{C}H}\underset{\displaystyle OH}{\underset{|}{C}H}CH_3 & \text{3-甲基-2-丁醇} \quad 2^\circ\text{醇} \\ CH_3\overset{\displaystyle OH}{\overset{|}{\underset{\displaystyle CH_3}{\underset{|}{C}}}}CH_2CH_3 & \text{2-甲基-2-丁醇} \quad 3^\circ\text{醇} \\ \underset{\displaystyle OH}{\underset{|}{C}H_2}\underset{\displaystyle CH_3}{\underset{|}{C}H}CH_2CH_3 & \text{2-甲基-1-丁醇} \quad 1^\circ\text{醇} \end{cases}$$

$$C-\overset{\displaystyle C}{\overset{|}{\underset{\displaystyle C}{\underset{|}{C}}}}-\overset{1}{C} \longrightarrow CH_3-\overset{\displaystyle CH_3}{\overset{|}{\underset{\displaystyle CH_3}{\underset{|}{C}}}}-CH_2OH \quad \text{2,2-二甲基-1-丙醇} \quad 1^\circ\text{醇}$$

（注：碳链上标出的“数字”是表示羟基能连在碳链上的不同位置）

2. 醚的构造异构体的推导方法是根据醚键（—O—）的游离价所连接的烃基相同或不同推写出来（共 6 个）。

$CH_3CH_2CH_2CH_2OCH_3$ 甲基丁基醚

$CH_3CHCH_2OCH_3$（2位连 CH_3） 甲基异丁基醚

$CH_3CH_2CHOCH_3$（3位连 CH_3） 甲基仲丁基醚

$(CH_3)_3C—OCH_3$ 甲基叔丁基醚

$CH_3CH_2CH_2OCH_2CH_3$ 乙基丙基醚

$CH_3CHOCH_2CH_3$（2位连 CH_3） 乙基异丙基醚

【例 8-2】用系统命名法命名下列化合物或写出构造式。

1. 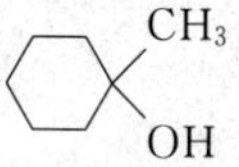 环己烷，同一碳上连 CH_3 和 OH

2. $(CH_3)_2C═CH—CH(OH)CH_3$

3. $CH_3(CH_2)_2CH(CH_3)CH(OCH_3)CH_3$

4. 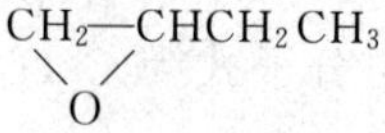 $CH_2—CHCH_2CH_3$（CH_2 与 CH 间以 O 相连成环）

5. $CH_3CH_2CH_2—C(CH_3)_2—CH_2OH$

6. 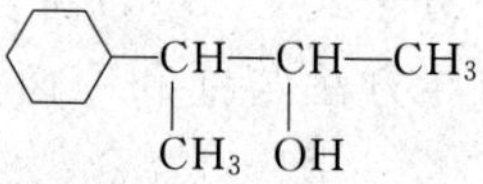 环己基—$CH(CH_3)—CH(OH)—CH_3$

7. $CH_3CH(OH)CH(CH_2CH(CH_3)_2)CH(OH)CH_2OH$

8. 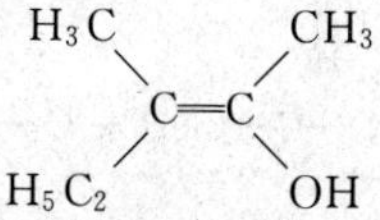 H_3C、H_5C_2 连于同一 C，CH_3、OH 连于另一 C，两 C 以双键相连（C═C）

9. 烯丙基醇

10. 4-甲基-1,2-戊二醇

11. 3-戊炔-2-醇

12. 二乙烯基醚

13. 1,2-环己醇

14. 乙二醇单乙醚

解析 上述化合物的命名根据饱和醇、不饱和醇、脂环醇及醚的命名原则命名。

1. 1-甲基环己醇（母体是环己醇）
2. 4-甲基-3-戊烯-2-醇（不饱和醇编号应使羟基位次最小）
3. 3-甲基-2-甲氧基己烷（烃基复杂，以烃作母体，甲氧基作取代基）
4. 1,2-环氧丁烷　　5. 2,2-二甲基-1-戊醇
6. 3-环己基-2-丁醇（羟基连在脂环的侧链，脂环作为取代基）
7. 3-异丁基-1,2,4-戊三醇（多元醇命名时，应选择含羟基最多的碳链作为主链）
8. *Z*-3-甲基-2-戊烯-2-醇（顺反异构体）
9. $CH_2═CH—CH_2OH$
10. $CH_2(OH)—CH(OH)—CH_2—CH(CH_3)—CH_3$
11. $CH_3—C≡C—CH(OH)CH_3$
12. $CH_2═CH—O—CH═CH_2$
13. 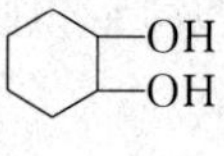 环己烷，相邻两碳各连 —OH
14. $HOCH_2CH_2OC_2H_5$

【例 8-3】完成下列化学反应。

1. $CH_3-CH=CH_2 \xrightarrow[高温]{Cl_2} A \xrightarrow[Ni]{H_2} B \xrightarrow[\triangle]{NaOH-H_2O} C \xrightarrow[约 140℃]{H_2SO_4(浓)} D$

2. $CH_2=CH_2 \xrightarrow[\triangle,加压]{O_2(空气),Ag} A$ —— $\xrightarrow{CH_3CH_2CH_2OH} B$；$\xrightarrow{NH_3} C$

3. $CH_3-CH=CH_2 \xrightarrow[H^+]{H_2O} A \xrightarrow[\triangle,加压]{Cu} B$

4. $CH_3CH(CH_3)CH_2CH_2OH \xrightarrow{H_2SO_4(浓)}$ —— $\xrightarrow{约 170℃} A$；$\xrightarrow{约 140℃} B$

5. 环己醇（⬡—OH）$\xrightarrow[\triangle]{NaOH-醇} A \xrightarrow{KMnO_4(稀、冷)} B$

6. $CH_3CH_2CH_2CH_2OH \xrightarrow{A} CH_3CH_2CH_2CHO \xrightarrow{B} CH_3CH_2CH_2COOH$

7. $CH_3CH_2ONa \xrightarrow{A} CH_3CH_2OCH_3$ —— $\xrightarrow[过量,\triangle]{B} CH_3I\downarrow + CH_3CH_2OH$；$\xrightarrow[H_2SO_4(冷、浓)]{C} [CH_3CH_2\ddot{O}(H)CH_3]^+\ HSO_4^- \xrightarrow{冰水稀释} D$

解析　1～5 题均是给出原料、反应试剂和条件，要求写出产物，只要熟悉各官能团的性质即可解出此类型题。

1. A. $CH_2(Cl)-CH=CH_2$　　B. $CH_2(Cl)-CH_2-CH_3$

　C. $CH_3CH_2CH_2OH$　　D. $CH_3CH_2CH_2OCH_2CH_2CH_3$

2. A. CH_2-CH_2（环氧乙烷，两个 CH_2 与 O 成三元环）　　B. $CH_2(OH)CH_2-O-CH_2CH_2CH_3$

　C. $HOCH_2-CH_2NH_2$

3. A. $CH_3-CH(OH)-CH_3$　　B. $CH_3-C(=O)-CH_3$

4. A. $CH_3CH(CH_3)CH=CH_2$　　B. $CH_3CH(CH_3)CH_2CH_2OCH_2CH_2CH(CH_3)CH_3$

5. A. 环己烯　　B. 1,2-环己二醇（环上两个相邻 —OH）

6～7 两题是由反应物到产物为已知，要求列出反应条件，只涉及官能团相互转变知识，即分析原料加何种试剂及相应条件转变为产物。

6. A. CrO_3 在吡啶中　　B. $K_2Cr_2O_7+H_2SO_4$

7. A. CH_3I　　B. HI　　C. H_2SO_4　　D. $CH_3CH_2OCH_3$

【例 8-4】将下列化合物与金属钠的反应活性由大到小排列成序。

A. CH_3OH　　B. $CH_3CH_2CH_2CH_2OH$

C. $CH_3-CH_2-CH(OH)-CH_3$　　D. $CH_3-C(CH_3)_2-OH$

解析　醇与金属钠的反应活性是 CH_3OH＞伯醇＞仲醇＞叔醇，所以上述化合物与金属钠反应活性由大到小排列如下：

$$CH_3OH > CH_3CH_2CH_2CH_2OH > \begin{array}{l} CH_3\underset{\displaystyle |\atop \displaystyle OH}{C}HCH_2CH_3 \end{array} > \begin{array}{c} CH_3 \\ | \\ CH_3-C-OH \\ | \\ CH_3 \end{array}$$

【例 8-5】 不用查表，将下列各组化合物的沸点由低到高排列成序。

1. A. 正己醇　　B. 3-己醇　　C. 正己烷
   D. 正辛醇　　E. 2-甲基-2-戊醇

2.
$$\begin{array}{l} CH_2OH \\ | \\ CHOH \\ | \\ CH_2OH \end{array} \quad \begin{array}{l} CH_2OCH_3 \\ | \\ CHOH \\ | \\ CH_2OH \end{array} \quad \begin{array}{l} CH_2OCH_3 \\ | \\ CHOH \\ | \\ CH_2OCH_3 \end{array} \quad \begin{array}{l} CH_2OH \\ | \\ CHOCH_3 \\ | \\ CH_2OH \end{array} \quad \begin{array}{l} CH_2OCH_3 \\ | \\ CHOCH_3 \\ | \\ CH_2OCH_3 \end{array}$$

解析　1. 化合物沸点高低取决于分子间作用力的大小，作用力大的沸点高。其熔点、沸点遵循如下规律。

① 同系物中随着相对分子质量的增大，分子间的作用力越大，其熔点、沸点逐渐增高。

② 同分异构体中，一般支链越多，熔点、沸点越低。

③ 相对分子质量相近的化合物中，它们分子间作用力从大到小排列为：分子间能形成氢键＞强极性分子＞弱极性分子＞非极性分子。

根据以上规律上述化合物的沸点由低到高排列为 C＜E＜B＜A＜D。

2. 多元醇中羟基的多少和位置不同，生成氢键的多少也不相同，氢键越多，沸点越高。根据上述各化合物中羟基的多少和相对位置，可推知沸点由低到高排列如下：

$$\begin{array}{l} CH_2OCH_3 \\ | \\ CHOCH_3 \\ | \\ CH_2OCH_3 \end{array} < \begin{array}{l} CH_2OCH_3 \\ | \\ CHOH \\ | \\ CH_2OCH_3 \end{array} < \begin{array}{l} CH_2OCH_3 \\ | \\ CHOH \\ | \\ CH_2OH \end{array} < \begin{array}{l} CH_2OH \\ | \\ CHOCH_3 \\ | \\ CH_2OH \end{array} < \begin{array}{l} CH_2OH \\ | \\ CHOH \\ | \\ CH_2OH \end{array}$$

【例 8-6】 用简单的化学方法鉴别下列各组化合物。

1. 1-丁醇、2-丁醇、2-甲基-2-丙醇、烯丙醇
2. 1-丙醇、烯丙醇、炔丙醇
3. 1-丁醇、丁醚、1-氯丁烷、己烷

解析　1. 利用卢卡斯试剂与伯醇、仲醇、叔醇及烯丙型醇反应的活性不同，即反应物变浑浊的条件及反应速率不同来鉴别它们，再用 Br_2-CCl_4 溶液鉴别饱和叔醇及烯丙醇。

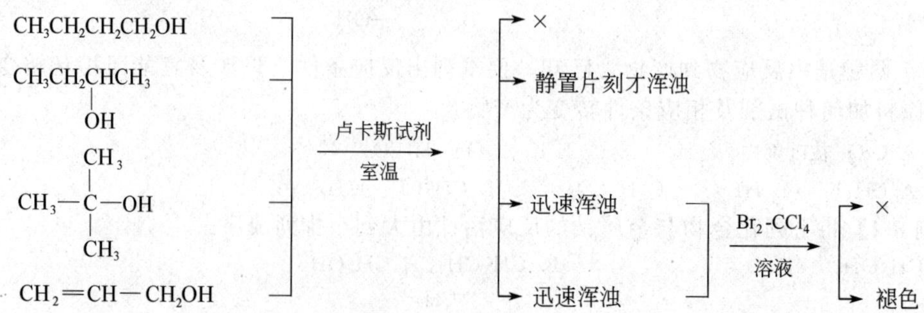

2. 先加硝酸银的氨溶液鉴别出炔醇，再加 Br_2-CCl_4 溶液鉴别出烯醇，不反应的是饱和醇。

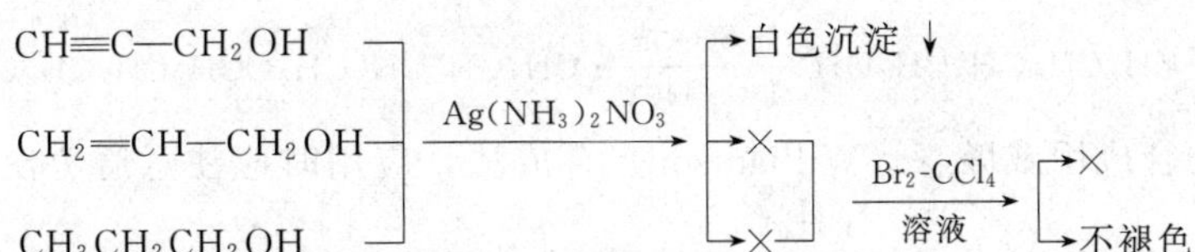

3. 1-丁醇和丁醚溶于冷的浓 H_2SO_4，而 1-氯丁烷和己烷不溶于其中，然后再分别用金属钠（或卢卡斯试剂）和 $AgNO_3$ 乙醇溶液鉴别它们。

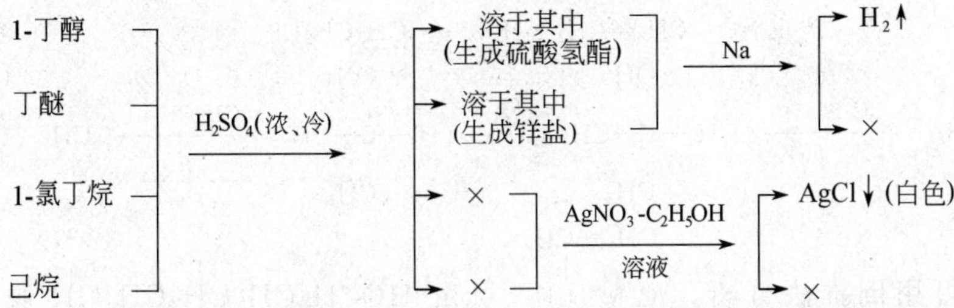

点评：上面各题至少要用 2 种及其以上的试剂，解题时首先对各被鉴别化合物的构造和性质进行比较，从而选择鉴别它们的最佳试剂组合及加入试剂先后顺序的最佳方案。

【例 8-7】 提纯下列化合物。

1. 乙醚中混有少量乙醇和水

2. 己烯中混有少量乙醚

解析 1. 乙醇能和 $CaCl_2$ 作用生成结晶醇。因此，可以向混合物中加入饱和 $CaCl_2$ 溶液，分次洗涤、分离，以除去醚中的醇，然后加入无水氯化钙干燥，以除去其中的水及微量乙醇。最后经水浴蒸馏，即得纯的乙醚。

2. 乙醚在常温下能溶于强无机酸而生成锌盐，而烯烃在常温下不与盐酸发生加成反应，且烯烃密度小，在上层。因此，可加入盐酸充分洗涤、分离，再经减压蒸馏，即得纯己烯。

【例 8-8】 由指定原料合成下列化合物（其他试剂任选）。

1. 由丙烯合成 1,2-丙二醇

2. 由乙烯合成丁醚

3. 由乙烯、异丁烯合成乙基叔丁基醚

4. 由 1,3-丁二烯合成环氧丁烷（四氢呋喃：$CH_2—CH_2$、CH_2 CH_2 经 O 成环）

解析 1. 产物为邻二醇。因此，先使烯烃转为卤代醇，然后再水解即可得到 1,2-丙二醇。合成反应如下：

$$CH_3-CH=CH_2 \xrightarrow{Cl_2+H_2O} \underset{\text{OH}\quad\ \text{Cl}}{CH_3-CH-CH_2} \xrightarrow[\triangle]{Na_2CO_3\text{ 溶液}} \underset{\text{OH}\quad\ \text{OH}}{CH_3-CH-CH_2}$$

2. 本题较复杂，采用倒推法分析。

$$CH_3CH_2CH_2CH_2OCH_2CH_2CH_2CH_3 \xleftarrow{-H_2O} CH_3CH_2CH_2CH_2OH \xleftarrow{H_2O}$$

$$CH_3CH_2CH_2CH_2OMgBr \xleftarrow{CH_3CH_2MgBr} \underset{\backslash\ O\ /}{CH_2—CH_2} \xleftarrow[\triangle,\text{加压}]{O_2,Ag} CH_2=CH_2$$

合成反应如下：

$$CH_2=CH_2 \xrightarrow[220\sim280℃,2MPa]{O_2(\text{空气}),Ag} \underset{\backslash\ O\ /}{CH_2—CH_2} \xrightarrow[\text{绝对乙醚}]{CH_3CH_2MgBr} CH_3CH_2CH_2CH_2OMgBr$$

$$\xrightarrow[H^+]{H_2O} CH_3CH_2CH_2CH_2OH \xrightarrow[130\sim140℃]{H_2SO_4(浓)} CH_3CH_2CH_2CH_2OCH_2CH_2CH_2CH_3$$

3. 混合醚的合成用威廉森（Williamson）合成法，应用时应注意避免使用 2°RX，不能用 3°RX。因此本题只能用 $CH_3-\underset{CH_3}{\overset{CH_3}{C}}-ONa$ 与 C_2H_5Cl 合成乙基叔丁基醚。合成反应如下：

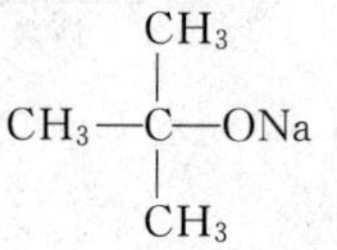

$$CH_2=CH_2+HCl \longrightarrow CH_3CH_2Cl$$

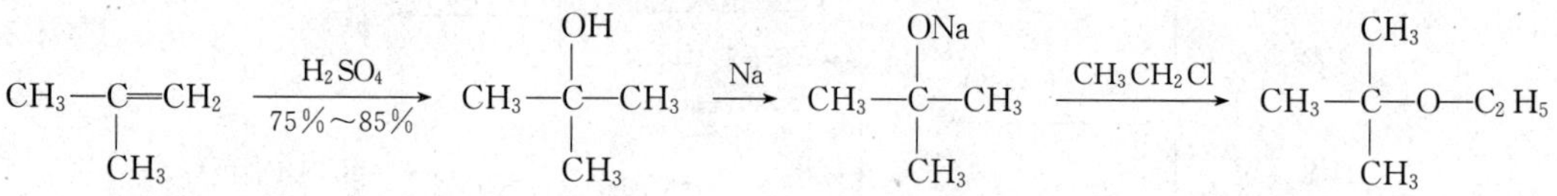

$$CH_3-\underset{CH_3}{C}=CH_2 \xrightarrow[75\%\sim85\%]{H_2SO_4} CH_3-\underset{CH_3}{\overset{OH}{C}}-CH_3 \xrightarrow{Na} CH_3-\underset{CH_3}{\overset{ONa}{C}}-CH_3 \xrightarrow{CH_3CH_2Cl} CH_3-\underset{CH_3}{\overset{CH_3}{C}}-O-C_2H_5$$

4. 此题可用倒推法分析。四氢呋喃（环状结构：CH_2-CH_2 与两个 CH_2 经 O 成环）可由 $HOCH_2CH_2CH_2CH_2OH$ 脱水得到，而 $HOCH_2CH_2CH_2CH_2OH$ 可由 $BrCH_2CH_2CH_2CH_2Br$ 水解制得，$BrCH_2CH_2CH_2CH_2Br$ 可由原料与溴进行 1,4-加成反应得到。合成反应如下：

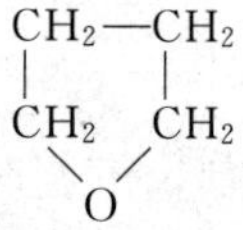

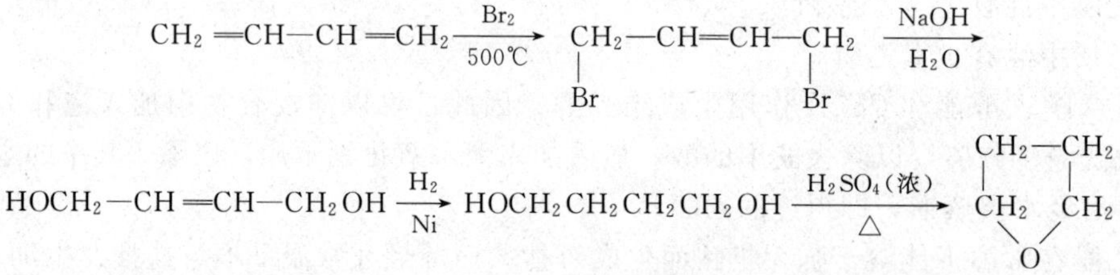

$$CH_2=CH-CH=CH_2 \xrightarrow[500℃]{Br_2} \underset{Br}{CH_2}-CH=CH-\underset{Br}{CH_2} \xrightarrow[H_2O]{NaOH}$$

$$HOCH_2-CH=CH-CH_2OH \xrightarrow[Ni]{H_2} HOCH_2CH_2CH_2CH_2OH \xrightarrow[\triangle]{H_2SO_4(浓)} \text{(四氢呋喃环：}CH_2-CH_2,\ CH_2\ \ CH_2,\ O)$$

【例 8-9】 化合物 $A(C_4H_8O)$ 不与金属钠作用，也不与高锰酸钾溶液反应，但与氢碘酸共热生成化合物 B（C_4H_9IO），B 在碱性条件下水解，得到化合物 C（$C_4H_{10}O_2$），C 能与金属钠作用，并能被高锰酸钾氧化生成丁二酸（$HOOC-CH_2-CH_2-COOH$）。试推测 A、B、C 的构造式，写出有关化学反应。

解析 A 不饱和度为 1，A 的分子式符合烯醚、烯醇和环醚的通式 $C_nH_{2n}O$，但它不能与金属钠和高锰酸钾作用，则可推知它为一环醚。A 可与 HI 共热使环破裂，生成的卤代醇水解为二元醇，后者被氧化为丁二酸。因此 A 的构造式可能为 （环：CH_2-CH_2，CH_2 CH_2，O）。各步化学反应如下：

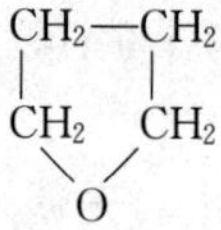

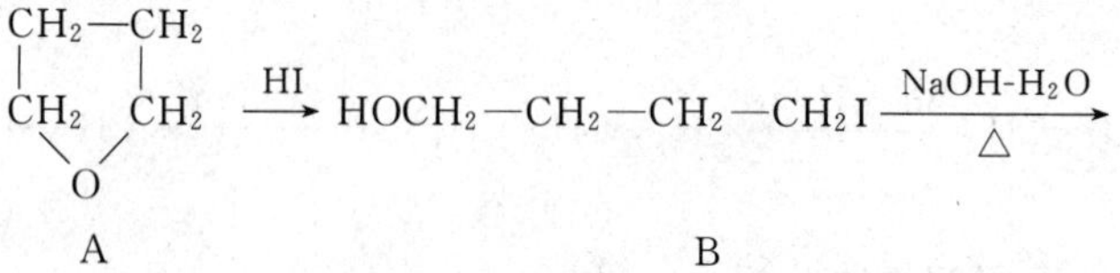

$$\underset{A}{\text{(环：}CH_2-CH_2,\ CH_2\ \ CH_2,\ O)} \xrightarrow{HI} \underset{B}{HOCH_2-CH_2-CH_2-CH_2I} \xrightarrow[\triangle]{NaOH-H_2O}$$

$$\underset{C}{HOCH_2-CH_2-CH_2-CH_2OH} \xrightarrow{KMnO_4,H^+} HOOC-CH_2-CH_2-CH_2-COOH$$

根据以上化学反应验证，A、B、C 构造式分别为：

A. 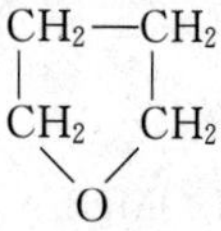 （环：CH_2-CH_2，CH_2 CH_2，O）； B. $HOCH_2-CH_2-CH_2-CH_2I$； C. $HOCH_2-CH_2-CH_2-CH_2OH$。

【例 8-10】 某化合物 A 相对分子质量为 88，A 含碳 68.18%、含氢 13.6%、含氧

18.18%，A与$KMnO_4$溶液反应生成酮化合物B($C_5H_{10}O$)。A脱水后生成化合物C(C_5H_{10})。C经$KMnO_4$溶液氧化后生成丙酮$\left(CH_3-\overset{O}{\overset{\|}{C}}-CH_3\right)$和乙酸$\left(CH_3-\overset{O}{\overset{\|}{C}}-OH\right)$。试推测A、B、C的构造式。

解析 (1) 求A的实验式

$$C:H:O=\frac{68.18}{12}:\frac{13.63}{1}:\frac{18.18}{16}=5.68:13.63:1.13$$

$$=\frac{5.68}{1.13}:\frac{13.63}{1.13}:\frac{1.13}{1.13}=5:12:1$$

所以A的实验式为$C_5H_{12}O$。

(2) 求A的分子式

$n=\frac{\text{相对分子质量}}{\text{实验式量}}=\frac{88}{88}=1$　所以A的分子式为$C_5H_{12}O$。

由分子式算出A的不饱和度为零，其分子式符合饱和一元醇和醚的通式。A与高锰酸钾反应生成酮，说明A是仲醇不是醚。A脱水生成烯烃C，C经高锰酸钾氧化后生成丙酮和乙酸，则推测A的构造式可能为$CH_3-\underset{CH_3}{\underset{|}{CH}}-\underset{OH}{\underset{|}{CH}}-CH_3$。各步化学反应如下：

$$\underset{A}{CH_3-\underset{CH_3}{\underset{|}{CH}}-\underset{OH}{\underset{|}{CH}}-CH_3}\xrightarrow[\text{溶液}]{KMnO_4}\underset{B}{CH_3-\underset{CH_3}{\underset{|}{CH}}-\underset{O}{\underset{\|}{C}}-CH_3}$$

$$CH_3-\underset{CH_3}{\underset{|}{CH}}-\underset{OH}{\underset{|}{CH}}-CH_3\xrightarrow[\triangle]{H_2SO_4\text{（浓）}}\underset{C}{CH_3-\underset{CH_3}{\underset{|}{C}}=CH-CH_3}$$

$$CH_3-\underset{CH_3}{\underset{|}{C}}=CH-CH_3\xrightarrow[\triangle]{KMnO_4,H^+}CH_3-\underset{O}{\underset{\|}{C}}-CH_3+CH_3COOH$$

根据以上化学反应验证，A、B、C的构造式分别为：

$$CH_3-\underset{CH_3}{\underset{|}{CH}}-\underset{OH}{\underset{|}{CH}}-CH_3\text{、}CH_3-\underset{CH_3}{\underset{|}{CH}}-\underset{O}{\underset{\|}{C}}-CH_3\text{、}CH_3-\underset{CH_3}{\underset{|}{C}}=CH-CH_3\text{。}$$

【例8-11】化合物A($C_6H_{10}O$)能与卢卡斯试剂迅速反应，A在Br_2-CCl_4溶液中能吸收Br_2(放出HBr)。将A催化加氢得到化合物B，B经氧化得到化合物C($C_6H_{10}O$)，A脱水后催化加氢得到环己烷。试推测A、B、C的构造式。

解析 由分子式算出A的不饱和度为2，其分子式符合炔醇或脂环烯醇的通式。A脱水后催化加氢得到环己烷，则A是脂环烯醇，不是炔醇。A能与卢卡斯试剂迅速反应，说明A是烯丙基型醇。综合上述分析A的构造式可能为（2-环己烯-1-醇，环己烯环上连OH）。各步化学反应如下：

$$\text{（环己烯基）}-OH+HCl\xrightarrow[\text{室温}]{ZnCl_2}\text{（环己烯基）}-Cl+H_2O$$

$$\text{（环己烯基）}-OH\xrightarrow[\text{溶液}]{Br_2\text{-}CCl_4}\text{（环己烯环，同一碳上连Br和OH）}+HBr$$

$$\underset{A}{\text{（环己烯基）}-OH}\xrightarrow[Ni]{H_2}\underset{B}{\text{（环己基）}-OH}\xrightarrow{[O]}\underset{C}{\text{（环己酮）}=O}$$

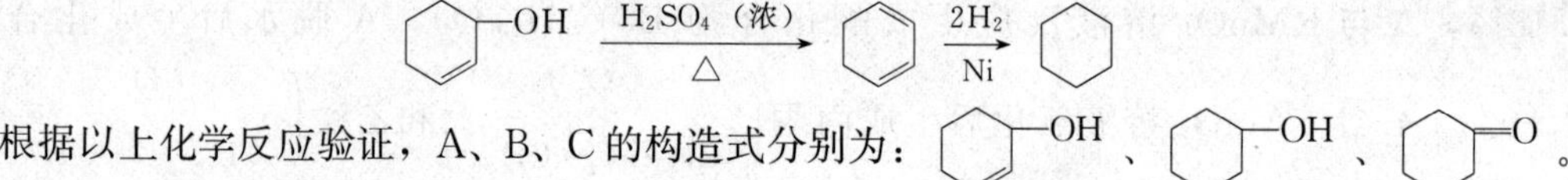

根据以上化学反应验证，A、B、C的构造式分别为：（环己烯基）—OH、（环己基）—OH、（环己酮）=O。

习　题

一、命名化合物或写出构造式

1. $(CH_3)_3C—OH$
2. $CH_3—CH═C(C_2H_5)—CH_2CH_2OH$
3. $CH_3CH(CH_3)CH(CH_3)CH_2OH$
4. $CH_3—C(CH_3)(CH_2CH_2OH)—CH_2CH_3$
5. 3-CH_3-环己基—OH（环己烷环上连 —OH 和 CH_3）
6. $CH_3CH(OC_2H_5)CH_2CH_3$
7. $CH_3CH_2OCH(CH_3)CH(CH_3)CH_3$
8. $(CH_3)_2C(OH)CH_2—CH═CH_2$
9. $HC≡C—CH_2CH_2OH$
10. $CH_3—CH(Cl)—CH_2—CH_2OH$
11. 乙醇胺
12. 1,2-环氧丙烷
13. 环戊醇
14. 3-甲基-2-戊醇
15. 异戊醇
16. 1,3-丙二醇

二、完成下列化学反应式

1. $CH_3CH_2CH_2CH═CH_2 \xrightarrow[H_2O]{H_2SO_4} A \xrightarrow[H^+]{KMnO_4} B$

2. $CH_3CH_2CH═CH_2 \xrightarrow{HBr} A \xrightarrow[H_2O]{NaOH} B \xrightarrow[\text{室温}]{HCl\text{-}ZnCl_2} C$

3. 环己基—OH $\xrightarrow[100℃]{H_2SO_4} A \xrightarrow[Pt]{H_2} B$

4. $CH_3CH═CH_2 \xrightarrow{O_2(\text{空气}),Ag} A$；$A \xrightarrow[\text{绝对乙醚}]{CH_3MgBr} B \xrightarrow{H_2O} C$；$A \xrightarrow{NH_3} D$

5. $C_2H_5CH(OH)CH_3 \xrightarrow[\text{约}170℃]{H_2SO_4(\text{浓})} A \xrightarrow[OH^-]{KMnO_4(\text{冷、稀})} B$

6. $CH_3CH_2OH \xrightarrow[\triangle]{SOCl_2} A \xrightarrow{(CH_3)_2CHONa} B \xrightarrow[\triangle]{HI} C+D$

7. $(CH_3)_2CHCH_2CH_2OH \xrightarrow[\text{约}170℃]{H_2SO_4(\text{浓})} A \xrightarrow[H^+]{H_2O} B \xrightarrow[170℃]{H_2SO_4(\text{浓})} C \xrightarrow[H^+]{H_2O} D$

8. 环戊基—OH $\xrightarrow{Na} A \xrightarrow{CH_3Br} B$

三、下列各步合成反应是否正确，错误的请指正

1. $CH_2{=}CHOH \xrightarrow[①]{HCl,\triangle} CH_2{=}CHCl \xrightarrow[②]{CH_3CH_2ONa} CH_2{=}CHOCH_2CH_3$

2. $2(CH_3)_3COH \xrightarrow[\triangle]{H_2SO_4(浓)} (CH_3)_3COC(CH_3)_3$

3. $CH_3-\underset{CH_3}{\overset{CH_3}{\underset{|}{\overset{|}{C}}}}-ONa \xrightarrow[①]{CH_3I} (CH_3)_3COCH_3 \xrightarrow[②]{过量 HI} (CH_3)_3CI + CH_3OH$

4. $(CH_3)_2\underset{OH}{\underset{|}{C}}-CH_2CH_3 \xrightarrow[①]{H_2SO_4(浓),\triangle} CH_2{=}\underset{CH_3}{\underset{|}{C}}CH_2CH_3 \xrightarrow[②]{KMnO_4} CH_3\underset{O}{\underset{\|}{C}}CH_2CH_3$

四、填空题

1. 醇分子的结构特点是羟基直接和______相连；醇分子中由于氧原子的电负性强，故C—O键或O—H键都是______键。

2. 直链饱和一元醇的沸点规律是随着碳原子数的增加而______。在同碳数异构体中，支链愈多的醇沸点愈______。在同碳数的醇中，羟基愈多，沸点愈______。

3. 醇在分子内脱水生成烯烃的反应，称为______的反应；醇在分子间脱水生成醚的反应，属于______反应。

4. 醇类物质中，常用作汽车水箱防冻剂的物质是______，因为它的60%水溶液______点很低。

5. ______醇的毒性很强，误服少量时眼睛会失明；误服25g以上如不及时抢救，即会丧命，因此，使用该醇时要注意防护。

6. 检验醚中是否有过氧化物存在的常用方法是用______试纸试验，若试纸出现______色；或用______溶液检验，若溶液变为______色，均表示有过氧化物存在。

7. 外科手术中常用的"麻醉醚"，学名为______醚，它易燃易爆，其蒸气具有麻醉性，且比空气______。因此，实验室制备该醚时，要把接收瓶中的排气管通到室外或下水道，以避免意外事故发生。

8. 低级醇的沸点比相对分子质量相近的烃高得多，这是因为醇分子间能形成______缔合现象。醇的水溶性比相对分子质量相近的烃高，是因为低级醇与水分子间也能形成______缔合现象。

9. 卢卡斯（Lucas）试剂是用______与______配制的溶液，可用它来鉴别______醇。

10. 工业上将95.5%乙醇通过干燥的____________交换树脂，水被树脂吸收后，可得到无水乙醇；实验室中是在95.5%乙醇中加入生石灰共热，再蒸馏制取______乙醇。

11. 醚键（C—O—C）是相当稳定的。对于______、______、______都十分稳定。由于醚在常温下与金属钠、镁不起反应，所以常用______来干燥醚。

12. 检查司机是否酒后驾车的呼吸分析仪是利用乙醇与______的氧化反应，若100mL血液中酒精含量超过80mg，这时呼出的气体中含乙醇量即可使呼吸分析仪中的溶液颜色由______变为______。

五、选择题

1. 下列各化合物中与 CH_3OH 属同系物的是（　　）。

A. $CH_3-CH-CH_2$（CH 与 CH_2 间以 O 相连成环）

B. $CH_3-\underset{OH}{\underset{|}{CH}}-CH_3$

C. $CH_2{=}CHCH_2OH$

D. $HO-CH_2-CH_2-OH$

2. 下列各组化合物中互为同分异构体的是（　　）。

A. CH_3CH_2OH 和 CH_3OCH_3

B. 乙醇和乙醚

C. $CH_2{=}CH_2$ 和 $CH_2{=}CH-CH{=}CH_2$

D. 环己烷 和 $CH_3\text{-}(CH_2)_3\text{-}CH_3$

3. 下列4种分子式所表示的化合物中，有异构体的是（　　）。

A. $CHCl_3$　　B. $C_2H_2Cl_2$　　C. CH_4O　　D. C_2H_6O

4. 制取无水乙醇时，下列物质中，哪个最适宜用于除去乙醇中微量的水。（　　）

A. 无水氯化钙　　B. 无水硫酸镁　　C. 金属钠　　D. 金属镁

5. 甲基叔丁基醚可制成针剂，用于治疗胆固醇型的胆结石病，在下列诸合成路线中，最佳合成路线是（　　）。

A. $CH_3\overset{CH_3}{\underset{CH_3}{C}}—OH$ 、CH_3OH 和浓硫酸共热　　B. $CH_3—\overset{CH_3}{\underset{CH_3}{C}}—Br$ 和 CH_3ONa 共热

C. CH_3Br 和 $CH_3\overset{CH_3}{\underset{CH_3}{C}}—ONa$ 共热　　D. $CH_3\overset{CH_3}{\underset{CH_3}{C}}—OH$ 和 CH_3OH 在 Al_2O_3 存在下共热

6. 下列醇中，最易脱水生成烯烃的是（　　）。

A. 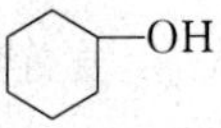 —OH（环己基）　　B. $CH_3CH_2CH_2OH$　　C. $CH_3—\overset{CH_3}{\underset{OH}{C}}—CH_3$　　D. $CH_3—\underset{OH}{CH}—CH_3$

7. 下列物质中，不能溶于冷的浓 H_2SO_4 中的是（　　）。

A. 溴乙烷　　B. 乙醚　　C. 乙醇　　D. 乙烯

8. 禁止用工业酒精配制饮料，是因为工业酒精中含有某种毒性很强的醇，该醇是（　　）。

A. 甲醇　　B. 乙二醇　　C. 丙三醇　　D. 异戊醇

9. 下列各组液体混合物中，能用分液漏斗分离的是（　　）。

A. 乙醇和水　　B. 四氯化碳和水　　C. 乙醇和苯　　D. 四氯化碳和苯

10. 下列醇中与金属钠反应最快的是（　　）。

A. 乙醇　　B. 异丁醇　　C. 叔丁醇　　D. 甲醇

11. 下列化合物中与新制的 $Cu(OH)_2$ 溶液反应，水溶液不呈现绛蓝色的化合物是（　　）。

A. $HOCH_2CHOHCH_3$　　B. $HOCH_2CHOHCH_2OH$

C. 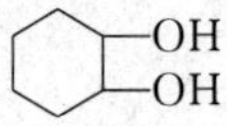 （环己烷）—OH，—OH　　D. $HOCH_2CH_2OH$　　E. $HOCH_2CH_2CH_2OH$

12. 醚所以能生成 鎓盐，是由于（　　）。

A. 碳氧键的极化　　B. 结构的对称性　　C. 氧原子上的未共用电子对

13. 将乙醇和正丙醇的混合液与浓硫酸共热，生成的产物是（　　）。

A. 乙醚　　B. 丙醚　　C. 乙丙醚　　D. 以上 3 种醚的混合物

14. 一脂溶性的乙醚提取物，在回收乙醚的下列操作过程中，不正确的是（　　）。

A. 在蒸除乙醚之前应干燥去水　　B. 用“明火”直接加热

C. 室内有良好的通风　　D. 不用“明火”加热。

15. 下列物质能与浓硝酸发生硝化反应的是（　　）。

A. 乙醇　　B. 氯乙烷　　C. 乙醚　　D. 甘油

16. 已知维生素 A 的键线式构造式可写为 （键线式）—OH，式中以线示键，线的交点与端点处代表碳原子，并用氢原子补足四价，但 C、H 原子未标记出来，关于它的叙述正确的是（　　）。

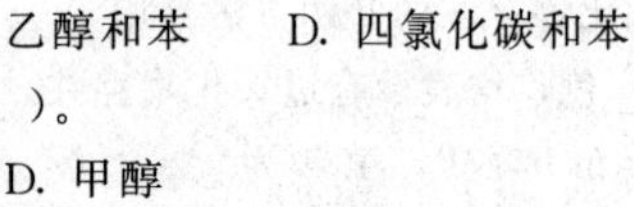

A. 维生素 A 的分子式为 $C_{20}H_{30}O$

B. 维生素 A 是一种易溶于水的醇

C. 维生素 A 分子中有异戊二烯的碳链构造

D. 1mol 维生素 A 在催化剂作用下，最多和 7mol H_2 发生加成反应

六、判断题（下列叙述对的在括号中打“√”，错的打“×”）

1. 凡是羟基与烃基的饱和碳原子相连接的化合物称为醇。（　）

2. 纯的液体有机物都有恒定的沸点，反过来说，沸点恒定的有机物一定是纯的液体有机物。（　）

3. 在甲醇、乙二醇和丙三醇中，能用新制的 $Cu(OH)_2$ 溶液鉴别的物质是丙三醇。（　）

4. 环己烷中含有乙醇杂质，可用水洗涤把乙醇除去。（　）

5. 1-溴丁烷中有少量正丁醇、正丁醚和丁烯杂质，可加浓硫酸洗涤除去。（　）

6. 己烯中的少量乙醚杂质可用冷的浓硫酸洗涤除去。（　）

7. $\begin{array}{l}CH_2OH\\|\\CH_2OH\end{array}$ 和 CH_3CH_2OH 都是含两个碳原子的醇，但前者比后者多含一个—OH，所以 $\begin{array}{l}CH_2OH\\|\\CH_2OH\end{array}$ 比 CH_3CH_2OH 水溶性大。（　）

8. 丙三醇是乙二醇的同系物。（　）

9. 乙醇与水可以任何比例互溶，说明乙醇在水溶液中是一个强电离的物质。（　）

10. 工业用的乙醚中常含有少量乙醇，可加入少量 $CaCl_2$ 与乙醇生成结晶醇，便可除去乙醚中少量的乙醇。（　）

11. 醇与金属钠反应比水与金属钠反应要缓和得多，放出的热量也不足以使生成的氢气自燃。实验时利用这个反应可以销毁残余的金属钠。（　）

12. 无水酒精就是纯净的100%乙醇。（　）

13. 乙醇的水溶液，浓度越大，杀菌消毒效果越好。（　）

七、鉴别与分离题

1. 用化学方法鉴别下列各组化合物。

（1）乙醇、乙二醇、2-氯乙醇

（2）1,2-丙二醇、1,3-丙二醇、烯丙醇

（3）异丙醚、异丙醇、丙三醇、己烷

（4）叔丁醇、2-丁烯-1-醇、2-丁醇、戊烷

2. 1-溴丁烷中含有少量的1-丁醇、二丁基醚，如何提纯1-溴丁烷？

八、合成题

1. 用4个碳原子及其以下的烯烃合成下列化合物。

（1）异丙醇　　（2）乙二醇二乙醚

（3）烯丙醇　　（4）乙基异丙基醚

（5）2-甲基-2-丙醇　　（6）二乙烯基醚

2. 选择适当的原料合成下列化合物。

（1）环己基乙醚　　（2）叔丁基丙基醚

（3）环己醚　　（4）仲丁基甲基醚

九、推测构造式

1. 有两种液体化合物A和B，它们的分子式均是 $C_4H_{10}O$，A在室温下与卢卡斯（Lucas）试剂作用放置片刻生成2-氯丁烷，与氢碘酸作用生成2-碘丁烷；B不与卢卡斯（Lucas）试剂作用，但与浓的氢碘酸作用生成碘乙烷。试推测A、B的构造式。

2. 化合物 $A(C_4H_{10}O)$ 经重铬酸钾的硫酸溶液氧化后得化合物 $B(C_4H_8O)$。A经脱水只得到一种化合物C，C与酸性高锰酸钾的溶液反应得到丙酮，并放出 CO_2。试推测A、B、C的构造式。

3. 化合物 $A(C_6H_{14}O)$ 可溶于 H_2SO_4，与Na反应放出 H_2，与浓 H_2SO_4 作用生成化合物 $B(C_6H_{12})$。B可使 Br_2-CCl_4 溶液褪色，B经强氧化只生成一种物质 $C(C_3H_6O)$。试推测A、B、C的构造式。

4. 化合物 $A(C_4H_{10}O)$ 不与Na作用，溶于浓 H_2SO_4，与过量HI作用生成 CH_3I 及化合物B。试推测A、B的构造式。

第九章 脂肪族醛和酮

醛和酮分子中都含有羰基$\left(\rangle C{=}O\right)$，故称羰基化合物，醛中含有醛基（—CHO），酮中含有酮基$\left(\rangle C{=}O\right)$。这两种官能团集中体现了醛、酮的基本性质。

主要内容要点

一、醛、酮的同分异构现象和命名

醛的构造异构体只有碳链异构，而酮除碳链异构外还有羰基位置不同而产生的位置异构。含有相同碳原子数的饱和一元醛、酮具有相同的通式 $C_nH_{2n}O$，它们互为同分异构体。

醛、酮的系统命名法是选择含有羰基的最长碳链为主链，称为某醛（酮），从距羰基最近的一端给主链编号，酮在名称中标明羰基的位次。若有两个羰基则称为“二酮”，醛基总在链端不必标明位次。如有支链时，将支链的位次及名称写在某醛（酮）的前面。不饱和醛、酮命名时，选择含有羰基和不饱和键的最长碳链为主链，并要标明不饱和键和羰基的位次，编号时仍使羰基位次最小。脂环酮命名时，酮基在脂环上称作环酮，若酮基在脂环的侧链上，把脂环作为取代基。

二、醛、酮的化学反应

1. 羰基的加成反应

$$R-\overset{O}{\overset{\|}{C}}-H(R')\xrightarrow{HCN}R-\underset{CN}{\underset{|}{\overset{OH}{\overset{|}{C}}}}-H(R')\ (\alpha\text{-羟基腈})$$

$$R-\overset{O}{\overset{\|}{C}}-H(R')\xrightarrow{NaHSO_3}R-\underset{SO_3Na}{\underset{|}{\overset{OH}{\overset{|}{C}}}}-H(R')\ (\alpha\text{-羟基磺酸钠})$$

$$R-\overset{O}{\overset{\|}{C}}-H(R')\xrightarrow[\text{绝对乙醚}]{R''MgX}R-\underset{R''}{\underset{|}{\overset{OMgX}{\overset{|}{C}}}}-H(R')\xrightarrow{H_2O,\ H^+}R-\underset{R''}{\underset{|}{\overset{OH}{\overset{|}{C}}}}-H(R')\ \text{生成醇}$$

$$R-\overset{O}{\overset{\|}{C}}-H(R')\xrightleftharpoons{R''OH,\ HCl}\underset{\text{半缩醛}}{R-\underset{OR''}{\underset{|}{\overset{OH}{\overset{|}{C}}}}-H(R')}\xrightleftharpoons{R''OH}\underset{\text{缩醛}}{R-\underset{OR''}{\underset{|}{\overset{OR''}{\overset{|}{C}}}}-H(R')}$$

$$R-\overset{O}{\overset{\|}{C}}-H(R')\xrightarrow{H_2N-Y\text{❶}}R-\overset{N-Y}{\overset{\|}{C}}-H(R')\ (\text{肟或腙})$$

❶ Y 表示—OH、—NH_2、C_6H_5—NH—、O_2N—$C_6H_3(NO_2)$—NH—（2,4-二硝基苯基）。

2. α-氢原子的反应

$$\begin{array}{l} \xrightarrow[\text{OH}^-\text{(稀)}]{CH_3-\overset{O}{\overset{\|}{C}}-H} CH_3-\overset{OH}{\overset{|}{CH}}-\overset{H}{\overset{|}{CH}}-\overset{O}{\overset{\|}{C}}-H \xrightarrow[\triangle]{-H_2O} CH_3-CH=CH-CHO \\ \overset{CH_3}{\underset{(R)H}{}}\!\!>C=O \\ \xrightarrow{3NaOI} CHI_3\downarrow + (R)H-\overset{O}{\overset{\|}{C}}-ONa+2NaOH \\ \qquad\qquad\text{(黄色)} \end{array}$$

3. 坎尼扎罗反应（Cannizzaro）

$$H-\overset{O}{\overset{\|}{C}}-H + H-\overset{O}{\overset{\|}{C}}-H \xrightarrow[\triangle]{NaOH\text{（浓）}} CH_3OH + HCOONa$$

4. 还原反应

$>C=O$：

$\xrightarrow[Ni]{H_2}$ $>CHOH$（醇） 催化加氢时 $>C=O$ 及 $>C=C<$ 都被还原

$\xrightarrow[\text{或 }NaBH_4]{LiAlH_4}$ $>CHOH$ $LiAlH_4$ 和 $NaBH_4$ 是选择性还原 $>C=O$ 及 $C\equiv N$ 等的还原剂，但不能还原 $>C=C<$

$\xrightarrow[HCl]{Zn,Hg}$ $>CH_2$ 不适用于对酸敏感的化合物

$\xrightarrow[(HOCH_2CH_2)_2O]{H_2NNH_2,KOH}$ $>CH_2$ 不适用于对碱敏感的化合物

5. 氧化反应

$$RCHO \xrightarrow[\text{水浴}]{2[Ag(NH_3)_2]OH} RCOONH_4 + 2Ag\downarrow + 3NH_3 + H_2O$$

$$RCHO \xrightarrow{2Cu^{2+}+NaOH+H_2O} RCOONa+Cu_2O\downarrow+4H^+ \text{（红色）}$$

$$HCHO+Cu^{2+}+NaOH \xrightarrow{\triangle} HCOONa+Cu\downarrow+2H^+ \text{（铜镜）}$$

三、醛、酮的鉴别

（1）2,4-二硝基苯肼试验　醛、酮均生成黄色或橙红色的结晶，再测定其熔点，可鉴别属何种醛、酮。此试验是鉴定羰基的特征反应。

（2）托伦（Tollen）试剂试验　醛类有银镜生成，酮类则无此反应。

（3）斐林（Fehling）试剂试验　脂肪族醛类有氧化亚铜红色沉淀生成，甲醛有铜镜生成。

（4）次碘酸钠试验　乙醛、甲基酮类及 $CH_3-\overset{OH}{\overset{|}{CH}}-$ 构造的醇类，均可生成淡黄色结晶的碘仿。其他构造的酮类无此反应。

（5）饱和亚硫酸氢钠溶液试验　醛类、脂肪族甲基酮及 8 个碳以下的环酮均生成无色结晶。其他酮类无此反应。

（6）席夫（Schiffs）试剂试验　醛类可使席夫试剂的无色溶液显紫红色，再加几滴浓硫酸后甲醛紫红色不褪，其他醛则褪色。酮类则无此反应。

四、醛、酮的制法

1. 醇的氧化或脱氢

$$\begin{matrix}R\\ \quad\backslash\\ \quad CH—OH\\ \quad /\\ (R')H\end{matrix}\xrightarrow{\text{氧化或脱氢}}\begin{matrix}R\\ \quad\backslash\\ \quad C{=}O\\ \quad /\\ (R')H\end{matrix}$$

2. 烯烃的羰基化

$$RCH{=}CH_2+CO_2+H_2\xrightarrow[\triangle,\text{加压}]{[Co(CO)_4]_2}RCH_2CH_2CHO+\underset{\displaystyle CH_3}{\underset{|}{RCH}}CHO$$

3. 炔烃的水合

$$HC{\equiv}CH+H_2O\xrightarrow[\triangle,H_2SO_4]{Hg^{2+}}CH_3CHO$$

$$R—C{\equiv}CH+H_2O\xrightarrow[\triangle,H_2SO_4]{Hg^{2+}}R—\overset{\displaystyle O}{\overset{\|}{C}}—CH_3$$

例题解析

【例 9-1】 分子式为 $C_5H_{10}O$ 的醛和酮的异构体是______个。

(1) 5　　(2) 6　　(3) 3　　(4) 8　　(5) 7

解析　解这种选择题，首先要推出分子式为 $C_5H_{10}O$ 的醛和酮的异构体数目，从而得出正确的答案。

醛和酮互为官能团异构体，酮有碳链及位置异构，可根据 $—\overset{\displaystyle O}{\overset{\|}{C}}—$ 的游离价所连接的烃基相同或不同而推测出酮的构造异构；醛则仅有碳链异构，可根据与—CHO 相连的烃基的不同而推测出其构造异构，从而得出它们的异构体总数为 7 个。如下所列：

醛 $CH_3CH_2CH_2CH_2CHO$　$CH_3CH_2\underset{\displaystyle CH_3}{\underset{|}{CH}}CHO$　$CH_3\underset{\displaystyle CH_3}{\underset{|}{CH}}CH_2CHO$　$CH_3—\overset{\displaystyle CH_3}{\overset{|}{\underset{\displaystyle CH_3}{\underset{|}{C}}}}—CHO$

酮 $CH_3CH_2\overset{\displaystyle O}{\overset{\|}{C}}CH_2CH_3$　$CH_3CH_2CH_2\overset{\displaystyle O}{\overset{\|}{C}}CH_3$　$CH_3\underset{\displaystyle CH_3}{\underset{|}{CH}}\overset{\displaystyle O}{\overset{\|}{C}}CH_3$

【例 9-2】 用系统命名法命名下列化合物。

1. $CH_3—\underset{\displaystyle C_2H_5}{\underset{|}{CH}}—CH_2—\underset{\displaystyle CH_3}{\underset{|}{CH}}—CHO$

2. $(CH_3)_2C{=}CHCHO$

3. $CH_3—\underset{\displaystyle O}{\underset{\|}{C}}—CH_2—\underset{\displaystyle O}{\underset{\|}{C}}—CH_2Br$

4. $CH_3—\underset{\displaystyle HO—N}{\underset{\|}{C}}—\underset{\displaystyle N—OH}{\underset{\|}{C}}—CH_3$

5. $CH_3—CH_2—CH{=}N—NH—C_6H_3(NO_2)_2$（2,4-二硝基苯基：苯环邻位 NO_2，对位 NO_2）

6. 2-甲基环己酮结构（环己烷环上 C=O，相邻碳连 CH_3）

7. $\bigcirc\!\!-CH_2\overset{O}{\overset{\|}{C}}CH_3$　　　　8.
$$\begin{array}{c} CH_2-O \\ O \quad\quad CH_2 \\ CH_2-O \end{array}$$

9. $(CH_3)_2CHCH_2\overset{O}{\overset{\|}{C}}-CH_2CH_3$　　　　10. $CH_3-\underset{}{\overset{OC_2H_5}{\overset{|}{C}H}}-OC_2H_5$

解析　1、2、3、6、7、9 等题根据各类醛、酮的系统命名法原则命名。

1. 2,4-二甲基己醛　　2. 3-甲基-2-丁烯醛

3. 1-溴-2,4-戊二酮　　4. 丁二酮二肟［肟的命名称某醛（酮）肟］

5. 丙醛-2,4-二硝基苯腙［腙的命名称为某醛（酮）某腙］

6. 2-甲基环己酮　　7. 环己基-2 丙酮

8. 三聚甲醛　　9. 5-甲基-3-己酮

10. 二乙醇缩乙醛［缩醛（酮）的命名一般称为某醇缩某醛（酮）］

【例 9-3】 完成下列化学反应。

1. $CH_2=CH_2+CO+H_2\xrightarrow[\triangle,加压]{[Co(CO)_4]_2}A$

2. $CH_3C\equiv CH+H_2O\xrightarrow[H_2SO_4]{HgSO_4}A\xrightarrow[NaOH]{NaOI}B+C$

3. $\bigcirc\!\!-OH\xrightarrow[H_2SO_4]{K_2Cr_2O_7}A$，$A\xrightarrow{H_2N-OH}B$，$A\xrightarrow{NaHSO_3}C$

4. $(CH_3)_2CHCH_2OH\xrightarrow[光]{Br_2}A\xrightarrow[绝对乙醚]{Mg}B\xrightarrow{HCHO}C\xrightarrow{H_2O,H^+}D$

5. $(CH_3)_3C-CHO+HCHO\xrightarrow{NaOH(浓)}A+B$

6. $CH_3CHO+(CH_3)_2CHMgBr\xrightarrow[绝对乙醚]{}A\xrightarrow[H^+]{H_2O}B$

7. $2(CH_3)_3C-CHO\xrightarrow{NaOH(浓)}A+B$

8. $2CH_3CH_2CHO\xrightarrow{NaOH(稀)}A\xrightarrow[-H_2O]{\triangle}B$，$B\xrightarrow{C}CH_3CH_2CH_2\underset{CH_3}{\underset{|}{C}H}CH_2OH$，$B\xrightarrow{D}CH_3CH_2CH=\underset{CH_3}{\underset{|}{C}}-CH_2OH$

9. $\begin{array}{l}CH_2CHO\\|\\CH_2OH\end{array}\xrightarrow[B]{A}\begin{array}{l}CH_2CH(OC_2H_5)_2\\|\\CH_2OH\end{array}\xrightarrow{C}\begin{array}{l}CH_2CH(OC_2H_5)_2\\|\\CHO\end{array}\xrightarrow{D}\begin{array}{l}CH_2CHO\\|\\CHO\end{array}$

10.

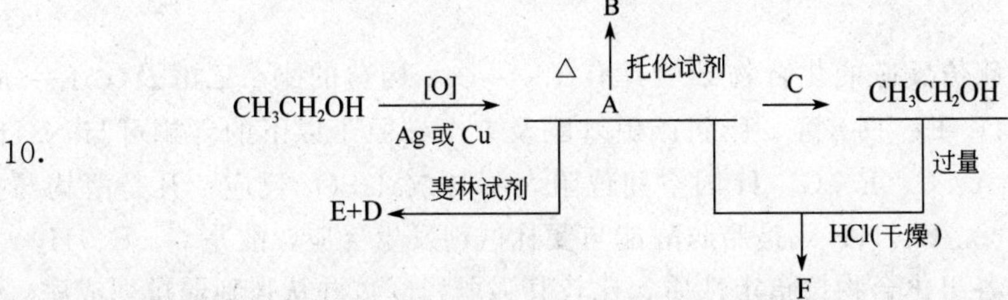

解析 1～7 题均给出原料、反应试剂和反应条件，要求写出产物，只要熟悉各官能团的性质即可解出此类型题。

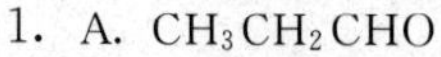

1. A. CH_3CH_2CHO

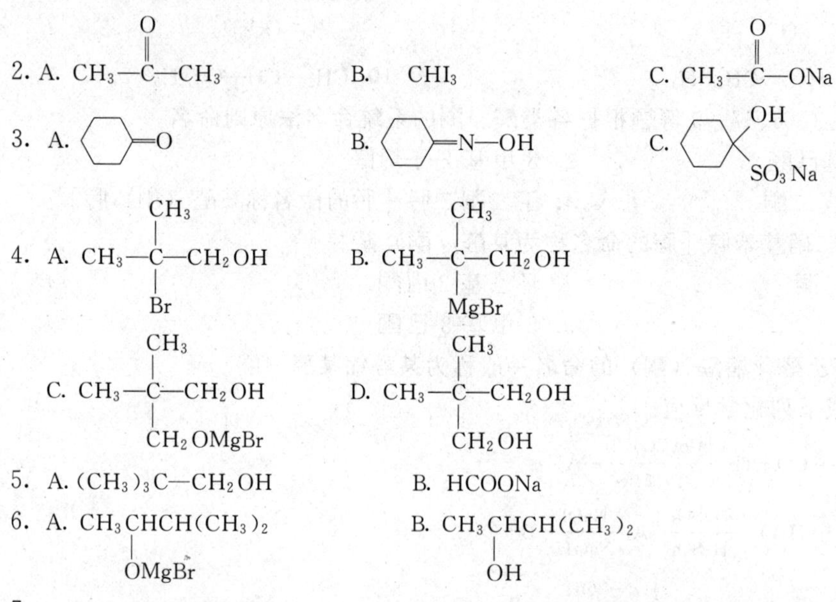

2. A. $CH_3-CO-CH_3$　　B. CHI_3　　C. $CH_3-CO-ONa$

3. A. 环己酮　　B. 环己酮肟（$=N-OH$）　　C. 1-羟基环己基磺酸钠（OH，SO_3Na）

4. A. $CH_3-C(CH_3)(Br)-CH_2OH$　　B. $CH_3-C(CH_3)(MgBr)-CH_2OH$

C. $CH_3-C(CH_3)(CH_2OMgBr)-CH_2OH$　　D. $CH_3-C(CH_3)(CH_2OH)-CH_2OH$

5. A. $(CH_3)_3C-CH_2OH$　　B. $HCOONa$

6. A. $CH_3CH(OMgBr)CH(CH_3)_2$　　B. $CH_3CH(OH)CH(CH_3)_2$

7. A. $(CH_3)_3C-CH_2OH$　　B. $(CH_3)_3C-COONa$

8～10 题反应物到产物均为已知，要求列出反应条件。解这类题只涉及到官能团相互转变的知识，即分析反应物加何种试剂及相应条件转变为产物。

8. A. $CH_3CH_2CH(OH)CH(CH_3)CHO$　　B. $CH_3CH_2CH=C(CH_3)CHO$　　C. H_2，Ni　　D. $NaBH_4$

9. A. C_2H_5OH　　B. HCl（干燥）　　C. $K_2Cr_2O_7+H_2SO_4$　　D. H_2O，H^+

10. A. CH_3CHO　　B. $CH_3COONH_4+Ag\downarrow$　　C. $\xrightarrow[\triangle,Ni]{H_2}$

D. CH_3COONa　　E. $Cu_2O\downarrow$　　F. $CH_3CH(OC_2H_5)_2$

【例 9-4】下列化合物中哪些能发生碘仿反应？哪些能与 $NaHSO_3$ 加成？哪些能与托伦试剂反应？哪些能与斐林试剂反应？

A. $CH_3COCH_2CH_3$　　B. $CH_3CH_2COCH_2CH_3$

C. $CH_3CH_2CH_2CHO$　　D. $CH_3CH(OH)CH_2CH_3$

E. CH_3CHO　　F. $(CH_3)_2CHCOCH(CH_3)_2$

G. 环己酮　　H. $(CH_3)_3CHO$

解析 凡能发生碘仿反应的化合物必须具有 $CH_3-\overset{O}{\overset{\|}{C}}-$ 构造的酮、乙醛及 $CH_3-\overset{OH}{\overset{|}{C}H}-$ 构造的醇，故是 A、D、E；只有醛、脂肪族甲基酮及 8 个碳原子以下的环酮可与 $NaHSO_3$ 发生加成反应，故是 A、C、E、G，H 因空间位阻大不与 $NaHSO_3$ 反应；凡是醛均与托伦试剂发生反应，故是 C、E、H；凡是脂肪醛能与斐林试剂发生反应，故是 C、E、H。

【例 9-5】对下列各组化合物按指定性质，比较其强弱程度，并从强到弱排列成序。

1. 沸点：正丁醇、丁酮、乙醚、正戊烷

2. 水溶性：丙酮、丁酮、2-戊酮

3. 羰基加成反应的活性：丙酮、甲醛、2-丁酮、环己酮

解析　1. 化合物沸点高低取决于分子间作用力的大小，作用力大的沸点高，在相对分子质量相近的化合物中，它们分子间作用力从大到小按：分子间能形成氢键＞强极性＞弱极性＞非极性排列。从而得出：正丁醇＞丁酮＞乙醚＞正戊烷。

2. 同系列化合物中随疏水基比例增加，水溶性下降，从而得出：丙酮＞丁酮＞2-戊酮。

3. 不同构造的醛、酮进行羰基加成反应的活性由大到小次序如下：

$$HCHO > CH_3CHO > CH_3COCH_3 > \text{环己酮} > CH_3-\overset{O}{\overset{\|}{C}}-R$$

从而得出：

$$HCHO > CH_3COCH_3 > \text{环己酮} > CH_3\overset{O}{\overset{\|}{C}}CH_2CH_3$$

【例 9-6】用简单的化学方法鉴别下列各组化合物。

1. 甲醛、乙醛和 3-戊酮

2. 环己酮、环己醇和环己烯（均为乙醇溶液）

3. 戊醛、2-己醇和 3-己醇

解析　1. 醛、酮常用托伦试剂或斐林试剂鉴别它们，乙醛、甲醛可用次碘酸钠或席夫试剂鉴别它们。

甲醛、乙醛、3-戊酮 $\xrightarrow[\text{溶液}]{Cu^{2+}+NaOH}$ 红色沉淀、红色沉淀、× ；红色沉淀（甲醛、乙醛）$\xrightarrow[\text{(无色)}]{\text{席夫试剂}}$ 显紫红色、显紫红色 $\xrightarrow{H_2SO_4(\text{浓})}$ 不褪色、褪色

2. 先加饱和亚硫酸氢钠溶液鉴别出环己酮，再加 Br_2-CCl_4 鉴别环己醇和环己烯。

环己酮、环己醇、环己烯 $\xrightarrow[\text{饱和溶液}]{NaHSO_3}$ 白色结晶、×、× ；×、× $\xrightarrow{Br_2,CCl_4}$ ×、褪色

3. 先加托伦试剂鉴别醛与醇，再加次碘酸钠鉴别 2-己醇、3-己醇。

戊醛、2-己醇、3-己醇 $\xrightarrow[\text{溶液}]{Ag(NH_3)_2OH}$ 形成银镜、×、× ；×、× $\xrightarrow{I_2+NaOH}$ $CHI_3\downarrow$(黄色)、×

【例 9-7】分离或提纯下列混合物。

1. 分离 3-己酮和 2-己酮

2. 从含有少量醛的丙酮混合物中提纯丙酮

解析　1. 加入饱和 $NaHSO_3$ 溶液于混合液中，与 2-己酮反应生成白色结晶，从而与 3-己酮分离，生成的结晶再与稀盐酸反应后，又复原为 2-己酮。

3-己酮、2-己酮 $\xrightarrow[\text{②过滤}]{\text{①饱和 } NaHSO_3 \text{ 溶液}}$

- 滤液　粗 3-己酮 $\xrightarrow{\text{分离}}\xrightarrow{\text{干燥}}\xrightarrow{\text{蒸馏}}$ 纯 3-己酮
- 白色结晶　$C_4H_9-\overset{OH}{\overset{|}{\underset{SO_3Na}{\underset{|}{C}}}}-CH_3$ 等 $\xrightarrow{\text{稀盐酸}}$ 粗 2-己酮 $\xrightarrow{\text{分离}}\xrightarrow{\text{干燥}}\xrightarrow{\text{蒸馏}}$ 纯 2-己酮

2. 在稀的 $KMnO_4$ 溶液作用下回流，醛被氧化成酸，再加入 NaOH 溶液使羧酸生成羧酸钠，然后再用蒸馏法蒸出丙酮。

$$\left.\begin{array}{l} CH_3-\overset{\overset{O}{\|}}{C}-CH_3 \\ R-\overset{\overset{O}{\|}}{C}-H \end{array}\right] \xrightarrow[\text{回流}]{\text{稀 }KMnO_4,H^+} \left[\begin{array}{c} CH_3-\overset{\overset{O}{\|}}{C}-CH_3 \\ RCOOH \end{array}\right] \xrightarrow{NaOH} \left[\begin{array}{c} CH_3-\overset{\overset{O}{\|}}{C}-CH_3 \\ RCOONa \end{array}\right] \xrightarrow{\text{蒸馏}}$$

$$CH_3-\overset{\overset{O}{\|}}{C}-CH_3\text{（水溶液）}\xrightarrow{\text{乙醚抽提}}\xrightarrow{\text{干燥}}\xrightarrow[\text{水浴}]{\text{蒸馏}}\text{先蒸出乙醚}\xrightarrow{\text{再蒸出}}\text{纯丙酮}$$

分离一个混合物是要把其中的各个组分一一分离，并达到一定的纯度。而提纯一个化合物则只要去掉其中的杂质。

分离提纯的方法分为物理方法（如蒸馏、分馏、水蒸气蒸馏、重结晶、升华等）和化学方法两大类。用化学方法分离提纯时，如果某化合物为酸性或碱性化合物，常用酸、碱反应，使之溶于水层或溶于酸、碱层。也可以利用某一化合物与某试剂反应生成沉淀与另外组分分离。但这些反应应能使被分离的化合物复原。当然除去的少量杂质不必复原。

【例 9-8】 由指定原料合成下列化合物。

1. 由环己酮和乙醇合成 1-乙基环己醇（环己烷环上同一碳原子连有 OH 和 C_2H_5）

2. 由 4 个碳原子的有机原料合成 5-甲基-2-异丙基-2-己烯-1-醇

3. 由乙醇合成 3-甲基-1-戊醇

解析 1. 产物为环叔醇可由环己酮与 C_2H_5MgBr 反应制备。合成反应如下：

$$\text{环己酮}\xrightarrow[\text{绝对乙醚}]{C_2H_5MgBr}\text{1-乙基环己基-OMgBr}\xrightarrow[H^+]{H_2O}\text{1-乙基环己醇}$$

$$C_2H_5OH\xrightarrow{PCl_3}C_2H_5Cl\xrightarrow[\text{绝对乙醚}]{Mg}C_2H_5MgBr$$

2. 产物 $(CH_3)_2CHCH_2CH{=}C(CH(CH_3)_2)CH_2OH$（在 C=C 双键处标“切断”）为 10 个碳原子的伯烯醇，根据其结构用倒推法得出可由 $(CH_3)_2CHCH_2CHO$ 经羟醛缩合反应得到。$(CH_3)_2CHCH_2CHO$ 为 5 个碳原子的醛，可由 $(CH_3)_2CH{=}CH_2$ 经羰基合成法得到。合成反应如下：

$$(CH_3)_2CH{=}CH_2\xrightarrow[\text{[Co(CO)}_4\text{]}_2,\triangle,\text{压力}]{CO+H_2}(CH_3)_2CHCH_2CHO\xrightarrow[\text{②}\triangle]{\text{①NaOH(稀)}}$$

$$(CH_3)_2CHCH_2CH{=}\underset{\underset{CH(CH_3)_2}{|}}{C}CHO\xrightarrow[\text{②}H_2O]{\text{①}NaBH_4}(CH_3)_2CHCH_2CH{=}\underset{\underset{CH(CH_3)_2}{|}}{C}CH_2OH$$

3. 产物为伯醇，由原料到产物需增加碳原子，根据所给原料此题使用格氏试剂与环氧乙烷反应是最佳方案。选用何种格氏试剂与环氧乙烷反应，则需先用“切断法”把产物分成两部分，然后再进行倒推，共有两种切断方式，根据所给原料按①切断较好。

$$CH_3CH_2\underset{\underset{CH_3}{|}}{CH}\overset{①}{\vdots}CH_2CH_2OH\ (\text{②切断在 CH 与 }CH_3\text{ 之间})\xleftarrow{\text{按①切断}}CH_3CH_2\underset{\underset{CH_3}{|}}{C}HMgBr+\underset{\text{O}}{CH_2-CH_2}\ (\text{环氧乙烷})$$

$$CH_3CH_2\underset{\displaystyle CH_3}{\underset{|}{C}}HMgBr \longleftarrow CH_3CH_2\underset{\displaystyle CH_3}{\underset{|}{C}}HBr \longleftarrow CH_3CH_2\underset{\displaystyle CH_3}{\underset{|}{C}}HOH \longleftarrow CH_3CH_2MgBr$$

$$\longleftarrow CH_3CH_2Br \longleftarrow CH_3CH_2OH$$

$$\underset{\diagdown O \diagup}{CH_2—CH_2} \longleftarrow CH_2=CH_2 \longleftarrow CH_3CH_2OH$$

合成反应如下：

$$CH_3CH_2OH \xrightarrow[H_2SO_4]{K_2CrO_7} CH_3CHO$$

$$CH_3CH_2OH \xrightarrow[\triangle]{HBr} CH_3CH_2Br \xrightarrow[\text{绝对乙醚}]{Mg} CH_3CH_2MgBr \xrightarrow[\text{绝对乙醚}]{CH_3CHO} \xrightarrow[H^+]{H_2O} CH_3CH_2\underset{\displaystyle OH}{\underset{|}{C}H}\,CH_3$$

$$\xrightarrow[\text{浓 }H_2SO_4,\triangle]{HBr} CH_3CH_2\underset{\displaystyle Br}{\underset{|}{C}H}CH_3 \xrightarrow[\text{绝对乙醚}]{Mg} CH_3CH_2\underset{\displaystyle MgBr}{\underset{|}{C}H}\,CH_3 \xrightarrow[\text{绝对乙醚}]{\underset{\diagdown O \diagup}{CH_2—CH_2}}$$

$$CH_3CH_2\underset{\displaystyle CH_3}{\underset{|}{C}H}\,CH_2CH_2OH \quad CH_3CH_2OH \xrightarrow[170℃]{H_2SO_4(\text{浓})} CH_2=CH_2 \xrightarrow[\triangle,\text{加压}]{O_2,Ag} \underset{\diagdown O \diagup}{CH_2—CH_2}$$

【例 9-9】 化合物 A($C_{10}H_{18}O_2$) 不与碱作用，与酸的水溶液作用可生成 B($C_8H_{14}O$) 和乙二醇。B 可使溴水迅速褪色，能与 2,4-二硝基苯肼生成黄色沉淀而不发生银镜反应，B 被高锰酸钾氧化得一分子丙酮和另一化合物 C。C 具有酸性，能发生碘仿反应生成丁二酸($HOOCCH_2CH_2COOH$)。试推测 A、B、C 的构造式。

解析 (1) 由分子式算出 A 的不饱和度为 2，A 不与碱的水溶液作用，而在酸性条件下水解得乙二醇和 B，A 可能为不饱和缩醛或缩酮。

(2) B 能使溴水褪色，说明分子中含有不饱和键；根据分子式 $C_8H_{14}O$ 判断分子中含有双键。能与 2,4-二硝基苯肼生成黄色沉淀而不发生银镜反应，说明分子中有酮羰基。

(3) C 具有酸性，说明分子中含有羧基，能发生碘仿反应，说明分子中含有 $CH_3—\overset{\displaystyle O}{\overset{\|}{C}}—$ 基团，碘仿反应的产物为丁二酸可推测 C 的构造式可能为 $CH_3—\overset{\displaystyle O}{\overset{\|}{C}}CH_2CH_2COOH$。

(4) B 被高锰酸钾氧化生成一分子丙酮和化合物 C，根据 C 推测 B 的构造式可能为 $(CH_3)_2C=CHCH_2CH_2\overset{\displaystyle O}{\overset{\|}{C}}CH_3$。

(5) 根据 B 的构造式推测 A 的构造式可能为 $(CH_3)_2C=CHCH_2CH_2\underset{\displaystyle CH_3}{C}\!\!\begin{array}{l}\diagup OCH_2\\ \diagdown OCH_2\end{array}\!\!\Big|$。

化学反应如下：

$$(CH_3)_2C=CHCH_2CH_2\underset{\displaystyle CH_3}{C}\!\!\begin{array}{l}\diagup OCH_2\\ \diagdown OCH_2\end{array}\!\!\Big| \;—\begin{cases}\xrightarrow[H_2O]{NaOH} \text{不反应} \\ \xrightarrow[H_2O]{HCl} (CH_3)_2C=CHCH_2CH_2\overset{\displaystyle O}{\overset{\|}{C}}CH_3 + \begin{array}{c}CH_2OH\\ |\\ CH_2OH\end{array}\end{cases}$$

$$(CH_3)_2C{=}CHCH_2CH_2\overset{O}{\overset{\|}{C}}CH_3 \xrightarrow{Br_2} (CH_3)_2\underset{Br}{C}{-}\underset{Br}{C}HCH_2CH_2\overset{O}{\overset{\|}{C}}CH_3$$

$$(CH_3)_2C{=}CHCH_2CH_2\overset{O}{\overset{\|}{C}}CH_3 \xrightarrow{O_2N{-}C_6H_3(NO_2){-}NHNH_2} (CH_3)_2C{=}CHCH_2CH_2\overset{N-NH-C_6H_3(NO_2)_2}{\overset{\|}{C}}CH_3$$

$$(CH_3)_2C{=}CHCH_2CH_2\overset{O}{\overset{\|}{C}}CH_3 \xrightarrow[H^+]{KMnO_4} (CH_3)_2C{=}O + HOOCCH_2CH_2\overset{O}{\overset{\|}{C}}CH_3$$

$$HOOCCH_2CH_2\overset{O}{\overset{\|}{C}}CH_3 \xrightarrow{I_2+NaOH} HOOCCH_2CH_2COOH + CHI_3\downarrow$$

根据化学反应验证，构造式分别为：

A. $(CH_3)_2C{=}CHCH_2CH_2\underset{CH_3}{C}(OCH_2)_2$（环状缩酮，$-OCH_2-CH_2O-$）　B. $(CH_3)_2C{=}CHCH_2CH_2\overset{O}{\overset{\|}{C}}CH_3$　C. $CH_3\overset{O}{\overset{\|}{C}}CH_2CH_2COOH$

点评：此题的突破点在题最后，根据此条件先确定C的构造式，再根据反应用倒推方法依次推出B、A的构造式。

【例9-10】 化合物A、B、C分子式均为C_4H_8O；A、B可以和苯肼反应生成沉淀而C不能；B可以与费林试剂反应而A、C不能；A、C能发生碘仿反应而B不能。试推测A、B、C的构造式。

解析　由分子式可算出A、B、C的不饱和度均为1，分子中可能含有 $>C{=}O$，A、B可和苯肼反应，说明是醛或酮；B与斐林试剂反应则应为醛。A、C可发生碘仿反应，A应为CH_3COR构造的酮，C则为具有 $CH_3{-}\underset{OH}{\underset{|}{C}H}{-}$ 构造的醇。结合它们的分子式及不饱和度推测A、B、C的构造式可能分别为：

A. $CH_3\overset{O}{\overset{\|}{C}}CH_2CH_3$　B. $CH_3CH_2CH_2CHO$ 或 $(CH_3)_2CHCHO$　C. $CH_3\underset{OH}{\underset{|}{C}H}CH{=}CH_2$

各步化学反应如下：

$$CH_3{-}\overset{O}{\overset{\|}{C}}{-}CH_2{-}CH_3 \xrightarrow{H_2N-NH-C_6H_5} CH_3{-}\overset{CH_2CH_3}{\overset{|}{C}}{=}N{-}NH{-}C_6H_5$$

$$CH_3{-}\overset{O}{\overset{\|}{C}}{-}CH_2{-}CH_3 \xrightarrow{I_2,NaOH} CHI_3\downarrow + CH_3CH_2COONa$$

$$\left.\begin{matrix}CH_3CH_2CH_2CHO\\(CH_3)_2CHCHO\end{matrix}\right] \xrightarrow{H_2N-NH-C_6H_5} \left[\begin{matrix}CH_3CH_2CH_2CH{=}N{-}NH{-}C_6H_5\\(CH_3)_2CHCH{=}N{-}NH{-}C_6H_5\end{matrix}\right.$$

$$\left.\begin{matrix}CH_3CH_2CH_2CHO\\(CH_3)_2CHCHO\end{matrix}\right]\xrightarrow[\text{溶液},\triangle]{Cu^{2+},NaOH}\left[\begin{matrix}CH_3CH_2CH_2COONa+Cu_2O\downarrow\\(CH_3)_2CHCOONa+Cu_2O\downarrow\end{matrix}\right.$$

$$\underset{\substack{|\\OH}}{CH_3CH}CH{=}CH_2\xrightarrow[\text{溶液}]{I_2,NaOH}CHI_3\downarrow+CH_2{=}CH{-}COONa$$

根据以上化学反应验证，构造式分别为：

A. $CH_3{-}\overset{\overset{O}{\|}}{C}{-}CH_2{-}CH_3$　B. $CH_3CH_2CH_2CHO$ 或 $(CH_3)_2CHCHO$　C. $CH_3CH(OH)CH{=}CH_2$

【例 9-11】 某化合物 A($C_7H_{12}O$) 能与羟氨反应，也能发生碘仿反应，A 经催化加 H_2 得 B($C_7H_{14}O$)，B 与浓 H_2SO_4 共热得化合物 C(C_7H_{12})。C 无顺反异构，C 与冷的中性 $KMnO_4$ 氧化后得化合物 D（1-羟基环戊基-CH(OH)CH₃，即环戊烷同一碳上连有 CH(OH)CH₃ 和 OH）。试推测 A～D 的构造式。

解析　由分子式可算出 A 的不饱和度为 2，A 能与羟氨反应，也能发生碘仿反应，并根据它的分子式及不饱和度推测 A 可能具有 $CH_3{-}\overset{\overset{O}{\|}}{C}{-}$ 构造的不饱和酮或饱和脂环酮。A 经一系列反应后生成化合物 D（环戊烷同一碳上连有 CH(OH)CH₃ 和 OH），A～D 一系列反应中碳架无变化，D 是由 C 与冷的中性 $KMnO_4$ 氧化后得到的，根据 D 推测 C 的构造式可能为 环戊叉$=CHCH_3$。C 是由 B 与浓 H_2SO_4 共热得到的，根据 C 推测 B 的构造式可能为 环戊基$-CH(OH)CH_3$ B 是由 A 经催化加氢得到的，根据 B 推测 A 的构造式可能为 环戊基$-\overset{\overset{O}{\|}}{C}{-}CH_3$。各步化学反应如下：

$$\text{环戊基}-\overset{\overset{O}{\|}}{C}-CH_3\xrightarrow{H_2N-OH}\text{环戊基}-\underset{\substack{|\\CH_3}}{C}{=}N-OH$$

$$\text{环戊基}-\overset{\overset{O}{\|}}{C}-CH_3\xrightarrow{I_2+NaOH}\text{环戊基}-COONa+CHI_3$$

$$\text{环戊基}-\overset{\overset{O}{\|}}{C}-CH_3\xrightarrow[Ni]{H_2}\text{环戊基}-\underset{\substack{|\\OH}}{CH}-CH_3\xrightarrow[\triangle]{H_2SO_4(\text{浓})}\text{环戊叉}{=}CHCH_3\xrightarrow[\text{稀、冷}]{KMnO_4\text{溶液}}$$

$$\text{环戊烷-1-}(OH)\text{-1-}CH(OH)CH_3$$

根据以上化学反应验证，构造式分别为：

A. 环戊基$-\overset{\overset{O}{\|}}{C}-CH_3$　　B. 环戊基$-\overset{\overset{OH}{|}}{CH}-CH_3$

C. (环戊亚基)$=CHCH_3$　　　　D. 1-[$CH(OH)CH_3$]-1-OH 环戊烷

习　题

一、用系统命名法命名下列化合物

1. $(CH_3)_3CCHO$

2. $CH_3-\underset{\underset{O}{\|}}{C}-CH_2-\underset{\underset{O}{\|}}{C}-CH_3$

3. CCl_3-CHO

4. $(CH_3)_2CHCH_2CHO$

5. $CH_3-\underset{\underset{Br}{|}}{CH}-\underset{\underset{O}{\|}}{C}-CH_3$

6. H_3C-〈环己基〉$=O$

7. $CH_3-\underset{\underset{O}{\|}}{C}-CH_2-CH_2OH$

8. $CH_3-\overset{\overset{O}{\|}}{C}-CH_2-\overset{\overset{C_2H_5}{|}}{CH}-CH_3$

9. $CH_2=CH-CHO$

10. $CH_3-\overset{\overset{C_2H_5}{|}}{CH}-CH_2-CHO$

二、写出下列化合物的构造式

1. 3-甲基-戊二酮
2. 3-丁烯醛
3. 碘仿
4. 4-甲基-2-戊酮
5. 环己酮肟
6. 2,3-二甲基环己酮
7. 丙醛苯腙
8. 二乙醇缩乙醛

三、完成下列化学反应

1. $CH_3CH_2CH_2OH \xrightarrow[H_2SO_4]{K_2Cr_2O_7} A \xrightarrow[\text{水溶液}]{\text{饱和 }NaHSO_3} B$

2. 〈环己基〉$-OH \xrightarrow[H_2SO_4]{K_2Cr_2O_7} A \xrightarrow[\text{干燥 }HCl]{HOCH_2-CH_2OH} B$

3. $2HCHO \xrightarrow[\triangle]{NaOH\text{（浓）}} A+B$

4. $CH_3-\overset{\overset{O}{\|}}{C}-CH_3 + H_2N-NH-$〈2-$NO_2$-苯基〉$-NO_2 \longrightarrow A$

5. $\underset{\underset{OH}{|}}{CH_3CHCH_3} \xrightarrow{PBr_3} A \xrightarrow[\text{绝对乙醚}]{Mg} B \xrightarrow[\text{绝对乙醚}]{HCHO} C \xrightarrow[H^+]{H_2O} D$

6. $HCHO \xrightarrow[NaOH\text{(稀)}]{CH_3CH_2CH_2CHO} A \xrightarrow{\triangle} B \xrightarrow[\text{②}H^+]{\text{①}C} CH_2=\underset{\underset{C_2H_5}{|}}{C}-COOH$

7. $CH_3CH_2\underset{\underset{OH}{|}}{CH}CH_3 \xrightarrow{A} CH_3CH_2\overset{\overset{O}{\|}}{C}CH_3 \xrightarrow{B} CH_3CH_2\overset{\overset{OH}{|}}{\underset{\underset{CN}{|}}{C}}-CH_3$

8. $CH_2=CH_2 \xrightarrow{A} CH_3CHO \xrightarrow{B} CHI_3\downarrow + HCOONa$

9. 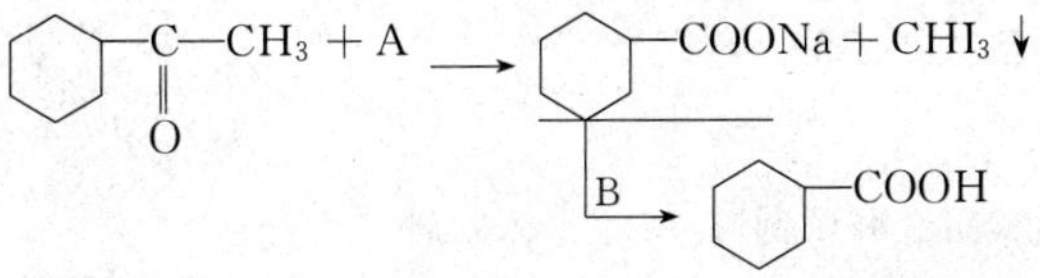 $C_6H_{11}-\overset{O}{\overset{\|}{C}}-CH_3 + A \longrightarrow C_6H_{11}-COONa + CHI_3\downarrow \xrightarrow{B} C_6H_{11}-COOH$

四、填空题

1. 醛和酮都是含______官能团的化合物，______中碳原子和氧原子以______相连。

2. 甲醛又名______，是无色、有强烈______体。______溶于水，其水溶液的浓度为40%时叫______。甲醛溶液长期放置易发生______，生成白色固体的不溶物称______。

3. 最简单的脂肪醛是______，最简单的脂肪酮是______。

4. 醛、酮的沸点比分子量相近的醇要低，这是因为醛、酮本身分子间不能形成______，没有______的缘故。

5. 丙醛与亚硫酸氢钠的加成物在______或______条件下，可分解为丙醛。

6. 从结构上看，缩醛是一个同碳二醚，具有与醚相似的性质，是稳定的化合物，对______、______和______都非常稳定。

7. 当羰基化合物与极性分子加成反应时，极性分子中带负电荷的部分加到______，带正电荷部分则加到__________。

8. 烯烃、一氧化碳与______在______和______、______下可生成比原烯烃多一个__________。这种合成法叫做______合成。

9. 常用于鉴别醛、酮与其他有机物的试剂是__________；鉴别醛与酮的试剂是______；鉴别甲基酮和非甲基酮的试剂是______；鉴别甲醛与其他醛的试剂是______。

五、选择题

1. 下列化合物中哪个最容易发生氧化反应（　　）。

A. 甲醛　B. 乙基异丙基酮　C. 丁醛　D. 甲基乙基酮　E. 乙基正丙基酮

2. 下列化合物能发生坎尼扎罗反应的是（　　）。

A. 乙醛　B. 甲醛　C. 异丁醛　D. 2,2-二甲基丙醛

3. 下列化合物中哪些能与斐林试剂作用（　　）。

A. CH_3CHO　B. $CH_3-C(CH_3)_2-CHO$　C. $CH_3-\overset{O}{\overset{\|}{C}}-CH_3$

D. 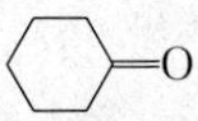 环己酮（$C_6H_{10}=O$）　E. 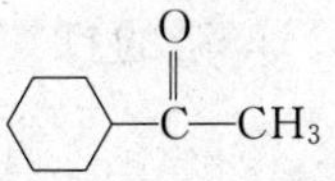 $C_6H_{11}-\overset{O}{\overset{\|}{C}}-CH_3$

4. 下列物质中难发生聚合反应的是（　　）。

A. 乙烯　B. 乙炔　C. 乙醛　D. 甲醛　E. 丙酮

5. $CH_3-\underset{}{CH}(CH_3)-CH(CH_3)-CHO$ 与下列化合物是同分异构体的是（　　）。

A. 2-甲基己醛　B. 3,3-二甲基-2-丁酮　C. 戊醛　D. 2,2-二甲基丁醛

6. 下列化合物命名正确的是（　　）。

A. $(CH_3)_2CH(CH_2)_2CH_2CHO$　3-甲基戊醛

B. $CH_3-\overset{O}{\overset{\|}{C}}-CH_2-\overset{O}{\overset{\|}{C}}-CH_3$　α-戊二酮

C. $CH_3CH_2CH(OC_2H_5)_2$　丙醛缩乙二醇

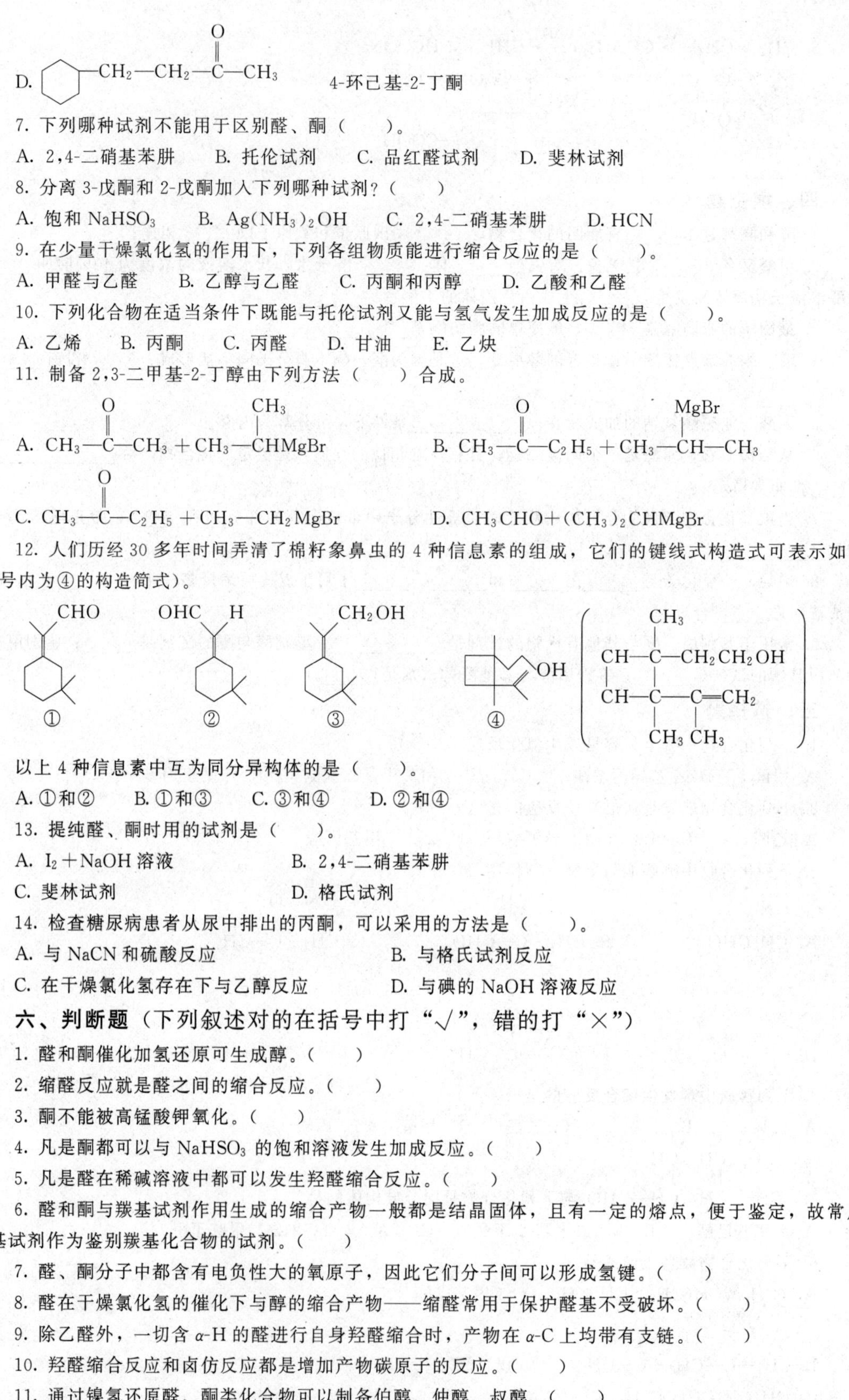

D. $C_6H_{11}-CH_2-CH_2-\overset{\displaystyle O}{\overset{\|}{C}}-CH_3$　4-环己基-2-丁酮

7. 下列哪种试剂不能用于区别醛、酮（　　）。

A. 2,4-二硝基苯肼　B. 托伦试剂　C. 品红醛试剂　D. 斐林试剂

8. 分离 3-戊酮和 2-戊酮加入下列哪种试剂？（　　）

A. 饱和 $NaHSO_3$　B. $Ag(NH_3)_2OH$　C. 2,4-二硝基苯肼　D. HCN

9. 在少量干燥氯化氢的作用下，下列各组物质能进行缩合反应的是（　　）。

A. 甲醛与乙醛　B. 乙醇与乙醛　C. 丙酮和丙醇　D. 乙酸和乙醛

10. 下列化合物在适当条件下既能与托伦试剂又能与氢气发生加成反应的是（　　）。

A. 乙烯　B. 丙酮　C. 丙醛　D. 甘油　E. 乙炔

11. 制备 2,3-二甲基-2-丁醇由下列方法（　　）合成。

A. $CH_3-\overset{\displaystyle O}{\overset{\|}{C}}-CH_3+CH_3-\overset{\displaystyle CH_3}{\overset{|}{C}}HMgBr$　B. $CH_3-\overset{\displaystyle O}{\overset{\|}{C}}-C_2H_5+CH_3-\overset{\displaystyle MgBr}{\overset{|}{C}H}-CH_3$

C. $CH_3-\overset{\displaystyle O}{\overset{\|}{C}}-C_2H_5+CH_3-CH_2MgBr$　D. $CH_3CHO+(CH_3)_2CHMgBr$

12. 人们历经 30 多年时间弄清了棉籽象鼻虫的 4 种信息素的组成，它们的键线式构造式可表示如下（括号内为④的构造简式）。

以上 4 种信息素中互为同分异构体的是（　　）。

A. ①和②　B. ①和③　C. ③和④　D. ②和④

13. 提纯醛、酮时用的试剂是（　　）。

A. I_2＋NaOH 溶液　B. 2,4-二硝基苯肼

C. 斐林试剂　D. 格氏试剂

14. 检查糖尿病患者从尿中排出的丙酮，可以采用的方法是（　　）。

A. 与 NaCN 和硫酸反应　B. 与格氏试剂反应

C. 在干燥氯化氢存在下与乙醇反应　D. 与碘的 NaOH 溶液反应

六、判断题（下列叙述对的在括号中打“√”，错的打“×”）

1. 醛和酮催化加氢还原可生成醇。（　　）

2. 缩醛反应就是醛之间的缩合反应。（　　）

3. 酮不能被高锰酸钾氧化。（　　）

4. 凡是酮都可以与 $NaHSO_3$ 的饱和溶液发生加成反应。（　　）

5. 凡是醛在稀碱溶液中都可以发生羟醛缩合反应。（　　）

6. 醛和酮与羰基试剂作用生成的缩合产物一般都是结晶固体，且有一定的熔点，便于鉴定，故常用羰基试剂作为鉴别羰基化合物的试剂。（　　）

7. 醛、酮分子中都含有电负性大的氧原子，因此它们分子间可以形成氢键。（　　）

8. 醛在干燥氯化氢的催化下与醇的缩合产物——缩醛常用于保护醛基不受破坏。（　　）

9. 除乙醛外，一切含 α-H 的醛进行自身羟醛缩合时，产物在 α-C 上均带有支链。（　　）

10. 羟醛缩合反应和卤仿反应都是增加产物碳原子的反应。（　　）

11. 通过镍氢还原醛、酮类化合物可以制备伯醇、仲醇、叔醇。（　　）

七、用化学方法鉴别下列各组化合物

1. 丙醛、丙酮、乙醇和乙醚　　2. 己醛和环己酮

3. 戊醛、2-戊酮、3-戊酮和 2-戊醇

八、提纯或分离下列各组混合物

1. 由实验室制得的己醛（沸点 131℃）中含有一些戊醇（沸点 137℃），二者不能用简单的蒸馏分离，如何提纯己醛？

2. 分离异戊醇和 2-戊酮。

九、由指定原料合成下列化合物

1. 由 $CH_2=CH_2$ 合成 $CHCl_3$

2. 由 $CH\equiv CH$ 合成 $CH_3CH_2CH_2CH_2OH$

3. 由 CH_3CH_2OH 合成 $CH_3CH(OH)CH_2CH_2OH$

4. 由 $CH_3CH=CH_2$ 合成 2-甲基-2-戊烯-1-醇

5. 由 4 个碳原子及其以下的醇合成

(1) 3,5-二甲基-3-己醇　　(2) 2-甲基丁醛

十、推测构造式

1. 化合物 A（$C_5H_{12}O$）经氧化后生成 B（$C_5H_{10}O$），B 能与苯肼发生反应，也能与碘的 NaOH 溶液反应。B 不能与斐林试剂反应。A 经浓硫酸脱水后生成无顺反异构体烯烃 C（C_5H_{10}）。试推测 A、B、C 的构造式。

2. 未知物 A、B、C、D 均为脂肪族无支链构造的化合物，互为同分异构体，分子式为 $C_6H_{12}O$。其中 A、B、C 能与 2,4-二硝基苯肼反应生成黄色结晶物。A、C 还能与 HCN 反应，另外 A 又能与硝酸银的氨溶液反应，C 又能与碘的氢氧化钠溶液作用，B 则都不与它们反应。D 只与金属钠反应放出氢气。试推测 A、B、C、D 的构造式。

3. 某化合物 A（C_4H_6O）能与斐林试剂反应生成红色沉淀，A 有顺反异构体，能与溴加成。A 的构造式为（　）。

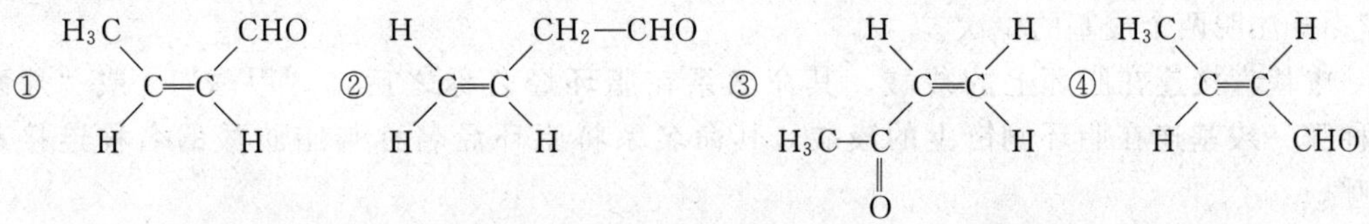

4. 化合物 A（C_3H_6O）和托伦试剂作用得化合物 B，A 与 CH_3CH_2MgCl 反应，然后在酸性条件下水解得化合物 C（$C_5H_{12}O$），C 和 PCl_5 反应生成化合物 D（$C_5H_{11}Cl$），D 和金属镁在无水乙醚中反应后再与 HCHO 反应，水解得化合物 E（$C_6H_{14}O$）。试推测 A～E 的构造式。

5. 有一化合物 A（$C_8H_{14}O$），A 可使溴水迅速褪色，可与苯肼反应，A 氧化生成 1 分子丙酮及另一化合物 B，B 具有酸性，与 1 分子 NaOCl 反应，生成 1 分子氯仿和 1 分子丁二酸。试推测 A、B 的构造式。

第十章　脂肪族羧酸及其衍生物

主要内容要点

一、羧酸

羧酸是分子中含有羧基$\left(\begin{array}{c}\mathrm{O}\\ \|\\ -\mathrm{C}-\mathrm{OH}\end{array}\right)$的有机化合物，羧基是羧酸的官能团。饱和一元羧酸的通式为 RCOOH（$R=C_nH_{2n+1}$）。

1. 羧酸的同分异构现象和命名

羧酸只有碳链构造异构体，可根据与羧基（—COOH）的游离价所连接的烃基不同而推出。

一元羧酸的系统命名法原则，是选择含有羧基的最长碳链为主链，若分子中含有不饱和键，则选择含羧基和双键（三键）的最长碳链为主链。根据主链碳原子数目称为“某酸”或“某烯（炔）酸”。编号时，从羧基碳原子开始。书写名称时要注明取代基和不饱和键的位次。

二元羧酸命名时，选择含 2 个羧基的最长碳链为主链，根据主链碳原子数目称为“某二酸”；并注明两个羧基的位次。

羧基直接连在脂环上的羧酸，其命名系在脂环烃名称之后加“甲酸”（或“羧酸”）来称呼。羧基连在脂环侧链上的羧酸，其命名系将脂环烃名称与脂肪酸的名称连接起来称呼。

2. 羧酸的化学反应

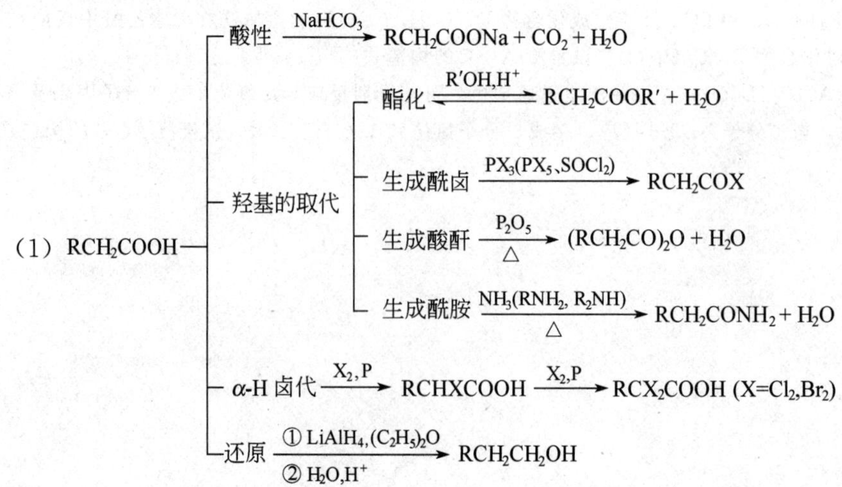

(2)脱羧反应

$$CH_3COOH + NaOH \xrightarrow[\triangle]{CaO} CH_4\uparrow + Na_2CO_3$$

$$HOOC—COOH \xrightarrow{150℃} CO_2 + HCOOH$$

$$CH_3\overset{\overset{O}{\|}}{C}CH_2COOH \xrightarrow[\triangle]{} CH_3\overset{\overset{O}{\|}}{C}CH_3 + CO_2$$

$$HOOCCH_2COOH \xrightarrow[\triangle]{} CH_3COOH + CO_2$$

3. 羧酸的制法

$$RCH_2OH \xrightarrow[\text{溶液}]{KMnO_4, H^+} RCOOH$$

$$RCH{=\!=}CH_2 \xrightarrow[\text{溶液}]{KMnO_4, H^+} RCOOH + CO_2$$

$$RCHO + O_2(\text{空气}) \xrightarrow[\triangle]{\text{乙酸锰}} RCOOH + CO_2$$

$$RCN \xrightarrow{H_2O, H^+} RCOOH$$

$$RMgCl + CO_2 \xrightarrow{\text{绝对乙醚}} R\overset{\overset{O}{\|}}{C}—OMgCl \xrightarrow[H^+]{H_2O} RCOOH$$

二、羧酸衍生物

羧酸衍生物主要是指羧基中的羟基被其他原子或基团取代后生成的化合物。酰卤、酸酐、酯、酰胺都是重要的羧酸衍生物。

1. 羧酸衍生物的同分异构现象及命名

酰卤、酸酐、酯、酰胺的构造异构体可根据与羰卤基$\left(—\overset{\overset{O}{\|}}{C}—X\right)$、酸酐基$\left(—\overset{\overset{O}{\|}}{C}—O—\overset{\overset{O}{\|}}{C}—\right)$、羰氧基$\left(—\overset{\overset{O}{\|}}{C}—O—\right)$、羰氮基$\left(—\overset{\overset{O}{\|}}{C}—N\langle\right)$的游离价所连接的烃基相同或不同而推写出构造异构体。

分子式相同的饱和一元羧酸和羧酸酯之间互为同分异构体。

酰卤和酰胺的命名相同，都是把相应的羧酸字尾“酸”字改为“酰卤”和“酰胺”，对于含有取代氧基的酰胺，称为 *N*-烃基某酰胺或 *N*,*N*-烃基某酰胺。酸酐的命名是在相应的羧酸名称后面加上“酐”字。酯则按照相应羧酸和醇的名称，称为“某酸某酯”。

2. 羧酸衍生物的化学反应

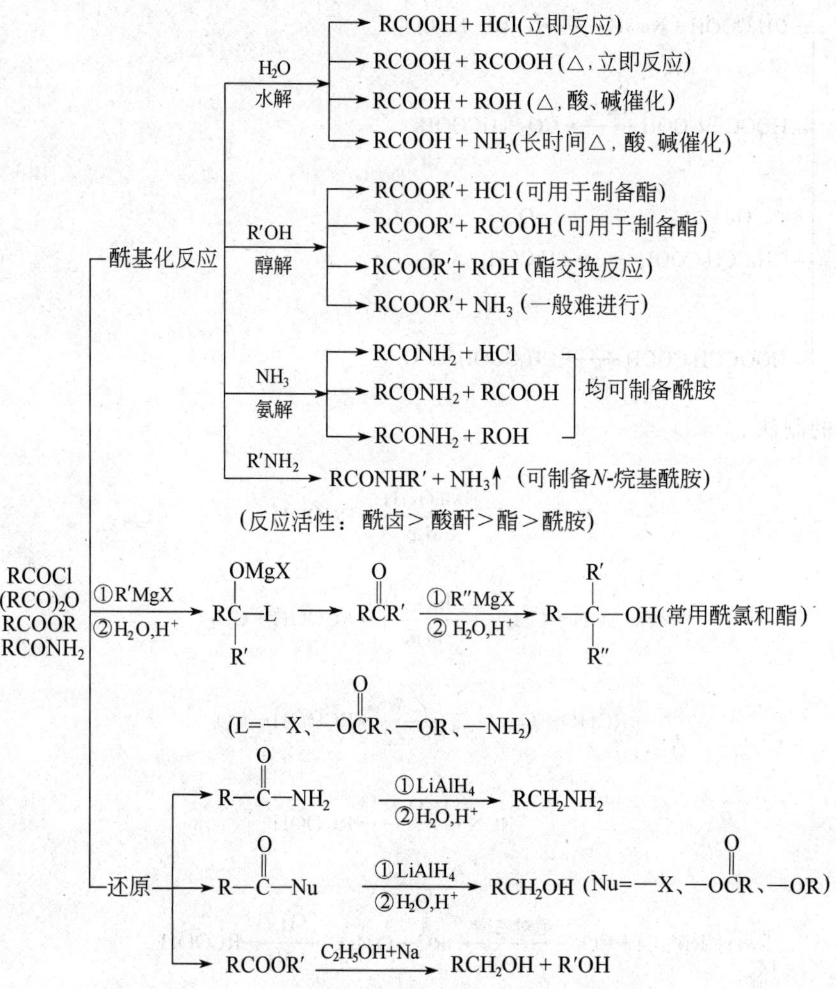

3. 酰胺的特殊反应

(1) $R-\overset{O}{\overset{\|}{C}}-NH_2 \xrightarrow[\triangle]{P_2O_5} R-C\equiv N + H_2O$

(2) $R-\overset{O}{\overset{\|}{C}}-NH_2 + NaOBr + 2NaOH \longrightarrow RNH_2 + Na_2CO_3 + NaBr + H_2O$

三、羧酸及其衍生物的鉴别

1. 羧酸的鉴别

(1) 羧酸的一般鉴别　羧酸具有酸性，低级或二元羧酸可用石蕊试纸或 pH 试纸进行初步鉴别。羧酸溶于 NaOH 和 $NaHCO_3$ 的水溶液，和 $NaHCO_3$ 溶液反应时有 CO_2 放出（酚溶于 NaOH 水溶液，但不溶于 $NaHCO_3$ 水溶液），此反应可用于羧酸与其他有机物的鉴别。

(2) 甲酸、草酸的鉴别　草酸和甲酸具有还原性，可被 $KMnO_4$ 溶液氧化，使 $KMnO_4$ 溶液褪色。此反应可用于甲酸、草酸与其他有机酸的鉴别。

(3) 甲酸的鉴别　甲酸具有醛的某些特性，能与斐林试剂作用生成铜镜，与托伦试剂作用生成银镜，草酸不与上述 2 个试剂作用，这 2 种试剂可用于甲酸与草酸的鉴别。

2. 羧酸衍生物的鉴别

羧酸衍生物常用其水解后生成不同的水解产物来鉴定。

(1) 酰卤的鉴定　酰卤在潮湿的空气中水解而生成氢卤酸，并产生烟雾，若加入 $AgNO_3$ 醇溶液则有卤化银沉淀析出。

$$R-\overset{\overset{\Large O}{\|}}{C}-X + H_2O \longrightarrow RCOOH + HX$$

$$HX + AgNO_3 \longrightarrow AgX\downarrow + HNO_3$$

(2) 酸酐的鉴定　酸酐水解生成相应的羧酸，而羧酸能分解碳酸盐，放出 CO_2。

$$(RCO)_2O \xrightarrow{H_2O} 2RCOOH \xrightarrow[\text{水溶液}]{NaHCO_3} CO_2\uparrow$$

(3) 酯的鉴定　将酯溶于乙醇中，并滴入含有酚酞试液的 KOH 溶液，然后加热该混合物，则粉红色褪色。

$$RCOOR' + KOH \xrightarrow[\triangle]{C_2H_5OH} RCOOH + R'OH$$

(4) 酰胺的鉴定　酰胺与 NaOH 水溶液共热时，有 NH_3 放出，可使湿的红色石蕊试纸变蓝。

$$RCOONH_2 + NaOH \xrightarrow[\triangle]{} RCOOH + NH_3\uparrow$$

例题解析

【例 10-1】 推出分子式为 $C_5H_{10}O_2$ 的酸和酯的所有异构体，并用系统命名法命名。

解析　羧酸和酯互为官能团异构体，羧酸仅有碳链异构体，而酯不仅有碳链异构还有酯基的位置异构。

(1) 羧酸的碳链异构体，可根据与羧基（—COOH）的游离价所连接的烃基不同而推出其构造异构体，推出的 4 个构造异构体如下：

$CH_3CH_2CH_2CH_2COOH$　戊酸

$CH_3CH_2\underset{\underset{\Large CH_3}{|}}{C}HCOOH$　2-甲基丁酸

$CH_3\underset{\underset{\Large CH_3}{|}}{C}HCH_2COOH$　3-甲基丁酸

$CH_3-\underset{\underset{\Large CH_3}{|}}{\overset{\overset{\Large CH_3}{|}}{C}}-COOH$　2,2-二甲基丙酸

(2) 酯的异构体可根据与羰氧基 $\left(-\overset{\overset{\Large O}{\|}}{C}-O-\right)$ 的游离价所连接的烃基相同或不相同而推出碳链异构体和位置异构体。

① 将羰氧基的两个游离价中的任何一个与 4 个碳原子的直链连接，另一个游离价与氢原子连接，然后按一定次序写出所有可能的碳链，并用氢原子饱和，可推出 4 个异构体。

$$H-\overset{O}{\overset{\|}{C}}-O-C-C-C-C \longrightarrow$$

- $H-\overset{O}{\overset{\|}{C}}-OCH_2CH_2CH_2CH_3$ 甲酸丁酯
- $H-\overset{O}{\overset{\|}{C}}-O-CH(CH_3)CH_2CH_3$ 甲酸仲丁酯
- $H-\overset{O}{\overset{\|}{C}}-O-CH_2CH(CH_3)CH_3$ 甲酸异丁酯
- $H-\overset{O}{\overset{\|}{C}}-O-C(CH_3)_2-CH_3$ 甲酸叔丁酯

② 再将 4 个碳原子的直链减为 3 个碳原子的直链，仍与原游离价连接，减少的一个碳原子则与另一个游离价连接，并推出所有可能的异构体。以后减为两个碳原子的直链重复上述步骤，直至剩下一个碳原子为止。可推出 5 个异构体。

$$C-\overset{O}{\overset{\|}{C}}-O-C-C-C \longrightarrow$$

- $CH_3-\overset{O}{\overset{\|}{C}}-OCH_2CH_2CH_3$ 乙酸丙酯
- $CH_3-\overset{O}{\overset{\|}{C}}-O-CH(CH_3)CH_3$ 乙酸异丙酯

$$C-C-\overset{O}{\overset{\|}{C}}-O-C-C \longrightarrow CH_3CH_2\overset{O}{\overset{\|}{C}}-OCH_2CH_3$$ 丙酸乙酯

$$C-C-C-\overset{O}{\overset{\|}{C}}-O-C \longrightarrow$$

- $CH_3CH_2CH_2\overset{O}{\overset{\|}{C}}-O-CH_3$ 丁酸甲酯
- $CH_3CH(CH_3)-\overset{O}{\overset{\|}{C}}-O-CH_3$ 异丁酸甲酯

本题共有 13 个异构体，其中酸 4 个、酯 9 个。

【例 10-2】用系统命名法命名下列化合物。

1．$CH_3(CH_2)_5COOH$

2．$(HOOC)HC=CH(COOH)$（两个 COOH 在双键同侧，两个 H 在同侧）

3．$CH_3CH_2-\overset{O}{\overset{\|}{C}}-N(CH_3)_2$

4．$CH_3-\overset{O}{\overset{\|}{C}}-O-\overset{O}{\overset{\|}{C}}-CH_2-CH_3$

5．$C_2H_5-C=CH$ 与两个 $C=O$ 及环氧原子构成的五元环酸酐（$C_2H_5-C-C(=O)-O-C(=O)-CH$，$C=CH$ 双键）

6．$CH_3-C(CH_3)_2-CH(CH_3)-\overset{O}{\overset{\|}{C}}-Br$

7．$CH_2-O-\overset{O}{\overset{\|}{C}}-CH_3$ / $CH_2-O-\overset{O}{\overset{\|}{C}}-CH_3$（两个 CH_2 相连）

8．$CH_3-CH(CH_3)-\overset{O}{\overset{\|}{C}}-OCH_3$

9. HOOC—⬡—COOH　　　　10. $CH_3(CH_2)_7CH{=}CH(CH_2)_7COOH$

解析　本题按本章主要内容要点中有关羧酸及其衍生物的命名原则命名。

1. 庚酸　　　　2. *Z*-丁烯二酸（构型异构）

3. *N*,*N*-二甲基丙酰胺（*N*,*N*-二甲基表示酰胺中氮原子上的两个 H 被两个甲基取代后生成的酰胺）

4. 乙丙酸酐　　　　5. 乙基丁烯二酸酐

6. 2,3,3-三甲基丁酰溴　　　　7. 乙二醇二乙酸酯

8. 2-甲基丙酸甲酯　　　　9. 1,4-环己烷二甲酸

10. 9-十八碳烯酸（油酸）

【例 10-3】将下列各组化合物按酸性大小次序排列。

1. $NCCOOH$、CH_3CH_2COOH、 $HC{\equiv}CCOOH$、 $CH_2{=}CH{-}COOH$

2. CH_3CH_2COOH、CH_3COOH、$HOOCCH_2COOH$、$HOOC{-}COOH$

解析　1. HCOOH 中的 H 被吸电子基取代后酸性增强，被推电子基取代后酸性减弱，本题中$-C_2H_5$ 为推电子基， $N{\equiv}C-$、 $-CH{=}CH_2$、 $-C{\equiv}CH$ 均为吸电子基，它们吸电子的强弱次序为 $N{\equiv}C- > -C{\equiv}CH > -CH{=}CH_2$。从而得出：

$$NCCOOH > HC{\equiv}CCOOH > CH_2{=}CH{-}COOH > CH_3CH_2COOH$$

2. 二元羧酸的酸性大于一元羧酸，两个羧基的距离愈近，酸性愈强，$-CH_3$ 的推电子能力小于$-C_2H_5$ 从而得出：

$$HOOC{-}COOH > HOOCCH_2COOH > CH_3COOH > CH_3CH_2COOH$$

【例 10-4】某有机物的构造式是 $CH_2Cl{-}CH{=}CH{-}\overset{\overset{\displaystyle O}{\|}}{C}{-}OCH_3$，关于它的化学性质描述正确的是（　）。

A. 能发生加成反应　　　　B. 能水解生成卤代酸

C. 不能使溴水褪色　　　　D. 不能被 $LiAlH_4$ 还原为醇

E. 在室温下能与 $AgNO_3$ 醇溶液反应有白色 AgCl 沉淀析出

解析　本题给出的有机物含有 $\gt C{=}C\lt$ 、 $-\overset{\overset{\displaystyle O}{\|}}{C}{-}OCH_3$、 $-CH{=}CH{-}CH_2Cl$ 等基团，因而能发生加成反应、还原反应、能与 $AgNO_3$ 醇溶液反应、水解反应。因此正确的是 A、B、E。

点评：本题通过典型官能团的性质学习，考查学生推测有机物可能具有的化学性质的能力。

【例 10-5】完成下列化学反应。

1. $CH_3CHO \xrightarrow{HCN} A \xrightarrow[H^+]{H_2O} B \xrightarrow[H^+]{C_2H_5OH} C$

2. (亚甲基环戊烷)$=CH_2 \xrightarrow[\text{过氧化物}]{HBr} A \xrightarrow{NaCN} B \xrightarrow[\triangle]{H_2O,H^+} C$

3. $CH_3CH_2CH_2Cl \xrightarrow[OH^-]{H_2O} A \xrightarrow[H^+]{KMnO_4} B \xrightarrow[\triangle]{P_2O_5} C$

4. $CH_3CH{=}CH_2 \xrightarrow{HBr} A \xrightarrow[\text{绝对乙醚}]{Mg} \underset{\underset{\displaystyle CH_3}{|}}{CH_3CHMgBr} \xrightarrow[C]{B} D \xrightarrow[H^+]{H_2O} \underset{\underset{\displaystyle CH_3}{|}}{CH_3CHCH_2OH} \xrightarrow{E} \underset{\underset{\displaystyle CH_3}{|}}{CH_3{-}CH{-}COOH}$

5. $CH_3CH_2COOH \xrightarrow[B]{A} \underset{\displaystyle Br}{CH_3\underset{|}{C}HCOOH} \xrightarrow[醇溶液]{NaCN} C \xrightarrow{D} HOOC—\underset{\displaystyle CH_3}{\underset{|}{CH}}—COOH$

解析 1～3 的题型是给出原料、反应试剂和条件，要求写出产物，只要熟悉各官能团的性质即可解出此类型题。

1. A. $CH_3—\overset{\displaystyle OH}{\overset{|}{CH}}—CN$　B. $CH_3—\overset{\displaystyle OH}{\overset{|}{CH}}—COOH$　C. $CH_3—\overset{\displaystyle OH}{\overset{|}{CH}}—COOC_2H_5$

2. A. 环戊基$—CH_2Br$　B. 环戊基$—CH_2CN$　C. 环戊基$—CH_2COOH$

3. A. $CH_3CH_2CH_2OH$　B. CH_3CH_2COOH　C. $(CH_3CH_2CO)_2O$

4～5 的题型是给出反应物和产物，要求列出反应条件，只涉及官能团相互转变的知识，即分析原料加何种试剂及相应条件转变为产物。

4. A. $CH_3—\overset{\displaystyle Br}{\overset{|}{CH}}—CH_3$　B. HCHO　C. 绝对乙醚　D. $CH_3\underset{\displaystyle CH_3}{\underset{|}{C}}HCH_2OMgBr$　E. $KMnO_4$，H^+

此题的关键点在推出 D 是何化合物，可从 D 在酸性水解时得到 $CH_3\underset{\displaystyle CH_3}{\underset{|}{C}}HCH_2OH$ （伯醇）推测，那么从 $CH_3\underset{\displaystyle CH_3}{\underset{|}{C}}HMgBr$ 要得到伯醇只有和 HCHO 在绝对乙醚中反应生成中间产物 $CH_3\underset{\displaystyle CH_3}{\underset{|}{C}}HCH_2OMgBr$ 即 D，D 水解后得到 $CH_3\underset{\displaystyle CH_3}{\underset{|}{C}}HCH_2OH$ 。

5. A. Br_2　B. 光或 P　C. $CH_3\overset{\displaystyle CN}{\overset{|}{C}}HCOOH$　D. H_2O，H^+

【例 10-6】用化学方法鉴别下列各组化合物。

1. 乙二酸、甲酸和乙酸
2. 乙酰氯、乙酰胺、乙酸酐和氯乙烷
3. 乙二酸、丙二酸、丁二酸

解析 1. 利用甲酸、乙二酸的特性反应鉴别它们。

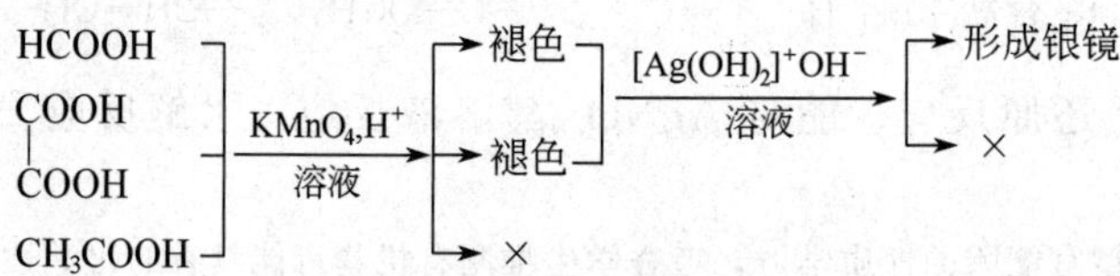

2. 利用羧酸衍生物水解后生成不同的产物鉴别它们，而乙酰氯与氯乙烷则用它们与 $AgNO_3$ 的醇液反应活性不同来鉴别。

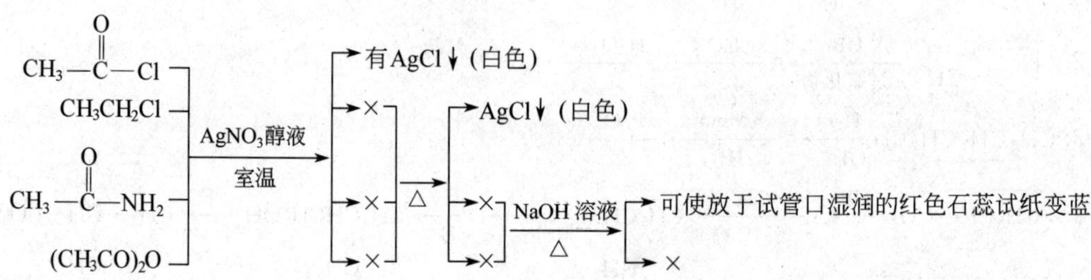

3. 先加入 $KMnO_4$、H^+ 溶液鉴别出乙二酸，而丙二酸和丁二酸则利用加热后生成不同的产物鉴别它们。

乙二酸 ┐ → 褪色
丙二酸 ├ $\xrightarrow[\text{溶液}]{KMnO_4,H^+}$ × ┐ $\xrightarrow{\triangle}$ 有 $CO_2\uparrow$ 通入澄清石灰水使其变浑浊
丁二酸 ┘ → × ┘ → 无 $CO_2\uparrow$

【例 10-7】 分离含丁酸、乙醚和环己酮的混合物。

解析 先加入 $NaHCO_3$ 溶液与丁酸反应生成丁酸钠与其他混合物分离，再加入浓 H_2SO_4 与乙醚反应生成锌盐与环己酮分离，然后分别提纯。

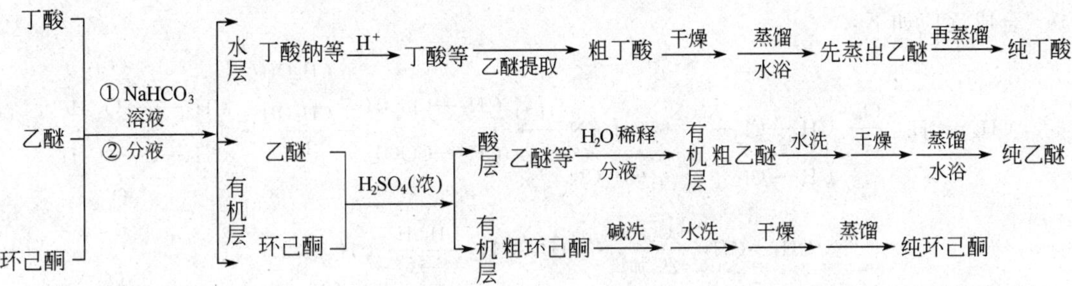

【例 10-8】 由异戊醇氧化制备异戊醛时，有少量副产物异戊酸，如何提纯异戊醛？

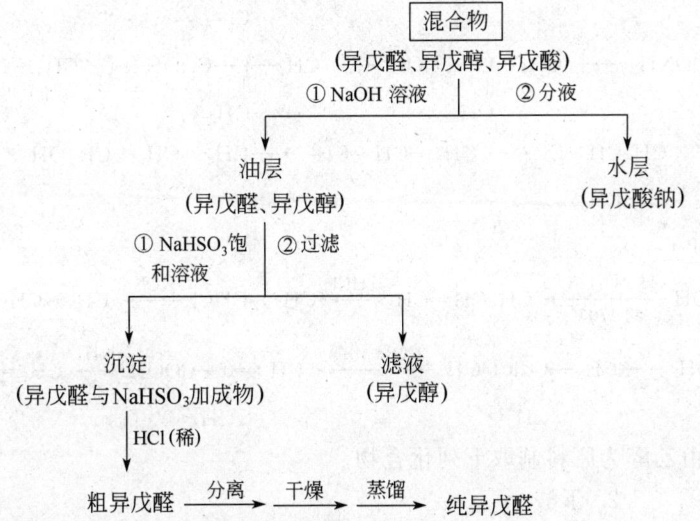

【例 10-9】 由指定原料合成下列化合物。

1. 由丙酸合成丙烯酰氯
2. 由乙烯合成乙二醇二丁酸酯
3. 由 1-丙醇合成 α-甲基丙烯酰胺

解析 1. 由丙酸合成丙烯酰卤，需先把碳碳单键转变为碳碳双键后，再将—COOH 基转变为 $-\overset{\overset{\displaystyle O}{\|}}{C}-Cl$ 基即可得到产物。顺序不可颠倒，合成反应如下：

$$CH_3CH_2COOH \xrightarrow{Cl_2} CH_3\underset{}{\overset{\overset{\displaystyle Cl}{|}}{C}}HCOOH \xrightarrow[\triangle]{\text{KOH-乙醇}} CH_2{=}CHCOOH \xrightarrow{SOCl_2} CH_2{=}CH-\overset{\overset{\displaystyle O}{\|}}{C}-Cl$$

2. 此题可用倒推法推出合成路线，合成产物为乙二醇二丁酸酯，它可由丁二酸和乙二醇反应得到。

$$\begin{matrix} CH_2-\overset{O}{\overset{\|}{C}}-O-CH_2 \\ | \qquad\qquad\qquad | \\ CH_2-\underset{O}{\underset{\|}{C}}-O-CH_2 \end{matrix} \longleftarrow \underset{A}{\begin{matrix} CH_2-\overset{O}{\overset{\|}{C}}-OH \\ | \\ CH_2-\underset{O}{\underset{\|}{C}}-OH \end{matrix}} + \underset{B}{\begin{matrix} CH_2OH \\ | \\ CH_2OH \end{matrix}}$$

上式 A 可采用倒推法由原料乙烯得到：

$$\begin{matrix} CH_2-COOH \\ | \\ CH_2-COOH \end{matrix} \longleftarrow \begin{matrix} CH_2-CN \\ | \\ CH_2-CN \end{matrix} \longleftarrow \begin{matrix} CH_2-Cl \\ | \\ CH_2-Cl \end{matrix} \longleftarrow CH_2=CH_2$$

合成反应如下：

$$CH_2=CH_2 \xrightarrow{Cl_2} \begin{matrix} CH_2-Cl \\ | \\ CH_2-Cl \end{matrix} \xrightarrow{NaCN} \begin{matrix} CH_2CN \\ | \\ CH_2CN \end{matrix} \xrightarrow[H^+]{H_2O} \begin{matrix} CH_2-COOH \\ | \\ CH_2-COOH \end{matrix} \xrightarrow[H^+]{\begin{matrix} CH_2OH \\ | \\ CH_2OH \end{matrix}} \begin{matrix} CH_2-\overset{O}{\overset{\|}{C}}-OCH_2 \\ | \qquad\qquad\quad | \\ CH_2-\underset{O}{\underset{\|}{C}}-OCH_2 \end{matrix}$$

$$CH_2=CH_2 \xrightarrow[\triangle,加压]{O_2,Ag} \underset{\diagdown O \diagup}{CH_2-CH_2} \xrightarrow{HOH} \begin{matrix} CH_2-CH_2 \\ | \qquad | \\ OH \quad OH \end{matrix}$$

3. 本题可直接用倒推法推出合成路线如下：

$$\underset{\underset{CH_3}{|}}{CH_2=C}-COONH_2 \longleftarrow \underset{\underset{CH_3}{|}}{CH_2=C}-COOH \longleftarrow CH_3-\overset{\overset{Cl}{|}}{\underset{\underset{CH_3}{|}}{C}}-COOH \longleftarrow CH_3-\underset{\underset{CH_3}{|}}{CH}-CN \longleftarrow$$

$$\underset{\underset{CH_3}{|}}{CH_3CH}-Cl \longleftarrow CH_3-CH=CH_2 \longleftarrow CH_3-CH_2-CH_2OH$$

合成反应如下：

$$CH_3CH_2CH_2OH \xrightarrow[约\ 170℃]{H_2SO_4(浓)} CH_3CH=CH_2 \xrightarrow{HCl} (CH_3)_2CHCl \xrightarrow{KCN} (CH_3)_2CHCN \xrightarrow{H_2O,H^+}$$

$$(CH_3)_2CHCOOH \xrightarrow[红磷]{Cl_2} CH_3-\underset{\underset{CH_3}{|}}{C}ClCOOH \xrightarrow{KOH-乙醇} CH_2=\underset{\underset{CH_3}{|}}{C}-COOH \xrightarrow[\triangle]{NH_3} CH_2=\underset{\underset{CH_3}{|}}{C}-\underset{\underset{O}{\|}}{C}-NH_2$$

【例 10-10】 由乙醇为原料制取下列化合物。

1. 丙酸　　　　　　2. 丁酸

解析　1. 此题较简单，可不用“切断法”。丙酸（CH_3CH_2COOH）是 3 个碳原子的酸，比原料乙醇（CH_3CH_2OH）增加了一个碳原子，同时要使—OH 转化为—COOH，有两种方法：

$$\underset{B}{CH_3CH_2\overset{\overset{O}{\|}}{C}-OMgX} \longrightarrow CH_3CH_2COOH \longleftarrow \underset{A}{CH_3CH_2CN}$$

方法 A：

$$CH_3CH_2OH \xrightarrow[H_2SO_4]{HBr} CH_3CH_2Br \xrightarrow{NaCN} CH_3CH_2CN \xrightarrow[H^+]{H_2O} CH_3CH_2COOH$$

方法 B：

$$CH_3CH_2OH \xrightarrow[H_2SO_4]{HBr} CH_3CH_2Br \xrightarrow[\text{绝对乙醚}]{Mg} CH_3CH_2MgBr \xrightarrow[\text{绝对乙醚}]{CO_2} CH_3CH_2\overset{\overset{O}{\|}}{C}OMgBr \xrightarrow[H^+]{H_2O} CH_3CH_2COOH$$

此题方法 A 及方法 B 均可使用，但如果由 $CH_3-\underset{\underset{CH_3}{|}}{\overset{\overset{CH_3}{|}}{C}}-OH$ 合成 $CH_3-\underset{\underset{CH_3}{|}}{\overset{\overset{CH_3}{|}}{C}}-COOH$ 时，只能用方法 B，不能用方法 A，因为在 CN^- 试剂作用下，叔卤烷易发生消除反应，而使产率降低。

2. 丁酸（$CH_3CH_2CH_2COOH$）比原料乙醇（CH_3CH_2OH）增长了两个碳原子。此题可用倒推法推出合成路线。

丁酸可由丁醇及丁醛氧化得到：

$$\underset{A}{CH_3CH_2CH_2CH_2OH} \xrightarrow{[O]} CH_3CH_2CH_2COOH \xleftarrow{[O]} \underset{B}{CH_3CH_2CH_2CHO}$$

给定原料是 C_2H_5OH，因此把倒推的中间产物从中间切断，然后再进行倒推。

方法 A：

$$CH_3CH_2 \,\vdots\, CH_2CH_2OH \longleftarrow CH_3CH_2CH_2CH_2OMgBr \longleftarrow CH_3CH_2MgBr \longleftarrow CH_3CH_2Br \longleftarrow CH_3CH_2OH$$

$$C_2H_5OH \longrightarrow CH_2{=}CH_2 \longrightarrow \underset{\diagdown O \diagup}{CH_2-CH_2}$$

方法 B：

$$CH_3CH_2CH_2CH_2CHO \longleftarrow CH_3CH_2CH_2CH\begin{matrix}OC_2H_5\\OC_2H_5\end{matrix} \longleftarrow CH_3CH{=}CH-CH\begin{matrix}OC_2H_5\\OC_2H_5\end{matrix} \longleftarrow$$

$$CH_3CH{=}CHCHO \longleftarrow CH_3\overset{\overset{OH}{|}}{C}HCH_2CHO \longleftarrow CH_3CHO \longleftarrow C_2H_5OH$$

A 和 B 两个方法均可使用，现以方法 B 为例写出其合成反应如下：

$$CH_3CH_2OH \xrightarrow{[O]} CH_3CHO \xrightarrow{OH^-(\text{稀})} CH_3\underset{\underset{OH}{|}}{C}HCH_2CHO \xrightarrow[\triangle]{} CH_3CH{=}CHCHO \xrightarrow[\text{干燥 HCl}]{C_2H_5OH}$$

$$CH_3CH{=}CHCH\begin{matrix}OC_2H_5\\OC_2H_5\end{matrix} \xrightarrow[Ni]{H_2} CH_3CH_2CH_2CH\begin{matrix}OC_2H_5\\OC_2H_5\end{matrix} \xrightarrow[H^+]{H_2O} CH_3CH_2CH_2CHO \xrightarrow[H^+]{K_2Cr_2O_7} CH_3CH_2CH_2COOH$$

上述合成中 $-CH\begin{matrix}OC_2H_5\\OC_2H_5\end{matrix}$ 在还原反应中起了保护醛基的作用，称为保护基团。

【例 10-11】某化合物 A 溶于水，但不溶于乙醚，含有 C、H、O、N。A 加热后失去一分子水生成化合物 B，B 和氢氧化钠的水溶液煮沸，放出具有刺激性臭味的气体，剩余物 C 经酸化后，生成一个不含氮的酸性物质 D，D 与四氢化铝锂反应后生成物质 E，再与浓硫酸作用，生成烯烃 F（C_4H_8），F 被高锰酸钾酸溶液氧化后生成一个酮及 CO_2，试推测 A 的构造式。

根据 A 的溶解性、分子的组成及 A～D 的一系列反应，可推测 A 可能为羧酸铵盐。从

A～F 一系列反应碳架和碳原子数无变化，F 是 C_4H_8 的烯烃，它被高锰酸钾酸溶液氧化后生成一个酮和 CO_2，那么此酮必是丙酮，从而可推测出 F 的构造式可能为 $CH_3—\underset{\displaystyle CH_3}{\underset{|}{C}}═CH_2$。F 是由 E 脱水而得到，E 又是 D 经 $LiAlH_4$ 还原而得到，因此，可推测 E 的构造式可能为 $CH_3\underset{\displaystyle CH_3}{\underset{|}{C}H}CH_2OH$，同理根据 E 可推测出 D 的构造式可能为 $CH_3\underset{\displaystyle CH_3}{\underset{|}{C}H}COOH$，根据 D 推测出 C 的构造式可能为 $CH_3\underset{\displaystyle CH_3}{\underset{|}{C}H}COONa$，根据 C 推测出 B 的构造式可能为 $CH_3\underset{\displaystyle CH_3}{\underset{|}{C}H}\overset{\displaystyle O}{\overset{\|}{C}}—NH_2$，根据 B 推测出 A 的构造式可能为 $CH_3\underset{\displaystyle CH_3}{\underset{|}{C}H}\overset{\displaystyle O}{\overset{\|}{C}}—ONH_4$，各步化学反应如下：

$$\underset{A}{(CH_3)_2CH\overset{\displaystyle O}{\overset{\|}{C}}—ONH_4} \xrightarrow[-H_2O]{\triangle} \underset{B}{(CH_3)_2CH\overset{\displaystyle O}{\overset{\|}{C}}—NH_2}$$

$$\underset{B}{(CH_3)_2CH—\overset{\displaystyle O}{\overset{\|}{C}}—NH_2} + NaOH \xrightarrow{煮沸} \underset{C}{(CH_3)_2CHCOONa} + NH_3\uparrow$$

$$\underset{C}{(CH_3)_2CH\overset{\displaystyle O}{\overset{\|}{C}}ONa} \xrightarrow{H^+} \underset{D}{(CH_3)_2CHCOOH} \xrightarrow[②H_2O,H^+]{①LiAlH_4} \underset{E}{(CH_3)_2CHCH_2OH} \xrightarrow[约\ 170℃]{浓\ H_2SO_4}$$

$$\underset{F}{(CH_3)_2C═CH_2} \xrightarrow[\triangle]{KMnO_4,H_2SO_4} CH_3—\overset{\displaystyle O}{\overset{\|}{C}}—CH_3 + CO_2\uparrow$$

根据以上化学反应验证，A 的构造式为 $CH_3—\underset{\displaystyle CH_3}{\underset{|}{C}H}—\overset{\displaystyle O}{\overset{\|}{C}}—ONH_4$。

【例 10-12】根据反应流程及 1mol A 与 2mol H_2 反应生成 1mol E，试推测 A～F 的构造式。

$$\boxed{C} \xleftarrow{NaHCO_3溶液} \boxed{A} \xrightarrow[\triangle]{[Ag(NH_3)_2]^+OH^-} \boxed{B} \xrightarrow[H^+]{Br_2\text{-}CCl_4} \boxed{D}\ \text{D的碳链无支链}$$

$$\boxed{A} \xrightarrow[\triangle]{H_2\ \ Ni} \boxed{E} \xrightarrow[\triangle]{P_2O_5} \boxed{F}\ \text{F}(C_4H_6O_2)\text{是环状化合物}$$

解析 A 分别能与 $NaHCO_3$、$[Ag(NH_3)_2]^+OH^-$ 溶液及 Br_2-CCl_4 溶液反应，说明 A 中含有—COOH、—CHO 及 $\rangle C═C\langle$ 双键，从 A→B→D 各步反应碳链无变化，D 的碳链无

支链，所以 A 也是无支链的化合物。A 与 2mol H_2 反应生成 1mol E，A 分子中的—CHO、$\rangle C=C\langle$ 均被还原生成一个饱和的羟基酸 E，从 E→F 发生分子内酯化反应，生成 4 个碳原子的环内酯 F($C_4H_6O_2$)，从 A→E→F 各步反应碳原子数无变化，所以 A 也是 4 个碳原子的化合物。综合上面的分析可知 A 是含有一个醛基、羧基及碳碳双键的 4 个碳原子的直链有机化合物。其构造式可能为 HOOC—CH═CH—CHO，各步化学反应如下：

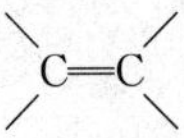

$$\underset{A}{\text{HOOCCH═CHCHO}} + NaHCO_3 \longrightarrow \underset{C}{\text{NaOOCCH═CHCHO}} + CO_2\uparrow + H_2O$$

$$\text{HOOCCH═CHCHO} + [Ag(NH_3)_2]^+OH^- \longrightarrow \underset{B}{H_4NOOCCH\text{═}CHCOONH_4} + Ag\downarrow$$

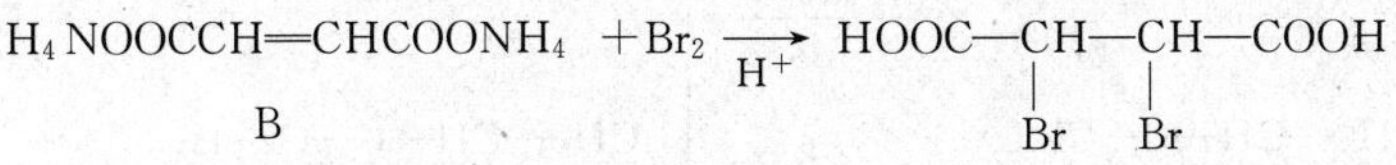

$$\underset{B}{H_4NOOCCH\text{═}CHCOONH_4} + Br_2 \xrightarrow{H^+} \underset{D}{\text{HOOC—CH(Br)—CH(Br)—COOH}}$$

$$\underset{A}{\text{HOOCCH═CHCHO}} + H_2 \xrightarrow[\triangle]{Ni} \underset{E}{HOOCCH_2CH_2CH_2OH}$$

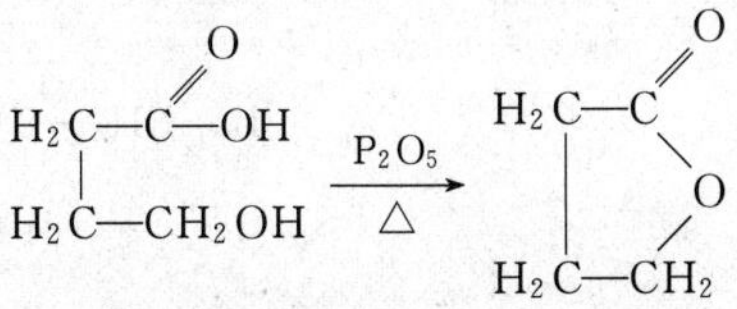

$$H_2C(—COOH)—H_2C—CH_2OH \xrightarrow[\triangle]{P_2O_5} \underset{F}{\text{(五元环内酯：}H_2C—C(=O)—O—CH_2—CH_2\text{ 成环)}}$$

根据以上化学反应验证，构造式分别为：

A. HOOC—CH═CH—CHO

B. $H_4NOOCCH\text{═}CHCOONH_4$

C. NaOOC—CH═CH—CHO

D. 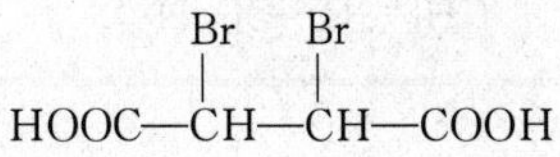 HOOC—CH(Br)—CH(Br)—COOH

E. $HOOCCH_2CH_2CH_2OH$

F. 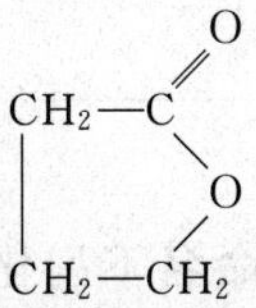 CH_2—C(=O)—O—CH_2—CH_2（五元环内酯）

【例 10-13】 某化合物 A($C_5H_6O_3$)，它能与乙醇作用得到两个互为异构体的化合物 B 与 C，B 和 C 分别与亚硫酰氯作用后，再加入乙醇，得到相同的化合物 D。试推测 A、B、C、D 的构造式，并写出有关的化学反应。

解析 首先列出反应过程，从中分析出化合物 A 的构造式。

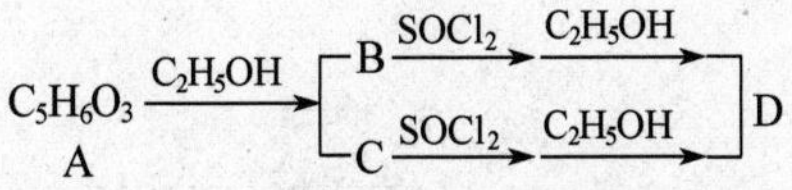

$$\underset{A}{C_5H_6O_3} \xrightarrow{C_2H_5OH} \begin{cases} B \xrightarrow{SOCl_2} \xrightarrow{C_2H_5OH} D \\ C \xrightarrow{SOCl_2} \xrightarrow{C_2H_5OH} D \end{cases}$$

由以上分析，符合 $C_5H_6O_3$ 分子式又能与醇反应的只能是酸酐，而且还要生成两种不同的异构体 B 和 C，则只有 CH_3—CH—C(=O)—O—C(=O)—CH_2（环状酸酐，CH_3—CH 与 CH_2 相连成环）符合，化学反应如下；

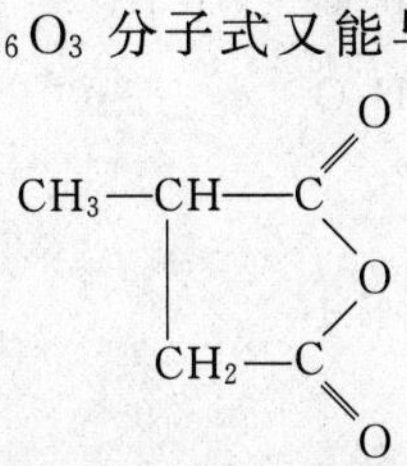

$$\underset{\text{(A，环状酸酐)}}{CH_3-CH(-CH_2-CO-O-CO-)} \xrightarrow{C_2H_5OH} \left[\begin{array}{ll} CH_3-CH(CH_2-COOH)-\overset{O}{\overset{\|}{C}}-OC_2H_5 & B \\ CH_3-CH(CH_2-\overset{O}{\overset{\|}{C}}-OC_2H_5)-COOH & C \end{array}\right]$$

$$\xrightarrow{SOCl_2} \left[\begin{array}{l} CH_3-CH(CH_2-\overset{O}{\overset{\|}{C}}-Cl)-\overset{O}{\overset{\|}{C}}-OC_2H_5 \\ CH_3-CH(CH_2-\overset{O}{\overset{\|}{C}}-OC_2H_5)-\overset{O}{\overset{\|}{C}}-Cl \end{array}\right] \xrightarrow{C_2H_5OH} \left[\begin{array}{l} CH_3-CH(CH_2-\overset{O}{\overset{\|}{C}}-OC_2H_5)-\overset{O}{\overset{\|}{C}}-OC_2H_5 \\ CH_3-CH(CH_2-\overset{O}{\overset{\|}{C}}-OC_2H_5)-\overset{O}{\overset{\|}{C}}-OC_2H_5 \end{array}\right] \quad D$$

根据以上化学反应验证，构造式分别为：

A. $CH_3-CH-\overset{O}{\overset{\|}{C}}-O-\overset{O}{\overset{\|}{C}}-CH_2$（环状，CH 与 CH_2 相连）

B. $CH_3-CH(CH_2-COOH)-\overset{O}{\overset{\|}{C}}-OC_2H_5$

C. $CH_3-CH(CH_2-\overset{O}{\overset{\|}{C}}-OC_2H_5)-COOH$

D. $CH_3-CH(CH_2-\overset{O}{\overset{\|}{C}}-OC_2H_5)-\overset{O}{\overset{\|}{C}}-OC_2H_5$

习 题

一、用系统命名法命名下列化合物

1. $CH_3-CH(CH_3)-C(CH_3)_2-COOH$

2. $CH_2-O-\overset{O}{\overset{\|}{C}}-H$ / $CH_2-O-\overset{O}{\overset{\|}{C}}-H$（两个 CH_2 相连）

3. $HOOC-CH{=}CH-COOH$

4. $H-\overset{O}{\overset{\|}{C}}-OC_2H_5$

5. $CH_3-CH(C_2H_5)-\underset{O}{\underset{\|}{C}}-NHCH_3$

6. $CH_3-CH-\overset{O}{\overset{\|}{C}}-O-\overset{O}{\overset{\|}{C}}-CH_2$（环状，CH 与 CH_2 相连）

7. $CH_3-CH(C_2H_5)-CH(CH_3)-\overset{O}{\overset{\|}{C}}-Cl$

8. 环己基$-\underset{O}{\underset{\|}{C}}-NH_2$

9. $CH_3-CH(Br)-CH(CH_3)-COOH$

10. $CH_3-CH(COOC_2H_5)-CH_2-COOC_2H_5$

11. $CCl_3-C(=O)-OCH_3$

12. $CH_3-C(=O)-O-C(=O)-C_2H_5$

二、写出下列化合物的构造式

1. β-甲基-α-氯丁酸

2. 蚁酸

3. α-甲基丙烯酸甲酯

4. 硬脂酸

5. 乙丙烯酸酐

6. 尿素（碳酰胺）

7. 2-甲基丁酰溴

8. 琥珀酸（丁二酸）

9. 顺丁烯二酸

10. N,N-二甲基丙酰胺

三、完成下列化学反应

1. $(CH_3)_3CCH_2-C(=O)-OCH_3 \xrightarrow{A} (CH_3)_3CCH_2CH_2OH + CH_3OH$

2. 新戊烷 $\xrightarrow[B]{A} (CH_3)_3CCH_2Cl \xrightarrow{C} (CH_3)_3CCH_2CN \xrightarrow{D} (CH_3)_3CCH_2COOH \xrightarrow{E} (CH_3)_3CCHBrCOOH$

3. $CH_3-CH=CH_2 \xrightarrow[\text{过氧化物}]{HBr} A \xrightarrow[\text{绝对乙醚}]{Mg} B \xrightarrow[\text{绝对乙醚}]{HCHO} C \xrightarrow[H^+]{H_2O} D \xrightarrow[\text{溶液}]{KMnO_4,\ H^+} E$

4. (戊二酸酐：CH_2—CH_2—CH_2 两端 $C(=O)$ 经 O 成环) $\xrightarrow{CH_3OH} A \xrightarrow{PCl_3} B \xrightarrow{CH_3NH_2} C$

5. $CH_3CH_2C(=O)-OC_2H_5 \xrightarrow[H^+]{H_2O} A \xrightarrow[\triangle]{NH_3} B \xrightarrow{NaOBr+NaOH} C$

$A \xrightarrow[\triangle]{P_2O_5} D$

6. $(CH_3)_3CCl \xrightarrow[\text{绝对乙醚}]{Mg} A \xrightarrow[\text{绝对乙醚}]{CO_2} B \xrightarrow{C} (CH_3)_3C-COOH \xrightarrow{SOCl_2} D$

7. (1,1-环丙烷二甲酸，两个 COOH) $\xrightarrow{\triangle} A$

8. $CH_3CH_2CN \xrightarrow{A} CH_3CH_2COOH$

$CH_3CH_2COOH \xrightarrow{B} CH_3CH_2COCl \xrightarrow{C} CH_3CH_2CH_2OH$

$CH_3CH_2CONH_2 \xrightarrow{D} CH_3CH_2CN$

$CH_3CH_2CONH_2 \xrightarrow{E} CH_3CH_2NH_2$

9. $CH_2=CH-CH_3 \xrightarrow[B]{A} CH_2(Br)-CH_2-CH_3 \xrightarrow{C} D \xrightarrow{E}$

$CH_3CH_2COOH \xrightarrow{F} CH_3CH_2-C(=O)-OCH(CH_3)_2$

四、填空题

1. 甲酸又名________，乙二酸又名________，乙酸又名________。

2. 甲酸的结构较________，在分子中可看作既含有________基，又含有________基。因此，甲酸既具有________性，又具有________性，能被________氧化为二氧化碳和水，也能发生________反应。可利用这一性质区别甲酸与其他羧酸。

3. 草酸的酸性比其他二元酸的酸性________，这是因为两个________直接相连的结果，一个羧基对另一个羧基有________的________效应的结果。

4. 酰胺由于分子间可以通过氨基上的氢原子形成________而缔合，所以________相当高，一般多为________，只有氨基上的氢原子被________取代的酰胺，由于失去________作用，而为液体。

5. 羧酸的沸点比相对分子质量相近的醇的________高，这种沸点高的原因是由于羧酸能通过________缔合成二聚体。

6. 乙酸乙酯在________的催化下生成________和________，该反应称为________反应。

7. 酯化反应是________反应的逆反应，因此是可逆反应。要使反应向生成酯的方向进行，必须尽快把________除去。除去的方法有两种①________；②________。

8. 羧酸分子中烃基上的氢原子被________或________的基团（原子）取代后，可使其酸性________或________。

五、选择题

1. 下列物质中不属于羧酸衍生物的是（　　）。

A. $CH_3—CH(NH_2)—COOH$　　B. $CH_3—C(=O)—NH_2$　　C. 尿素　　D. 油脂

2. 下列各组化合物中酸性最强的分别是 A.（　　）B.（　　）C.（　　）D.（　　）。

A. 丁酸、丁二酸、顺丁烯二酸

B. H_2O、CH_3OH、CH_3COOH、H_2CO_3

C. $HCOOH$、$(CH_3)_3CCOOH$、$CH_3CH(CH_3)COOH$、CH_3COOH

D. $CH_2ClCOOH$、$CHCl_2COOH$、CCl_3COOH、CF_3COOH

3. 下列化合物中沸点最高的是（　　）。

A. 丙酸　　B. 丙酰胺　　C. 丙酰氯　　D. 甲酸乙酯

4. 下列各组化合物中互为同分异构体的是（　　），属于同系列的是（　　）。

A. $CH_3—CH_2—C(=O)—OH$ 和 $CH_3—C(=O)—OCH_3$

B. $CH_3—C(=O)—OH$ 和 $CH_3—CH_2—C(=O)—OH$

C. $CH_3—C(=O)—OH$ 和 $HOOC—COOH$

D. $H—C(=O)—OH$ 和 $CH_3—CH_2—C(=O)—OH$

5. 常温下将下列化合物分别与 $AgNO_3$ 的乙醇溶液混合，可以生成白色沉淀的是（　　）；加热后才有白色沉淀生成的是（　　）。

A. $CH_3—CH═CH—Br$　　B. $CH_3—C(=O)—Br$　　C. $CH_3—C(=O)—Cl$

D. $CH_3—C(=O)—NH_2$　　E. CH_3CH_2Cl

6. 下列物质中不与格氏试剂反应的是（　　）。

A. 乙酸　　B. 乙醛　　C. 环氧乙烷　　D. 绝对乙醚

7. 下列反应中不属于水解反应的是（　　）。

A. 丙酰胺与 Br_2、NaOH 共热　　B. 皂化

C. 乙酰氯在空气中冒白雾　　D. 乙酐与 H_2O 共热

8. 下列化合物中，既能使高锰酸钾溶液褪色，又能使溴水褪色，还能与 NaOH 发生中和反应的化合物是（　　）。

A. $CH_2{=}CH{-}COOH$　　B. $CH_3{-}CH_3$　　C. $CH_2{=}CH_2$　　D. CH_3CH_2OH

9. 下列有机物的熔点、沸点，前者低于后者的是（　　）。

A. 软脂酸、油酸　　B. 甲酸甲酯、乙酸甲酯　　C. 异戊烷、新戊烷　　D. 乙酸、辛酸

10. 下列物质久置空气中能被氧化变质的是（　　）。

A. 福尔马林　　B. 乙酸　　C. 油脂　　D. 四氯化碳

11. 下列物质中既能与托伦试剂发生银镜反应，又能与碳酸钠反应的是（　　）。

A. 乙醇　　B. 乙醛　　C. 甲酸　　D. 乙二酸

12. 下列化合物中虽然含有氨基，却不能使湿润的红色石蕊试纸变蓝的是（　　）。

A. CH_3NH_2　　B. $CH_3{-}\overset{O}{\overset{\|}{C}}{-}NH_2$　　C. NH_3　　D. NH_4Cl

13. 下列各组化合物在水中的溶解性由大到小排列的次序正确的是（　　）。

A. $CH_3CH_2CH_2COOH$　$CH_3CH_2CH_2CH_2OH$　$CH_3CH_2OCH_2CH_2CH_3$

B. $CH_3CH_2CH_2CH_2COOH$　$CH_3(CH_2)_4CH_3$　CH_3CH_2COONa

C. CH_3CH_2Cl　CH_3CH_2OH　$CH_3CH_2CH_3$

14. 某饱和一元酸 3g 与足量的碳酸钠反应，生成的二氧化碳通入足量的澄清石灰水中可产生 2.5g 的碳酸钙，则该化合物是（　　）。

A. HCOOH　　B. CH_3COOH　　C. C_2H_5COOH　　D. C_3H_7COOH

六、判断题（下列叙述对的在括号中打"√"，错的打"×"）

1. 能发生银镜反应的物质一定是醛类。（　　）

2. 二元羧酸的酸性强弱的次序是草酸＞丙二酸＞丁二酸＞戊二酸。（　　）

3. 乙酸乙酯、乙酰氯、乙酸酐、乙酰胺中最活泼的酰化基是乙酸乙酯。（　　）

4. 乙酸分子中也具有"$CH_3{-}\overset{O}{\overset{\|}{C}}{-}$"构造，因此也能发生碘仿反应。（　　）

5. $CH_3CH_2\overset{O}{\overset{\|}{C}}NHCH_3$ 的沸点比 $CH_3\overset{O}{\overset{\|}{C}}N(CH_3)_2$ 高，而且互为同分异构体。（　　）

6. 羧基中既含有羰基$\left(\gt C{=}O\right)$又含有羟基（—OH），因此它表现出醇和酮的性质，所以可与羰基试剂（如 $NH_2{-}OH$ 等）作用。（　　）

7. 油脂是脂肪酸的甘油酯。（　　）

8. 尿素在酸、碱或尿素酶的存在下，可水解生成氨（或铵盐），故可用来作为含氮量较高的固体氮肥。（　　）

9. 在有机合成中常用酯与格氏试剂来制备叔醇。（　　）

10. 乙酸分子中的氢原子被氯原子取代后，可使酸性减弱。（　　）。

11. 羧酸衍生物是指羧基中的氢原子被其他原子或基团取代后所生成的化合物。（　　）

七、用化学方法鉴别下列化合物

1. 丁酮、乙酸乙酯、丁酸、丁醛

2. 丁酸铵、丁酰胺、丁酸钠

3. 乙酸乙酯、甲酸乙烯酯、甲酸甲酯

八、分离或提纯下列各组混合物

1. 分离 1-己醇和己酸。

2. 由乙酸和丁醇制备乙酸丁酯时，反应后混合物中含有少量的乙酸、丁醇及水，如何提纯乙酸丁酯？

九、由指定原料合成下列化合物

1. 由 1-丁醇为原料合成 2-戊烯酸。

2. 由乙醇为原料合成下列有机化合物。

(1) 丙酸酐　　(2) 丙酰胺　　(3) 丙酰氯　　(4) 丙酸丁酯

3. 由 2-甲基丙烷合成 2,2-二甲基丙酸。

十、推测构造式

1. 化合物 A、B 的分子式均为 $C_3H_6O_2$，A 能与碳酸钠作用放出二氧化碳，B 在氢氧化钠溶液中加热发生水解，B 的水解产物之一能发生碘仿反应，另一个能与托伦试剂发生银镜反应，试推测化合物 A、B 的构造式。

2. 某化合物 A 经氧化后生成化合物 B（$C_2H_3O_2Cl$），A 经水解生成化合物 C（$C_2H_6O_2$）。1mol C 与 2mol B 反应生成酯化合物 D（$C_6H_8O_4Cl_2$），试推测化合物 A、B、C、D 的构造式。

3. 化合物 A、B 的分子式均为 $C_4H_6O_2$，它们不溶于碳酸氢钠及氢氧化钠水溶液，可使溴水褪色，有类似乙酸乙酯的香味；分别与酸性水溶液共热后，生成的物质均不使溴水褪色，A 生成乙酸和乙醛，B 生成的一种物质可以发生银镜反应，另一种物质可发生碘仿反应，试推测 A、B 的构造式。

4. 某酯类化合物 A 是广泛使用的塑料增塑剂。A 在酸性条件下能够水解生成 B、C、D，根据图示试推测 A、B、D、E、F、G 的构造式。

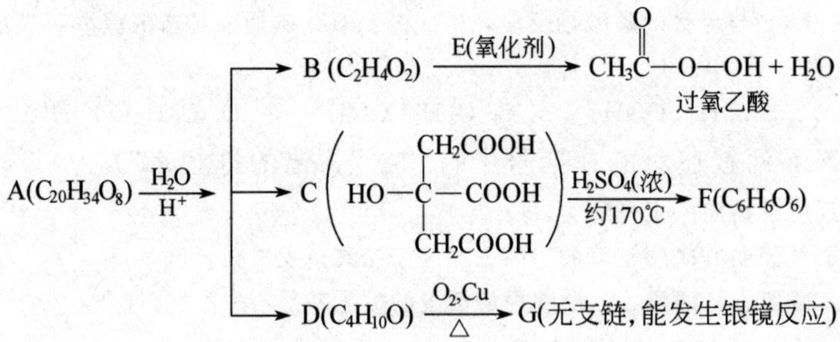

$A(C_{20}H_{34}O_8) \xrightarrow[H^+]{H_2O}$

$\rightarrow B(C_2H_4O_2) \xrightarrow{E(\text{氧化剂})} CH_3\overset{\overset{O}{\|}}{C}—O—OH + H_2O$（过氧乙酸）

$\rightarrow C\left(HO—\underset{CH_2COOH}{\overset{CH_2COOH}{C}}—COOH\right) \xrightarrow[\text{约}170^\circ C]{H_2SO_4(\text{浓})} F(C_6H_6O_6)$

$\rightarrow D(C_4H_{10}O) \xrightarrow[\triangle]{O_2,Cu} G(\text{无支链,能发生银镜反应})$

第十一章　脂肪族含氮化合物

主要内容要点

一、脂肪胺

分子中含有—NH_2 官能团的有机化合物称为胺，脂肪胺可以看成是氨分子中的氢原子被脂肪烃基取代后生成的化合物。

1. 脂肪胺的同分异构现象和命名

碳原子数相同的胺，可因碳链构造、氨基的位置以及氮原子连接的烃基数目不同而产生构造异构体。

简单脂肪胺以习惯命名法命名，命名时在烃基的数目和名称后加“胺”字。若烃基不同时，则按次序规则顺序列出，“较优”基团的名称放在后面。复杂的胺以系统命名法命名，命名原则是以烃为母体，氨基、烃氨基及二烃氨基作为取代基。胺与酸作用生成的盐或季铵类化合物的命名，以“铵”字代替“胺”字，并在某某烃基铵前面加上负离子的名称（如氯化、硫酸氢、氢氧化等）。

2. 胺的化学反应

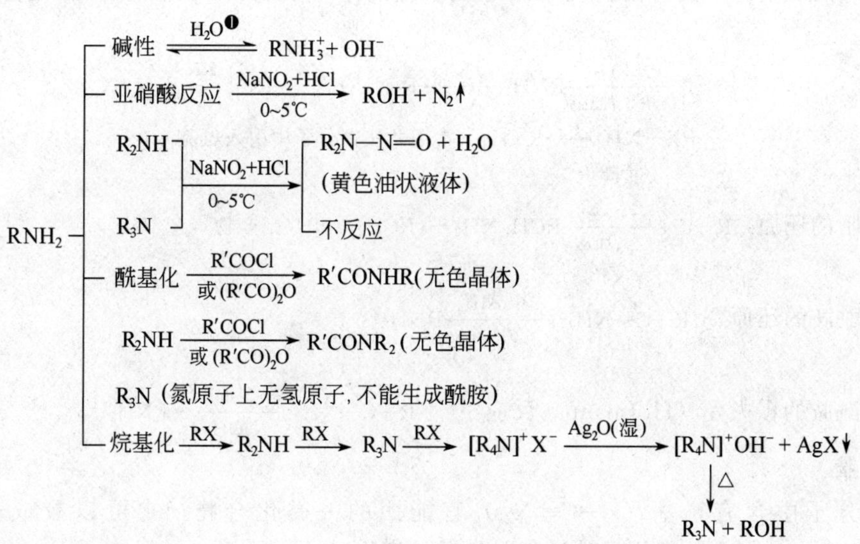

---

❶ 胺的碱性强弱顺序。

在气态时：$(CH_3)_3N > (CH_3)_2NH > CH_3NH_2 > NH_3$；

在水溶液中：$(CH_3)_2NH > CH_3NH_2 > (CH_3)_3N > NH_3$。

3. 脂肪胺的鉴别方法

(1) 碱性试验　胺是弱碱，胺的水溶液能使石蕊试液变蓝，它与酸作用生成盐而溶于水，生成的弱碱盐与强碱作用时，胺又重新游离出来。利用这一性质可分离、提纯和鉴别不溶于水的胺类化合物。

(2) 亚硝酸试验

$$RNH_2 + \underset{(NaNO_2+HCl)}{HNO_2} \xrightarrow{0℃} ROH + N_2\uparrow + H_2O$$

$$R_2NH + \underset{(NaNO_2+HCl)}{HO{-}NO} \longrightarrow \underset{\text{(黄色油状液体)}}{R_2N{-}NO} + H_2O$$

$$R_3N + \underset{(NaNO_2+HCl)}{HNO_2} \longrightarrow \underset{\text{(无现象)}}{R_3N\cdot HNO_2}\text{（易水解为原来的胺）}$$

不同类的胺与亚硝酸反应得到的产物和现象不同，因此，亚硝酸可用来作为鉴别3种胺的试剂。

(3) 酰化试验

$$RNH_2 + Cl{-}\overset{\overset{\displaystyle O}{\|}}{C}{-}R' \longrightarrow RNH{-}\overset{\overset{\displaystyle O}{\|}}{C}{-}R' + HCl$$

$$R_2NH + Cl{-}\overset{\overset{\displaystyle O}{\|}}{C}{-}R' \longrightarrow R_2N{-}\overset{\overset{\displaystyle O}{\|}}{C}{-}R' + HCl$$

$$R_3N + Cl{-}\overset{\overset{\displaystyle O}{\|}}{C}{-}R' \longrightarrow \text{无反应}$$

伯胺、仲胺与酰化剂作用均生成酰胺，各种酰胺为无色晶体，具有固定的熔点，通过测定其熔点能推出原来胺的构造，因此，酰化反应可用于鉴定伯胺和仲胺。

4. 胺的制法

(1) 氨的烷基化　氨与卤代烷或醇等烷基化剂作用生成胺。此反应可制备各类胺及季铵盐。

$$RX + NH_3 \xrightarrow[\triangle,\text{加压}]{Al_2O_3} RNH_2 \xrightarrow[Al_2O_3]{RX} R_2NH \xrightarrow[Al_2O_3]{RX} R_3N \xrightarrow{RX} R_4N^+X^-$$

$$RX + \underset{\text{(过量)}}{NH_3} \longrightarrow RNH_2\text{（常用此法在分子中引入氨基）}$$

(2) 腈的还原　$R{-}CN \xrightarrow[\triangle,\text{加压}]{H_2,Ni} RCH_2NH_2 + (RCH_2)_2NH$(副产物)

(3) 酰胺的还原　$R{-}\overset{\overset{\displaystyle O}{/\!/}}{C}{-}NH_2 \xrightarrow[\text{②}H_2O]{\text{①}LiAlH_4} RNH_2$

(4) 酰胺的霍夫曼（Hofmann）反应　$R{-}\overset{\overset{\displaystyle O}{/\!/}}{C}{-}NH_2 \xrightarrow[NaOH,\triangle]{NaOBr} RNH_2$

二、腈

腈是分子中含有氰基（ $-C{\equiv}N$ ）官能团的一类化合物，它可以看成是氢氰酸（ $H{-}C{\equiv}N$ ）分子中的氢原子被烃基取代后的产物。

1. 腈的命名

腈的习惯命名法是根据分子中所含碳原子的数目称为“某腈”。腈的系统命名法是以烃为母体，氰基作为取代基，叫做“氰基某烃”。

2. 腈的化学反应

$$RCN\begin{cases}\xrightarrow[\text{室温}]{\text{水解}\ H_2O,H_2SO_4} R-\overset{O}{\overset{\|}{C}}-NH_2 \xrightarrow[100\sim200℃]{H_2O,H^+(OH^-)} RCOOH(RCOONa)\\ \xrightarrow[Ni]{\text{还原}\ 2H_2} R-CH_2-NH_2\end{cases}$$

3. 腈的制法

(1) 卤代烃氰解　$RX+NaCN\longrightarrow RCN+NaX$

(2) 酰胺脱水　$R-\overset{O}{\overset{\|}{C}}-NH_2 \xrightarrow[\triangle]{P_2O_5} RCN+H_2O$

例题解析

【例 11-1】 命名下列化合物或写出构造式。

1. $(CH_3)_2NCH_2CH_3$
2. $CH_3CH_2\underset{NH_2}{\underset{|}{C}H}CH_2CH(CH_3)_2$
3. 环己基—$NHCH_3$
4. $H_2NCH_2(CH_2)_4CH_2NH_2$
5. $[CH_2=CH-N(CH_3)_3]^+Br^-$
6. $CH_3-CH_2-\underset{CH_3}{\underset{|}{C}H}-NH_2$
7. $[(CH_3)_3NC_2H_5]^+OH^-$
8. $CH_3-CH_2-\underset{CH_3}{\underset{|}{C}H}-CN$
9. $[(CH_3)_2NHC_2H_5]^+HSO_4^-$
10. $[(CH_3)_2NH_2]^+Cl^-$ 或 $(CH_3)_2NH\cdot HCl$
11. 异丙胺
12. 1,4-丁二胺
13. 溴化二甲基乙基胺
14. 2-甲基-3-二甲氨基戊铵
15. 2,3-二甲基戊腈
16. 氢氧化三甲基异丙基铵

解析　上述化合物根据胺、季铵盐、季铵碱及腈的命名原则进行命名，复杂的胺用系统命名法命名。简单的胺用习惯命名法命名。

1. 二甲基乙胺
2. 2-甲基-4-氨基己烷
3. *N*-甲基环己胺(表示甲基取代氮原子上的氢原子)
4. 1,6-己二胺
5. 溴化三甲基乙烯基铵（季铵盐）
6. 仲丁胺
7. 氢氧化三甲基乙基铵（季铵碱）
8. 2-甲基丁腈
9. 硫酸氢二甲基乙基铵（铵盐）
10. 氯化二甲基铵（或二甲胺盐酸盐）
11. $(CH_3)_2CHNH_2$
12. $H_2N(CH_2)_4NH_2$
13. $[(CH_3)_2NHC_2H_5]^+Br^-$
14. $CH_3-\underset{CH_3}{\underset{|}{C}H}-\underset{N(CH_3)_2}{\underset{|}{C}H}-CH_2-CH_3$
15. $CH_3-CH_2-\underset{CH_3}{\underset{|}{C}H}-\underset{CH_3}{\underset{|}{C}H}-CN$
16. $[(CH_3)_3NCH(CH_3)_2]^+OH^-$

【例 11-2】 把下列各化合物按其碱性由强到弱排列成序。

A. CH_3NH_2　　B. $(CH_3)_2NH$　　C. NH_3

D. $[(CH_3)_4N]^+OH^-$　　E. $CH_3-\overset{O}{\overset{\|}{C}}-NH_2$

解析　季铵碱在水溶液中完全解离，其碱性最强，与氢氧化钠相当。脂肪胺由于烷基的供电子作用，使氮原子上的电子云密度增加，接受质子的能力增强，其碱性比 NH_3 强，二甲胺由于有两个供电子的甲基，故其碱性比甲胺强。反之，在乙酰胺分子中，由于羰基的强吸电子效应的影响，使 N 原子上的电子云密度降低，接受质子的能力减弱其碱性比 NH_3 弱。所以上述化合物碱性由强到弱排列顺序如下：

$$D>B>A>C>E$$

【例 11-3】把下列各化合物按其沸点由高到低排列成序。

A. CH_3COOH　　B. $CH_3-\overset{O}{\overset{\|}{C}}-NH_2$　　C. CH_3CH_2OH　　D. $CH_3CH_2NH_2$

解析　上述化合物分子间的引力以氢键作用力为主，其中乙胺分子中由于氮原子电负性小于氧原子，形成氢键的能力最弱，因而分子间引力最小，沸点最低；乙酰胺分子中由于受羰基强吸电子效应的影响，使分子中 N—H 键形成氢键能力增强，加上乙酰胺分子中有两个 N—H 键可形成氢键，因此，分子间的引力比乙酸还要强，沸点最高；同理，乙酸分子中 O—H 键形成氢键的能力比乙醇强，因此，沸点比乙醇高。从而得出上述化合物沸点由高到低顺序如下：

$$B>A>C>D$$

【例 11-4】用化学方法鉴别下列各组化合物。

1. $(CH_3)_3NH^+Cl^-$ 和 $(CH_3)_4H^+Cl^-$
2. 丁胺、甲丁胺和二甲丁胺
3. 乙酰胺、乙酰氯和乙胺

解析　1. 利用铵盐和季铵盐与 NaOH 溶液反应时，呈现不同的反应现象来鉴别它们。

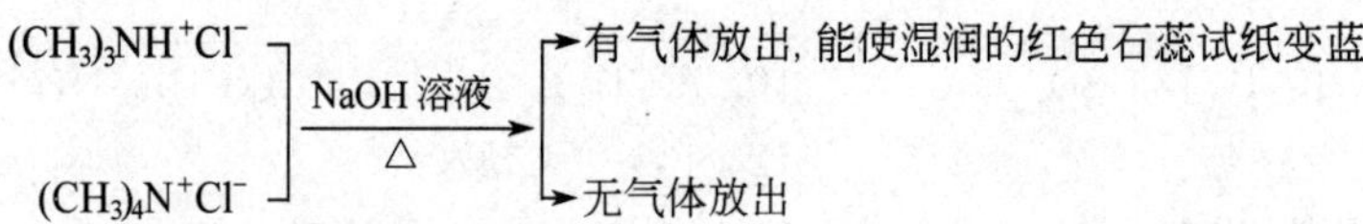

2. 根据胺的鉴别方法，可用亚硝酸鉴别 3 种胺。

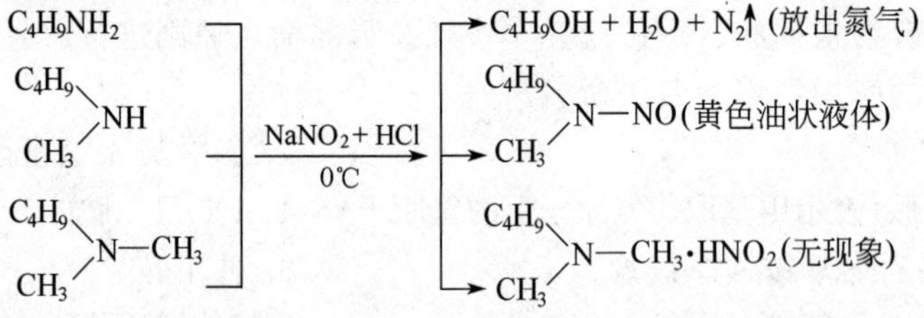

3. 利用乙胺、乙酰胺、乙酰氯与 $AgNO_3$ 溶液及稀盐酸反应时呈现不同的反应现象、生成不同的产物来鉴别它们。

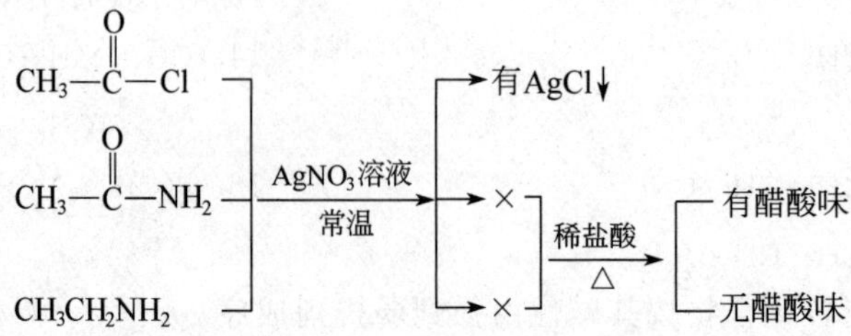

【例 11-5】将下列各组混合物中的主要组分提纯。

1. 三乙胺中混有微量的乙胺和二乙胺

2. 二乙胺中混有微量的乙胺和三乙胺

解析 1. 加 $(CH_3CO)_2O$，因乙胺、二乙胺与其作用生成结晶固体，而三乙胺不与其反应，从而达到除去乙胺和二乙胺的目的。

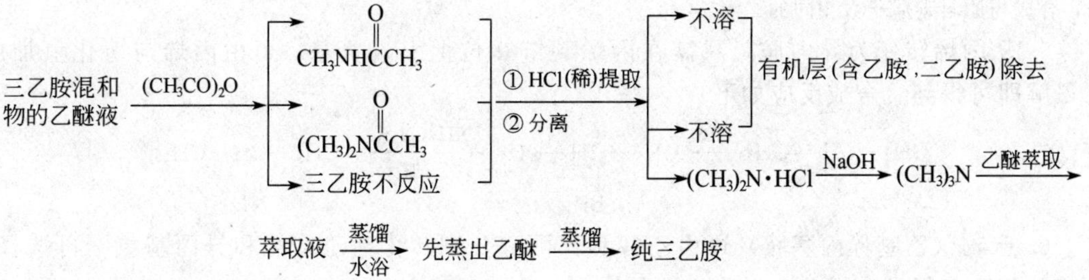

萃取液 $\xrightarrow[\text{水浴}]{\text{蒸馏}}$ 先蒸出乙醚 $\xrightarrow{\text{蒸馏}}$ 纯三乙胺

2. 加 HNO_2，二乙胺生成黄色油状液体，而乙胺转换成乙醇，并放出 N_2，三乙胺不与其反应，从而达到提纯二乙胺的目的。

二乙胺混和物的乙醚液 $\xrightarrow{NaNO_2+HCl}$ $\left[\begin{array}{l} \to C_2H_5OH + N_2\uparrow + H_2O \\ \to (C_2H_5)_2N\text{—}N\text{=}O \\ \to (C_2H_5)_3N \text{ 不反应} \end{array}\right]$ $\xrightarrow[\text{提取}]{HCl(\text{稀})}$ $\left[\begin{array}{l} \text{不溶} \\ \text{不溶} \\ (C_2H_5)_3 \cdot HCl \text{ 溶于盐酸而除去} \end{array}\right]$ 有机层 $\xrightarrow[\text{②分液}]{\text{①加水}}$

$\left[\begin{array}{l} \text{有机层 (二乙胺粗品)} \\ \text{水层 (含 } C_2H_5OH) \end{array}\right.$ $\xrightarrow[\text{水浴}]{\text{蒸馏}}$ 先蒸出乙醚 $\xrightarrow{\text{再蒸馏}}$ 纯二乙胺

【例 11-6】完成下列转变。

1. $C_2H_5OH \longrightarrow CH_3NH_2$

2. $C_2H_5OH \longrightarrow C_2H_5NH_2$

3. $C_2H_5OH \longrightarrow CH_3CH_2CH_2NH_2$

4. $C_2H_5OH \longrightarrow \underset{NH_2}{\underset{|}{CH_2}}\text{—}\underset{NH_2}{\underset{|}{CH_2}}$

5. $CH_3CH\text{=}CH_2 \longrightarrow CH_3\text{—}\underset{NH_2}{\underset{|}{CH}}\text{—}CH_3$

6. 乙醇、异丙醇⟶乙基异丙基胺

7. $CH_2\text{=}CH\text{—}CH\text{=}CH_2 \longrightarrow$ 1,6-己二胺

解析 1. 产物甲胺比乙醇减少了一个碳原子，甲胺的最佳合成方法是乙酰胺经霍夫曼降级反应制得，乙酰胺可由乙醇经氧化、氨解即可得到。合成反应如下：

$$CH_3CH_2OH \xrightarrow{K_2Cr_2O_7, H_2SO_4} CH_3\text{—}\overset{O}{\overset{\|}{C}}\text{—}OH \xrightarrow[\triangle]{NH_3} CH_3\text{—}\overset{O}{\overset{\|}{C}}\text{—}NH_2 \xrightarrow{NaOBr, NaOH} CH_3NH_2$$

2. 此题较简单只涉及—OH ⟶—Br ⟶—NH_2 的转化反应，合成反应如下：

$$C_2H_5OH \xrightarrow[\triangle]{HBr, H_2SO_4(\text{浓})} C_2H_5Br \xrightarrow{NH_3(\text{过量})} C_2H_5NH_2$$

3. 产物丙胺比乙醇增加了一个碳原子，丙胺的最佳合成路线是通过丙腈还原而制得。丙腈可由—OH ⟶—Br ⟶—CN 的转化反应而得到。其合成反应如下：

$$CH_3CH_2OH \xrightarrow[\triangle]{NaBr, H_2SO_4(\text{浓})} CH_3CH_2Br \xrightarrow{KCN} CH_3CH_2CN \xrightarrow[Ni]{H_2} CH_3CH_2CH_2NH_2$$

4. 产物乙二胺可由 $ClCH_2CH_2Cl$ 制得，再采用倒推法推出如何制得 $ClCH_2CH_2Cl$。

$ClCH_2CH_2Cl \longleftarrow CH_2=CH_2 \longleftarrow CH_3CH_2OH$，合成反应如下：

$$CH_3CH_2OH \xrightarrow[\text{约 170℃}]{H_2SO_4(\text{浓})} CH_2=CH_2 \xrightarrow[FeCl_3]{Cl_2} \underset{Cl}{CH_2}-\underset{Cl}{CH_2} \xrightarrow[\triangle,\text{加压}]{NH_3(\text{过量})} \underset{NH_2}{CH_2}-\underset{NH_2}{CH_2}$$

点评　1～3 题是以醇为原料合成比原料减少一个或增加一个或相同碳原子的一元胺。4 题是以醇为原料，合成与原料碳原子数相同的二元胺。

5. 从丙烯转变为异丙胺，只需在丙烯碳链 2 位上引入氨基，可由丙烯与卤化氢加成，再氨解即可得到。合成反应如下：

$$CH_3-CH=CH_2 \xrightarrow{HBr} CH_3-\underset{Br}{CH}-CH_3 \xrightarrow[\triangle,\text{加压}]{NH_3(\text{过量})} CH_3-\underset{NH_2}{CH}-CH_3$$

6. 产物（乙基异丙基胺）可由乙醇和异丙醇分别转化为乙基氯和异丙基氯，再选择异丙基胺与乙基氯发生烃基化反应，即可得到。合成反应如下：

$$CH_3CH_2OH \xrightarrow{SOCl_2} CH_3CH_2Cl$$

$$(CH_3)_2CHOH \xrightarrow{SOCl_2} (CH_3)_2CHCl \xrightarrow[\triangle,\text{加压}]{NH_3(\text{过量})} (CH_3)_2CHNH_2 \xrightarrow{CH_3CH_2Cl} (CH_3)_2CHNHCH_2CH_3$$

点评　胺的烃基化以伯卤代烷为宜，故本题选用氯乙烷作为胺的烃基化试剂。

7. 产物 $H_2N\text{+}CH_2\text{+}_6NH_2$ 可由 $NCCH_2CH=CHCH_2CN$ 催化加氢制得，$NCCH_2CH=CHCH_2CN$ 可由 $BrCH_2CH=CHCH_2Br$ 制得，而 $BrCH_2CH=CHCH_2Br$ 则可由 $CH_2=CH-CH=CH_2$ 制得。合成反应如下：

$$CH_2=CH-CH=CH_2 \xrightarrow{Br_2} BrCH_2CH=CHCH_2Br \xrightarrow{NaCN}$$

$$NCCH_2CH=CHCH_2CN \xrightarrow[Ni]{H_2} H_2NCH_2CH_2CH_2CH_2CH_2CH_2NH_2$$

【例 11-7】 由丙烯合成 $CH_3-\overset{O}{\overset{\|}{C}}-NHCH_2CH_2CH_3$。

解析　产物 $CH_3-\overset{O}{\overset{\|}{C}}-NH\text{┆}CH_2CH_2CH_3$ 为酰胺，它可由乙酰胺和 1-溴丙烷反应得到。

$$CH_3-\overset{O}{\overset{\|}{C}}-NHCH_2CH_2CH_3 \longleftarrow \underset{A}{CH_3-\overset{O}{\overset{\|}{C}}-NH_2} + \underset{B}{BrCH_2CH_2CH_3}$$

给定原料为丙烯，比中间产物 A 多一个碳原子，为得到 A，可把 $CH_3-\underset{O}{\underset{\|}{C}}\text{┆}NH_2$ 从虚线处切断，然后进行倒推。

$CH_3-\overset{O}{\overset{\|}{C}}-NH_2 \longleftarrow CH_3-\overset{O}{\overset{\|}{C}}-OH \longleftarrow CH_3-CH\text{┆}CH_2$，合成反应如下：

$$CH_3-CH=CH_2 \xrightarrow[H^+]{KMnO_4} CH_3-\overset{O}{\overset{\|}{C}}-OH \xrightarrow{NH_3} CH_3-\overset{O}{\overset{\|}{C}}-ONH_4 \xrightarrow{\triangle}$$

$$CH_3-\overset{O}{\overset{\|}{C}}-NH_2 \xrightarrow{CH_3CH_2CH_2Br} CH_3-\overset{O}{\overset{\|}{C}}-NHCH_2CH_2CH_3$$

$$CH_3-CH=CH_2+HBr \xrightarrow{\text{过氧化物}} CH_3CH_2CH_2Br$$

【例 11-8】某未知脂肪胺 A，当它和盐酸发生反应后，可生成含氯 37.17%的盐酸盐，A 在 0℃与亚硝酸反应放出氮气，并生成醇 B，B 可发生碘仿反应。试推测 A、B 的构造式。

解析 A 在 0℃与亚硝酸反应放出氮气，并生成醇 B，说明 A 是脂肪族伯胺，因此可用 RNH_2 表示，A 与盐酸作用生成 $[RNH_3]^+Cl^-$，其中氯的含量为 37.17%，首先求 R 的相对分子质量。

设 R 的相对分子质量为 x，已知 Cl 的相对原子质量为 35.5、N 为 14、H 为 1，则 $[RNH_3]^+Cl^-$ 相对分子质量 $=x+52.5$

$$\frac{35.5}{x+52.5}=0.3717 \qquad x=\frac{35.5-19.53}{0.3717}=43.008$$

因　R 通式为 C_nH_{2n+1}，相对分子质量为 43.008　　所以　$12n+2n+1=43.008$

$n=\frac{42.008}{14}=3$ 所以取代基 $R=-C_3H_7$。因与亚硝酸作用生成醇 B，可发生碘仿反应，故推测 B 的构造式可能为 $CH_3-\underset{\displaystyle CH_3}{\underset{|}{CH}}-OH$。根据 B 推测 A 的构造式可能为 $CH_3-\underset{\displaystyle CH_3}{\underset{|}{CH}}-NH_2$。各步化学反应如下：

$$CH_3-\underset{\displaystyle CH_3}{\underset{|}{CH}}-NH_2+HCl \longrightarrow CH_3-\underset{\displaystyle CH_3}{\underset{|}{CH}}-NH_2\cdot HCl$$

$$\underset{A}{CH_3-\underset{\displaystyle CH_3}{\underset{|}{CH}}-NH_2}+\underset{(NaNO_2+HCl)}{HNO_2} \xrightarrow{0℃} \underset{B}{CH_3-\underset{\displaystyle CH_3}{\underset{|}{CH}}-OH}+N_2\uparrow+H_2O$$

$$CH_3-\underset{\displaystyle CH_3}{\underset{|}{CH}}-OH \xrightarrow{NaIO} CHI_3\downarrow+CH_3COONa$$

根据以上化学反应验证，A、B 的构造式分别为：

A. $CH_3-\underset{\displaystyle CH_3}{\underset{|}{CH}}-NH_2$　　　B. $CH_3-\underset{\displaystyle CH_3}{\underset{|}{CH}}-OH$

【例 11-9】化合物 $A(C_6H_{13}N)$ 不能使溴水褪色，与 HNO_2 在 0℃反应放出氮气，生成醇化合物 $B(C_6H_{12}O)$，B 与浓 H_2SO_4 在加热条件下反应，生成化合物 $C(C_6H_{10})$，C 在醋酸钴的催化下，用空气氧化，生成己二酸。试推测 A、B、C 的构造式。

解析 根据分子式可算出 A 的不饱和度为 1，并结合 A 的分子式，推测 A 可能是不饱和脂肪胺或饱和脂环胺，因 A 不使溴水褪色，与 HNO_2 在 0℃反应放出氮气，生成醇化合物 B，故 A 为饱和脂环伯胺，A 的构造式可能为 ⬡—NH_2，根据 A 推测 B 的构造式可能为 ⬡—OH，根据 B 推测 C 的构造式可能为 (环己烯)。各步化学反应如下：

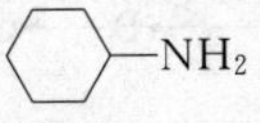

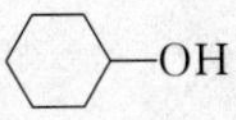

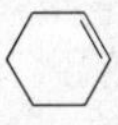

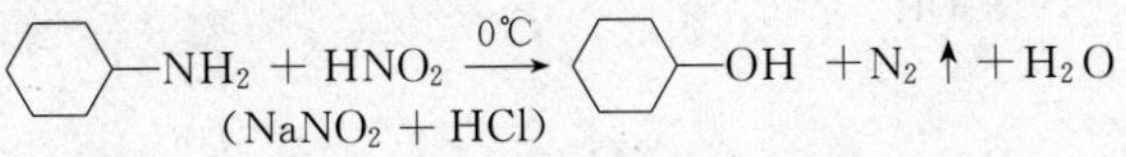

$$\underset{A}{⬡-NH_2}+\underset{(NaNO_2+HCl)}{HNO_2} \xrightarrow{0℃} \underset{B}{⬡-OH}+N_2\uparrow+H_2O$$

$$\underset{B}{⬡-OH} \xrightarrow{H_2SO_4（浓）} \underset{C}{\text{(环己烯)}}$$

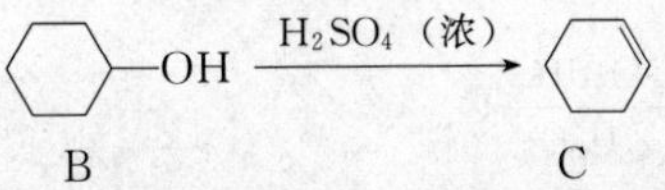

$$\text{(环己烯)} + O_2 \xrightarrow[100℃,\ 1MPa]{醋酸钴} \begin{array}{l} CH_2—CH_2—COOH \\ | \\ CH_2—CH_2—COOH \end{array}$$

C

根据以上化学反应验证，A、B、C 的构造式分别为：

A. (环己基)—NH_2　　B. (环己基)—OH　　C. (环己烯)

习　题

一、命名下列化合物

1. $(C_2H_5)_2NCH(CH_3)_2$
2. $CH_3NH_2 \cdot HOOCCH_3$
3. $(CH_3)_4N^+Cl^-$
4. $H_2NCH_2CH_2CH_2CH_2NH_2$
5. $(CH_3)_2CHNH_2$
6. $NCCH_2CH_2CH_2CH_2CN$
7. $CH_3—\underset{CH_3}{\overset{NH_2}{C}}—\underset{CH_3}{CH}—CH_3$
8. $[(C_2H_5)_3NH]^+Br^-$
9. (环己烷环，1位 $—NH_2$，3位 $—CH_3$)
10. $CH_3—\underset{NHC_2H_5}{CH}—\overset{CH_3}{CH}—CH_3$

二、写出下列化合物的构造式

1. 二甲基丙基胺
2. 2-甲基-1,4-丁二胺
3. 三乙胺
4. 丁二腈
5. 丙烯腈
6. 2-乙氨基丁烷
7. 氢氧化四乙基铵
8. 氯化二乙基丙基铵
9. 环己胺
10. 异戊胺

三、完成下列化学反应（写出主要产物）

1. $CH_3CH_2CN \xrightarrow[\triangle]{H_2O,H^+} A \xrightarrow{SOCl_2} B \xrightarrow{CH_3CH_2NH_2} C \xrightarrow[②H_2O]{①LiAlH_4} D$

2. (环己基)$—NHCH_3 + CH_3—\overset{O}{\overset{\|}{C}}—Cl \longrightarrow A+B$

3. $HOCH_2CH_2NH_2 + ClCH_2COONa \longrightarrow A+B$

4. (环己基)$—NH_2 \xrightarrow{过量\ CH_3I} A \xrightarrow[湿]{Ag_2O} B \xrightarrow{\triangle} C+D$

5. $(CH_3)_3C—\overset{O}{\overset{\|}{C}}—NH_2 \xrightarrow[NaOH]{NaClO} A$

6. $[(C_2H_5)_3N\overset{CH_3}{\overset{|}{C}}HCH_2CH_3]^+ OH^- \xrightarrow{\triangle} A+B$

7. (环丙基)$—COOH \xrightarrow{SOCl_2} A \xrightarrow[\triangle]{NH_3} B \xrightarrow[②H_2O]{①LiAlH_4} C$

四、填空题

1. 分子式为 $C_4H_{11}N$ 的胺，它的构造异构体有______个，其中 $CH_3CH_2CH_2CH_2NH_2$ 是______胺、$CH_3NHCH(CH_3)_2$ 是______胺、$(CH_3)_2NC_2H_5$ 是______胺。

2. 叔胺的沸点比相对分子质量相同的伯胺、仲胺的沸点都______是由于叔胺______形成分子间的氢键。

3. 胺的碱性较弱，它的盐与强碱作用时，就会重新______出来，利用此性质可以将胺与其他的______分离。

4. 脂肪胺中的氢原子被吸电子的基团取代后碱性______，反之，被推电子的基团取代后碱性______。

5. 脂肪伯胺与亚硝酸在0℃条件下反应有______放出；脂肪仲胺与亚硝酸反应得到不溶于水的______；脂肪叔胺与亚硝酸反应生成不稳定的______，很易水解为原来的______。因此亚硝酸可作为______胺的试剂。

五、选择题

1. 下列胺中不属于仲胺的是（　　）。

A. $CH_3CH_2CH_2NHCH_3$　　B. $CH_3—CH(NH_2)—CH_2—CH(CH_3)_2$

C. 环己基—$NHCH_3$　　D. $CH_3—NH—CH(CH_3)—CH_3$

2. 在下列相对分子质量相近的化合物中（　　）沸点高，（　　）难溶于水。

A. CH_3CH_2OH　　B. $CH_3CH_2CH_3$

C. $C_2H_5NH_2$　　D. CH_3CHO

3. 下列化合物中碱性最强的是（　　），最弱的是（　　）。

A. $CH_3CH_2NH_2$　　B. CH_3NHCH_3

C. NH_3　　D. $CH_3—C(=O)—NH_2$

4. 下列化合物中既可与 HCl 反应，又可与 KOH 溶液反应的是（　　）。

A. CH_3COOH　　B. $CH_3CH_2CH_2NH_2$

C. $CH_3—C(=O)—CH_3$　　D. $CH_2(NH_2)—CH(CH_3)—COOH$

5. 下列各组物质不是互为同分异构体的是（　　）。

A. 3-氨基丙烯和2-氨基丙烯　　B. 甲乙胺和烯丙胺

C. 乙丙胺和二甲异丙胺　　D. 2-氨基-4-甲基戊烷和二异丙胺

6. 用与乙酰胺反应后，生成的中间体制备正丙胺的化合物是（　　）。

A. $CH_3CH_2CH_2Br$　　B. $CH_3—CH(Br)—CH_3$

C. $CH_2=CHCH_2CH_2Br$　　D. CH_3CH_2Cl

7. 下列反应中可用于鉴别脂肪族伯胺、仲胺、叔胺的是（　　）。

A. 酰化反应　　B. 与亚硝酸反应

C. 与盐酸成盐反应　　D. 碱性试验

8. 下列化合物中，属于叔胺的是（　　）。

A. $(CH_3)_3C—NH_2$　　B. $CH_3—C(=O)—NH_2$

C. 1-甲基环己胺（环己烷环上同一碳原子连有 CH_3 和 NH_2）　　D. $(C_2H_5)_2N—C(CH_3)_3$

9. 下列化合物中属于季铵盐的是（　　）。

A. $[(CH_3)_3NH]^+Cl^-$　　B. $[C_2H_5N(CH_3)_3]^+Br^-$

C. $[(CH_3)_2NH_2]^+Cl^-$　　D. $[(CH_3)_2CHNH(CH_3)_2]^+I^-$

10. 下列化合物碱性最强的是（　　），碱性最弱的是（　　）。

A. $CH_3CH_2CH_2NH_2$　　B. $ClCH_2CH_2NH_2$

C. $BrCH_2CH_2NH_2$　　D. $CH_3OCH_2CH_2NH_2$

六、判断题（下列叙述对的在括号中打“√”，错的打“×”）

1. 伯、仲、叔胺的含义与伯、仲、叔醇不同，前者是指氨基连在伯、仲、叔碳原子上。（　　）

2. 伯、仲、叔胺都能与酰氯、酸酐等酰基化试剂发生酰基化反应。（　　）

3. 季铵盐和季铵碱都是季铵类化合物，不具有一般盐和碱的性质。（　　）

4. 尼龙-66是等摩尔的己二胺与己二酸先制成铵盐，再进行缩聚反应生成的聚酰胺。（　　）

5. 脂肪低级胺或高级胺都有氨的气味。（　　）

6. 胺与醇相似，与氯化钙等盐可形成络合物，故可用无水氯化钙干燥胺。（　　）

7. 腈分子含有碳氮键，碳氮键具有较大的极性，如乙腈分子间有较大的作用力，所以沸点比与它相对分子质量相近的醚、醛和胺等都高，甚至于比相应的羧酸的沸点还高。（　　）

8. 应注意“氨”、“胺”及“铵”字的用法，在表示基时，用“氨”字，表示 NH_3 的烷基衍生物时用“胺”，而表示季铵类化合物时用“铵”。（　　）

七、比较下列化合物的碱性强弱

1. $HOCH_2CH_2CH_2NH_2$、$CH_3CH_2CH_2NH_2$ 和 $CH_3CH(OH)CH_2NH_2$

2. 丁胺、甲丁胺和氢氧化四丁铵

3. $C_2H_5OCH_2CH_2NH_2$ 和 $CH_3CH_2CH_2NH_2$

4. $(C_2H_5)_2NCH_2C{\equiv}N$ 和 $(C_2H_5)_3N$

八、用简单的化学方法鉴别下列各组化合物

1. 二甲胺、三甲胺和环己胺

2. 乙醇、乙醛、乙酸和丙胺

3. 环己烷和环己胺

九、分离或提纯下列各组混合物

1. 分离癸烷、三丁胺和环己烷甲酸

2. 乙胺中混有微量的三乙胺，提纯乙胺

十、由指定原料合成下列化合物

1. 由乙醇合成1,4-丁二胺

2. 由丁醇合成戊胺和丙胺

3. 由丙烯合成丙胺

4. 由3-甲基丁醇合成异丁胺

5. 由丙烯合成 $CH_2{=}CH—CH_2—CH_2NH_2$

6. 由 $CH_3(CH_2)_3Br$ 合成 $CH_3CH_2CH(NH_2)CH_3$

十一、推测构造式

1. 化合物A（$C_5H_{13}N$）不能使溴水褪色，在0℃时与亚硝酸作用放出氮气，并生成化合物醇B。B能

发生碘仿反应，B与浓硫酸共热得到化合物C（C_5H_{10}）。C能使高锰酸钾酸溶液褪色，而且反应后的产物为乙酸和丙酮。试推测化合物A、B、C的构造式。

2. 某胺A（$C_4H_{11}N$）不与乙酰氯发生反应，A和碘乙烷反应生成的产物再与湿的氧化银作用得到化合物B。B经加热后，即分解生成A和乙烯，试推测A、B的构造式。

3. A、B、C 3个化合物的分子式均为$C_4H_{11}N$，当与亚硝酸反应时，A和B生成含4个碳原子的醇，而C则与亚硝酸结合成不稳定的盐，氧化由A所得的醇生成异丁醛，氧化由B所得的醇得到一种酮，试推测A、B、C的构造式。

第十二章　芳香族含氧化合物

主要内容要点

一、酚和芳醇

羟基直接与芳环相连的化合物称为酚；羟基与苯环侧链相连的化合物称为芳醇。

1. 酚和芳醇的命名

酚类的命名按芳烃衍生物的命名原则命名。如果苯环上没有比—OH 优先的基团，则—OH与苯环一起作为母体，称为苯酚，苯环上的其他基团作为取代基；如果苯环上有比—OH优先的基团，则—OH 作为取代基。

芳醇的命名与脂肪醇的命名相似，其中芳环作为取代基。

2. 酚的化学反应（见图 12-1）

3. 酚的制法

（1）异丙苯氧化法

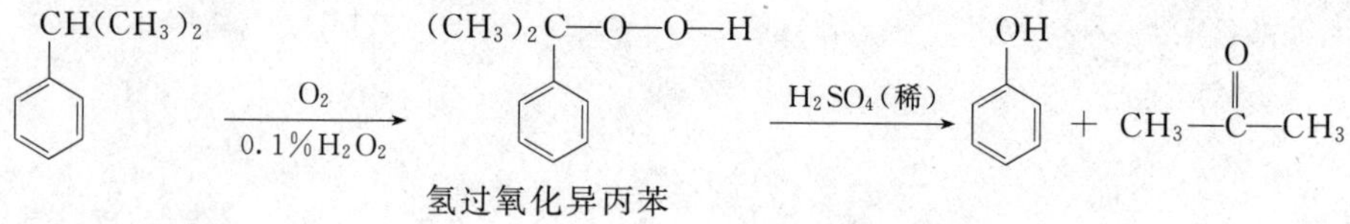

$$C_6H_5CH(CH_3)_2 \xrightarrow[0.1\%H_2O_2]{O_2} C_6H_5C(CH_3)_2-O-O-H \xrightarrow{H_2SO_4(\text{稀})} C_6H_5OH + CH_3-\overset{O}{\overset{\|}{C}}-CH_3$$

氢过氧化异丙苯

（2）由苯磺酸制备

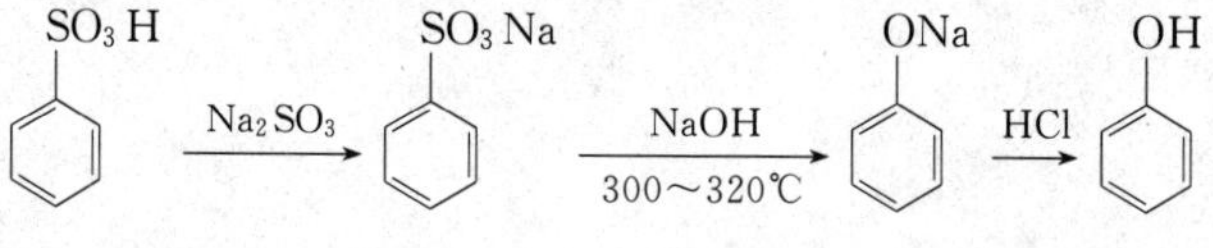

$$C_6H_5SO_3H \xrightarrow{Na_2SO_3} C_6H_5SO_3Na \xrightarrow[300\sim320℃]{NaOH} C_6H_5ONa \xrightarrow{HCl} C_6H_5OH$$

（3）卤代芳烃水解

$$C_6H_5Cl \xrightarrow[Cu，350℃，30MPa]{NaOH\ \text{溶液}} C_6H_5ONa \xrightarrow{HCl} C_6H_5OH$$

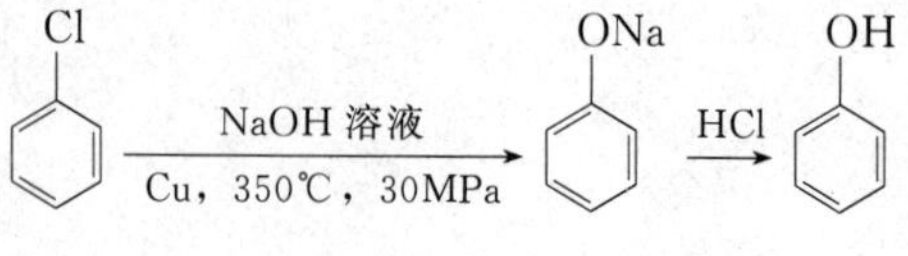

4. 酚的鉴别

（1）溴水试验　苯酚与溴水在常温下反应生成白色三溴苯酚沉淀。

（2）三氯化铁试验　大多数酚与三氯化铁溶液发生显色反应，不同的酚显色不同。例如苯酚显蓝紫色，邻苯二酚显深绿色，对苯二酚为暗绿色结晶，对甲苯酚显蓝色，α-萘酚则生成紫红色沉淀等。

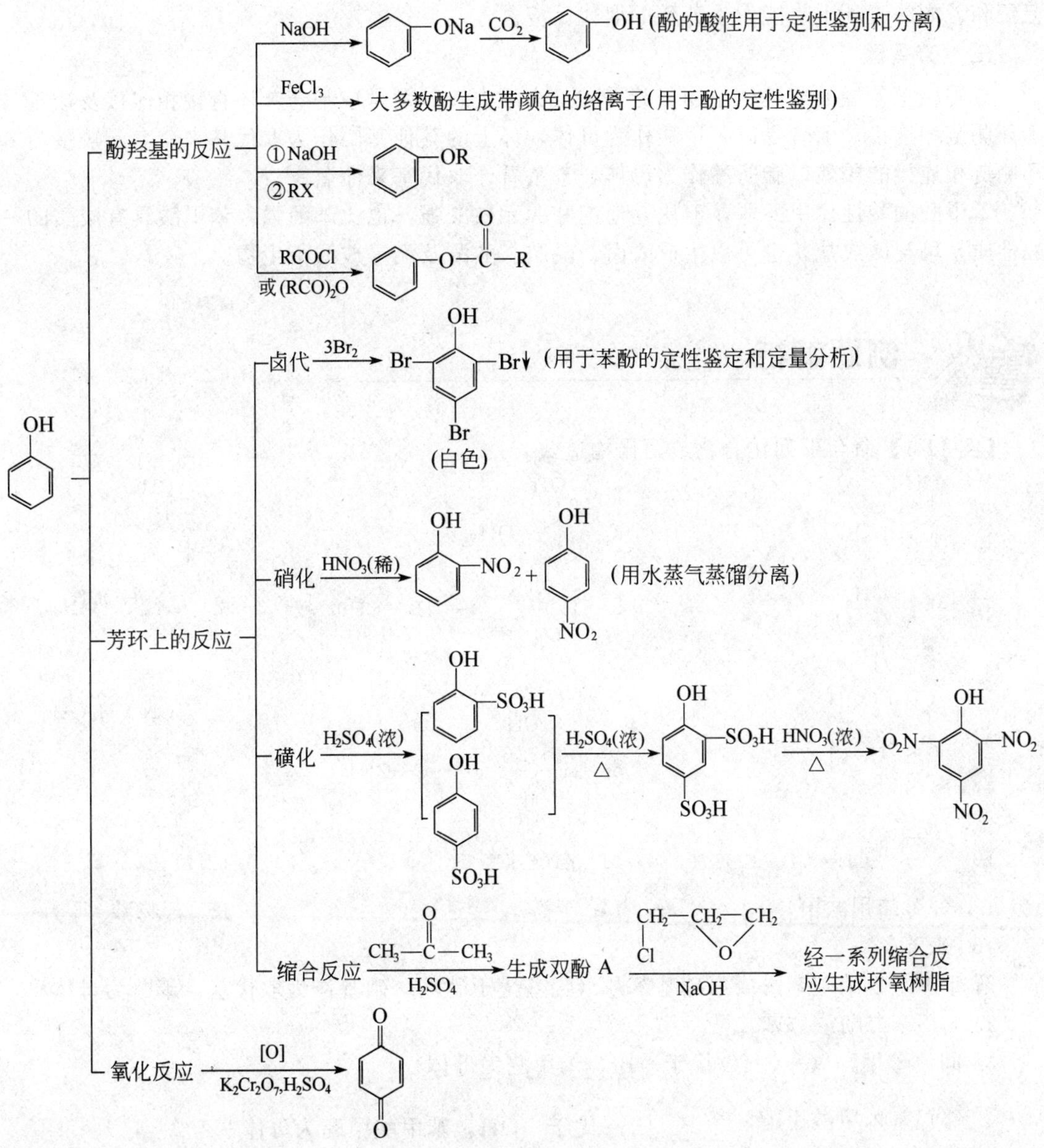

苯酚（OH）

- 酚羟基的反应
  - NaOH → 苯酚钠（—ONa）$\xrightarrow{CO_2}$ 苯酚（—OH）（酚的酸性用于定性鉴别和分离）
  - $FeCl_3$ → 大多数酚生成带颜色的络离子（用于酚的定性鉴别）
  - ①NaOH ②RX → 苯基醚（—OR）
  - RCOCl 或 $(RCO)_2O$ → 酚酯（—O—C(=O)—R）
- 芳环上的反应
  - 卤代 $\xrightarrow{3Br_2}$ 2,4,6-三溴苯酚↓（白色）（用于苯酚的定性鉴定和定量分析）
  - 硝化 $\xrightarrow{HNO_3(稀)}$ 邻硝基苯酚（—NO_2）+ 对硝基苯酚（NO_2）（用水蒸气蒸馏分离）
  - 磺化 $\xrightarrow{H_2SO_4(浓)}$ [邻羟基苯磺酸（—SO_3H）+ 对羟基苯磺酸（SO_3H）] $\xrightarrow[\triangle]{H_2SO_4(浓)}$ 4-羟基-1,3-苯二磺酸 $\xrightarrow[\triangle]{HNO_3(浓)}$ 2,4,6-三硝基苯酚（O_2N—，—NO_2，NO_2）
  - 缩合反应 $\xrightarrow[H_2SO_4]{CH_3—C(=O)—CH_3}$ 生成双酚 A $\xrightarrow[NaOH]{CH_2(Cl)—CH—CH_2(环氧)}$ 经一系列缩合反应生成环氧树脂
- 氧化反应 $\xrightarrow[K_2Cr_2O_7,H_2SO_4]{[O]}$ 对苯醌（O=⟨⟩=O）

图 12-1　酚的化学反应

二、芳醛和芳酮

芳醛和芳酮都是芳烃的羰基衍生物。羰基一端连有芳环的醛称芳醛，醛基可直接连在芳环上，也可连在芳环的侧链上如 $C_6H_5CH_2CHO$。羰基两端所连的烃基，至少有一端直接与芳环相连者即为芳酮。

芳醛和芳酮的命名，是以脂肪族醛、酮为母体，把芳基作为取代基。

芳醛和芳酮的许多化学性质与脂肪族醛和酮相似，如苯甲醛和苯乙酮可与 HCN 发生加成反应，可与羰基试剂发生缩合反应。苯乙酮也能发生碘仿反应。苯甲醛还可以和 $NaHSO_3$ 发生加成反应，在浓碱溶液中发生坎尼扎罗反应，也可与托伦试剂发生银镜反应等，但不与斐林试剂作用，因此斐林试剂可用于鉴别芳香醛和脂肪醛。但芳醛和芳酮又有其特殊性质，如苯乙酮几乎不与 $NaHSO_3$ 发生加成反应，其他的酮与羰基试剂发生缩合反应也较困难。

芳醛和芳酮的芳环上也能发生芳环的取代反应。

三、芳香酸

芳香酸是芳烃的羧基衍生物。芳香酸分为两类，分别是羧基与苯环直接相连接及羧基与苯环侧链相连接。前者是以苯甲酸作为母体，环上的其他基团作为取代基来命名。羧基与苯环侧链相连接的羧酸以脂肪酸作为母体，苯基看作取代基来命名。

苯甲酸的酸性比甲酸弱，但比其他饱和一元羧酸强，也比苯酚强，苯甲酸具有羧酸的一般性质，可与碱成盐，也可以生成酰卤、酰胺、酸酐及酯等羧酸衍生物。

例题解析

【例 12-1】 命名下列化合物或写出构造式。

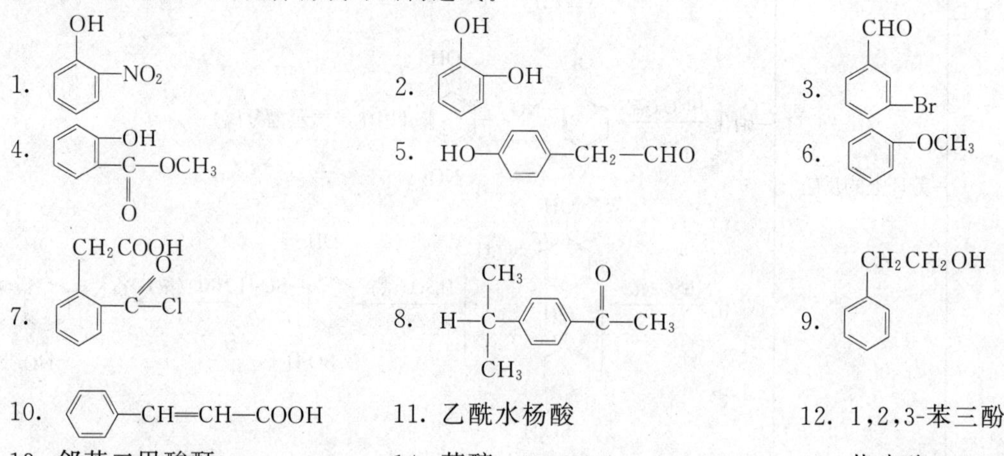

11. 乙酰水杨酸　　12. 1,2,3-苯三酚

13. 邻苯二甲酸酐　　14. 苄醇　　15. 苦味酸

16. 来苏尔

解析　1. 2-硝基苯酚或邻硝基苯酚（羟基优于硝基，硝基作为取代基，苯酚为母体）

2. 1,2-苯二酚或邻苯二酚

3. 间溴苯甲醛（—CHO 优于—Br，苯甲醛为母体）

4. 邻羟基苯甲酸甲酯（$—\overset{O}{\overset{\|}{C}}—OCH_3$ 优于—OH，苯甲酸甲酯为母体）

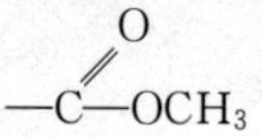

5. 对羟基苯乙醛或 4-羟基苯乙醛（醛基优于羟基，苯乙醛作为母体）

6. 苯甲醚

7. 3-氯甲酰基苯乙酸

8. 对异丙基苯乙酮或 4-异丙基苯乙酮

9. 2-苯乙醇（羟基优于苯基，要标出苯基取代醇中碳原子的位次）

10. 3-苯（基）丙烯酸或 β-苯丙烯酸（不饱和芳酸，要标出苯基取代酸中碳原子的位次）

11. 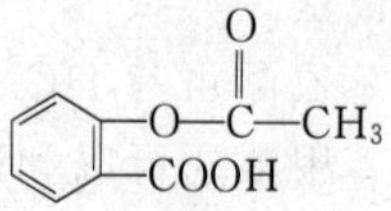 $C_6H_4(—O—\overset{O}{\overset{\|}{C}}—CH_3)(COOH)$

12. 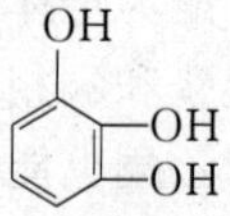 $C_6H_3(OH)_3$

13. 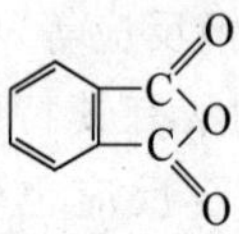 $C_6H_4(CO)_2O$

14. 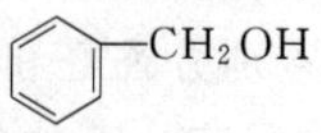 $C_6H_5—CH_2OH$

15. 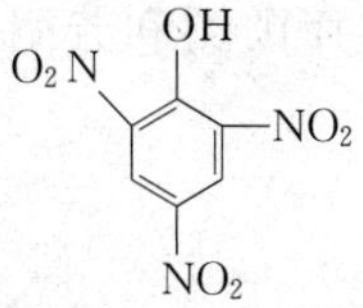 OH O_2N NO_2 NO_2

16. 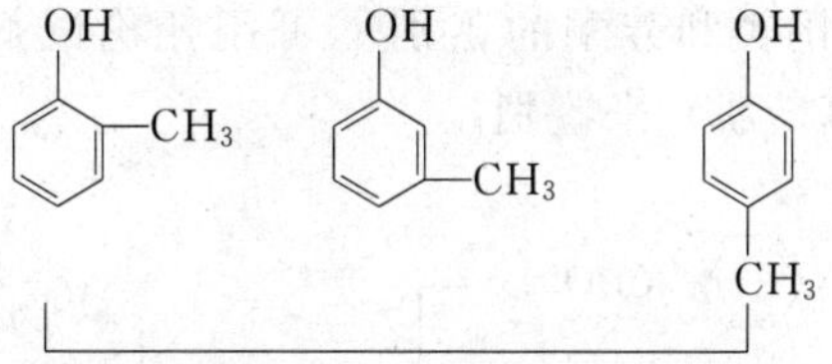 OH CH_3　OH CH_3　OH CH_3

3 种甲酚的肥皂水溶液

【例 12-2】把下列各组化合物按酸性强弱排列成序。

1. A. C_2H_5OH　B. H_2O　C. CH_3COOH　D. —OH

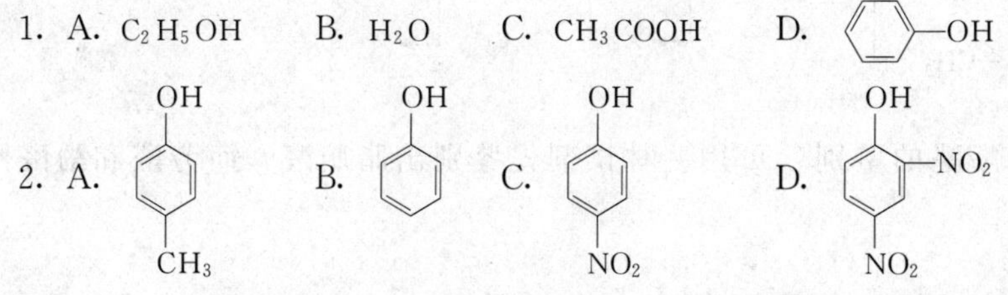

解析　1. 本题以 HOH 为基准，水中的一个氢原子被推电子基团取代后，羟基中的氧原子的电子云密度增加，对氢原子的吸引力增强，不利于氢原子离解为质子，故酸性减弱，反之 HOH 中的 H 被吸电子的基团取代后，羟基中的氧原子电子云密度降低，对氢原子的吸引力减弱，有利于氢原子离解为质子，故酸性增强。题中 $CH_3-\overset{O}{\overset{\|}{C}}-$ 或 C_6H_5- 为吸电子基团，且前者吸电子能力大于后者，而—C_2H_5 为推电子基团，从而得出这 4 个化合物的酸性由强到弱的排列次序为：

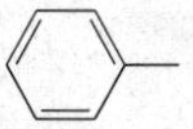

C>D>B>A

2. 同理得出取代苯酚的酸性强弱排列顺序为有吸电子基取代的苯酚>苯酚>有推电子基取代的苯酚，且取代基的数目愈多，推电子（或吸电子）的效应愈强。从而得出这 4 个化合物的酸性由强到弱的排列次序为：

D>C>B>A

【例 12-3】下列化合物中哪些能形成分子间氢键？哪些能形成分子内氢键？

A. 对硝基苯酚　B. 邻硝基苯酚　C. 邻氟苯酚　D. 氟代苯

E. 1-丙醇　F. 邻甲基苯酚　G. 邻苯二酚　H. 正丙醚

解析　凡能形成分子间氢键的化合物，一般分子中必须具有 H—X 键（X=F、O、N 等原子）。而能形成分子内氢键的取代酚，一般在酚羟基的邻位上具有电负性较大的 F、O、N、Cl 等原子。从而得出 A、E、F 能形成分子间氢键，B、C、G 能形成分子内氢键。

【例 12-4】用化学方法鉴别下列各组化合物。

1. 苯甲酸、对甲苯酚和苯甲醇
2. 苯甲醛、苯酚、苯乙酮
3. 甲醛、邻甲氧基苯甲醛和邻羟基苯甲醛
4. 苯甲酰氯、对氯苯甲酸、肉桂酸

解析　1. 芳酸、酚类和芳醇的鉴别　可用 $FeCl_3$ 溶液先鉴别出甲苯酚（显蓝色），而芳酸和芳醇则用 Na_2CO_3 溶液来鉴别。

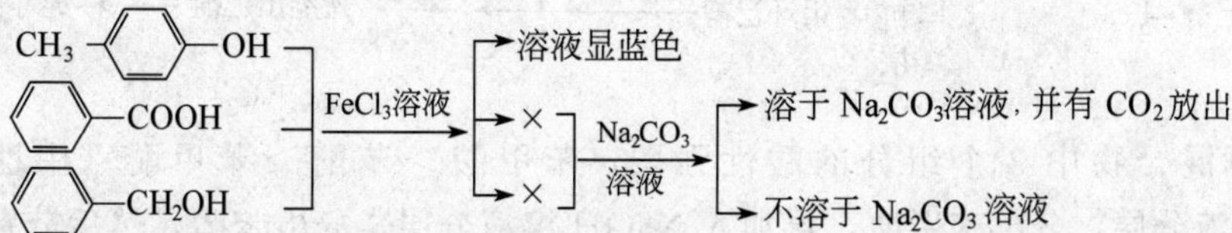

2. 芳醛、酚类和芳酮的鉴别　可用托伦试剂先鉴别出芳醛，而酚类和芳酮则用溴水（或 2,4-二硝基苯肼）来鉴别。

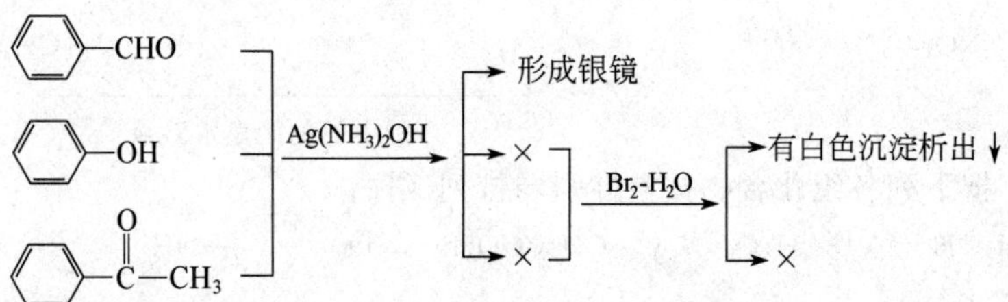

3. 脂肪醛、芳醛和酚醛的鉴别　可用斐林试剂先鉴别出脂肪醛，而芳醛和酚醛则用 $FeCl_3$ 溶液来鉴别。

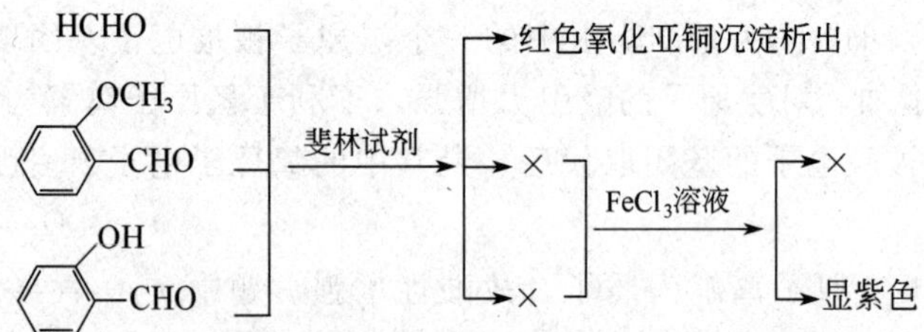

4. 苯甲酰氯、氯代芳酸和肉桂酸的鉴别　可用硝酸银乙醇溶液先鉴别出苯甲酰氯，对氯苯甲酸和肉桂酸则用 Br_2-CCl_4 溶液来鉴别。

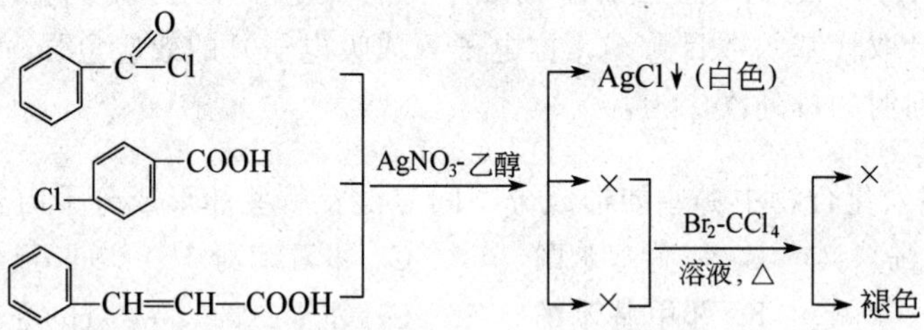

C—Cl（O）　COOH　Cl　CH═CH—COOH

$AgNO_3$-乙醇 → AgCl↓（白色）；×；×

Br_2-CCl_4 溶液，△ → ×；褪色

【例 12-5】 分离或提纯下列各组混合物。

1. 分离苯酚和环己醇

2. 分离苯甲酸、苯酚和苯甲醚

3. 苯甲醛中混有少量苯甲酸，提纯苯甲醛

解析　1. 利用苯酚具有弱酸性，环己醇为中性化合物。因此，加碱后酚生成酚钠溶于碱层而与环己醇分离，再分别提纯。

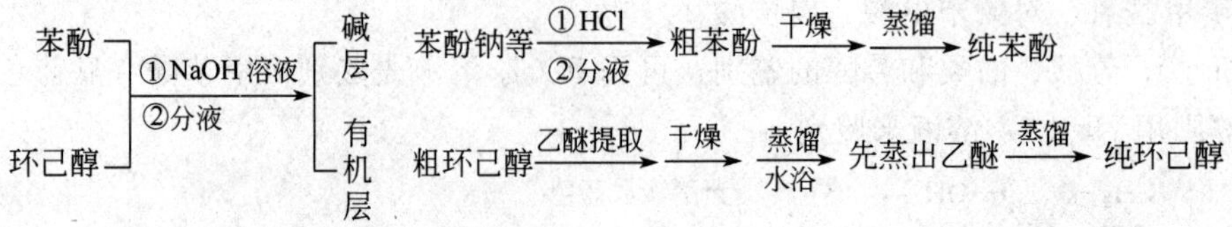

苯酚、环己醇 —①NaOH 溶液 ②分液→
- 碱层：苯酚钠等 —①HCl ②分液→ 粗苯酚 —干燥→ —蒸馏→ 纯苯酚
- 有机层：粗环己醇 —乙醚提取→ —干燥→ —蒸馏（水浴）→ 先蒸出乙醚 —蒸馏→ 纯环己醇

2. 根据混合物中 3 个组分的酸性强弱：苯甲酸＞苯酚＞苯甲醚（中性），先加入 $NaHCO_3$ 溶液分层，分出苯甲酸，再加入 NaOH 溶液分层，分出苯酚，然后分别提纯。

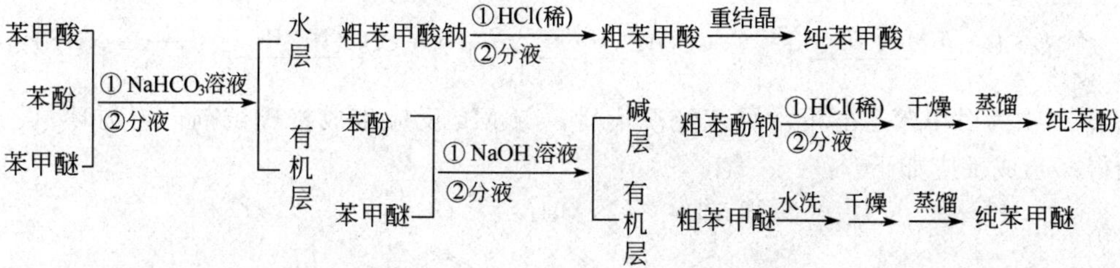

3. 苯甲酸与 Na_2CO_3 溶液反应生成溶于水的苯甲酸钠，苯甲醛不溶于水，分离后再提纯苯甲醛。

C_6H_5CHO、C_6H_5COOH $\xrightarrow[\text{②分液}]{\text{①}NaHCO_3\text{溶液}}$ 有机层：粗苯甲醛 $\xrightarrow{\text{水洗}}$ $\xrightarrow{\text{干燥}}$ $\xrightarrow{\text{蒸馏}}$ 纯苯甲醛；水层：C_6H_5COONa

【例 12-6】 以苯、甲苯和 4 个碳原子及其以下的有机原料合成下列化合物。

1. 4-异丙基-1,3-苯二酚（$CH(CH_3)_2$、OH、OH）　2. C_6H_5—CH═CH—CH_2OH　3. $C_6H_5CONHNH_2$　4. p-$CH_3C_6H_4CH_2CH_2OH$

5. $C_6H_5OCH_3$　6. $C_6H_5CH(OH)COOH$　7. m-$NO_2C_6H_4$—CO—C_6H_5

解析　1. 产物可由苯经芳磺酸法制得间苯二酚，再用傅-克反应制得 4-异丙基-1,3-苯二酚。合成反应如下：

$$C_6H_6 \xrightarrow[200\sim250℃]{H_2SO_4(SO_3)} m\text{-}C_6H_4(SO_3H)_2 \xrightarrow{NaOH\text{ 溶液}} m\text{-}C_6H_4(SO_3Na)_2 \xrightarrow[300℃]{NaOH} m\text{-}C_6H_4(ONa)_2 \xrightarrow{H^+} m\text{-}C_6H_4(OH)_2$$

$$\xrightarrow[AlCl_3,H^+]{CH_3—CH═CH_2} \text{4-}CH(CH_3)_2\text{-1,3-}C_6H_3(OH)_2$$

2. 产物可由苯甲醛和乙醛经克莱森(Claisen)缩合反应制得肉桂醛后，再用 $LiAlH_4$ 还原即得肉桂醇。合成反应如下：

$$C_6H_5CH_3 \xrightarrow[\text{光}]{2Cl_2} C_6H_5CHCl_2 \xrightarrow[95\sim100℃]{H_2O,Fe} C_6H_5CHO$$

$$C_6H_5CHO + CH_3—CH═O \xrightarrow{NaOH(\text{稀})} C_6H_5—CH(OH)—CH_2—CHO \xrightarrow{-H_2O} C_6H_5—CH═CH—CHO$$

$$\xrightarrow[\text{②}H_2O]{\text{①}LiAlH_4} C_6H_5—CH═CH—CH_2OH$$

3. 苯甲酰肼是制备叶枯灵(防治水稻白叶枯的杀菌剂)必需的中间体。苯甲酰肼可由苯甲酰氯与肼作用制得。合成反应如下：

$$\text{C}_6\text{H}_5\text{—CH}_3 \xrightarrow{KMnO_4, H^+} \text{C}_6\text{H}_5\text{—COOH} \xrightarrow{SOCl_2} \text{C}_6\text{H}_5\text{—C(=O)—Cl} \xrightarrow{NH_2NH_2} \text{C}_6\text{H}_5\text{—C(=O)—NHNH}_2$$

4. 产物为对甲苯乙醇可由甲苯经溴代后，与 Mg 反应生成格氏试剂，再与环氧乙烷反应制得。合成反应如下：

$$\text{C}_6\text{H}_5\text{CH}_3 \xrightarrow[Fe]{Br_2} p\text{-CH}_3\text{C}_6\text{H}_4\text{Br} + o\text{-CH}_3\text{C}_6\text{H}_4\text{Br}$$

$$p\text{-BrC}_6\text{H}_4\text{CH}_3 \xrightarrow[\text{绝对乙醚}]{Mg} p\text{-BrMgC}_6\text{H}_4\text{CH}_3 \xrightarrow{\text{CH}_2\text{—CH}_2\ (\text{O})} \xrightarrow{H_2O} p\text{-HOCH}_2\text{CH}_2\text{C}_6\text{H}_4\text{CH}_3$$

5. 本题需将醚键引至苯环上，可应用威廉姆森反应，即用苯酚的钠盐与溴乙烷反应制得。而苯酚可由苯经异丙苯制备。合成反应如下：

$$\text{C}_6\text{H}_6 + \text{CH}_3\text{—CH}=\text{CH}_2 \xrightarrow[90\sim95℃]{AlCl_3} \text{C}_6\text{H}_5\text{—CH(CH}_3\text{)—CH}_3 \xrightarrow[110\sim120℃, 0.5MPa]{O_2(\text{空气}), \text{过氧化物}}$$

$$\text{C}_6\text{H}_5\text{—C(CH}_3\text{)}_2\text{—O—OH} \xrightarrow[60℃]{\text{稀 } H_2SO_4} \text{C}_6\text{H}_5\text{—OH} \xrightarrow{NaOH} \text{C}_6\text{H}_5\text{—ONa} \xrightarrow[\text{或 } CH_3Br]{(CH_3)_2SO_4} \text{C}_6\text{H}_5\text{—OCH}_3$$

6. 产物 A（$\text{C}_6\text{H}_5\text{—CH(OH)—COOH}$）由 B（$\text{C}_6\text{H}_5\text{—CH(OH)CN}$）经水解得到；B 由 C（$\text{C}_6\text{H}_5\text{—CHO}$）与 HCN 加成反应制得；C 由 $\text{C}_6\text{H}_5\text{—CH}_3$ 氧化得到。合成反应如下：

$$\text{C}_6\text{H}_5\text{—CH}_3 \xrightarrow{CrO_3, CH_3COOH} \text{C}_6\text{H}_5\text{—CHO} \xrightarrow{HCN} \text{C}_6\text{H}_5\text{—CH(OH)—CN} \xrightarrow{H_2O, H^+} \text{C}_6\text{H}_5\text{—CH(OH)—COOH}$$

7. 被合成物是芳酮，可由苯的傅-克酰基化反应得到。先把被合成物用“切割法”分成几部分，再进行倒推。此题有两种切割方法。

方法 A：$m\text{-NO}_2\text{C}_6\text{H}_4 \,\vdots\, \text{—C(=O)—C}_6\text{H}_5$

此法要在同一个苯环上进行一次硝化、一次酰基化。若先硝化，硝基进入苯环后，使苯环钝化，不能再进行傅-克酰基化反应；若先进行傅-克酰基化反应得到二苯甲酮，再进行硝化时，两个苯环可同时引进硝基，因此 A 切割方法不合理。

方法 B：$m\text{-NO}_2\text{C}_6\text{H}_4\text{—C(=O)—} \,\vdots\, \text{C}_6\text{H}_5$

此法在苯环中进行一次傅-克酰基化反应即可得到产物，倒推法为

$$m\text{-NO}_2\text{C}_6\text{H}_4\text{—C(=O)} \,\vdots\, \text{C}_6\text{H}_5 \longleftarrow m\text{-NO}_2\text{C}_6\text{H}_4\text{—C(=O)—Cl} \longleftarrow m\text{-NO}_2\text{C}_6\text{H}_4\text{—COOH} \longleftarrow \text{C}_6\text{H}_5\text{—COOH} \longleftarrow \text{C}_6\text{H}_5\text{—CH}_3$$

合成反应如下：

$$\text{C}_6\text{H}_5\text{-CH}_3 \xrightarrow{KMnO_4, H^+} \text{C}_6\text{H}_5\text{-COOH} \xrightarrow[H_2SO_4(浓)]{HNO_3(浓)} \text{m-}O_2N\text{-C}_6\text{H}_4\text{-COOH} \xrightarrow{SOCl_2} \text{m-}O_2N\text{-C}_6\text{H}_4\text{-COCl}$$

$$\xrightarrow[AlCl_3]{C_6H_6} \text{m-}O_2N\text{-C}_6\text{H}_4\text{-CO-C}_6\text{H}_5$$

点评　此题的关键点是选择合理的切割方法。

【例 12-7】 有机化合物 A（$C_8H_8O_2$）能溶于 NaOH 水溶液，可以与苯肼发生加成反应，也能发生碘仿反应，但不与托伦试剂反应。用 Zn-Hg/HCl 还原 A 时生成 B（$C_8H_{10}O$）。B 与 NaOH 溶液反应后，与碘甲烷一起煮沸，生成化合物 C（$C_9H_{12}O$）。C 经酸性高锰酸钾溶液氧化后，生成对甲氧基苯甲酸。试推测 A、B、C 的构造式。

解析　由分子式可算出 A 的不饱和度为 5，分子中含有一个苯环，A 可溶于 NaOH 水溶液，说明分子中可能含有酚羟基。A 与苯肼发生缩合反应，也发生碘仿反应，但不和托伦试剂反应，说明 A 分子中还可能含有 $CH_3\text{—}\overset{O}{\overset{\|}{C}}\text{—}$ 基。又根据 A ⟶ B ⟶ C ⟶ $CH_3O\text{-}C_6H_4\text{-}COOH$ 的一系列反应，A 分子中的酚羟基和 $CH_3\text{—}\overset{O}{\overset{\|}{C}}\text{—}$ 基处于苯环的对位，并结合 A 的不饱和度和分子式，推测 A 可能是对羟基苯乙酮，其构造式可能是 $HO\text{-}C_6H_4\text{-}\overset{O}{\overset{\|}{C}}\text{—}CH_3$。有关化学反应如下：

$$\underset{A}{HO\text{-}C_6H_4\text{-}\overset{O}{\overset{\|}{C}}\text{—}CH_3} \xrightarrow[水溶液]{NaOH} NaO\text{-}C_6H_4\text{-}\overset{O}{\overset{\|}{C}}\text{—}CH_3 + H_2O$$

$$HO\text{-}C_6H_4\text{-}\overset{O}{\overset{\|}{C}}\text{—}CH_3 \xrightarrow{H_2N\text{—}NH\text{-}C_6H_5} HO\text{-}C_6H_4\text{-}\overset{CH_3}{\overset{|}{C}}\text{=}N\text{—}NH\text{-}C_6H_5$$

$$HO\text{-}C_6H_4\text{-}\overset{O}{\overset{\|}{C}}\text{—}CH_3 \xrightarrow[溶液]{I_2, NaOH} HO\text{-}C_6H_4\text{-}COONa + CHI_3\downarrow$$

$$HO\text{-}C_6H_4\text{-}\overset{O}{\overset{\|}{C}}\text{—}CH_3 \xrightarrow{Zn\text{-}Hg/HCl} \underset{B}{HO\text{-}C_6H_4\text{-}CH_2CH_3} \xrightarrow[煮沸]{NaOH \quad CH_3I}$$

$$\underset{C}{CH_3O\text{-}C_6H_4\text{-}CH_2CH_3} \xrightarrow{KMnO_4, H^+} CH_3O\text{-}C_6H_4\text{-}COOH$$

根据以上化学反应验证，A、B、C 的构造式分别为：

A. $HO\text{-}C_6H_4\text{-}\overset{O}{\overset{\|}{C}}\text{—}CH_3$　　B. $HO\text{-}C_6H_4\text{-}CH_2CH_3$　　C. $CH_3O\text{-}C_6H_4\text{-}CH_2CH_3$

【例 12-8】 化合物 A（$C_8H_8O_2$）能与 $NaHCO_3$ 溶液反应，在光照下与 Br_2 反应得到化合物 B（$C_8H_7BrO_2$）。B 与 NaCN 反应得到化合物 C（$C_9H_7NO_2$）。C 在酸性水溶液中水解

得到化合物 D（2-苯基丙二酸）。试推测 A、B、C 的构造式。

解析　由分子式可算出 A 的不饱和度为 5，分子中可能含有一个苯环（Δ=4）。A 能与 $NaHCO_3$ 溶液反应，说明可能是芳酸，另一个不饱和度为羧基中的碳氧双键。分析 A ～D 的一系列反应得知，要符合 A 经一系列反应得到 D（*β*-二元酸），又要符合 A 的分子式和不饱和度的芳酸，只有 $C_6H_5—CH_2—COOH$ 符合。有关化学反应如下：

$$\underset{A}{C_6H_5CH_2COOH} \xrightarrow{NaHCO_3} C_6H_5CH_2COONa + CO_2\uparrow + H_2O$$

$$\underset{A}{C_6H_5CH_2COOH} \xrightarrow[\text{光照}]{Br_2} \underset{B}{C_6H_5CH(Br)COOH} \xrightarrow{NaCN} \underset{C}{C_6H_5CH(CN)COOH} \xrightarrow{H_2O,H^+} \underset{D}{C_6H_5CH(COOH)COOH}$$

根据以上化学反应验证，A、B、C 的构造式分别为：

A. $C_6H_5—CH_2COOH$　　B. $C_6H_5—CH(Br)COOH$　　C. $C_6H_5—CH(CN)COOH$

【例 12-9】化合物 A（$C_9H_{10}O_3$）不溶于水、稀盐酸及稀 $NaHCO_3$ 溶液，但能溶于 NaOH 溶液；A 与稀 NaOH 溶液共热后，将溶液冷却、酸化，得到沉淀化合物 B（$C_7H_6O_3$）。B 能溶于 $NaHCO_3$ 溶液，并放出气体；B 与 $FeCl_3$ 溶液反应显紫色，在酸性介质中可进行水蒸气蒸馏。试推测 A、B 的构造式。

解析　由分子式可算出 A 的不饱和度为 5，分子中含有一个苯环（Δ=4），并根据题意 A 分子中还含有 $—\overset{O}{\overset{\|}{C}}—OR$ 基（Δ=1）及酚羟基，A 与稀 NaOH 溶液共热后，冷却、酸化得到沉淀 B（$C_7H_6O_3$）。B 能溶于 $NaHCO_3$ 溶液，说明 B 是芳酸，可能是由 A 中的 $\overset{O}{\overset{\|}{C}}—OR$ 水解后转化为—COOH，B 与 $FeCl_3$ 溶液反应显紫色，在酸性介质中可进行水蒸气蒸馏，说明 B 分子还含有酚羟基，且羟基与羧基处于邻位。因此，推测 B 的构造式可能为 邻-HO—C_6H_4—COOH（COOH 与 OH 邻位），由 B 推测 A 的构造式可能为 邻-HO—C_6H_4—$COOC_2H_5$（$COOC_2H_5$ 与 OH 邻位）。有关化学反应如下：

$$\underset{A}{o\text{-}HOC_6H_4COOC_2H_5} \xrightarrow{NaOH\text{溶液}} o\text{-}NaOC_6H_4COOC_2H_5 + H_2O$$

$$o\text{-}HOC_6H_4COOC_2H_5 \xrightarrow[\triangle]{NaOH\text{溶液}} o\text{-}NaOC_6H_4COONa \xrightarrow{\text{稀 }HCl} \underset{B}{o\text{-}HOC_6H_4COOH}$$

$$o\text{-}HOC_6H_4COOH \xrightarrow{NaHCO_3} o\text{-}HOC_6H_4COONa + CO_2\uparrow$$

根据以上化学反应验证，A、B的构造式分别为：

A. 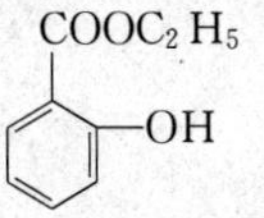 邻羟基苯甲酸乙酯（苯环上 $COOC_2H_5$ 与 OH 处于邻位）　　B. 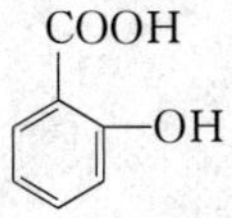 邻羟基苯甲酸（苯环上 COOH 与 OH 处于邻位）

习　题

一、命名下列化合物或写出构造式

1. 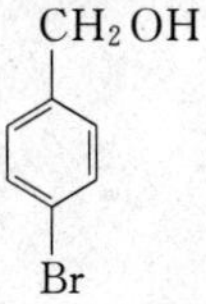 苯环：1-CH_2OH，4-Br

2. 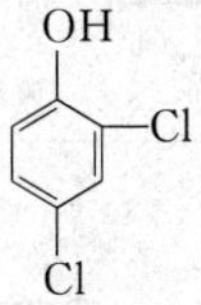 苯环：1-OH，2-Cl，4-Cl

3. 苯环：1-OH，3-OH

4. C_6H_5—C(=O)—CH_3

5. 苯环：1-CHO，3-Br

6. 苯环：1-CH_2CH_3，2-C(=O)—Cl

7. 苯环：1-CH_2COOH，4-Cl

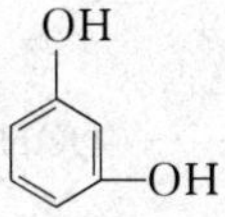

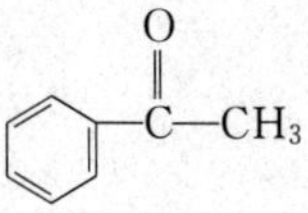

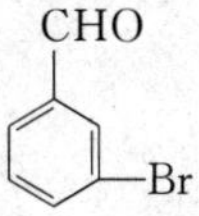

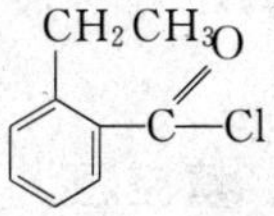

8. 苯环：1-CHO，3-OCH_3，4-HO

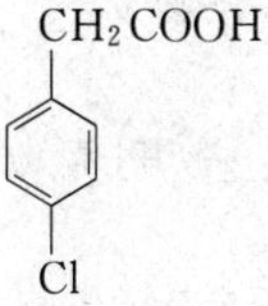

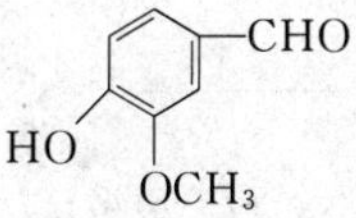

9. 对甲氧基苯酚

10. 对苯二酚

11. 水杨酸

12. 苯乙酮

13. 苯甲酰胺

14. 3-氯苯甲酸乙酯

二、完成下列化学反应

1. 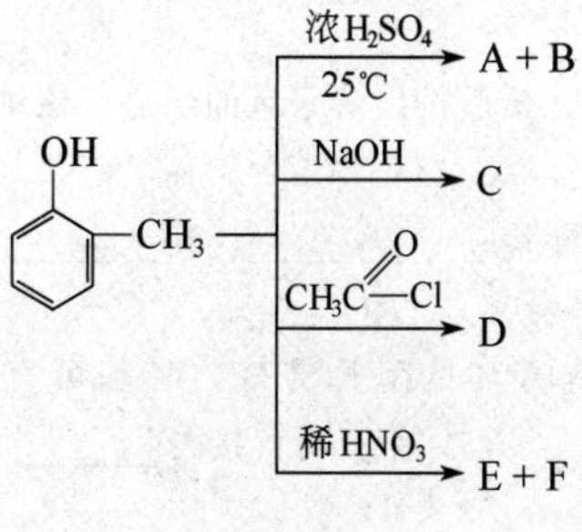 邻甲苯酚（苯环：1-OH，2-CH_3）：

$\xrightarrow[25℃]{浓H_2SO_4}$ A + B

$\xrightarrow{NaOH}$ C

$\xrightarrow{CH_3C(=O)—Cl}$ D

$\xrightarrow{稀HNO_3}$ E + F

2. C_6H_5—OH $\xrightarrow{NaOH}$ A $\xrightarrow[\triangle,加压]{CO_2}$ B $\xrightarrow{H^+}$ C $\xrightarrow{(CH_3CO)_2O}$ D

3. C_6H_5—C(=O)—CH_3 $\xrightarrow[②H^+]{①NaOH+I_2}$ A $\xrightarrow{SOCl_2}$ B $\xrightarrow[\triangle]{NH_3}$ C $\xrightarrow{Br_2,NaOH}$ D

4. 间甲苯酚（苯环：1-CH_3，3-OH）$\xrightarrow{A}$ 苯环：1-CH_3，3-OH，4-$CH(CH_3)_2$（百里酚，消毒剂）$\xrightarrow{B}$ 环己烷：1-CH_3，3-OH，4-$CH(CH_3)_2$（薄荷醇）

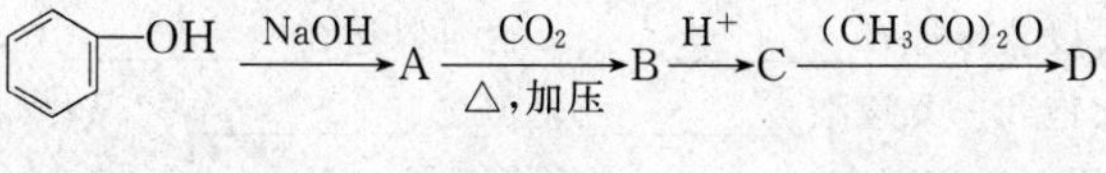

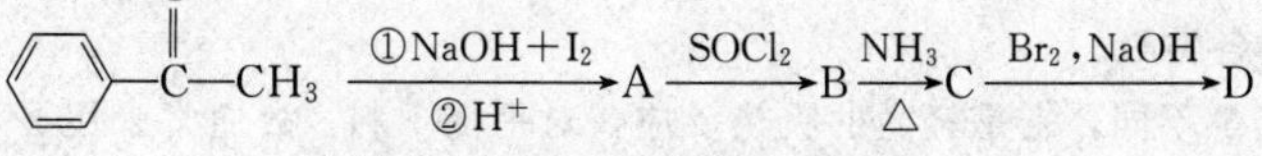

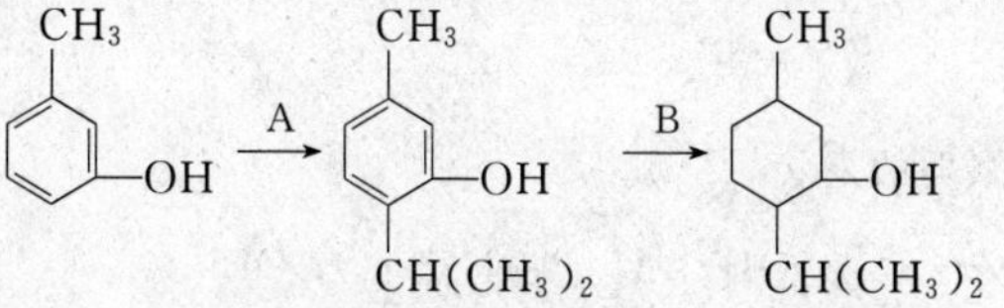

5. C_6H_5—CHO
- $\xrightarrow{NaOH(浓)}$ A + B
- $\xrightarrow{NH_2OH}$ C
- $\xrightarrow[\triangle]{HNO_3(浓), H_2SO_4(浓)}$ D
- $\xrightarrow[NaOH(稀)]{CH_3CHO}$ E $\xrightarrow{-H_2O}$ F
- $\xrightarrow{Ag(NH_3)_2OH}$ G + H + I

6. 苯 $\xrightarrow{A}$ 甲苯 $\xrightarrow{B}$ C_6H_5—COOH $\xrightarrow{C}$ C_6H_5—C(=O)—Cl

7. C_6H_5—COOH $\xrightarrow[H^+]{C_2H_5OH}$ A $\xrightarrow[\triangle]{HNO_3(浓), H_2SO_4(浓)}$ B

8. CH_3—(2,6-二甲基苯基)—Br（即 2,4,6-三甲基溴苯） $\xrightarrow[绝对乙醚]{Mg}$ A $\xrightarrow{CO_2}$ B $\xrightarrow[H^+]{H_2O}$ C $\xrightarrow[②\triangle]{①NH_3}$ D

三、填空题

1. 酚和芳醇都是__________衍生物。__________直接与__________的化合物称__________，__________与__________化合物称__________。

2. 写出下列化合物的俗名：苯酚__________；1，2，3-苯三酚__________；甲苯酚的肥皂液__________。

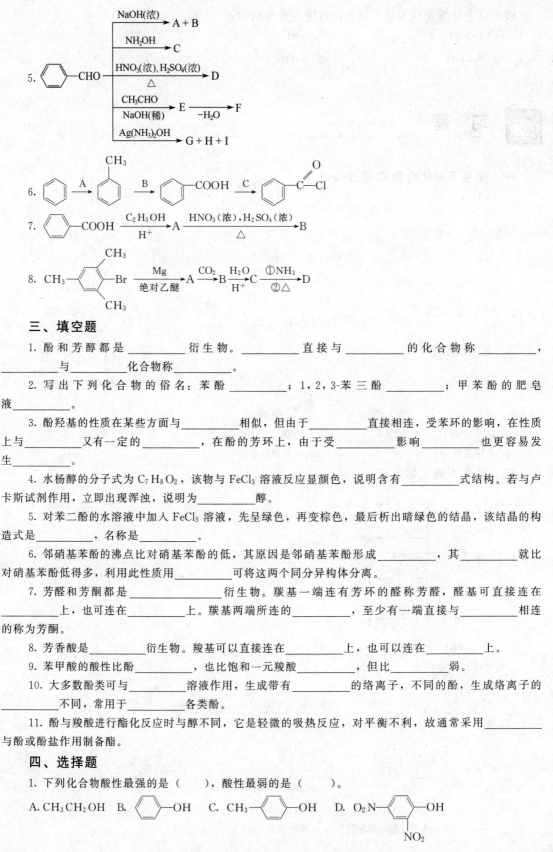

3. 酚羟基的性质在某些方面与__________相似，但由于__________直接相连，受苯环的影响，在性质上与__________又有一定的__________，在酚的芳环上，由于受__________影响__________也更容易发生__________。

4. 水杨醇的分子式为 $C_7H_8O_2$，该物与 $FeCl_3$ 溶液反应显颜色，说明含有__________式结构。若与卢卡斯试剂作用，立即出现浑浊，说明为__________醇。

5. 对苯二酚的水溶液中加入 $FeCl_3$ 溶液，先呈绿色，再变棕色，最后析出暗绿色的结晶，该结晶的构造式是__________，名称是__________。

6. 邻硝基苯酚的沸点比对硝基苯酚的低，其原因是邻硝基苯酚形成__________，其__________就比对硝基苯酚低得多，利用此性质用__________可将这两个同分异构体分离。

7. 芳醛和芳酮都是__________衍生物。羰基一端连有芳环的醛称芳醛，醛基可直接连在__________上，也可连在__________上。羰基两端所连的__________，至少有一端直接与__________相连的称为芳酮。

8. 芳香酸是__________衍生物。羧基可以直接连在__________上，也可以连在__________上。

9. 苯甲酸的酸性比酚__________，也比饱和一元羧酸__________，但比__________弱。

10. 大多数酚类可与__________溶液作用，生成带有__________的络离子，不同的酚，生成络离子的__________不同，常用于__________各类酚。

11. 酚与羧酸进行酯化反应时与醇不同，它是轻微的吸热反应，对平衡不利，故通常采用__________与酚或酚盐作用制备酯。

四、选择题

1. 下列化合物酸性最强的是（　　），酸性最弱的是（　　）。

A. CH_3CH_2OH　B. C_6H_5—OH　C. CH_3—C_6H_4—OH　D. O_2N—$C_6H_3(NO_2)$—OH

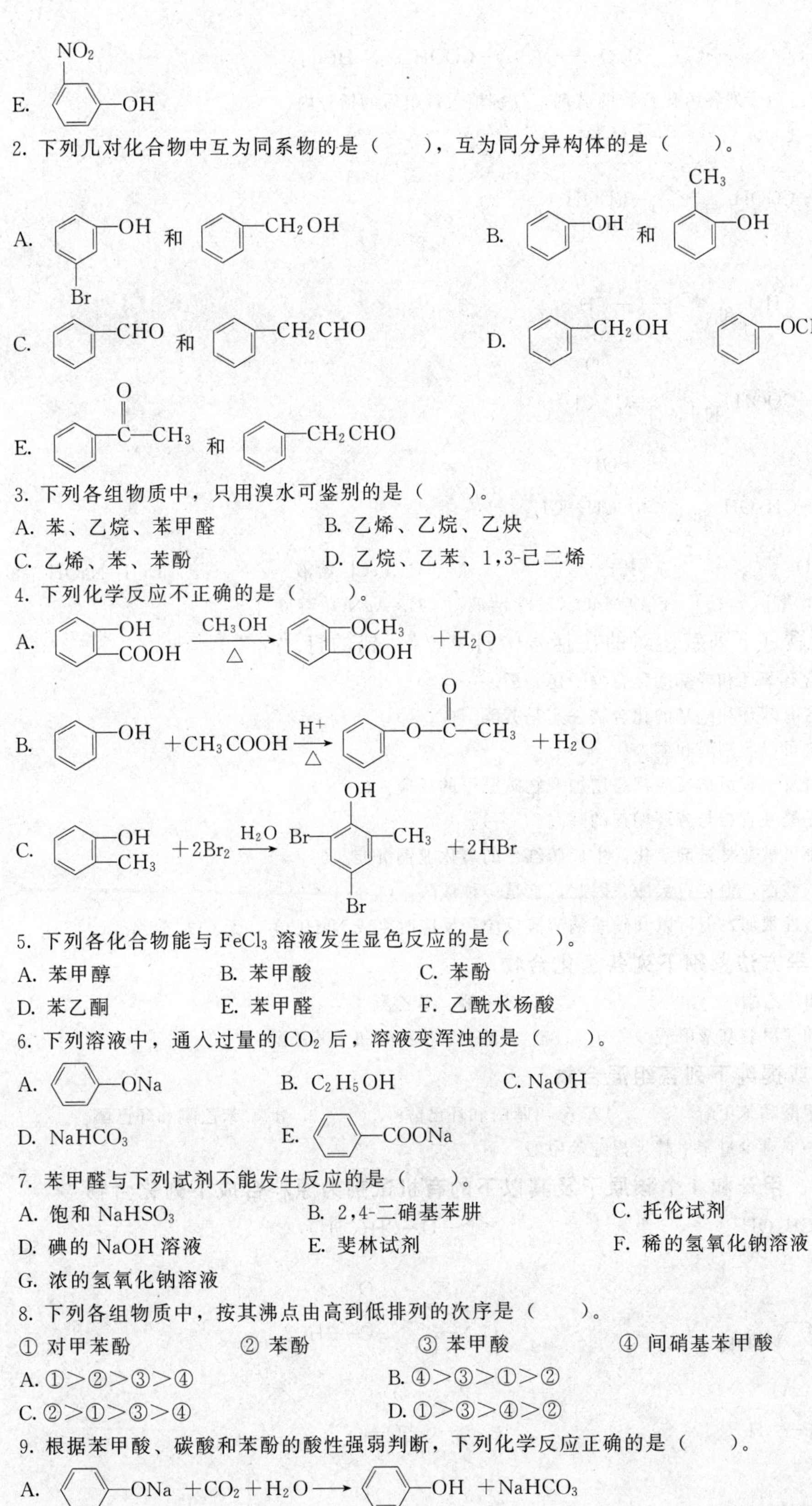

E. (间硝基苯酚：NO_2、OH)

2. 下列几对化合物中互为同系物的是（　　），互为同分异构体的是（　　）。

A. 间溴苯酚 和 苯甲醇（CH_2OH）　　B. 苯酚 和 邻甲基苯酚（CH_3、OH）

C. 苯甲醛（CHO）和 苯乙醛（CH_2CHO）　　D. 苯甲醇（CH_2OH）　苯甲醚（OCH_3）

E. 苯乙酮（$C(=O)-CH_3$）和 苯乙醛（CH_2CHO）

3. 下列各组物质中，只用溴水可鉴别的是（　　）。

A. 苯、乙烷、苯甲醛　　B. 乙烯、乙烷、乙炔

C. 乙烯、苯、苯酚　　D. 乙烷、乙苯、1,3-己二烯

4. 下列化学反应不正确的是（　　）。

A. 水杨酸（OH、COOH）$\xrightarrow[\triangle]{CH_3OH}$ 邻甲氧基苯甲酸（OCH_3、COOH）$+H_2O$

B. 苯酚（OH）$+CH_3COOH \xrightarrow[\triangle]{H^+}$ 乙酸苯酯（$O-C(=O)-CH_3$）$+H_2O$

C. 邻甲基苯酚（OH、CH_3）$+2Br_2 \xrightarrow{H_2O}$ 4,6-二溴-2-甲基苯酚（OH、Br、CH_3、Br）$+2HBr$

5. 下列各化合物能与 $FeCl_3$ 溶液发生显色反应的是（　　）。

A. 苯甲醇　　B. 苯甲酸　　C. 苯酚

D. 苯乙酮　　E. 苯甲醛　　F. 乙酰水杨酸

6. 下列溶液中，通入过量的 CO_2 后，溶液变浑浊的是（　　）。

A. 苯酚钠（ONa）　　B. C_2H_5OH　　C. NaOH

D. $NaHCO_3$　　E. 苯甲酸钠（COONa）

7. 苯甲醛与下列试剂不能发生反应的是（　　）。

A. 饱和 $NaHSO_3$　　B. 2,4-二硝基苯肼　　C. 托伦试剂

D. 碘的 NaOH 溶液　　E. 斐林试剂　　F. 稀的氢氧化钠溶液

G. 浓的氢氧化钠溶液

8. 下列各组物质中，按其沸点由高到低排列的次序是（　　）。

① 对甲苯酚　　② 苯酚　　③ 苯甲酸　　④ 间硝基苯甲酸

A. ①>②>③>④　　B. ④>③>①>②

C. ②>①>③>④　　D. ①>③>④>②

9. 根据苯甲酸、碳酸和苯酚的酸性强弱判断，下列化学反应正确的是（　　）。

A. 苯酚钠（ONa）$+CO_2+H_2O \longrightarrow$ 苯酚（OH）$+NaHCO_3$

B. 苯甲酸钠（COONa）$+$ 苯酚（OH）$\longrightarrow$ 苯甲酸（COOH）$+$ 苯酚钠（ONa）

C. 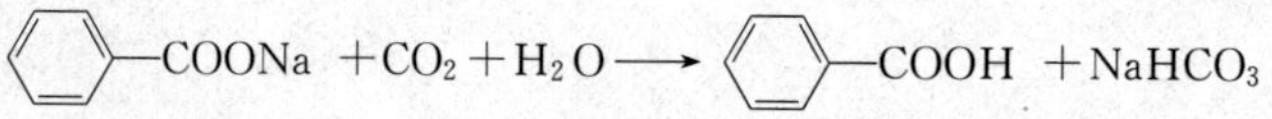 C_6H_5—COONa $+CO_2+H_2O \longrightarrow C_6H_5$—COOH $+NaHCO_3$

10. 选择能鉴别下列各组化合物的试剂，分别填入每组后的括号内。

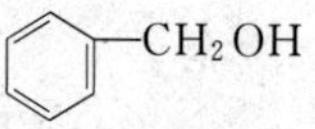

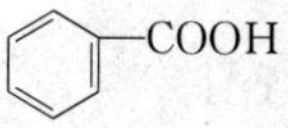

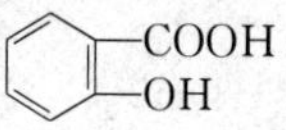

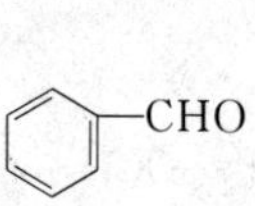

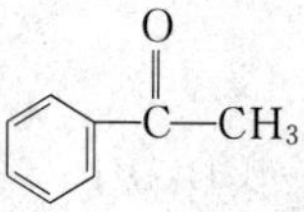

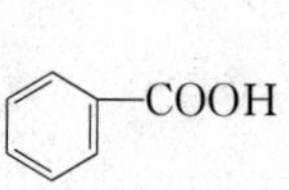

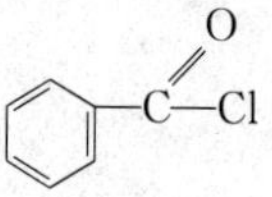

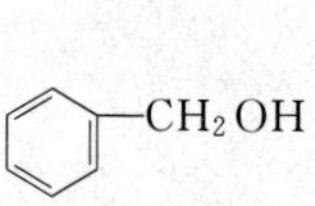

(1) 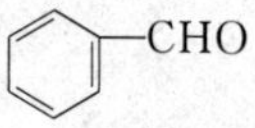 C_6H_5—CHO 与 C_6H_5—CH_2OH （ ）

(2) C_6H_5—COOH 与 邻-HO—C_6H_4—COOH （ ）

(3) C_6H_5—CHO 和 C_6H_5—CO—CH_3 （ ）

(4) C_6H_5—COOH 和 C_6H_5—CO—Cl （ ）

(5) C_6H_5—CH_2OH 和 C_6H_5—CH(OH)—CH_3 （ ）

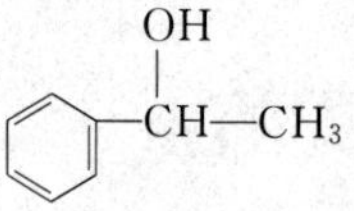

A. Br_2-H_2O　　B. 托伦试剂　　C. $FeCl_3$ 溶液　　D. I_2-NaOH 溶液

E. $NaHCO_3$ 溶液　　F. $KMnO_4$，H^+ 溶液　　G. $AgNO_3$ 溶液

五、判断题（下列叙述对的在括号中打“√”，错的打“×”）

1. 分子中含有苯环和羟基的化合物一定是酚。（ ）
2. 分子中含有苯环和酮基的化合物一定是芳酮。（ ）
3. 托伦试剂可以鉴别醛和酮。（ ）
4. 羟醛缩合反应和卤仿反应都是增加产物碳原子的反应。（ ）
5. 芳香醛是醛基直接与芳环相连的醛。（ ）
6. 凡是醛都可被斐林试剂氧化，生成砖红色的氧化亚铜沉淀。（ ）
7. 苯酚有弱酸性，俗称石炭酸，因此，它是一种羧酸。（ ）
8. 苯酚的酸性很弱，但可以和碳酸钠溶液反应，反应时生成 $NaHCO_3$，无 CO_2 放出。（ ）

六、用化学方法鉴别下列各组化合物

1. 2-戊酮和苯乙酮　　2. 苯甲醛、苯乙酮
3. 水杨醛和邻甲氧基苯甲酸　　4. 苯酚、1-苯乙醇和 2-苯乙醇

七、分离或提纯下列各组混合物

1. 分离苯甲酸和苯甲醚　　2. 分离苯酚和环己醇　　3. 分离 苯乙酮和环己酮
4. 苯甲酸中混有少量苯甲醇，提纯苯甲酸

八、由苯、甲苯和 4 个碳原子及其以下的有机试剂为原料合成下列化合物

1. 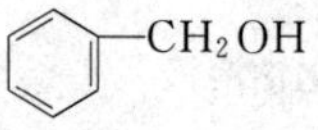 C_6H_5—CH_2OH　　2. C_6H_5—O—$CH(CH_3)_2$

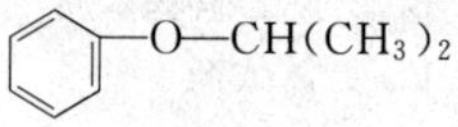

3. 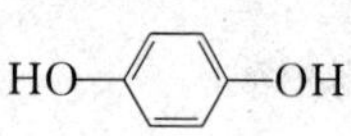 HO—C_6H_4—OH（对位）　　4. 间-O_2N—C_6H_4—CO—CH_3

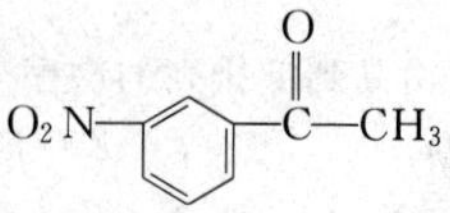

5. 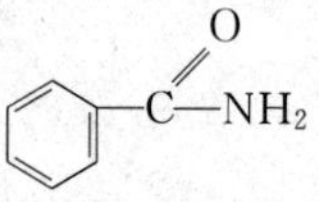 C_6H_5—CO—NH_2　　6. 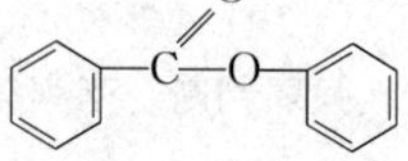 C_6H_5—CO—O—C_6H_5

7. 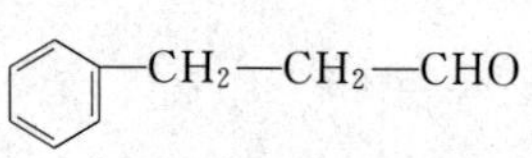 C_6H_5—CH_2—CH_2—CHO　　8. 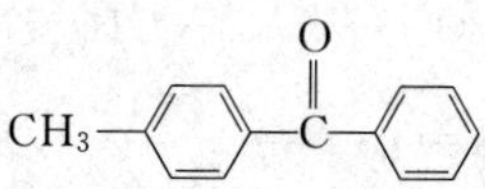 CH_3—C_6H_4—CO—C_6H_5（对位）

9. $C_6H_5CH_2COOH$ （两种方法）　　10. $C_6H_5-C(OH)(CH_3)-CH_2-C(=O)-C_6H_5$

九、推测构造式

1. 某化合物A经元素分析得知其含碳、氢、氧、氯和溴等元素，A几乎不溶于稀酸和稀碱，与硝酸银氨溶液无明显作用，但和羟胺作用生成含氮的固体化合物B。将A和酸性高锰酸钾溶液共热，有二氧化锰沉淀生成。将反应物过滤得间溴苯甲酸和邻氯苯甲酸。试推测A、B的构造式。

2. 从中草药茵陈蒿中提取一种治疗胆病的化合物A（$C_8H_8O_2$），熔点是110℃，与三氯化铁溶液反应后，溶液显浅紫色，与2,4-二硝基苯肼作用生成腙B，A也能发生碘仿反应。试推测A、B的构造式。

3. 化合物A（C_8H_8O）能与羟胺反应，也能发生碘仿反应，经Zn-Hg和浓盐酸还原后得到化合物B（C_8H_{10}）。B经硝化反应生成两种一元硝基化合物，而A经硝化反应则主要生成一种硝基化合物。试推测A、B的构造式。

4. 化合物A和B分子式都是$C_{10}H_{12}O$，两者都不溶于水、稀酸、稀碱，但能使溴的四氯化碳溶液褪色。A、B经高锰酸钾的酸溶液强烈氧化都生成 $CH_3O-C_6H_4-COOH$（对位），经催化氢化后也得到同一化合物。试推测A、B的构造式。

5. 某芳香族化合物A（C_7H_8O）与钠不发生反应，与浓氢碘酸反应生成两种化合物B与C，B能溶于氢氧化钠溶液，并与$FeCl_3$反应显蓝紫色，C与硝酸银醇溶液作用，生成黄色碘化银。试推测A、B、C的构造式。

第十三章　芳香族含氮化合物

主要内容要点

芳香族含氮化合物是指芳烃分子中的氢原子被一些含氮的官能团取代的衍生物。

一、芳香族硝基化合物

芳烃分子中的氢原子被硝基（—NO_2）取代后所生成的化合物称为芳香族硝基化合物。硝基是硝基化合物的官能团。

芳香族硝基化合物命名时，以芳烃为母体，硝基作为取代基。

芳香族硝基化合物的主要化学反应：

还原反应：

$$C_6H_5NO_2 \xrightarrow{Fe+HCl} C_6H_5NH_2$$

$$C_6H_5NO_2 \xrightarrow[\triangle,\text{压力}]{H_2,\ Ni} C_6H_5NH_2$$

取代反应：

$$C_6H_5NO_2 \xrightarrow[140℃]{Br_2,\ Fe} m\text{-}BrC_6H_4NO_2$$

$$C_6H_5NO_2 \xrightarrow[95\sim100℃]{HNO_3(\text{发烟}),\ H_2SO_4(\text{浓})} m\text{-}C_6H_4(NO_2)_2$$ （硝基使苯环的取代反应钝化）

$$C_6H_5NO_2 \xrightarrow[110℃]{H_2SO_4(\text{发烟})} m\text{-}HO_3SC_6H_4NO_2$$

硝基对苯环上其他取代基的影响：氯苯的邻、对位有硝基时，硝基可使氯原子活化，使其容易被水解，硝基越多，反应越容易进行。酚的邻、对位引入硝基时，也可使酚的酸性增强。

芳香族硝基化合物主要通过芳烃的直接硝化来制取。

二、芳香胺

氨分子中至少有一个氢原子被芳基取代而得到的化合物称芳香胺，简称为芳胺。

1. 芳胺的命名

芳胺、芳铵盐及季铵类化合物的命名和脂肪胺相似。但应注意，在氨基氮原子上同时连有芳基和烷基，命名时需在烷基的名称之前加“*N*”字母，表示烷基直接连在氨基的氮原子上。氨基连在侧链上的芳胺，一般以脂肪胺为母体，芳基作为取代基。

2. 芳胺的化学反应（以芳伯胺为例）

（1）碱性 $C_6H_5-NH_2 \underset{NaOH}{\overset{HCl}{\rightleftharpoons}} C_6H_5-N^+H_3Cl^-$

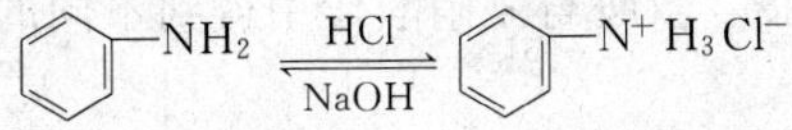

在水溶液中碱性强弱次序为 $NH_3 > ArNH_2 > Ar_2NH > Ar_3N$。

（2）芳胺的其他反应（以芳香族伯胺为例）

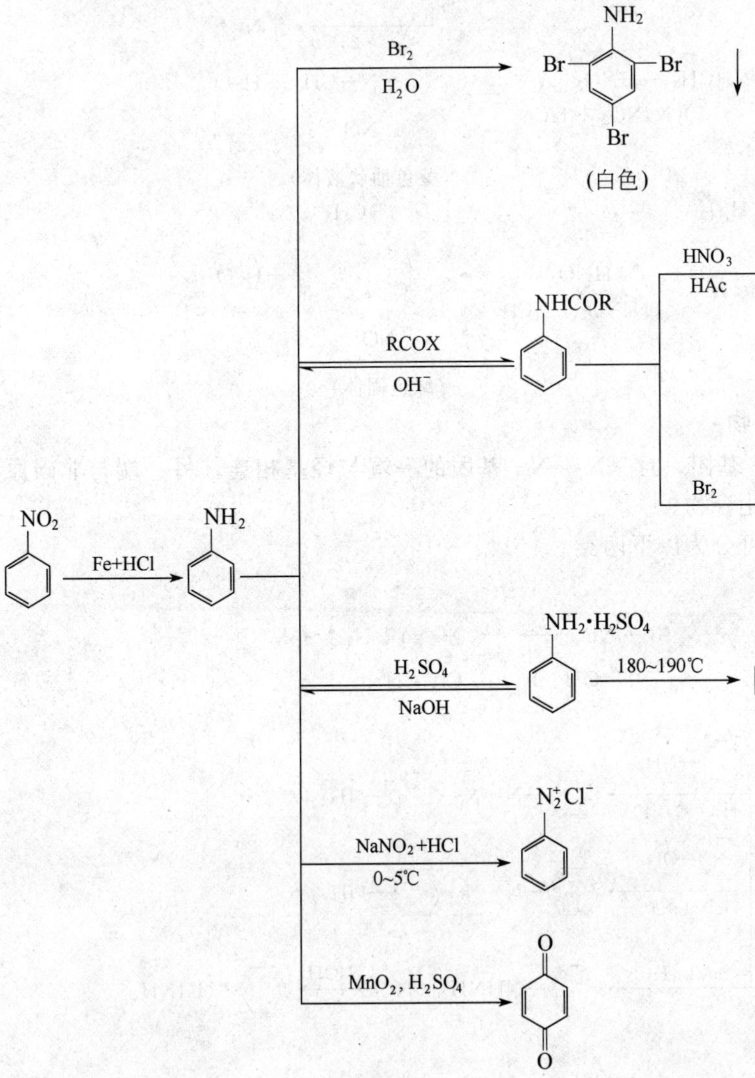

$C_6H_5NO_2 \xrightarrow{Fe+HCl} C_6H_5NH_2$

$C_6H_5NH_2 \xrightarrow[H_2O]{Br_2}$ 2,4,6-三溴苯胺 $\downarrow$（白色）

$C_6H_5NH_2 \underset{OH^-}{\overset{RCOX}{\rightleftharpoons}} C_6H_5NHCOR$

$C_6H_5NHCOR \xrightarrow[HAc]{HNO_3} p\text{-}O_2NC_6H_4NHCOR \xrightarrow[H^+]{H_2O} p\text{-}O_2NC_6H_4NH_2$

$C_6H_5NHCOR \xrightarrow{Br_2} p\text{-}BrC_6H_4NHCOR \xrightarrow[OH^-]{H_2O} p\text{-}BrC_6H_4NH_2$

$C_6H_5NH_2 \underset{NaOH}{\overset{H_2SO_4}{\rightleftharpoons}} C_6H_5NH_2\cdot H_2SO_4 \xrightarrow{180\sim190℃} p\text{-}HO_3SC_6H_4NH_2$

$C_6H_5NH_2 \xrightarrow[0\sim5℃]{NaNO_2+HCl} C_6H_5N_2^+Cl^-$

$C_6H_5NH_2 \xrightarrow{MnO_2, H_2SO_4}$ 对苯醌

3. 芳胺的鉴别

（1）碱性试验 芳伯胺、仲胺、叔胺均溶于强酸而成盐，胺的水溶液能使石蕊试纸变蓝色。芳胺不溶于水，生成的盐可溶于水，铵盐与强碱作用时，胺又重新游离出来。利用这一性质可分离、提纯和鉴别芳胺。

（2）酰化试验 芳伯胺、仲胺和酰化剂作用，生成具有固定熔点的无色晶体芳酰胺，叔胺不与酰化剂作用。常用的酰化剂有乙酰氯、乙酸酐和苯磺酰氯。

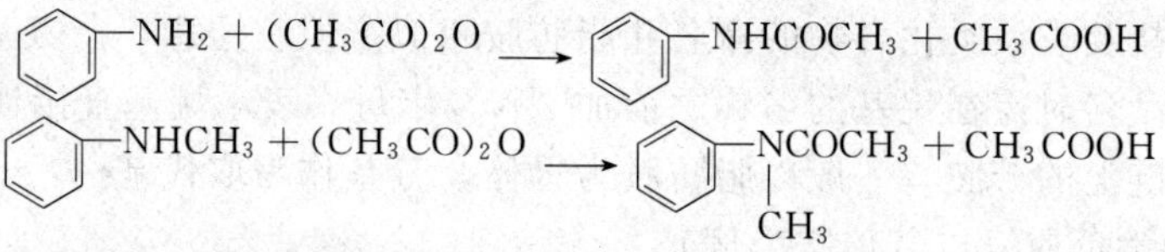

$$C_6H_5-NH_2 + (CH_3CO)_2O \longrightarrow C_6H_5-NHCOCH_3 + CH_3COOH$$

$$C_6H_5-NHCH_3 + (CH_3CO)_2O \longrightarrow C_6H_5-N(CH_3)COCH_3 + CH_3COOH$$

(3) 亚硝酸试验　利用芳香族伯胺、仲胺、叔胺与亚硝酸作用得到不同的产物、不同反应现象来鉴别芳香族伯胺、仲胺、叔胺。

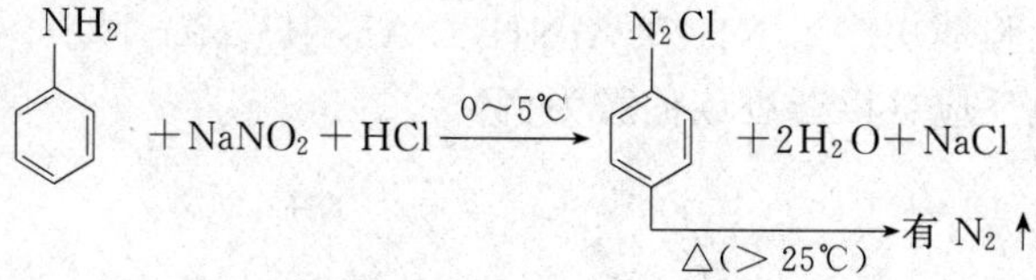

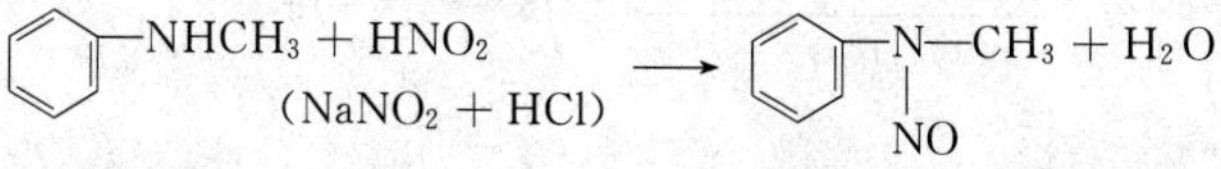

$$C_6H_5NH_2 + NaNO_2 + HCl \xrightarrow{0\sim5℃} C_6H_5N_2Cl + 2H_2O + NaCl$$

$$C_6H_5N_2Cl \xrightarrow{\triangle(>25℃)} 有\ N_2\uparrow$$

$$C_6H_5-NHCH_3 + HNO_2\ (NaNO_2 + HCl) \longrightarrow C_6H_5-N(NO)-CH_3 + H_2O$$

（黄色油状液体）

$$C_6H_5N(CH_3)_2 + HNO_2\ (NaNO_2 + HCl) \longrightarrow p\text{-}ON-C_6H_4-N(CH_3)_2 + H_2O$$

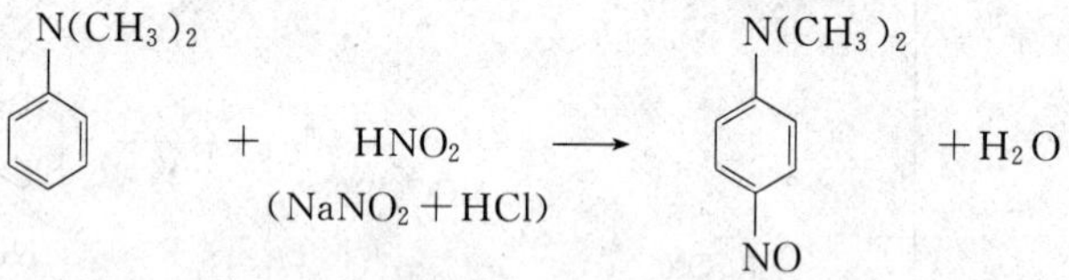

（绿色固体）

三、芳香族重氮化合物

分子中含有—N═N—基团，且—N═N—基团的一端与烃基相连，另一端与非碳原子相连的化合物，叫做重氮化合物。

芳香族重氮盐的反应可分为以下两类。

(1) 放氮反应

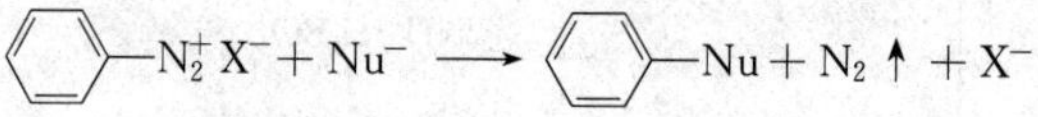

$$C_6H_5-N_2^+X^- + Nu^- \longrightarrow C_6H_5-Nu + N_2\uparrow + X^-$$

Nu=OH、I、Br、Cl、CN

(2) 保留氮的反应

$$C_6H_5-N_2^+X^- \xrightarrow[H^+(稀),40℃]{C_6H_5-NH_2} C_6H_5-N{=}N-C_6H_4-NH_2$$

$$C_6H_5-N_2^+X^- \xrightarrow[OH^-(稀)]{C_6H_5-OH} C_6H_5-N{=}N-C_6H_4-OH$$

$$C_6H_5-N_2^+X^- \xrightarrow{SnCl_2,HCl} C_6H_5-NHNH_2\cdot HCl \xrightarrow{NaOH} C_6H_5-NHNH_2$$

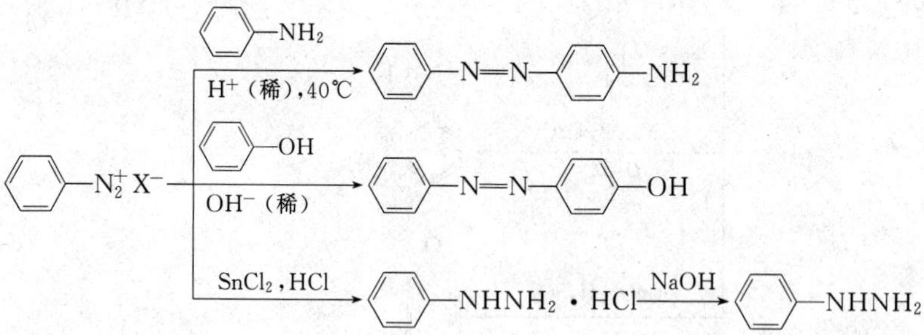

例题解析

【例 13-1】 给下列化合物命名或写出构造式。

1. 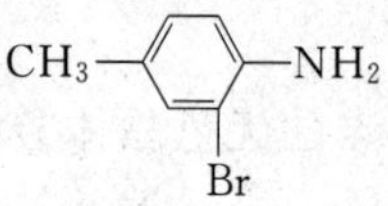 $CH_3-C_6H_3(Br)-NH_2$（溴位于氨基邻位）　　2. $(C_6H_5)_3N$

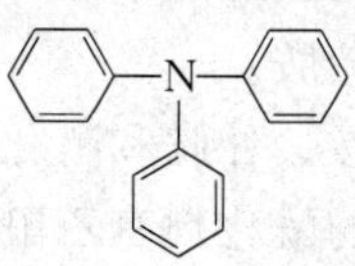

3. $C_6H_5-\overset{1}{C}H(NH_2)-\overset{2}{C}H(CH_3)-CH_3$

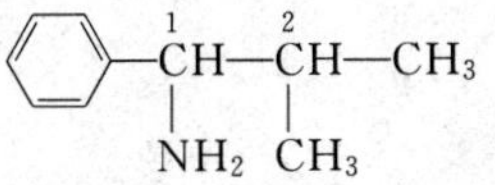

4. 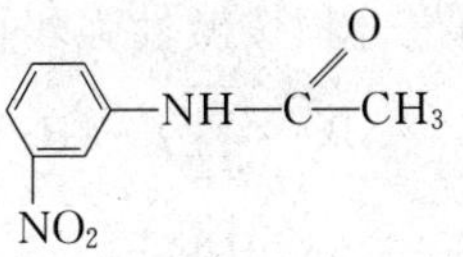 m-$O_2N-C_6H_4-NH-\overset{O}{\overset{\|}{C}}-CH_3$

5. 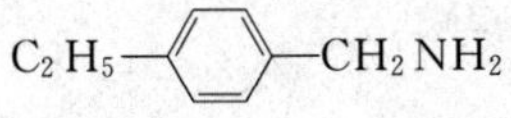 $C_2H_5-C_6H_4-CH_2NH_2$（对位）

6. 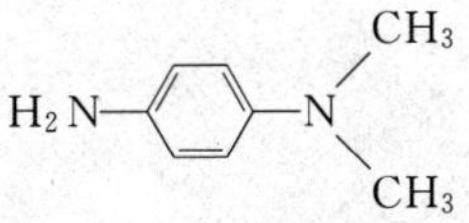 $H_2N-C_6H_4-N(CH_3)_2$（对位）

7. 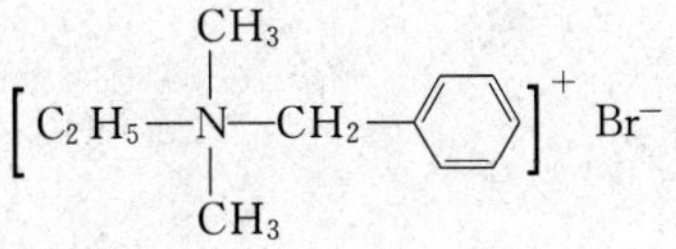 $\left[C_2H_5-\underset{CH_3}{\overset{CH_3}{N}}-CH_2-C_6H_5\right]^+Br^-$

8. 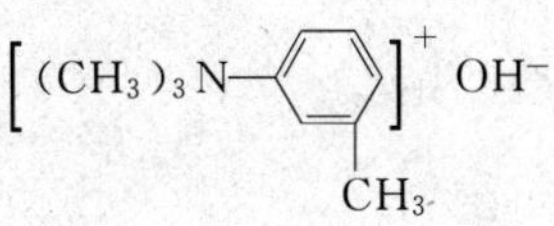 $\left[(CH_3)_3N-C_6H_4-CH_3\right]^+OH^-$（间位）

9. 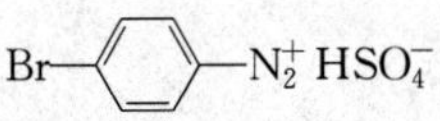 $Br-C_6H_4-N_2^+HSO_4^-$（对位）

10. 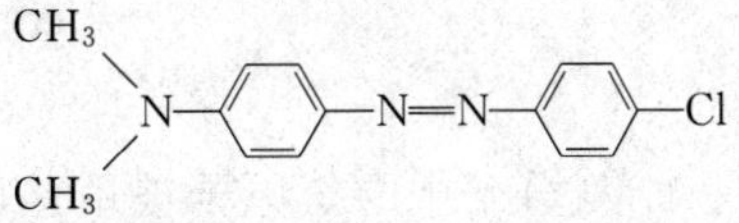 $(CH_3)_2N-C_6H_4-N=N-C_6H_4-Cl$（对位）

11. 苄胺

12. 4,4′-二氯二苯胺

13. 溴化重氮对甲（基）苯

14. 氢氧化三乙基苄基铵

15. 1,4-萘二胺

16. 对-二甲氨基偶氮苯磺酸钠

解析 1～10题，根据芳胺、芳铵盐、季铵盐、季铵碱、重氮和偶氮化合物的命名原则命名。

1. 4-甲基-2-溴苯胺（以苯胺为母体，溴和甲基为取代基）

2. 三苯胺（在芳基的名称后加上胺字）

3. 2-甲基-1-苯（基）丙胺（氨基连在侧链上的芳胺，一般以脂肪胺为母体，芳基作为取代基）

4. 间硝基乙酰苯胺

5. 对乙基苯（基）甲胺（或对乙基苄胺）

6. 对氨基-N,N-二甲基苯胺（或 N,N-二甲基对苯二胺，N,N-表示甲基直接取代氨基上的两个氢原子）

7. 溴化二甲基乙基苄基铵（季铵盐）

8. 氢氧化三甲基间甲苯基铵（季铵碱）

9. 重氮对溴苯硫酸氢盐（重氮盐的命名，可将"重氮"连在母体物质名称之前，最后以"某酸盐"作词尾，也可称为硫酸氢重氮对溴苯）。

10. 4-氯-4′-二甲氨基偶氮苯

11～16题，首先根据命名写出母体，然后再依次写出取代基，从而得出各化合物的构造式。

11. 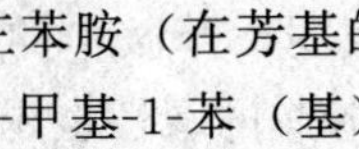 $C_6H_5-CH_2NH_2$

12. 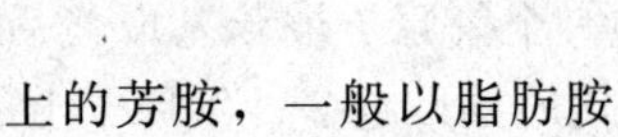 $Cl-C_6H_4-NH-C_6H_4-Cl$（对位）

13. $H_3C-C_6H_4-N_2^+Br^-$（对位）

14. $\left[(C_2H_5)_3N-CH_2-C_6H_5\right]^+OH^-$

15. 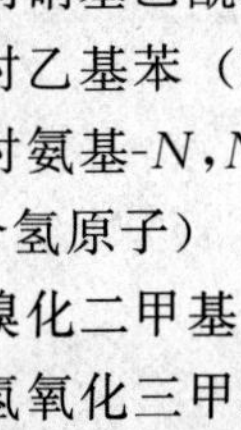 1,4-萘二胺（萘环1、4位各连 NH_2）

16. 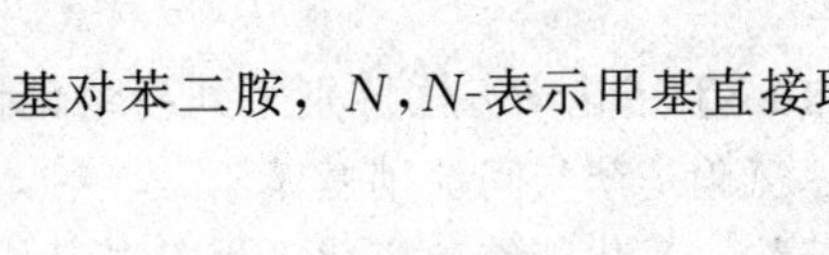 $(H_3C)_2N-C_6H_4-N=N-C_6H_4-SO_3Na$（对位）

【例 13-2】将下列化合物按碱性强弱排列成序。

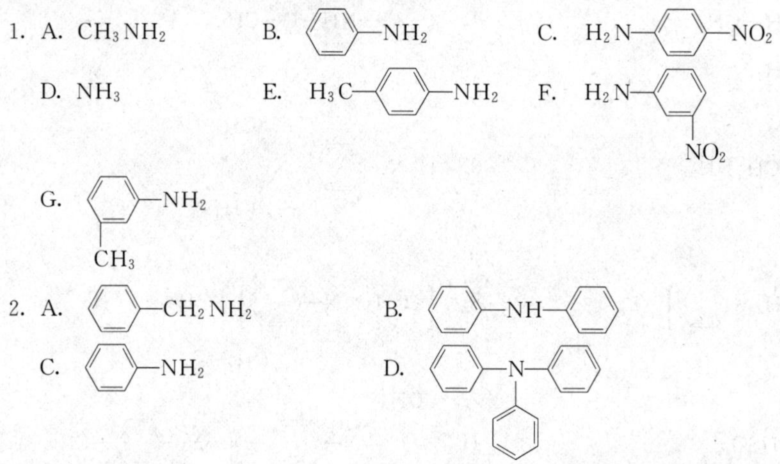

1. A. CH_3NH_2　B. 苯胺（$C_6H_5-NH_2$）　C. $H_2N-C_6H_4-NO_2$（对位）

D. NH_3　E. $H_3C-C_6H_4-NH_2$（对位）　F. $H_2N-C_6H_4-NO_2$（间位）

G. 间甲基苯胺（NH_2、CH_3 处于间位）

2. A. $C_6H_5-CH_2NH_2$　B. $C_6H_5-NH-C_6H_5$

C. $C_6H_5-NH_2$　D. $(C_6H_5)_3N$

解析　1. 氨分子中的氢原子被甲基取代后，由于甲基是供电子基，它能使氮原子上的电子云密度增加，接受质子的能力增强，所以甲胺的碱性比氨强。相反，苯胺氨基上的未共用电子对与苯环大 π 键形成共轭效应，使氮原子上的电子云密度降低，接受质子的能力减弱，所以苯胺的碱性比氨弱。当苯环上连有吸电子（或推电子）基团时，苯胺的碱性减弱（或增强），硝基是强吸电子基，处于氨基邻、对位比间位影响更大。根据以上分析，得出上述化合物碱性强弱次序为：

$$A>D>E>G>B>F>C$$

2. 氨分子中的一个氢原子被苯基取代后，生成的苯胺碱性比氨弱，苯胺中的氮原子上的氢原子被苯基取代的数目越多，氮原子上的电子云密度就越低，芳胺的碱性也越弱。苄胺分子中氮原子不与苯环直接相连，因而不存在吸电子的共轭效应，所以苄胺的碱性大于苯胺。根据以上分析，得出上述化合物碱性强弱次序为：

$$A>C>B>D$$

【例 13-3】用化学方法鉴别下列各组化合物。

1. 邻氯硝基苯与间氯硝基苯

2. 苄胺、氯化苯铵和氯化三甲基苯基铵

3. 对甲基苯胺、*N*-甲基苯胺和 *N*,*N*-二甲基苯胺

解析　1. 硝基为强的吸电子基，与芳环连接而吸电子，尤其使芳环邻、对位的电子云密度降低较大，从而使邻、对位上的卤原子活泼性增大，对处于硝基间位的卤原子的活泼性，几乎无影响，其活泼性与卤苯相似，故利用它们的反应活性不同而鉴别它们。

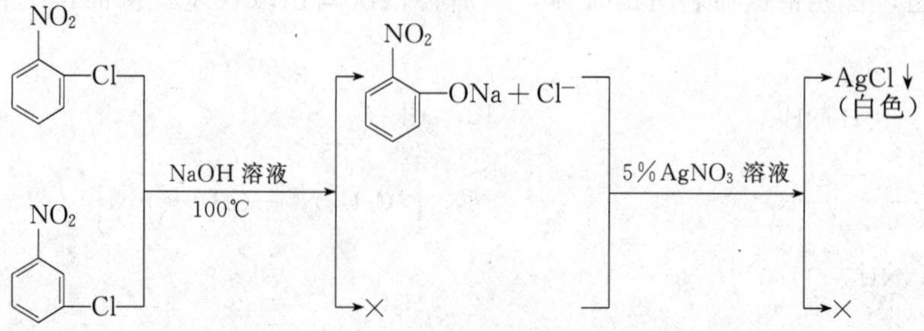

邻氯硝基苯 $\xrightarrow[100℃]{NaOH\ 溶液}$ 邻硝基苯酚钠（ONa）$+Cl^-$ $\xrightarrow{5\%AgNO_3\ 溶液}$ $AgCl\downarrow$（白色）

间氯硝基苯 $\xrightarrow[100℃]{NaOH\ 溶液}$ × $\xrightarrow{5\%AgNO_3\ 溶液}$ ×

2. 先加 $AgNO_3$ 乙醇溶液，常温下它与苯胺盐酸盐及季铵盐反应，有 AgCl 沉淀析出，而不与苄胺反应，然后再加 NaOH 溶液来鉴别苯胺盐酸盐与季铵盐。

$C_6H_5N^+H_3Cl^-$、$[C_6H_5N(CH_3)_3]^+Cl^-$、$C_6H_5CH_2NH_2$ $\xrightarrow{AgNO_3\text{-}C_2H_5OH}$ AgCl↓(白色)、AgCl↓(白色)、×

$C_6H_5N^+H_3Cl^-$、$[C_6H_5N(CH_3)_3]^+Cl^-$ $\xrightarrow[H_2O]{NaOH}$ $C_6H_5NH_2$(游离出油状物)溶液变浑浊；仍为均相(溶于NaOH溶液)

3. 可利用 3 种芳胺与亚硝酸作用，生成不同的产物和反应现象不同来鉴别它们。

$CH_3C_6H_4NH_2$、$C_6H_5N(CH_3)H$、$C_6H_5N(CH_3)_2$ $\xrightarrow[0\sim5℃]{NaNO_2+HCl}$

→ $CH_3C_6H_4N_2^+Cl^-$ $\xrightarrow{\text{β-萘酚 (OH)}}$ 1-(N=N-苯基)-2-萘酚钠(ONa)(橘黄色)

→ $C_6H_5N(CH_3)NO$(黄色油状液体)

→ $O_2NC_6H_4N(CH_3)_2$(绿色晶体)

【例 13-4】 分离下列各组混合物。

1. 苯胺、*N*,*N*-二甲基苯胺、硝基苯

2. 苯甲酸、苄胺、苄醇和苯酚

解析 1. 这组混合物中苯胺和芳叔胺均为碱性物质，可溶于酸，而硝基苯为中性物质不溶于酸，因此加酸可分离上述两类物质。苯胺可与乙酸酐、乙酰氯发生酰基化反应，芳叔胺不与其反应，因此应用酰基化反应可分离它们。

$C_6H_5NO_2$、$C_6H_5NH_2$、$C_6H_5N(CH_3)_2$ $\xrightarrow[\text{②分离}]{\text{①HCl(稀)}}$

→ 有机层 $C_6H_5NO_2$ $\xrightarrow[\text{溶液洗}]{Na_2CO_3}$ $\xrightarrow{\text{水洗}}$ $\xrightarrow{\text{干燥}}$ $\xrightarrow{\text{蒸馏}}$ 纯硝基苯

→ 酸层 $C_6H_5NH_2\cdot HCl$、$C_6H_5N(CH_3)_2\cdot HCl$ $\xrightarrow[\text{溶液}]{NaOH}$ $C_6H_5NH_2$ 和 $C_6H_5N(CH_3)_2$ $\xrightarrow[\text{乙醚}]{(CH_3CO)_2O}$ $\xrightarrow{\text{过滤}}$

→ 结晶 $C_6H_5NH-C(=O)-CH_3$ $\xrightarrow{H_2O,\ OH^-}$ $C_6H_5NH_2$ $\xrightarrow{\text{蒸馏}}$ 纯苯胺

→ 醚层 $C_6H_5N(CH_3)_2$ $\xrightarrow{\text{干燥}}$ $\xrightarrow[\text{水浴}]{\text{蒸馏}}$ 先蒸出乙醚 $\xrightarrow{\text{蒸馏}}$ 纯 *N*,*N*-二甲基苯胺

2. 这组混合物中苄胺是碱性物质，可溶于酸；苯甲酸可溶于碱；苯酚是弱酸，可溶于

强碱；苄醇是中性物质，既不溶于碱又不溶于酸。可利用上述性质的不同而分离它们。

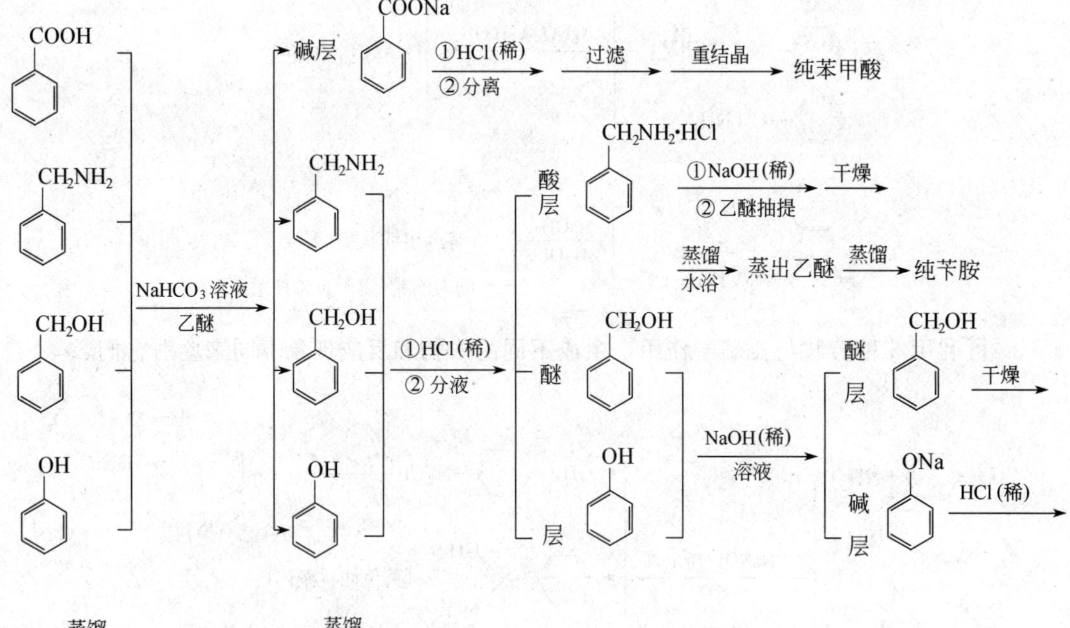

$\xrightarrow{\text{蒸馏}}$ 先蒸出乙醚 $\xrightarrow{\text{蒸馏}}$ 纯苄醇

$\xrightarrow{\text{干燥}}$ $\xrightarrow{\text{蒸馏}}$ 纯苯酚

【例 13-5】 由苯、甲苯、萘和不多于 4 个碳原子的有机物合成下列化合物。

1. NH_2 / Br — 苯环 — Br　　2. CH_3 / 苯环 — Br / NH_2　　3. NH_2 / 苯环 / NO_2

4. H_2N—苯环—$\overset{O}{\overset{\|}{C}}$—$OCH_2CH_2N(C_2H_5)_2$　（局部麻醉剂普鲁卡因）

5. $COCH_3$ / 苯环—OH　　6. COOH / Cl—苯环—Cl　　7. O_2N—苯环—N═N—(萘环, OH)　（对位红）

解析　1. 方法①　本题中—NH_2 和—Br 均是邻、对位定位基，不能直接引入苯环（受取代基引入位置的限制），但可先引入硝基，再溴化、还原，即可得到所需产物。合成反应如下：

$$\text{苯} \xrightarrow[50\sim60℃]{HNO_3(\text{浓}),H_2SO_4(\text{浓})} \text{硝基苯}(NO_2) \xrightarrow[\text{Fe 或 }FeBr_3]{Br_2} \text{(}NO_2\text{, Br, Br)} \xrightarrow{Fe+HCl} \text{(}NH_2\text{, Br, Br)}$$

方法②　以甲苯为原料，先氧化转化为苯甲酸，再溴化，然后经酰卤再氨解得到酰胺后，经霍夫曼降解反应即可得到产物。合成反应如下：

$C_6H_5CH_3 \xrightarrow[H^+]{KMnO_4} C_6H_5COOH \xrightarrow[Fe]{Br_2} \xrightarrow{PCl_3}$ 3,5-二溴苯甲酰氯（COCl, Br, Br）$\xrightarrow{NH_3}$ 3,5-二溴苯甲酰胺（$CONH_2$, Br, Br）$\xrightarrow{Br_2 + NaOH}$ 3,5-二溴苯胺（NH_2, Br, Br）

点评　本题中酰胺不宜直接由羧酸与 NH_3 加热制备，有可能存在脱羧及芳卤的氨解。

2. $C_6H_5CH_3 \xrightarrow[H_2SO_4(浓),30℃]{HNO_3}$ 对硝基甲苯（CH_3, NO_2）$\xrightarrow{Fe+HCl}$ 对甲苯胺（CH_3, NH_2）$\xrightarrow{(CH_3CO)_2O}$（$CH_3$, $NHCOCH_3$）$\xrightarrow[Fe]{Br_2}$

（CH_3, Br, $NHCOCH_3$）$\xrightarrow[OH^-]{H_2O}$（CH_3, Br, NH_2）

3. $C_6H_6 \xrightarrow[H_2SO_4]{HNO_3} C_6H_5NO_2 \xrightarrow{Fe+HCl} C_6H_5NH_2 \xrightarrow{(CH_3CO)_2O} C_6H_5NHCOCH_3 \xrightarrow[在乙酸中]{HNO_3}$（$NHCOCH_3$, NO_2）

$\xrightarrow[OH^-]{H_2O}$（NH_2, NO_2）

点评　氨基上要进行某种反应时，若该反应对氨基有影响（如氧化、硝化等反应）或氨基对反应有影响（如苯胺的一卤代反应），应先将氨基保护起来，常用的方法是将胺生成酰胺，然后进行后续反应，反应后水解除掉酰基。

4. 分析产物的构造，$H_2N-C_6H_4-\overset{O}{\overset{\|}{C}}\dotplus OCH_2CH_2N(C_2H_5)_2$，它可由 $H_2N-C_6H_4-COOH$ 与 $(C_2H_5)_2NCH_2CH_2OH$ 经酯化反应得到。$H_2N-C_6H_4-COOH$ 可由甲苯经硝化、氧化、还原等反应得到，而 $(C_2H_5)_2NCH_2CH_2OH$ 可由 $(C_2H_5)_2NH$ 与 $\underset{O}{CH_2-CH_2}$（环氧乙烷）反应得到。合成反应如下：

$C_6H_5CH_3 \xrightarrow[30℃]{HNO_3(浓),H_2SO_4(浓)}$（$CH_3$, NO_2）$\xrightarrow[H^+]{KMnO_4}$（COOH, NO_2）$\xrightarrow{Fe+HCl}$（COOH, NH_2）

$\xrightarrow{(C_2H_5)_2NCH_2CH_2OH} H_2N-C_6H_4-\overset{O}{\overset{\|}{C}}-OCH_2CH_2N(C_2H_5)_2$

$(C_2H_5)_2NH + \underset{O}{CH_2-CH_2} \longrightarrow (C_2H_5)_2NCH_2CH_2OH$

5. 根据产物构造分析，选用苯作原料。—OH 及 $-\overset{O}{\overset{\|}{C}}-CH_3$ 两基团中，$-\overset{O}{\overset{\|}{C}}-CH_3$ 可直接引入苯环，为间位定位基。—OH 虽可由异丙苯法制得，但为邻、对位定位基，故此题先

引入 $-\overset{\overset{O}{\|}}{C}-CH_3$ ，而—OH 则由下列基团转化：

$$-OH \longleftarrow \begin{cases} -N_2X \\ -SO_3Na \\ -OR \\ -X \end{cases}$$

此题中选用—N_2X 或—SO_3Na 转化较好。合成反应如下：

方法 ① 苯 $\xrightarrow[AlCl_3]{CH_3COCl}$ $C_6H_5COCH_3$ $\xrightarrow[\triangle]{HNO_3(浓),H_2SO_4}$ 间硝基苯乙酮（COCH₃, NO₂） $\xrightarrow{Fe+HCl}$ 间氨基苯乙酮（COCH₃, NH₂）

$\xrightarrow[0\sim5℃]{NaNO_3+H_2SO_4}$ 间位（COCH₃, $N_2 \cdot HSO_4$） $\xrightarrow{H_2O}$ 间羟基苯乙酮（COCH₃, OH）

方法 ② 苯 $\xrightarrow[AlCl_3]{CH_3COCl}$ $C_6H_5COCH_3$ $\xrightarrow{H_2SO_4(浓)}$ 间位（COCH₃, SO_3H） $\xrightarrow{NaOH 溶液}$ 间位（COCH₃, SO_3Na）

$\xrightarrow[300℃]{NaOH}$ 间位（COCH₃, ONa） $\xrightarrow{H^+}$ 间羟基苯乙酮（COCH₃, OH）

6. 分析产物的构造，此题选用 $CH_3-C_6H_5$ 为原料较好。—CH_3 氧化可转变为—COOH，但—CH_3 是邻位、对位定位基，故应先氯代后氧化。在氯代之前要采取措施阻挡氯原子进入对位，可选用—SO_3H 或—N_2X 先占据对位，然后再氯代，氯代后它们又易除去。合成反应如下：

方法① 甲苯 $\xrightarrow[100℃]{H_2SO_4}$ 对甲苯磺酸（CH₃, SO_3H） $\xrightarrow[Fe]{2Cl_2}$ 2,6-二氯-4-磺酸基甲苯（CH₃, Cl, Cl, SO_3H） $\xrightarrow[H^+,\triangle]{H_2O}$ 2,6-二氯甲苯（CH₃, Cl, Cl）

$\xrightarrow[\triangle]{KMnO_4(浓),H^+}$ 2,6-二氯苯甲酸（COOH, Cl, Cl）

方法② 甲苯 $\xrightarrow[100℃]{HNO_3,H_2SO_4}$ 对硝基甲苯（CH₃, NO_2） $\xrightarrow[Fe]{2Cl_2}$ 2,6-二氯-4-硝基甲苯（CH₃, Cl, Cl, NO_2） $\xrightarrow{Fe+HCl}$ （CH₃, Cl, Cl, NH_2）

$\xrightarrow[0\sim5℃]{NaNO_2+H_2SO_4}$ （CH₃, Cl, Cl, $N_2 \cdot HSO_4$） $\xrightarrow[\triangle]{H_3PO_2}$ 2,6-二氯甲苯（CH₃, Cl, Cl） $\xrightarrow[H^+,\triangle]{KMnO_4}$ 2,6-二氯苯甲酸（COOH, Cl, Cl）

方法①步骤较方法②少。此题中—SO_3H 及—NO_2 为占位基团。

7. 分析对位红的构造式，它是由 β-萘酚（偶氮组分）和 $H_2N-C_6H_4-NO_2$ （重氮组分）经偶合反应得到。β-萘酚可由萘制取， $H_2N-C_6H_4-NO_2$ 可由苯制取（详见例 13-5 3）。合成反应如下：

$$\text{萘} \xrightarrow[165℃]{H_2SO_4(\text{浓})} \text{2-萘磺酸}(-SO_3H) \xrightarrow[\text{溶液}]{NaOH} \xrightarrow[\text{熔融}]{NaOH(\text{固})} \text{2-萘酚钠}(-ONa) \xrightarrow{H^+} \text{2-萘酚}(-OH)$$

$$\text{苯} \xrightarrow[\triangle]{HNO_3, H_2SO_4} \xrightarrow[HCl]{Fe} \xrightarrow{\text{乙酐}} \xrightarrow[\text{在乙酸中}]{HNO_3} p\text{-}O_2N-C_6H_4-NHCOCH_3 \xrightarrow[\triangle]{OH^-} p\text{-}O_2N-C_6H_4-NH_2 \xrightarrow[0\sim5℃]{NaNO_2+HCl}$$

$$p\text{-}O_2N-C_6H_4-N_2^+Cl^- \xrightarrow[NaOH]{\text{2-萘酚}} O_2N-C_6H_4-N{=}N-(\text{2-羟基-1-萘基})$$

（对位红）

【例 13-6】 化合物 A(C_6H_7N) 在常温下与饱和溴水作用生成化合物 B($C_6H_4Br_3N$)，B 在低温下与亚硝酸作用生成重氮盐，后者与乙醇共热生成 1,3,5-三溴苯。试推测 A、B、C 的构造式。

解析　由分子式可算出 A 的不饱和度为 4，说明分子内含有一个苯环。根据题意列出反应过程，从中分析出化合物 A 的构造式。

$$\underset{(C_6H_7N)}{A} \xrightarrow{\text{饱和溴水}} \underset{(C_6H_4Br_3N)}{B} \xrightarrow[\text{低温}]{HNO_2} \text{重氮盐} \xrightarrow{C_2H_5OH} \text{1,3,5-三溴苯}$$

由上分析，要符合 A 的分子式及不饱和度，又要符合上述反应，则 A 的构造式可能只有 $C_6H_5-NH_2$ 符合。有关化学反应如下：

$$\underset{A}{C_6H_5NH_2} \xrightarrow{3Br_2} \underset{B}{\text{2,4,6-三溴苯胺}} \xrightarrow[0\sim5℃]{NaNO_2+H_2SO_4} \underset{C}{\text{2,4,6-三溴苯重氮硫酸氢盐}\ (N_2^+HSO_4^-)} \xrightarrow{C_2H_5OH} \text{1,3,5-三溴苯}$$

根据以上化学反应验证，构造式分别为：

A. $C_6H_5NH_2$（苯胺）　B. 2,4,6-三溴苯胺　C. 2,4,6-三溴苯重氮硫酸氢盐（$N_2^+HSO_4^-$）

【例 13-7】 某芳香族化合物 A 分子式为 $C_7H_7NO_2$，根据下列反应推测 A、B、C、D、E 和 F 的构造式。

$$\underset{(C_7H_7NO_2)}{A} \xrightarrow{Fe+HCl} \underset{(C_7H_9N)}{B} \xrightarrow[0\sim5℃]{NaNO_2+HCl} \underset{(C_7H_7ClN_2)}{C} \xrightarrow[\triangle]{CuCN,\ KCN} \underset{(C_8H_7N)}{D} \xrightarrow[H^+]{H_2O} \underset{(C_8H_8O_2)}{E} \xrightarrow[H^+]{KMnO_4}$$

$$\underset{(C_8H_8O_4)}{F} \xrightarrow{\triangle} \underset{G}{\text{邻苯二甲酸酐}}$$

解析 由分子式可算出 A 的不饱和度为 5，结合题意及分子式可知 A 分子中可能含有 1 个苯环、1 个甲基和 1 个硝基，又根据加热 F 得到酸酐 G($C_8H_4O_3$)，说明甲基和硝基位于苯环的邻位。根据上述分析，推测 A 的构造式可能为 $C_6H_4(NO_2)(CH_3)$。有关化学反应如下：

$$\underset{A}{C_6H_4(NO_2)CH_3} \xrightarrow{Fe+HCl} \underset{B}{C_6H_4(NH_2)CH_3} \xrightarrow[0\sim5℃]{NaNO_2+HCl} \underset{C}{C_6H_4(N_2^+Cl^-)CH_3} \xrightarrow[\triangle]{CuCN\text{-}KCN} \underset{D}{C_6H_4(CN)CH_3}$$

$$\xrightarrow[H^+]{H_2O} \underset{E}{C_6H_4(COOH)CH_3} \xrightarrow{KMnO_4(浓),H^+} \underset{F}{C_6H_4(COOH)_2} \xrightarrow{\triangle} \underset{G}{C_6H_4(CO)_2O}$$

根据以上化学反应验证，A～F 的构造式分别为：

A. $C_6H_4(NO_2)CH_3$　B. $C_6H_4(NH_2)CH_3$　C. $C_6H_4(N_2^+Cl^-)CH_3$

D. $C_6H_4(CN)CH_3$　E. $C_6H_4(COOH)CH_3$　F. $C_6H_4(COOH)_2$

【例 13-8】某化合物 A 能溶于水，但不溶于乙醚、苯等有机溶剂。经元素分析得知 A 含 C、H、O、N 等元素。A 加热后失去 1 分子水得化合物 B。B 与溴的 NaOH 溶液作用得到比 B 少 1 个碳原子和氧原子的化合物 C。C 与亚硝酸作用得到的产物与次磷酸反应后生成苯。试推测 A、B、C 的构造式。

解析 (1) 化合物 A 能溶于水，但不溶于乙醚等有机溶剂，A 分子中含 C、H、O、N 等元素，加热后失去 1 分子水得化合物 B。B 与溴的 NaOH 溶液作用得到比 B 少 1 个碳原子和氧原子的化合物 C，此反应为霍夫曼降级反应。据此，推测 B 可能为酰胺，A 可能为芳酸铵，C 则可能为芳胺。

(2) C 与亚硝酸作用得到的产物与次磷酸作用后生成苯，据此，推测 C 的构造式可能为 $C_6H_5NH_2$。根据 C 的构造式，推测 B 的构造式可能为 $C_6H_5C(=O)NH_2$，根据 B 的构造式，推测 A 的构造式可能为 $C_6H_5C(=O)ONH_4$。有关化学反应如下：

$$\underset{A}{C_6H_5C(=O)ONH_4} \xrightarrow{\triangle} \underset{B}{C_6H_5C(=O)NH_2} \xrightarrow[\triangle]{Br_2+NaOH} \underset{C}{C_6H_5NH_2} \xrightarrow[0\sim5℃]{NaNO_2+H_2SO_4}$$

$$C_6H_5N_2^+HSO_4^- \xrightarrow{H_3PO_2} C_6H_6$$

根据以上化学反应验证，A、B、C 构造式分别为：

A. $C_6H_5C(=O)ONH_4$　B. $C_6H_5C(=O)NH_2$　C. $C_6H_5NH_2$

【例 13-9】有一个固体化合物 A ($C_{14}H_{13}NO$)，不溶于稀盐酸和稀 NaOH 溶液，与 6mol/L 盐酸回流可得到化合物 B ($C_7H_6O_2$) 和化合物 C ($C_7H_{10}NCl$)。B 与 $NaHCO_3$ 溶液反应放出 CO_2。C 与 NaOH 反应后和亚硝酸作用得到黄色油状液体，与乙酸酐反应生成无色晶体。试推测 A、B、C 的构造式。

解析 （1）由分子式可算出 A 的不饱和度为 9，分子中可能含有 2 个苯环，A 不溶于酸和碱中，A 在酸性溶液中水解得化合物 B 和 C，A 分子中可能还含有 $-\overset{O}{\overset{\|}{C}}-\underset{|}{N}-$ 。

（2）根据 B 的不饱和度（$\Delta=5$）及可与 $NaHCO_3$ 溶液反应放出 CO_2，B 分子中可能含有 1 个苯环和 1 个羧基，结合 B 的分子式，推测 B 为芳酸，构造式可能为 C_6H_5-COOH 。

（3）根据 C 的不饱和度（$\Delta=4$）、分子式及与 NaOH 等试剂的一系列反应和产物分析，推测 C 为芳仲胺盐酸盐，构造式可能为 $C_6H_5-NHCH_3 \cdot HCl$ 。

综上所述，由 B、C 可能的构造式，推测 A 可能为芳酰胺，构造式可能为 $C_6H_5-\overset{O}{\overset{\|}{C}}-N(CH_3)-C_6H_5$ 。有关化学反应如下：

$$\underset{A}{C_6H_5-\overset{O}{\overset{\|}{C}}-N(CH_3)-C_6H_5} \xrightarrow[\text{回流}]{\text{盐酸}} \underset{B}{C_6H_5-COOH} + \underset{C}{C_6H_5-NHCH_3 \cdot HCl}$$

$$C_6H_5-COOH \xrightarrow{NaHCO_3} C_6H_5-COONa + CO_2\uparrow + H_2O$$

$$C_6H_5-NHCH_3 \cdot HCl \xrightarrow{NaOH} C_6H_5-NHCH_3 \xrightarrow{HNO_2} C_6H_5-N(NO)-CH_3$$

（黄色油状液体）

$$C_6H_5-NHCH_3 \xrightarrow{(CH_3CO)_2O} C_6H_5-N(CH_3)-\overset{O}{\overset{\|}{C}}-CH_3$$

（无色晶体）

根据以上化学反应验证，A、B、C 的构造式分别为：

A. $C_6H_5-\overset{O}{\overset{\|}{C}}-N(CH_3)-C_6H_5$　B. C_6H_5-COOH　C. $C_6H_5-NHCH_3 \cdot HCl$

习　题

一、命名下列化合物或写构造式

1. $C_{10}H_7-NH_2$（萘环上连 NH_2）

2. $C_6H_5-N(CH_3)_2$

3. $CH_3-C_6H_4-CH_2NH_2$

4. $CH_3(H)N-C_6H_3(CH_3)-COOH$

5. $C_6H_5-NH-C_6H_5$

6. $C_6H_5-N_2^+Cl^-$

7. $[Br-C_6H_4-N(CH_3)_3]^+Cl^-$ (对位)

8. $H_2N-C_6H_4-NH_2$ (间位)

9. $C_6H_5-N=N-C_6H_4-CH_3$ (对位)

10. $[(C_2H_5)_2-N(CH_3)-C_6H_5]^+OH^-$

11. 对亚硝基苯胺

12. 1,4-苯二胺

13. 硫酸氢三乙基苯基铵

14. 氢氧化甲基异丙基二苯基铵

15. 对硝基重氮苯硫酸氢盐

16. 4-二甲氨基偶氮苯

二、完成下列化学反应式

1. $C_6H_6 \xrightarrow{A}$ 间二硝基苯 ($C_6H_4(NO_2)_2$) $\xrightarrow[CH_3OH,\ \triangle]{NaHS} B$

2. 1-氯甲基萘 ($C_{10}H_7CH_2Cl$) $\xrightarrow{NaCN} A \xrightarrow[\triangle,加压]{H_2,Ni} B$

3. $C_6H_5-NH_2 \xrightarrow{CH_3-CO-Cl} A$

$A \xrightarrow[FeBr_3]{Br_2} B \xrightarrow{C} Br-C_6H_4-NH_2$ (对位)

$A \xrightarrow[乙酐中]{HNO_3} D \xrightarrow{E}$ 邻硝基苯胺 (o-$NO_2-C_6H_4-NH_2$)

$A \xrightarrow[乙酸中]{HNO_3} F \xrightarrow{E} O_2N-C_6H_4-NH_2$ (对位)

4. $C_6H_5-NH_2 \xrightarrow[\triangle,加压]{CH_3Br} A \xrightarrow[\triangle,加压]{CH_3Br} B \xrightarrow[CH_3COONa,0℃]{C_6H_5-N_2^+Cl^-} C$

5. $C_6H_5-NO_2 \xrightarrow{Fe+HCl} A \xrightarrow[0\sim5℃]{NaNO_2+HCl} B \xrightarrow[NaOH,0℃]{C_6H_5-OH} C$

6. 对甲苯胺 (p-$CH_3-C_6H_4-NH_2$) $\xrightarrow{A}$ p-$CH_3-C_6H_4-N_2^+HSO_4^-$

$\xrightarrow[\triangle]{H_2O} B$

$\xrightarrow[H_2O]{H_3PO_2} C$

$\xrightarrow[\triangle]{KI} D$

$\xrightarrow[\triangle]{Cu_2Cl_2\text{-}HCl} E$

$\xrightarrow[\triangle]{CuCN\text{-}KCN} F$

三、指出下列反应中错误的步骤并改正

1. $C_6H_5-NH_2 \xrightarrow[180℃]{浓\ H_2SO_4}$ 邻氨基苯磺酸 (o-$NH_2-C_6H_4-SO_3H$)

2. 对甲苯胺 $\xrightarrow[①]{Br_2,Fe}$ 2-溴-4-氨基甲苯 $\xrightarrow[②]{KMnO_4}$ 2-溴-4-氨基苯甲酸

(结构式：CH_3、NH_2 取代苯环 → CH_3、Br、NH_2 取代苯环 → COOH、Br、NH_2 取代苯环)

3. NH_2-苯 $\xrightarrow[AlCl_3]{CH_3COCl}$ 对位 $CH_3C{=}O$ 取代的苯胺（NH_2、$CH_3C{=}O$）

4. 苯-NH_2 $\xrightarrow[HCl①]{NaNO_2}$ 苯-$N_2^+Cl^-$ $\xrightarrow[②]{苯-OCH_3}$ 苯-N=N-苯-OCH_3

四、填空题

1. 芳胺易氧化，其酰基衍生物较稳定，它们容易由芳胺制得，又容易________为原来的芳胺，因此，有机合成中可利用__________来保护氨基。芳叔胺不能发生________反应，利用这一性质可将叔胺与伯胺、仲胺________和________。

2. 在对氨基苯磺酸分子内，因同时含有碱性的________和酸性的________，故分子内可生成盐，这种盐称为________。

3. 指出下列偶氮染料的重氮组分和偶联组分。

(1) C_2H_5-苯-N=N-苯-OH

其重氮组分是________；偶联组分是________。

(2) O_2N-苯-N=N-苯(NH_2, NH_2)

其重氮组分是________；偶联组分是________。

(3) NaO_3S-苯-N=N-苯-$N(CH_3)_2$

其重氮组分是________；偶联组分是________。

4. 当酚羟基的邻位或对位上有强吸电子的硝基时，可使羟基氧原子的电子云密度更________，所以羟基上的________很容易离解成质子，因此，________增强，随着取代硝基的数目的增多，这种影响加大，酸性________。

5. 分子式为 C_7H_9N 的芳胺的构造异构体共有________个。其中芳伯胺________个，芳仲胺________个。

五、选择题

1. 下列化合物属于芳胺的是（　　）。

A. 苯-$NHCH_3$　　B. 苯-$CH_2CH_2NH_2$

C. $C_2H_5NH_2$　　D. 苯-$NH_2 \cdot HCl$

2. 下列化合物属于季铵盐的是（　　）。

A. $[苯-NH(CH_3)_2]^+Cl^-$　　B. $[苯-NH_3]^+Cl^-$

C. $[苯-N(C_2H_5)_3]^+Cl^-$　　D. $[苯-NH_2-苯]^+Cl^-$

3. 下列化合物酸性最强的是（　　），最弱的是（　　）。

A. 苯甲酸　　B. 对氯苯甲酸

C. 对硝基苯甲酸　　D. 对甲基苯甲酸

E. 对溴苯甲酸　　F. 对甲氧基苯甲酸

4. 下列化合物中既可与 HCl 反应，又可与 NaOH 溶液反应的是（　　）。

A. 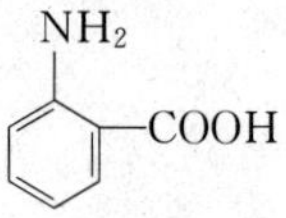 NH_2　$COOH$　　B. 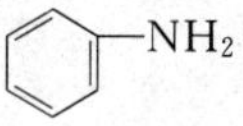 NH_2

C. 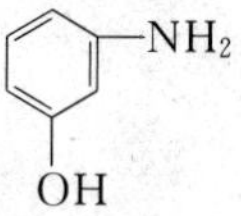 NH_2　OH　　D. 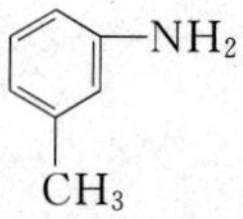 NH_2　CH_3

5. 下列胺中，属于芳叔胺的是（　　）。

A. $CH_3NHC_2H_5$　　B. 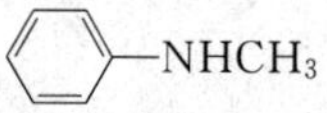 $NHCH_3$

C. 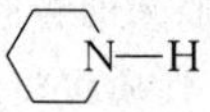 N—H　　D. 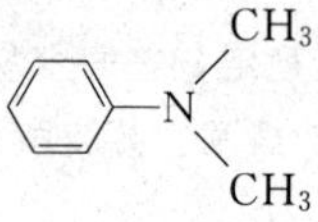 CH_3　N　CH_3

6. 下列化合物中碱性最强的是（　　），最弱的是（　　）。

A. 苯胺　　B. 2,4-二硝基苯胺　　C. 对溴苯胺

D. 4-氯苯胺　　E. 对硝基苯胺　　F. 对甲氧基苯胺

7. 下列各异构体中，哪个的氯原子特别活泼容易被羟基取代（和碳酸钠的水溶液共热）（　　）。

A. 2,3-二硝基氯苯　　B. 2,4-二硝基氯苯　　C. 2,5-二硝基氯苯　　D. 2-硝基氯苯

8. 分离苯酚、苯胺、苯甲酸需用下列哪组试剂（　　）。

A. NaOH，CO_2　　B. HCl，$NaHCO_3$　　C. Br_2-H_2O　　D. HNO_2，$KMnO_4$

9. 鉴别苯胺、*N*-甲基苯胺、*N*,*N*-二甲基苯胺需用下列哪组试剂（　　）。

A. Br_2-H_2O　　B. $NaNO_2$＋HCl　　C. NaOH，HCl　　D. 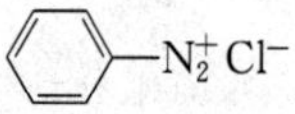 $N_2^+Cl^-$

10. 鉴别苯酚、苯胺、苯甲酸需下列哪组试剂（　　）。

A. Br_2-H_2O，$FeCl_3$　　B. HNO_2，$KMnO_4$　　C. 托伦试剂　　D. HCl，$NaHCO_3$

六、判断题（下列叙述对的在括号中打“√”，错的打“×”）

1. 氨分子中至少有一个氢原子被芳基取代后得到的化合物称为芳香胺。（　　）

2. 当氯苯中的邻位、对位连有硝基，则氯原子就容易水解，硝基越多，反应越容易进行。（　　）

3. 苯酚上引入硝基能增强酚的酸性，当硝基处于酚羟基的邻位时其酸性小于处于酚羟基的间位。（　）

4. 分子中都含有—N═N—官能团，若该官能团的两端分别与烃基相连，则该化合物称为重氮化合物。若该官能团的一端与烃基相连，而另一端与非碳原子的其他原子和基团相连，则该化合物称为偶氮化合物。（　　）

5. *N*-甲基苯胺与亚硝酸在 0～5℃的温度下反应有氮气放出。（　　）

七、将下列化合物按碱性强弱排列成序

1. 苯胺、苄胺和对甲基苯胺

2. 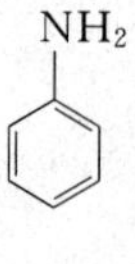 NH_2 、 NH_2 NO_2 、 NH_2 C_2H_5 、 NH_2 OC_2H_5 和 NH_2 NO_2 NO_2

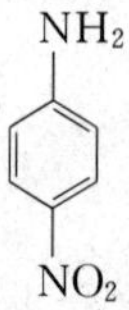

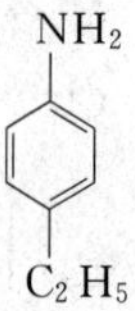

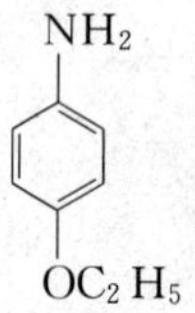

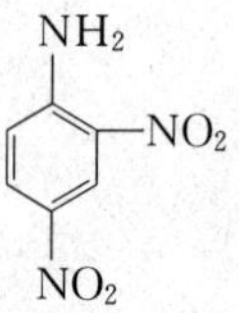

3. 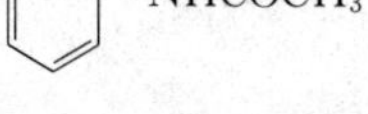 $NHCOCH_3$ 、 NH_2 、CH_3NH_2 和 $NHCH_3$

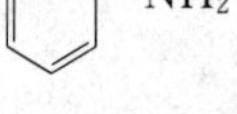

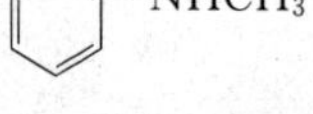

八、将下列化合物按酸性由强到弱排列成序

1. 苯酚（C_6H_5OH）、邻硝基苯酚（OH，NO_2）、间硝基苯酚（OH，NO_2）、2,4-二硝基苯酚（OH，NO_2，NO_2）和 2,4,6-三硝基苯酚（O_2N，OH，NO_2，NO_2）

2. 苯酚（OH）、对甲基苯酚（OH，CH_3）、对乙氧基苯酚（OH，OC_2H_5）和对硝基苯酚（OH，NO_2）

九、用化学方法鉴别下列各组化合物

1. C_6H_5—CH_2NH_2 和 哌啶（NH）（仲胺）

2. C_6H_5—$NHCOCH_3$ 和 C_6H_5—$\overset{O}{\overset{\|}{C}}$—$CH_3$

3. C_6H_5—NH_2、C_6H_5—OH、C_6H_{11}—NH_2 和 C_6H_{11}—OH

4. C_6H_5—CH_2NH_2、C_6H_5—NH_2、C_6H_5—$N(CH_3)_2$

十、分离或提纯下列混合物

1. 分离苯酚、癸烷和苯胺
2. 分离苯甲酸、*N*,*N*-二甲基苯胺和苯甲酰胺
3. *N*,*N*-二甲基苯胺中混有少量苯胺和 *N*-甲基苯胺，提纯 *N*,*N*-二甲基苯胺

十一、完成下列转变（其他试剂任选）

1. H_3C—C_6H_4—NH_2 ⟶ $HOOC$—C_6H_4—NH_2

2. 间二甲苯（CH_3，CH_3）⟶ 2,4,5-三甲基苯胺（NH_2，CH_3，H_3C，CH_3）

3. 2-萘胺（NH_2）⟶ 1-硝基-2-萘胺（NO_2，NH_2）

十二、合成题

1. 由苯、甲苯及不超过 3 个碳原子的有机物合成下列化合物。

(1) 对氨基-*N*,*N*-二甲基苯胺（$N(CH_3)_2$，NH_2）　(2) 间溴苯酚（OH，Br）　(3) 间二氯苯（Cl，Cl）

(4) 2-溴-4-甲基苯肼　(5) 间硝基苯甲酸　(6) 1,3,5-三溴苯

(7) 4-甲基-4′-羟基偶氮苯

2. （NO_2，HO，—N═N—，CH_3）是合成紫外线吸收剂 Timuvin P 的中间体，请由邻硝基氯苯和对甲苯酚为原料合成（无机试剂任选）。

十三、推测构造式

1. 对氨基苯酚与 1mol 乙酐反应生成化合物 A 和 B，A、B 的分子式都是 $C_8H_9NO_2$。A 溶于氢氧化钠溶液，在 NaOH 介质中与碘乙烷反应，生成其乙基醚。试推测 A、B 的构造式。

2. 化合物 A(C_7H_9N) 与乙酐反应时，生成无色晶体 B。将 A 置于冰水浴中滴加 $NaNO_2$ 和 HCl 溶液，会放出气体。试推测 A 和 B 的构造式。

3. 化合物 A($C_6H_5Br_2NO_3S$) 与亚硝酸和硫酸作用生成重氮盐，后者与乙醇共热生成化合物 B ($C_6H_4Br_2O_3S$)。B 在硫酸作用下，用过热水蒸气处理，生成间二溴苯。A 可由对氨基苯磺酸经溴化反应得到。试推测 A、B 的构造式。

4. 芳香族化合物 A($C_6H_3NO_2ClBr$)，试根据下列反应推测 A 的构造式：

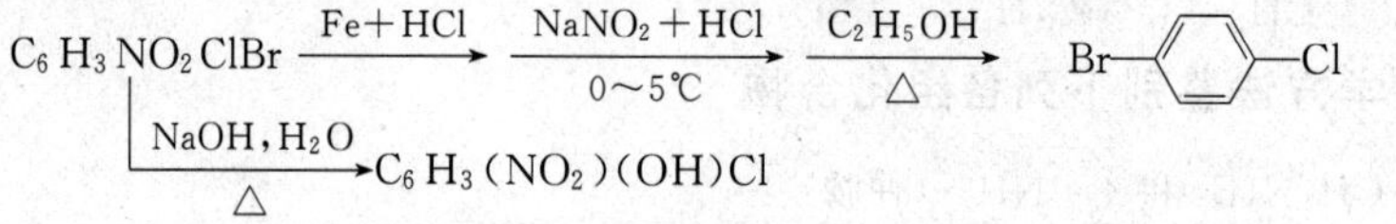

$$C_6H_3NO_2ClBr \xrightarrow{Fe+HCl} \xrightarrow[0\sim5℃]{NaNO_2+HCl} \xrightarrow[\triangle]{C_2H_5OH} Br\text{—}C_6H_4\text{—}Cl$$

$$C_6H_3NO_2ClBr \xrightarrow[\triangle]{NaOH,H_2O} C_6H_3(NO_2)(OH)Cl$$

5. 化合物 A 含有 C、H、O、N、Cl，A 与酸的水溶液加热下反应，可得化合物 B 和醋酸。B 经还原可生成 $H_2N\text{—}C_6H_3(Cl)\text{—}NH_2$（2-氯-1,4-苯二胺）。B 与亚硝酸，在 0～5℃反应后生成的产物与溴化亚铜和氰化钾反应生成 C，C 与氢氧化钠溶液共热生成 2-氯-4-硝基苯酚，试推测 A、B、C 的构造式。

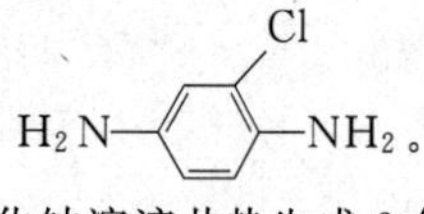

第七章～第十三章　自测题

一、命名下列化合物或写出构造式

1. 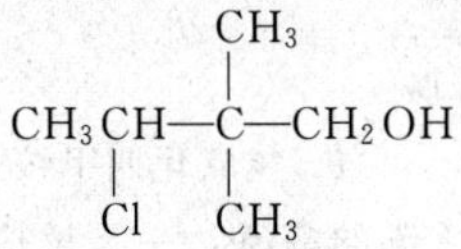 $CH_3CH(Cl)-C(CH_3)_2-CH_2OH$

2. 马来酸酐（CH═CH 两端各连 C(═O)，两个 C(═O) 经 O 连成五元环）

3. HO—苯环（邻位 NH_2，对位 NO_2）

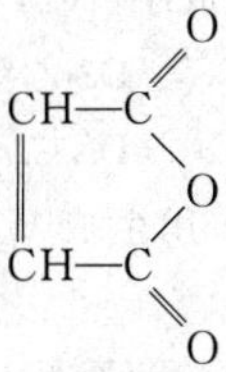

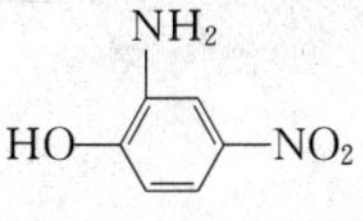

4. 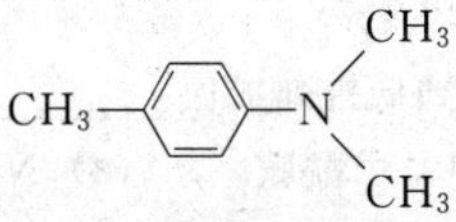 CH_3—苯环—$N(CH_3)_2$（对位）

5. 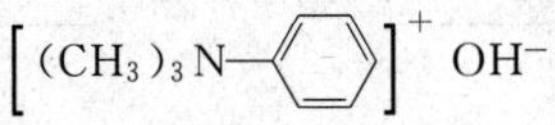 $[(CH_3)_3N-C_6H_5]^+ OH^-$

6. 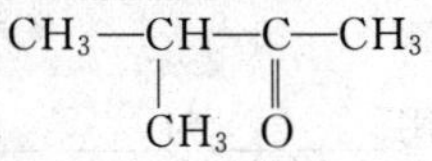 $CH_3-CH(CH_3)-C(=O)-CH_3$

7. 3-苯丙烯酸

8. 苯甲醚

9. 偶氮苯

10. 间氯苯甲醛

二、完成下列化学反应（写出主要产物）

1. $ClCH_2COOH \xrightarrow[\text{溶液}]{NaOH} A \xrightarrow{KCN} B \xrightarrow{H_2O,H^+} C$

2. 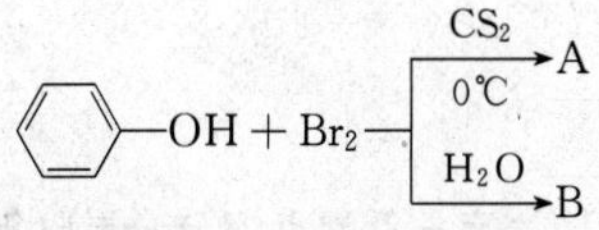 $C_6H_5OH + Br_2 \begin{cases} \xrightarrow[0℃]{CS_2} A \\ \xrightarrow{H_2O} B \end{cases}$

3. 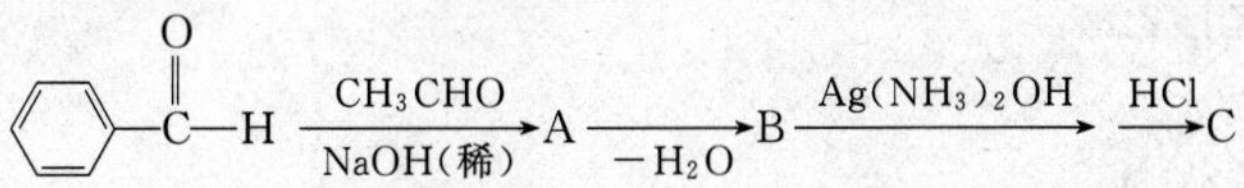 $C_6H_5-\overset{O}{\overset{\|}{C}}-H \xrightarrow[NaOH(\text{稀})]{CH_3CHO} A \xrightarrow{-H_2O} B \xrightarrow{Ag(NH_3)_2OH} \xrightarrow{HCl} C$

4. $C_6H_5-CH_3 \xrightarrow[H^+]{KMnO_4} A \xrightarrow{PCl_5} B \xrightarrow[\triangle]{NH_3} C \xrightarrow[NaOH\ \text{溶液}]{NaOBr} D$

5. $C_6H_5-NH_2 \xrightarrow[0\sim5℃]{NaNO_2+HCl} A \xrightarrow[NaOH\ \text{溶液}]{\text{HO—C}_6\text{H}_4\text{—Br（邻溴苯酚）}} B$

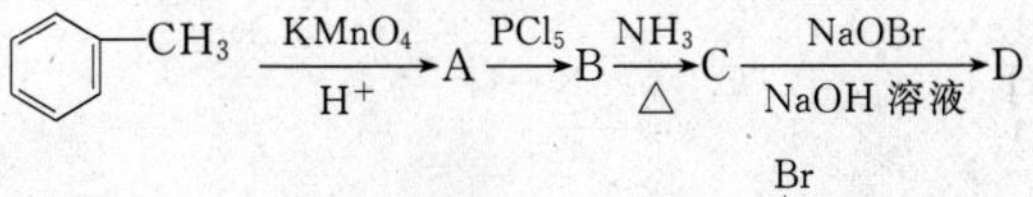

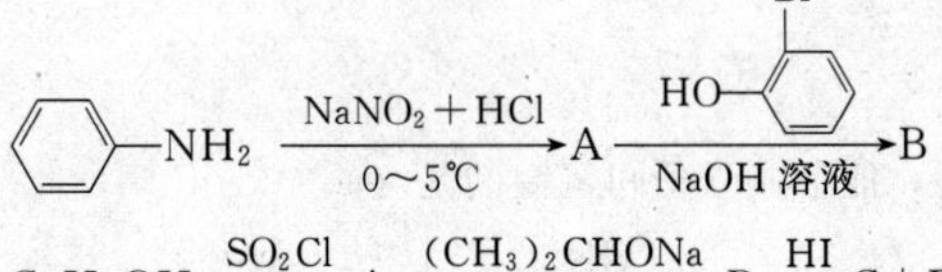

6. $C_2H_5OH \xrightarrow[\triangle]{SO_2Cl} A \xrightarrow{(CH_3)_2CHONa} B \xrightarrow[\triangle]{HI} C+D$

7. 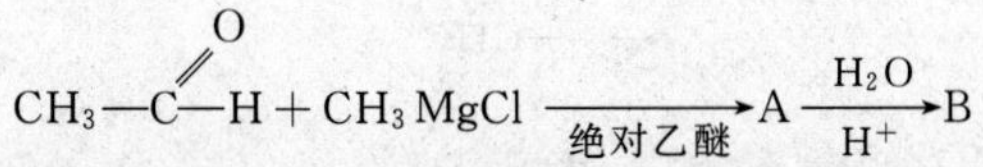 $CH_3-\overset{O}{\overset{\|}{C}}-H + CH_3MgCl \xrightarrow[\text{绝对乙醚}]{} A \xrightarrow[H^+]{H_2O} B$

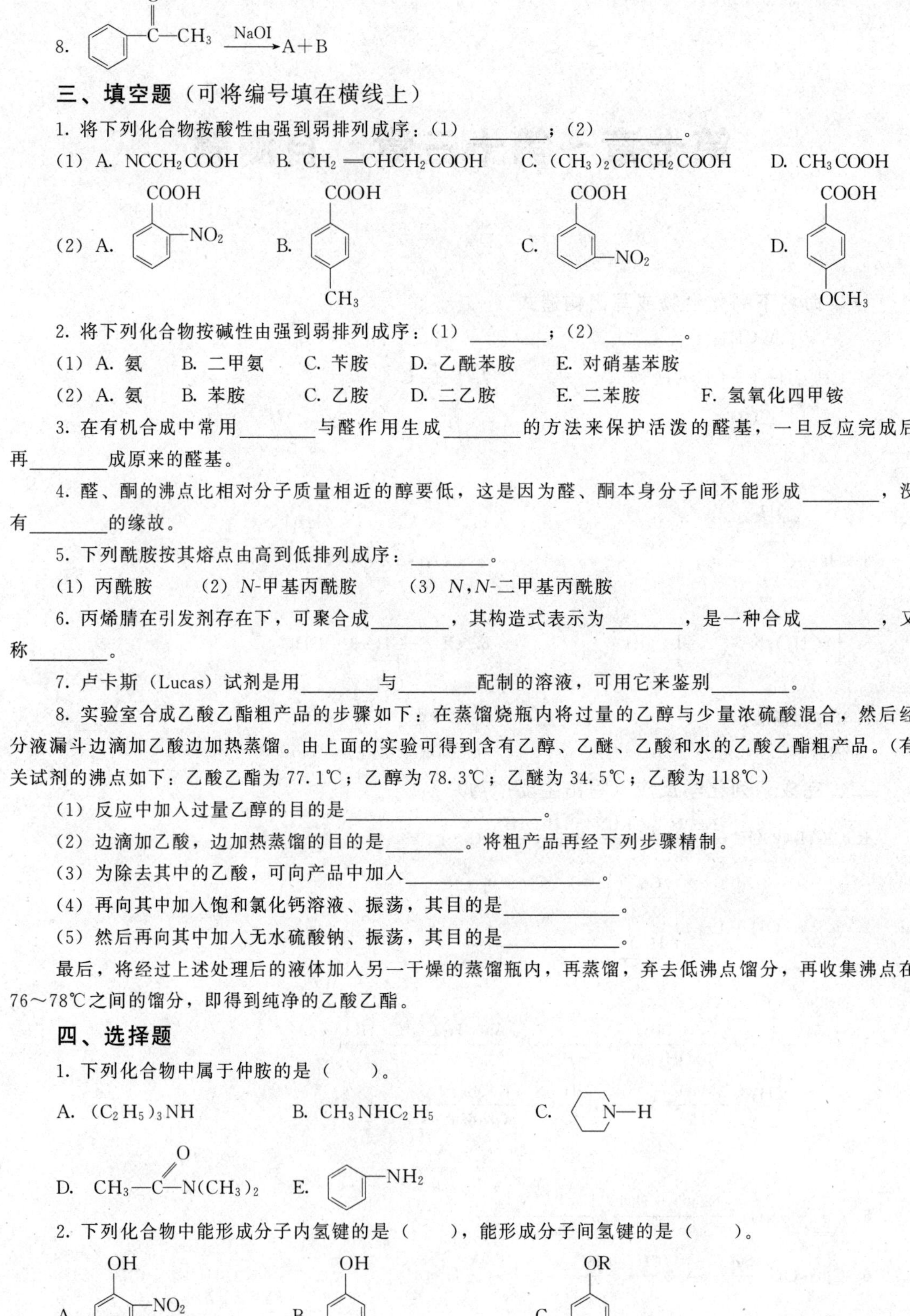

8. $C_6H_5-\overset{O}{\overset{\|}{C}}-CH_3 \xrightarrow{NaOI} A+B$

三、填空题（可将编号填在横线上）

1. 将下列化合物按酸性由强到弱排列成序：(1) ________；(2) ________。

(1) A. $NCCH_2COOH$　B. $CH_2=CHCH_2COOH$　C. $(CH_3)_2CHCH_2COOH$　D. CH_3COOH

(2) A. 邻硝基苯甲酸（COOH，NO_2）　B. 对甲基苯甲酸（COOH，CH_3）　C. 间硝基苯甲酸（COOH，NO_2）　D. 对甲氧基苯甲酸（COOH，OCH_3）

2. 将下列化合物按碱性由强到弱排列成序：(1) ________；(2) ________。

(1) A. 氨　B. 二甲氨　C. 苄胺　D. 乙酰苯胺　E. 对硝基苯胺

(2) A. 氨　B. 苯胺　C. 乙胺　D. 二乙胺　E. 二苯胺　F. 氢氧化四甲铵

3. 在有机合成中常用________与醛作用生成________的方法来保护活泼的醛基，一旦反应完成后再________成原来的醛基。

4. 醛、酮的沸点比相对分子质量相近的醇要低，这是因为醛、酮本身分子间不能形成________，没有________的缘故。

5. 下列酰胺按其熔点由高到低排列成序：________。

(1) 丙酰胺　(2) *N*-甲基丙酰胺　(3) *N*,*N*-二甲基丙酰胺

6. 丙烯腈在引发剂存在下，可聚合成________，其构造式表示为________，是一种合成________，又称________。

7. 卢卡斯（Lucas）试剂是用________与________配制的溶液，可用它来鉴别________。

8. 实验室合成乙酸乙酯粗产品的步骤如下：在蒸馏烧瓶内将过量的乙醇与少量浓硫酸混合，然后经分液漏斗边滴加乙酸边加热蒸馏。由上面的实验可得到含有乙醇、乙醚、乙酸和水的乙酸乙酯粗产品。(有关试剂的沸点如下：乙酸乙酯为77.1℃；乙醇为78.3℃；乙醚为34.5℃；乙酸为118℃)

(1) 反应中加入过量乙醇的目的是________________。

(2) 边滴加乙酸，边加热蒸馏的目的是________。将粗产品再经下列步骤精制。

(3) 为除去其中的乙酸，可向产品中加入________________。

(4) 再向其中加入饱和氯化钙溶液、振荡，其目的是__________。

(5) 然后再向其中加入无水硫酸钠、振荡，其目的是__________。

最后，将经过上述处理后的液体加入另一干燥的蒸馏瓶内，再蒸馏，弃去低沸点馏分，再收集沸点在76～78℃之间的馏分，即得到纯净的乙酸乙酯。

四、选择题

1. 下列化合物中属于仲胺的是（　）。

A. $(C_2H_5)_3NH$　B. $CH_3NHC_2H_5$　C. 哌啶（N—H）

D. $CH_3-\overset{O}{\overset{\|}{C}}-N(CH_3)_2$　E. $C_6H_5-NH_2$

2. 下列化合物中能形成分子内氢键的是（　），能形成分子间氢键的是（　）。

A. 邻硝基苯酚（OH，NO_2）　B. 对硝基苯酚（OH，NO_2）　C. 间甲基苯基醚（OR，CH_3）

D. 邻羟基苯甲酸（苯环上 OH 与 COOH 邻位）　　E. 邻硝基苯甲醚（苯环上 OCH_3 与 NO_2 邻位）　　F. CH_3CH_2OH

3. 下列化合物中能发生银镜反应的是（　　）。

A. CH_3CH_2CHO　　B. 苯甲醛（苯环—CHO）　　C. CH_3CH_2OH　　D. 苯乙酮（苯环—C(=O)—CH_3）

4. 下列化合物中不与 $FeCl_3$ 溶液显色的是（　　）。

A. 苯酚（苯环—OH）　　B. 苯甲醚（苯环—OCH_3）　　C. 邻甲基苯酚（苯环上 CH_3 与 OH 邻位）　　D. 苯甲醇（苯环—CH_2OH）

5. 甲基叔丁基醚可制成一种针剂，用于治疗胆固醇型的胆结石病。在下列各合成路线中，最佳合成路线是（　　）。

A. $(CH_3)_3C—OH$，CH_3OH 和浓 H_2SO_4，共热

B. $(CH_3)_3C—Br$ 和 CH_3ONa 共热

C. CH_3Br 和 $(CH_3)_3C—ONa$ 共热

D. $(CH_3)_3C—OH$ 和 CH_3OH 在 Al_2O_3 存在下共热

6. 从苯酚的乙醇溶液中回收苯酚，有下列操作：①蒸馏；②过滤；③分液；④加入足量金属钠；⑤通入过量的 CO_2；⑥加入足量的 NaOH 溶液；⑦加入足量的 $FeCl_3$ 溶液；⑧加入足量的溴水；⑨加入适量的盐酸。合理的步骤是（　　）。

A. ④⑤⑨　　B. ⑥①⑤③　　C. ⑧②⑨①　　D. ⑦①③⑨

7. 下列试剂中，能鉴别醛与酮的是（　　）；能鉴别脂肪醛与芳香醛的是（　　）；能鉴别甲醛与其他醛的是（　　）。

A. 羰基试剂　　B. 托伦试剂　　C. 斐林试剂　　D. 席夫试剂

8. 一脂溶性的乙醚提取物，在回收乙醚的下列操作过程中，不正确的是（　　）。

A. 蒸除乙醚之前应干燥去水　　B. 用“明火”直接加热

C. 室内有良好的通风　　D. 不用“明火”加热

9. 检查糖尿病患者从尿中排出的丙酮，可以采用的方法是（　　）。

A. 与 NaCN 和硫酸反应　　B. 与格氏试剂反应

C. 与碘的 NaOH 溶液反应　　D. 在干燥氯化氢存在下与乙醇反应

10. 根据苯甲酸、碳酸和苯酚的酸性强弱判断，下列化学反应式正确的是（　　）。

A. $C_6H_5ONa + H_2CO_3 \longrightarrow C_6H_5OH + NaHCO_3$

B. $C_6H_5COONa + C_6H_5OH \longrightarrow C_6H_5COOH + C_6H_5ONa$

C. $C_6H_5COONa + H_2CO_3 \longrightarrow C_6H_5COOH + NaHCO_3$

五、用化学方法鉴别下列各组化合物

1. CH_3NH_2、$C_2H_5NHCH_3$、$C_6H_5-NH_2$、$C_6H_5-N(CH_3)_2$

2. CH_3CHO、$C_6H_5-\overset{O}{\overset{\|}{C}}-H$、$CH_3-\overset{O}{\overset{\|}{C}}-CH_3$、$C_6H_5-OH$

六、由指定原料合成化合物

1. 由 C_2H_5OH 合成 $CH_3-\underset{OH}{\underset{|}{CH}}-CH_2-CH_3$

2. 由 C_2H_5OH 合成 $CH_3CH_2CH_2NH_2$

3. 由 $C_6H_5-CH_3$ 合成 $C_6H_5-CH_2OH$

4. 由 C_6H_5-Cl 合成 邻氯苯甲腈（苯环上 CN 与 Cl 处于邻位）

七、推测构造式

1. 化合物 A（$C_5H_{12}O$）经氧化后生成化合物 B（$C_5H_{10}O$），B 能与苯肼发生反应，也能与碘的 NaOH 溶液反应。B 不能与斐林试剂反应。A 与浓硫酸脱水后生成化合物 C，C 经氧化后得到丙酮和乙酸。试推测 A、B、C 的构造式。

2. 某芳香族化合物 A（C_7H_8O），A 与钠不发生反应，与浓氢碘酸反应生成两个化合物 B 与 C，B 能溶于氢氧化钠，并与 $FeCl_3$ 溶液作用显蓝紫色，C 与硝酸银水溶液作用，生成黄色碘化银，试推测 A、B、C 的构造式。

第十四章　杂环化合物

主要内容要点

一、杂环化合物的命名

1. 音译法

一般在同音汉字的左边加“口”旁。例如

呋喃　　吡咯　　噻吩　　吡啶

2. 杂环及环上取代基的编号

（1）母体杂环的编号　杂原子的编号为“1”。杂原子邻位的碳原子也可依次用α、β、γ编号。

（2）环上的编号　当环上有不同杂原子时，按 O→S→N 的次序编号。若环上连有不同的取代基，其编号按次序规则和最低系列。

二、杂环化合物的化学反应

呋喃、噻吩、吡啶在结构上均是由π电子组成的闭合共轭体系，都具有芳香性。五元杂环化合物发生取代反应的活性比苯大得多，且主要发生在α位，吡啶则主要发生在β位。其反应活性顺序为：

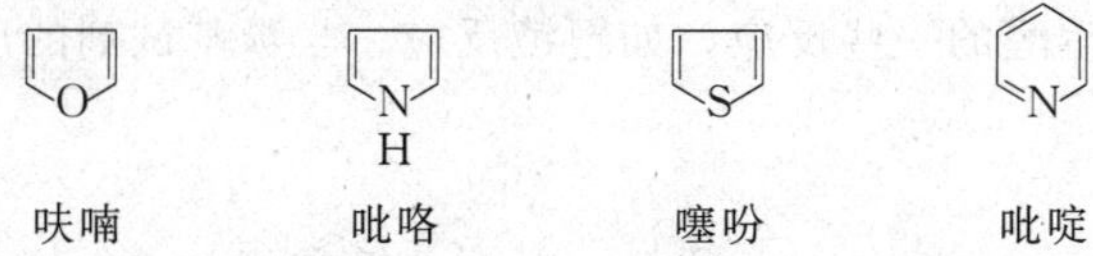

1. 呋喃的反应

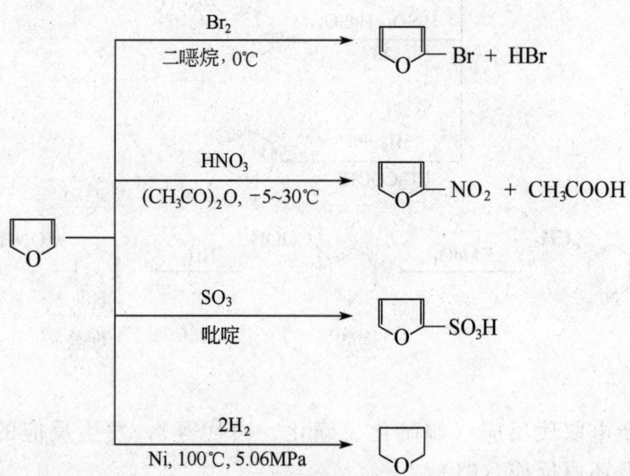

2. α-呋喃甲醛的反应

$O_2, V_2O_5, TiO_2, SiO_2$ 320~350℃ → 顺丁烯二酸酐

H_2, CuO, CrO_3 150℃, 10.1MPa → 糠醇（$-CH_2OH$） H_2, Ni 170~180℃, 7.10~10.01MPa → 四氢糠醇（$-CH_2OH$）

NaOH 浓溶液 → 糠醇（$-CH_2OH$） + 糠酸钠（$-COONa$） △ H^+ → 糠酸（$-COOH$）

CH_3COOH，苯胺 → 显红色

α-呋喃甲醛也可发生醛的一些反应，如银镜反应、与羰基试剂的反应。

3. 吡啶的反应

HCl → $[C_5H_5NH^+]Cl^-$

CH_3I → $[C_5H_5N^+-CH_3]I^-$

Br_2 300℃ → 3-溴吡啶（Br）

HNO_3, H_2SO_4 300℃ → 3-硝基吡啶（NO_2）

$H_2SO_4, HgSO_4$ 220℃ → 3-吡啶磺酸（SO_3H）

$3H_2$, Pt CH_3COOH → 哌啶（NH）

3-甲基吡啶（CH_3） $KMnO_4$ → 烟酸（COOH） NH_3 → 烟酰胺（$CONH_2$）

4. 喹啉的反应

喹啉也可发生亲电取代反应（如硝化、磺化、卤代等），发生反应的位置易在 5 位和 8 位，也可发生氧化及还原反应（略）。

三、杂环化合物的鉴别

浓盐酸浸过的松木片 $\xrightarrow{\text{遇吡咯}}$ 呈红色；$\xrightarrow{\text{遇呋喃}}$ 呈绿色

$$\text{噻吩}+\text{靛红}\xrightarrow{H_2SO_4}\text{呈蓝色}$$

$$\alpha\text{-呋喃甲醛}+\text{苯胺}\xrightarrow{\text{醋酸}}\text{呈红色}$$

例题解析

【例 14-1】写出下列化合物的名称。

1. 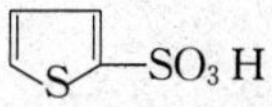 噻吩环（S）—SO_3H　　（2-噻吩磺酸）
2. 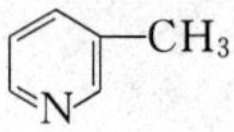 吡啶环（N）—CH_3　　（3-甲基吡啶）
3. 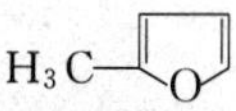 H_3C—呋喃环（O）　　（5-甲基呋喃）
4. 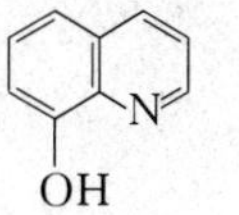 喹啉环（N），OH　　（8-羟基喹啉）
5. 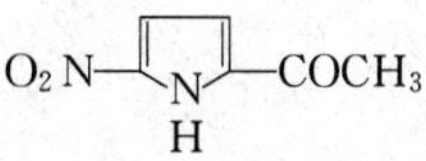 O_2N—吡咯环（N—H）—$COCH_3$　　（5-硝基-2-乙酰吡咯）
6. 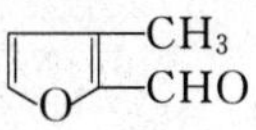 呋喃环（O），—CH_3，—CHO　　（3-甲基-α-呋喃甲醛）
7. 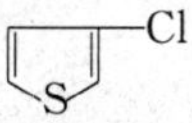 噻吩环（S）—Cl　　（3-氯噻吩）
8. 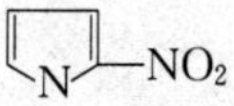 吡咯环（N）—NO_2　　（2-硝基吡咯）
9. 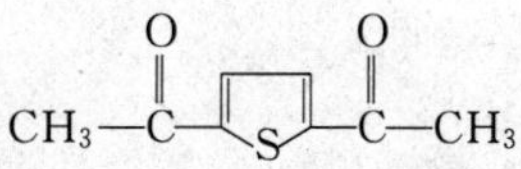 CH_3—C(=O)—噻吩环（S）—C(=O)—CH_3　　（2,5-二乙酰基噻吩）
10. 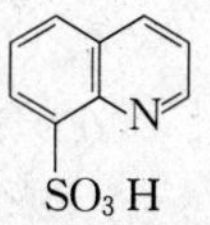 喹啉环（N），SO_3H　　（8-喹啉磺酸）

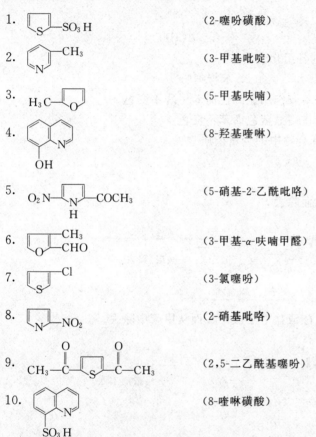

此题根据杂环化合物的命名原则进行命名，特别应注意环上取代基的编号。

【例 14-2】按碱性由大到小的顺序排列下列化合物：

苯胺　　吡咯　　吡啶　　氨

解析　碱性的大小关键取决于 N 上电子云密度的大小，N 上电子云密度的大小又取决于和 N 相连的基团是供电子基还是吸电子基。由于苯胺中氨基及吡咯中 N 原子的孤电子对均参与苯环的共轭体系，相对于环而言起供电子基的作用，使 N 原子的电子云密度降低，化合物的碱性减弱，且吡咯比苯胺电子云密度降低更多，难以与 H^+ 结合，故基本不显碱性。而吡啶中 N 原子的孤电子对不参与环的共轭体系，相对于环而言电子云密度几乎没发生变化，故其碱性比苯强，它们的碱性顺序为：

氨＞吡啶＞苯胺＞吡咯

【例 14-3】用箭头表示下列化合物起反应时的位置。

1. 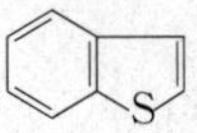 苯并噻吩 与浓 H_2SO_4 作用　　2. 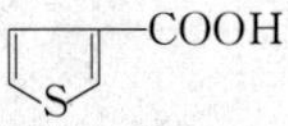 噻吩-2-甲酸（COOH）与溴作用

3. 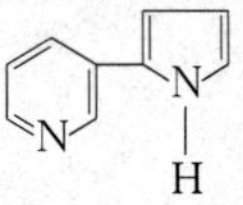 3-(2-吡咯基)吡啶（N—H）与碘甲烷作用　　4. 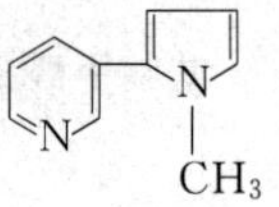 3-(N-甲基-2-吡咯基)吡啶（N—CH_3）与碘作用

解析

1. 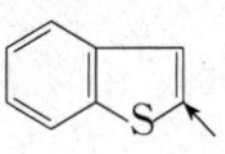 苯并噻吩（箭头指向噻吩环 2 位）　　2. 噻吩-2-甲酸（箭头指向 5 位）

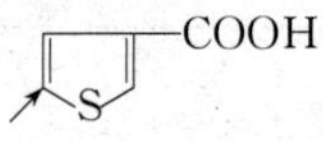

3. 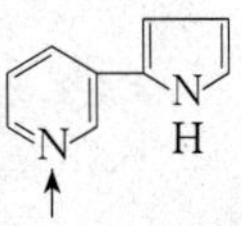 吡啶环 N 原子（箭头指向 N）　　4. 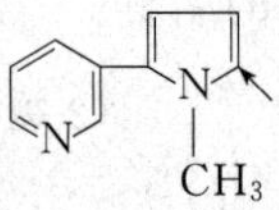 吡咯环 5 位（箭头）

【例 14-4】用化学方法鉴别下列各组化合物。

1. 苯甲醛与糠醛　　2. 苯与噻吩

解析　1. 糠醛在醋酸存在下与苯胺作用显红色而苯甲醛不变色。

2. 噻吩在浓硫酸存在下与靛红作用显蓝色而苯不变色。

【例 14-5】用化学方法将下列混合物中的少量杂质除去。

1. 苯中混有少量噻吩

2. 甲苯中混有少量吡啶

解析　1. 噻吩可溶于浓硫酸中而除去。

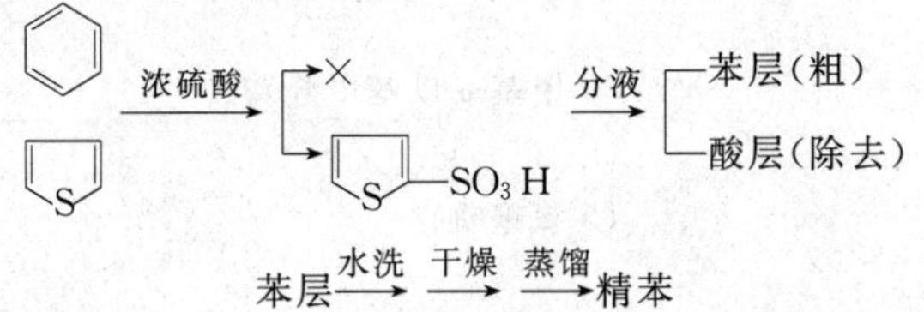

苯层 $\xrightarrow{\text{水洗}}$ $\xrightarrow{\text{干燥}}$ $\xrightarrow{\text{蒸馏}}$ 精苯

2. 吡啶具有弱碱性，可与浓盐酸成盐溶于酸中，而从甲苯中除去。

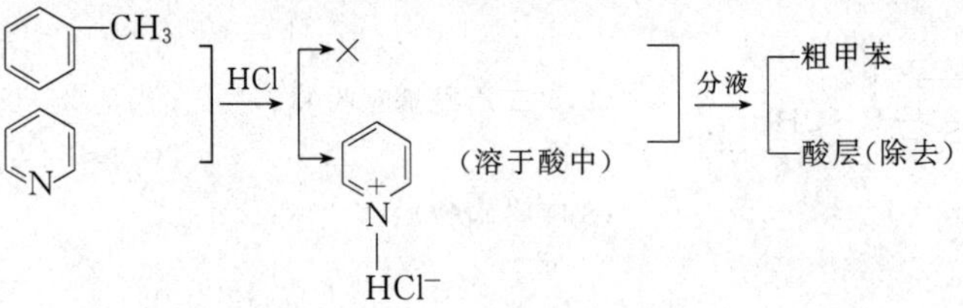

甲苯（CH_3）、吡啶 $\xrightarrow{HCl}$ 甲苯 ×；吡啶盐酸盐（N^+—HCl^-）（溶于酸中） $\xrightarrow{\text{分液}}$ 粗甲苯；酸层(除去)

粗甲苯 $\xrightarrow{\text{水洗}}$ $\xrightarrow{\text{干燥}}$ $\xrightarrow{\text{蒸馏}}$ 精甲苯

【例 14-6】完成下列化学反应。

1. 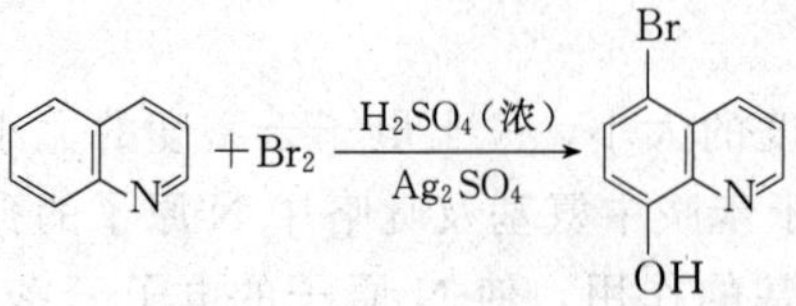 喹啉 $+Br_2$ $\xrightarrow[Ag_2SO_4]{H_2SO_4(\text{浓})}$ 5-溴-8-羟基喹啉（Br，OH）

2. 糠醛（呋喃—CHO）$+CH_3CHO$ $\xrightarrow{NaOH(\text{稀})}$ 呋喃—CH(OH)—CH_2—CHO $\xrightarrow[-H_2O]{\triangle}$ 呋喃—CH═CH—CHO

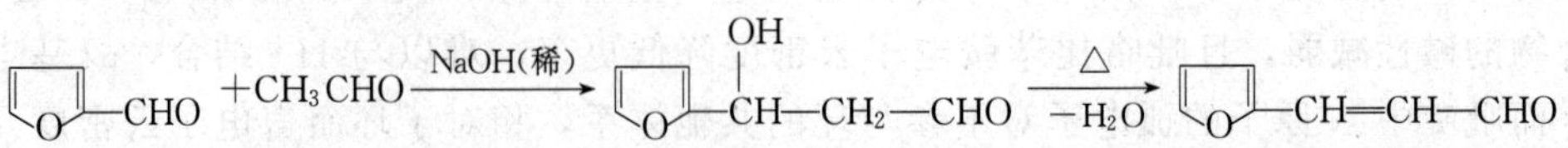

3. $(CH_3)_3C$-[2,6-吡啶]-$C(CH_3)_3$ $+SO_3 \xrightarrow{-10℃}$ $(CH_3)_3C$-[$\overset{+}{N}$-SO_3^- 吡啶]-$C(CH_3)_3$

4. 3-甲基吡啶 $\xrightarrow{KMnO_4}$ 3-吡啶甲酸(COOH) $\xrightarrow{PCl_5}$ 3-吡啶甲酰氯($-\overset{O}{\overset{\|}{C}}-Cl$) $\xrightarrow{NH_3}$ 3-吡啶甲酰胺($-\overset{O}{\overset{\|}{C}}-NH_2$) $\xrightarrow[OH^-]{NaOBr}$ 3-氨基吡啶(NH_2)

5. 糠醛(CHO) $+Cl_2 \longrightarrow$ Cl-呋喃-CHO $\xrightarrow{NaOH(浓)}$ Cl-呋喃-CH_2OH + Cl-呋喃-COONa

【例 14-7】 由指定原料合成下列化合物。

1. 由糠醛合成己二胺和己二酸　　2. 由吡啶合成 β-羟基吡啶

3. 由噻吩合成 2-噻吩甲酸

解析　1. 此题原料为 呋喃-CHO，产物为 $HOOC\text{-}(CH_2)_4\text{-}COOH$ 及 $H_2N\text{-}(CH_2)_6\text{-}NH_2$。可由倒推法得出合成路线：

$HOOC\text{-}(CH_2)_4\text{-}COOH$、$H_2N\text{-}(CH_2)_6\text{-}NH_2$ $\longleftarrow$ $\begin{matrix}CH_2CH_2CN\\|\\CH_2CH_2CN\end{matrix}$ $\longleftarrow$ $\begin{matrix}CH_2CH_2Cl\\|\\CH_2CH_2Cl\end{matrix}$ $\longleftarrow$ 四氢呋喃 $\longleftarrow$ 呋喃 $\longleftarrow$ 糠醛(CHO)

合成反应如下：

糠醛(CHO) $\xrightarrow[ZnO,Cr_2O_3,MnO_2,约410℃]{H_2O}$ 呋喃 $\xrightarrow[100℃,5.06MPa]{H_2,Ni}$ 四氢呋喃 $\xrightarrow[140℃,0.4MPa]{HCl}$

$\begin{matrix}CH_2CH_2Cl\\|\\CH_2CH_2Cl\end{matrix}$ $\xrightarrow{2NaCN}$ $\begin{matrix}CH_2CH_2CN\\|\\CH_2CH_2CN\end{matrix}$ $\xrightarrow{H_2O}$ $HOOC\text{-}(CH_2)_4\text{-}COOH$；$\xrightarrow{H_2,Ni}$ $H_2N\text{-}(CH_2)_6\text{-}NH_2$

2. 本题产物为在吡啶环中 N 原子的间位引入羟基，可通过磺酸盐法得到或经重氮盐水解得到。本题是经重氮盐水解制得，全部合成反应如下：

吡啶 $\xrightarrow[300℃]{HNO_3,H_2SO_4(浓)}$ 3-NO_2吡啶 $\xrightarrow{Fe+HCl}$ 3-NH_2吡啶 $\xrightarrow[0\sim50℃]{NaNO_2+H_2SO_4}$

3-N_2HSO_4吡啶 $\xrightarrow{H_2SO_4,H_2O}$ 3-OH吡啶

3. 本题产物是在噻吩环中 S 原子的邻位引入羧基，可以有几种方法，本题采用噻吩通过溴代，再转化为氰基，最后由氰基水解为羧基，合成反应如下：

噻吩 $\xrightarrow[CH_3COOH]{Br_2}$ 2-Br噻吩 $\xrightarrow{KCN}$ 2-CN噻吩 $\xrightarrow[H^+]{H_2O}$ 2-COOH噻吩

【例 14-8】 某化合物的分子式为 $C_5H_4O_2$，经氧化作用生成分子式为 $C_5H_4O_3$ 的羧酸，这个羧酸的钠盐与钠石灰共热，则转变为 C_4H_4O，后者不和金属钠作用，也不具有醛、酮的反应。试推测 $C_5H_4O_2$ 的构造式。

解析　$C_5H_4O_2 \xrightarrow{[O]} C_5H_4O_3$（羧酸）$\xrightarrow{NaOH} C_5H_3O_3Na$（羧酸钠盐）$\xrightarrow{NaOH\text{-}CaO} C_4H_4O$ $\xrightarrow{Na}$ 不反应(说明无活泼氢)；$\xrightarrow{苯肼}$ 无醛、酮反应，说明不是醛酮

由 C_4H_4O 分子式的不饱和度（$\Delta=3$）可知，此化合物分子内含有两个双键的不饱和脂

环，因此 C_4H_4O 必为呋喃，则 $C_5H_4O_2$ 为呋喃甲醛，有关反应如下：

$$\text{呋喃-2-CHO} \xrightarrow{[O]} \text{呋喃-2-COOH} \xrightarrow{NaOH} \text{呋喃-2-COONa} \xrightarrow{NaOH\text{-}CaO} \text{呋喃}$$

$C_5H_4O_2$ 的构造式为 呋喃-2-CHO。

习　题

一、命名或写出构造式

1. 2-氨基吡啶结构式（吡啶环 2 位 $-NH_2$）
2. 喹啉环 7 位 H_3C-
3. N,N-二甲基四氢吡咯鎓 I^-（H_3C、CH_3）
4. 噻吩环 3 位 $-Br$，2 位 $-NO_2$
5. H_3C-呋喃$-COOH$（2,5 位）
6. 吡啶环 3 位 $-SO_3H$
7. γ-甲基吡啶
8. α-乙酰基噻吩
9. 8-氨基喹啉
10. 4-甲基六氢吡啶
11. *N*-甲基-2-乙基吡咯
12. α,α′-二溴呋喃
13. 糠醇
14. 糠酸
15. 6-甲氧基-8-二乙氨基喹啉
16. 3-氯糠醛
17. *N*-甲基-4-苯基-4-乙氧基羰基六氢吡啶（杜冷丁）
18. 1-甲基-2-(3-吡啶基) 四氢吡咯（尼古丁）

二、完成下列化学反应

1. 噻吩 $+ H_2SO_4 \longrightarrow$

2. 噻吩 $\xrightarrow[CH_3COOH]{Br_2} A \xrightarrow{KCN} B \xrightarrow[H^+]{H_2O} C$

3. 吡咯（N—H） $\xrightarrow[(CH_3CO)_2O]{\text{硝化 } CH_3COONO_2} A \xrightarrow{Fe+HCl} B$

4. 呋喃-2-CHO $\xrightarrow{NaOH(\text{浓})} A+B$

5. 呋喃-2-CHO $+ CH_3CHO \xrightarrow[\triangle]{NaOH(\text{稀})}$

6. 吡啶-2-CHO $\xrightarrow[Pt]{H_2} A \xrightarrow{CH_3I} B$

7. 呋喃 $\xrightarrow[Pt]{2H_2} A \xrightarrow{\text{过量 HI}} B \xrightarrow{NaCN} C \xrightarrow[H^+]{H_2O} D$

8. 吡啶-3-CH_3 $\xrightarrow[H^+]{KMnO_4} A \xrightarrow{PCl_5} B \xrightarrow[H^+]{C_2H_5OH} C$

9. 喹啉 $\xrightarrow[H^+]{KMnO_4}$

10. 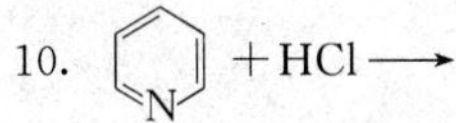

11. $+CH_3I \longrightarrow$

12. $+SO_3 \longrightarrow A \xrightarrow{\text{O}} B$

13. 用箭头表示下列化合物起硝化反应时主要产物的位置。

A. 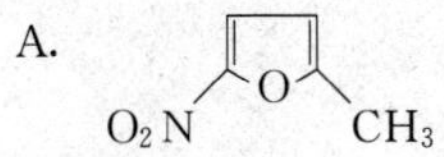

B. 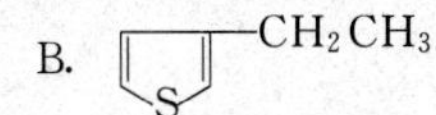

C. 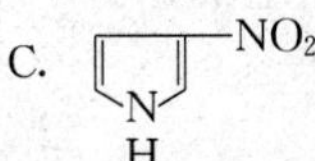

三、填空题

1. 凡含有杂环，具有类似________稳定结构，表现一定________的化合物叫杂环化合物。

2. 在呋喃分子中，氧原子的________参与环的共轭体系，使环上的电子云密度增加，所以呋喃比苯容易发生________反应。另外，它在一定程度上还具有________化合物的性质，可以发生________反应。

3. 吡啶可以通过氮原子上的________与质子结合，它是一个弱碱，其水溶液能使________变蓝，它的碱性比________强，但比________弱得多。

四、选择题

1. 下列化合物中具有芳香性的是（　　）。

A. 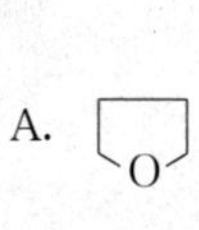
B. 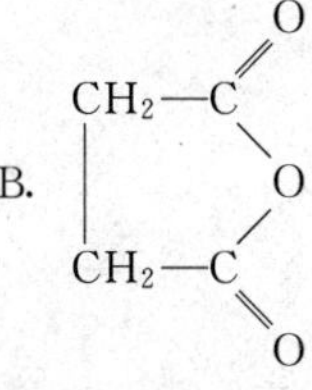
C. 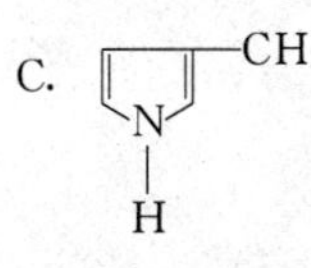
D. 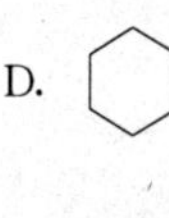

2. 下面 4 个化合物的芳香性（稳定性）由强到弱的次序是（　　）。

① 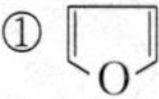
② 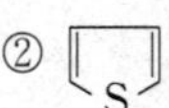
③ 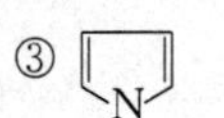
④ 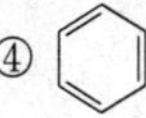

A. ①>②>③>④　　B. ④>②>③>①　　C. ③>②>①>④　　D. ④>①>②>③

3. 下列化合物按其碱性由强到弱的次序是（　　）。

① 甲胺　② 苯胺　③ 吡啶　④ 吡咯　⑤ 氨

A. ①>⑤>③>②>④　　B. ⑤>①>②>③>④

C. ①>②>③>⑤>④　　D. ①>⑤>③>④>②

4. 除去甲苯中少量噻吩常用的试剂是（　　）。

A. 浓 H_2SO_4　　B. NaOH 溶液　　C. 乙烷　　D. CCl_4

5. 下列化合物发生亲电取代反应的活性由大到小的次序是（　　）。

①　　② $-NO_2$　　③ S　　④ S $-CH_3$

A. ①>②>③>④　　B. ③>①>②>④　　C. ②>①>④>③　　D. ④>③>①>②

6. 吡咯磺化时，用的磺化剂是（　　）。

A. 发烟硫酸　　B. 浓硫酸　　C. 混酸　　D. 吡啶三氧化硫

7. 区别吡咯和四氢吡咯的试剂是（　　）。

A. 固体 NaOH　　B. $Na+C_2H_5OH$　　C. 盐酸　　D. $KMnO_4$，H^+

8. 区别吡啶和 α-甲基吡啶的试剂是（　　）。

A. 浓 HCl　　B. NaOH 溶液　　C. $KMnO_4$，H^+　　D. 乙醇

五、判断题（下列叙述对的在括号中打“√”，错的打“×”）

1. 吡咯比呋喃活泼。（　）

2. 若苯中混有少量噻吩杂质，可用浓硫酸除去。（　）

3. 吡啶具有弱碱性，可与浓盐酸成盐而溶于酸中。（　）

4. 五元杂环化合物β位比α位活性大，所以亲电取代反应主要发生在β位上。（　）

5. 呋喃、噻吩、吡咯在催化剂存在下都能进行加氢反应，生成相应的四氢化物。（　）

六、由指定原料合成

1. 由α-呋喃甲醛（糠醛）合成α-呋喃甲酸

2. 由噻吩合成α-氨基噻吩

3. 由苯和吡啶合成 $CH_3CONH-C_6H_4-SO_2NH-$(2-吡啶基)

七、推测构造式

1. 某化合物的分子式C_6H_6OS，它不发生银镜反应，但与羟胺作用生成肟，与次氯酸钠作用生成α-噻吩甲酸。试推测该化合物的构造式。

2. 某化合物A的分子式为$C_5H_3ClO_2$，它起银镜反应，并生成$C_5H_3ClO_3$，后者加热得到3-氯呋喃。试写出A的构造式。

3. 吡啶甲酸3个异构体的熔点分别为A 137℃；B 234～237℃；C 317℃。喹啉氧化时得到二元酸D（$C_7H_5O_4N$），D加热时生成B。异喹啉氧化时生成二元酸E($C_7H_5O_4N$)，E加热时生成B和C。试推测A、B、C的构造式。

第十五章　蛋白质和碳水化合物

主要内容要点

一、蛋白质的主要性质

1. 水解

蛋白质在酸、碱或酶的作用下最终水解生成氨基酸，天然蛋白质水解的最终产物都是 α-氨基酸。

2. 两性与等电点

因蛋白质分子中既有氨基又有羧基，所以能与酸或碱反应形成盐。氨基酸分子所带的净电荷为零时溶液的 pH 称为该氨基酸的等电点，用 pI 表示。蛋白质在溶液中存在下列平衡：

$$\underset{\displaystyle NH_2}{R-CH-COOH}$$

$$\Updownarrow$$

$$\underset{\displaystyle {}^{+}NH_3}{R-CH-COOH} \underset{OH^-}{\overset{H^+}{\rightleftharpoons}} \underset{\displaystyle {}^{+}NH_3}{R-CH-COO^-} \underset{H^+}{\overset{OH^-}{\rightleftharpoons}} \underset{\displaystyle NH_2}{R-CH-COO^-}$$

在酸性溶液中以正离子形式存在	两性离子	在碱性溶液中以负离子形式存在
$pH<pI$	pI	$pH>pI$
在电场中移向阴极	在电场中不移动	在电场中移向阳极

3. 盐析

向蛋白质溶液中加入浓的轻金属的盐或铵盐［如 $(NH_4)_2SO_4$、$MgCl_2$、Na_2SO_4 等］溶液后，可使蛋白质凝聚而从溶液中析出，这种作用叫做盐析。盐析是一个可逆过程。盐析可用于分离、提纯蛋白质。(少量的上述无机盐溶液可促进蛋白质的溶解)

4. 变性

蛋白质受热、紫外线、X 射线、强酸、强碱、重金属（如铅、铜、汞等）盐、一些有机物（甲醛、酒精、苯甲酸）等的作用会凝结，这种凝结是不可逆的，即凝结后不能在水中重新溶解，这种变化叫做变性。蛋白质变性后，不仅丧失了原有的可溶性，同时也失去了生理活性。变性原理可以用于消毒、解毒，但也能引起中毒。

5. 颜色反应

① 发生茚三铜颜色反应，显蓝色。

② 发生缩二脲反应，显紫色或粉红色。

③ 蛋白黄反应，分子中含有苯环的蛋白质，遇浓硝酸显黄色，用碱处理又转为橙色。

二、碳水化合物

1．单糖的性质

单糖的性质见表15-1。

表 15-1　单糖的性质

糖　类		葡　萄　糖	果　糖
氧化反应	托伦试剂和斐林试剂	氧化为葡萄糖酸并分别有 Ag 及 Cu_2O 生成	与葡萄糖同
	溴水	氧化为葡萄糖酸	不易氧化
	稀 HNO_3	氧化为葡萄糖二酸	强烈氧化可断链
还原反应		用 $NaBH_4$ 还原得多元醇	同葡萄糖
成脎反应		生成黄色葡萄糖脎	同葡萄糖
变旋光现象		有	有

2．二糖的性质

二糖的主要性质见表15-2。

表 15-2　二糖的主要性质

糖　类	麦　芽　糖	蔗　糖
托伦试剂和斐林试剂	分别生成 Ag 及 Cu_2O	不能(因不含醛基)
苯肼	成脎	不能
变旋光现象	有	无
水解	在酸或酶作用下水解为两分子葡萄糖	在酸或酶作用下水解为一分子葡萄糖和一分子果糖

3．多糖的性质

多糖的主要性质见表15-3。

表 15-3　多糖的主要性质

糖　类	淀　粉	纤　维　素
托伦试剂和斐林试剂	无还原性	无还原性
苯肼	无	无
碘-碘化钾	蓝紫色	无
稀酸或淀粉酶的催化水解	最终产物是D-葡萄糖	最终产物是D-葡萄糖

三、对映异构

1．手性分子

分子与它的镜像不相重合，这种分子叫手性分子。物质具有手性就会有旋光性和对映异构现象（物质的分子与其镜像互为对映异构体）。

2．手性碳原子

手性碳原子是指一个碳原子连有4个不同的原子或基团，常以 C^* 表示。含一个手性碳原子的化合物是手性分子，有一对对映异构体。

例题解析

【例 15-1】 写出下列化合物的构造式。

1．氨基乙酸（甘氨酸）　$H_2N—CH_2—COOH$

2. 2-氨基戊二酸（谷氨酸） HOOC—CH—CH_2—CH_2—COOH（CH 上连 NH_2）

3. 3-苯基丙氨酸 C_6H_5—CH_2—CH—COOH（CH 上连 NH_2）

4. 葡萄糖 CH_2OH—$(CHOH)_4$—CHO

5. 果糖 CH_2OH—CHOH—CHOH—CHOH—C—CH_2OH（C═O）

【例 15-2】指出下列化合物中，哪种能还原斐林试剂，哪种不能，为什么？

1. CH_2OH—C(═O)—$(CHOH)_2$—CH_2OH　2. CH_2OH—$(CHOH)_3$—CH_2OH　3. COOH—$(CHOH)_4$—CH_2OH　4. CHO—CHOH—CH_2OH

解析 因为 1 和 4 是单糖，所以能还原斐林试剂；而 2 是多元醇、3 是糖酸，所以不能还原斐林试剂。

【例 15-3】下列情况下没有发生蛋白质变性的是（　　）。

A. 用紫外线照射病房　　B. 用蘸有 75％酒精的棉花球擦皮肤

C. 用福尔马林浸泡动物标本　　D. 淀粉和淀粉酶混合微热

解析 A、B、C 都会使蛋白质变性，强热（如高温消毒）也会使蛋白质变性。淀粉酶是蛋白质，但微热不会变性，而且会增强它的催化活性。答案为 D。

【例 15-4】下列氨基酸等电点时 pH 值大于 7 还是小于 7？把它们分别溶于水中，使之达到等电点应当加酸还是加碱？

1. 甘氨酸　2. 赖氨酸　3. 谷氨酸

解析 1. 甘氨酸在等电点时 pH＝5.97＜7，故溶于水使之达到等电点应当加酸。

2. 赖氨酸在等电点时 pH＝9.74＞7，故溶于水使之达到等电点应当加碱。

3. 谷氨酸在等电点时 pH＝3.22＜7，故溶于水使之达到等电点时应当加酸。

【例 15-5】完成下列化学反应方程式。

解析 甘氨酸为两性化合物，可与酸反应也可与碱反应，亦可同时发生—COOH 及—NH_2的一些反应。

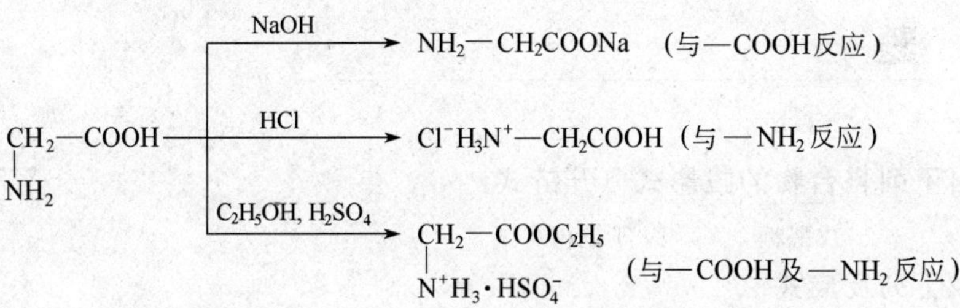

【例 15-6】写出 3-甲基戊烷进行一氯代反应所得产物可能的构造式，并指出哪些是手性分子，哪些是非手性分子。用费歇尔投影式写出其中含一个手性碳原子的一氯代化合物的一对对映异构体。

解析 一氯代产物可能的构造式有 4 种。

A. $CH_3CH_2\overset{*}{C}HCH_2CH_2Cl$（C* 上连 CH_3）　　B. $CH_3CH_2\overset{*}{C}H\overset{*}{C}HCH_3$（分别连 CH_3、Cl）

C. $CH_3CH_2CCH_2CH_3$（中间 C 上连 Cl 和 CH_3）　　D. $CH_3CH_2CHCH_2CH_3$（中间 C 上连 CH_2Cl）

其中　A、B为手性分子（含有手性碳原子）；

C、D为非手性分子（不含手性碳原子）。

A为含一个手性碳原子的化合物，其一对对映异构体的费歇尔投影式为：

$$\begin{array}{c} CH_2CH_2Cl \\ H-\!\!\!+\!\!\!-CH_3 \\ CH_2CH_3 \end{array} \qquad \begin{array}{c} CH_2CH_2Cl \\ H_3C-\!\!\!+\!\!\!-H \\ CH_2CH_3 \end{array}$$

【例 15-7】 某天然蛋白质遇浓 HNO_3 显黄色，水解产物中含有A；A由C、H、O、N元素组成；A能与盐酸或烧碱反应。一定条件下，两分子A发生缩合反应生成B和一分子水。B的式量为312。据此推断A、B的构造式。

解析　(1) 由水解产物逆推A的相对分子质量。

$$2A \xrightarrow{\text{缩合}} B + H_2O$$

$$2A \quad 312 \quad 18 \qquad \text{所以 } A=165$$

(2) 由题意知A分子中应含有苯环、羧基、氨基。另外，天然蛋白质水解成 α-氨基酸。

设A的结构简式为：$C_6H_5-(CH_2)_nCH(NH_2)COOH$

则 $C_6H_5-(CH_2)_nCH(NH_2)COOH$ 的相对分子质量为165，所以 $n=1$

即结构简式为：

A. $C_6H_5-CH_2-CH(NH_2)-COOH$

B. $C_6H_5-CH_2-CH(NH_2)-C(=O)-NH-CH(COOH)-CH_2-C_6H_5$

习　题

一、写出下列化合物的投影式（开链式）

1. 丁醛糖　　2. 戊醛糖　　3. 丁酮糖

二、完成下列反应式

1. $CH_3(CH_2)_3COOH \xrightarrow{A} CH_3(CH_2)_2CH(Cl)COOH \xrightarrow{NH_3} B$

2. $CH_3CH_2CHO \xrightarrow{A} CH_3CH_2CH(OH)CN \xrightarrow{B} CH_3CH_2CH(Cl)CN \xrightarrow{NH_3} C \xrightarrow[H^+]{H_2O} D$

3. 蔗糖水解

4. 淀粉在稀酸作用下水解

5. 葡萄糖酿制成酒精

6. 纤维素的水解

三、填空题

1. 高温消毒灭菌的原理是利用________；使用浓硝酸时不慎溅到皮肤上，使皮肤显黄色的原因是________；分离提纯蛋白质的方法是________。

2. 蛋白质和氨基酸相似，分子中含有自由的________和________。它是一种________电解质，与________和________都能成盐。

3. 酶对于许多有机化学反应和生物体内进行的复杂反应都具有很强的催化作用。酶的催化作用的特点是________；________；________。

4. 凡是能发生银镜反应的一定含有________基，但不一定是________类。

5. 有些蛋白质遇浓硝酸变成________色；淀粉遇碘水变成________色。

四、选择题

1. 下列说法错误的是（　　）。

A. 在豆浆中加入少量石膏，能使豆浆凝结为豆腐

B. 误服可溶性重金属盐，立即喝大量牛奶、蛋清或豆浆解毒

C. 农药波尔多液（由硫酸铜、生石灰和水制成）能消灭病虫害，是因为能使害虫的蛋白质变性死亡

D. 合成洗涤剂的使用不会造成水体污染

2. 葡萄糖不能发生的反应是（　　）。

A. 银镜反应　　B. 还原反应　　C. 酯化反应　　D. 水解反应

3. 水解前和水解后的溶液都能发生银镜反应的物质是（　　）。

A. 麦芽糖　　B. 蔗糖　　C. 果糖　　D. 甲酸乙酯

4. 热水瓶胆镀银常用的还原剂是（　　）。

A. 福尔马林　　B. 葡萄糖　　C. 麦芽糖　　D. 银氨溶液

5. 下列方法中可用于检验尿液中是否含有葡萄糖的是（　　）。

A. 加金属钠，看是否有氢气放出

B. 与新制氢氧化铜混合后煮沸，观察有无红色沉淀生成

C. 与醋酸和浓硫酸共热，看能否发生酯化反应

D. 加入酸性高锰酸钾溶液，看是否褪色

6. 下列物质中既不能发生水解反应又不能发生银镜反应的是（　　）。

A. 葡萄糖　　B. 纤维素　　C. 乙醇　　D. 蔗糖

7. 下列关于纤维素用途的说法中不正确的是（　　）。

A. 造纸　　B. 制造硝酸纤维　　C. 制造醋酸纤维　　D. 制造合成纤维

8. 下列物质中不是蛋白质的是（　　）。

A. 胰岛素　　B. 淀粉酶　　C. 酪素　　D. 尿素

9. 汰渍洗衣粉不仅能除去汗渍，而且有较强的除去血渍、奶渍等蛋白质污物的能力。这是因为该洗衣粉中加入了（　　）。

A. 碳酸钠　　B. 烧碱　　C. 蛋白酶　　D. 淀粉酶

10. 天然皮革是（　　）。

A. 纤维素制品　　B. 脂肪类制品　　C. 橡胶制品　　D. 凝固和变性的蛋白质

11. 区别织物成分是棉花还是羊毛，最简单的方法是（　　）。

A. 滴加浓硝酸　　B. 滴加浓硫酸　　C. 滴加酒精　　D. 灼烧

12. $BaCl_2$ 有剧毒，人的致死量为 0.3g。万一不慎误服，应大量吞服蛋清及适量解毒剂，此解毒剂应是（　　）。

A. $AgNO_3$　　B. $CuSO_4$　　C. Na_2CO_3　　D. $MgSO_4$

13. 向盛有蔗糖的烧杯中加入浓硫酸后，不可能发生的现象或反应是（　）。

A. 变黑　　B. 有气体生成　　C. 氧化还原反应　　D. 水解反应

14. 蛋白质溶液在做如下处理后，仍不丧失生理作用的是（　）。

A. 加硫酸铵溶液　　B. 加氢氧化钠溶液　　C. 加浓硫酸　　D. 用福尔马林浸泡

五、判断题（下列叙述对的在括号中打“√”，错的打“×”）

1. 水解后能生成两分子单糖的碳水化合物叫做二糖，如蔗糖和麦芽糖。（　）
2. 人的唾液中含有淀粉酶，能使淀粉水解为麦芽糖，所以细嚼淀粉食物后常有甜味感。（　）
3. 淀粉和纤维素水解的最终产物都是葡萄糖，所以纤维素能作为人类的营养物质。（　）
4. 蛋白质溶液用浓硫酸处理后，仍不丧失其生理作用（　）。
5. 欲将蛋白质从水中析出而又不改变它的性质，应加入甲醛溶液。（　）
6. 使用加酶洗衣粉时，宜将温度控制在 35～50℃。（　）

六、推测构造式

1. 写出分子式为 $C_3H_6(OH)Cl$ 的所有构造异构体的构造式。在这些化合物分子中哪些具有手性？用费歇尔投影式表示它们的对映体。

2. 某化合物分子式为 $C_3H_7O_2N$，有旋光性，能与氢氧化钠或盐酸成盐，并能与醇成酯，与亚硝酸作用时放出氮气。试推测该化合物的构造式。

第十六章　高分子化合物

主要内容要点

一、高分子化合物的命名

1. 加聚物的命名

由加成聚合得到的高聚物叫做加聚物。由同种单体加聚得到的加聚物的命名是在单体名称前加“聚”即可。例如，由乙烯聚合得到的聚合物叫聚乙烯；由苯乙烯聚合得到的聚合物叫聚苯乙烯。

2. 合成橡胶的命名

由不同单体共聚得到的合成橡胶的命名是在单体简称的后面加“橡胶”二字。例如，由丁二烯和苯乙烯共聚得到的共聚物叫丁苯橡胶；由丁二烯和丙烯腈共聚得到的共聚物叫丁腈橡胶。

3. 缩聚物的命名

由缩合聚合反应得到的高聚物叫作缩聚物。缩聚物的命名是在单体简称的后面加“树脂”二字。例如，由尿素和甲醛缩聚得到的缩聚物叫脲醛树脂；由苯酚和甲醛缩聚得到的缩聚物叫酚醛树脂。

另外，许多高聚物还常用商品名。例如，聚丙烯腈叫腈纶；聚酰胺叫尼龙；聚甲基丙烯酸甲酯叫有机玻璃。

二、高分子化合物的特性

1. 溶解性

线型结构的有机高分子（如有机玻璃）能溶解在某些溶剂里，但溶解过程比小分子缓慢。体型结构的有机高分子（如橡胶）则不易溶解，只是有一定程度的胀大。

2. 热塑性和热固性

线型高分子具有热塑性——加热可塑化冷却又能凝固，例如聚氯乙烯塑料；体型高分子具有热固性——经加工成形后就不会受热融化，例如酚醛塑料（俗称电木）在高温下即使炭化也不熔融。

3. 柔顺性与机械性能

线型高分子化合物具有柔顺性——因分子链很长，而原子间又是以能自由旋转的 σ 键相连，所以分子能以各种卷曲状态存在，且表现出较好的弹性，如橡胶；由于高聚物分子间的引力大，所以具有一定的机械强度。

4. 电绝缘性

由于高分子化合物中只存在共价键，没有自由电子和离子，因此不易导电。

三、高分子化合物的合成

由单体合成高分子化合物是通过聚合反应实现的。聚合反应有两种类型。

1. 加聚反应

加聚反应是由一种或多种单体通过相互加成形成高聚物的反应。由同种单体发生的加聚反应叫做均聚。如丁二烯发生均聚反应生成聚丁二烯。

$$nCH_2{=}CH{-}CH{=}CH_2 \xrightarrow{\text{均聚}} {+}CH_2{-}CH{=}CH{-}CH_2{+}_n$$

丁二烯　　　　聚丁二烯（橡胶）

由不同单体发生的加聚反应叫做共聚。例如丁二烯与丙烯腈发生共聚反应生成丁烯橡胶。

$$nCH_2{=}CH{-}CH{=}CH_2 + nCH_2{=}\underset{\displaystyle CN}{\underset{|}{CH}} \xrightarrow{\text{共聚}} {+}CH_2{-}CH{=}CH{-}CH_2{-}CH_2{-}\underset{\displaystyle CN}{\underset{|}{CH}}{+}_n$$

丁二烯　　　　丙烯腈　　　　丁腈橡胶

发生加聚反应的单体通常是带有双键或三键的不饱和化合物或环状化合物，如乙烯、氯乙烯、甲基丙烯酸、甲酸、1,3-丁二烯等。

2. 缩聚反应

由一种或多种单体发生缩合形成高聚物的同时，脱去一些小分子（如水、卤化氢、氨、醇、酚）的反应叫做缩聚反应。例如己二胺和己二酸分子间脱水，发生缩聚反应生成尼龙-66。

$$nH_2N{-}(CH_2)_6{-}NH_2 + nHOOC{-}(CH_2)_4{-}COOH \xrightarrow{\text{缩聚}}$$

$${+}NH{-}(CH_2)_6{-}NH{-}\underset{\displaystyle O}{\underset{\|}{C}}{-}(CH_2)_4{-}\underset{\displaystyle O}{\underset{\|}{C}}{+}_n + (2n-1)H_2O$$

尼龙-66

发生缩聚反应的单体通常是带有—OH、—COOH、—NH_2 及活泼氢原子或基团的化合物，它们大多含有两个以上的官能团。如 HO—C_6H_4—OH（对苯二酚）、HCHO、HOOC—R—COOH、HO—R—OH、H_2N—R—NH_2、HO—R—COOH、H_2N—R—COOH 等。

例题解析

【例 16-1】命名下列高分子化合物，并写出单体的构造式。

1. $${+}CH_2{-}\underset{\displaystyle CH_3}{\underset{|}{\overset{\displaystyle CH_3}{\overset{|}{C}}}}{+}_n$$ 聚异丁烯　单体：$CH_2{=}\overset{\displaystyle CH_3}{\overset{|}{C}}{-}CH_3$

2. $${+}CH_2{-}\underset{\displaystyle CN}{\underset{|}{CH}}{-}CH_2{-}CH{=}CH{-}CH_2{+}_n$$

丁腈橡胶　　单体：$CH_2{=}\underset{\displaystyle CN}{\underset{|}{CH}}$ 和 $CH_2{=}CH{-}CH{=}CH_2$

3. $${+}CH_2{-}\underset{\displaystyle COOCH_3}{\underset{|}{\overset{\displaystyle CH_3}{\overset{|}{C}}}}{+}_n$$

聚甲基丙烯酸甲酯或有机玻璃　　单体：$CH_2{=}\overset{\displaystyle CH_3}{\overset{|}{C}}{-}COOCH_3$

4. $\mathrm{-\!\!\![CO(CH_2)_5NH]\!\!\!-_n}$

聚己内酰胺或尼龙-6　　　单体：

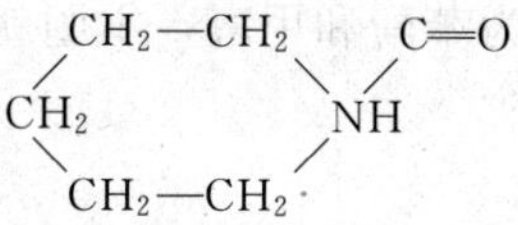

$$\begin{array}{ccc} & CH_2\text{—}CH_2 & \quad C{=}O \\ CH_2 & & NH \\ & CH_2\text{—}CH_2 & \end{array}$$

【例 16-2】某高分子化合物的部分结构如下：

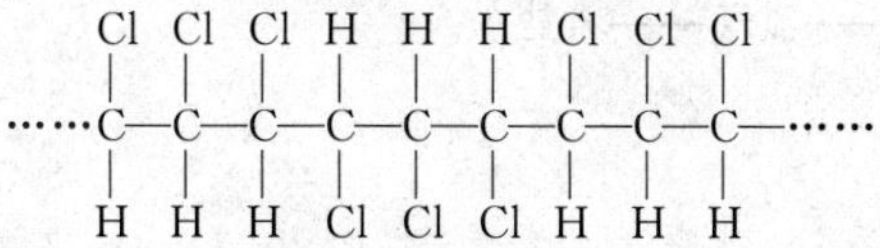

$$\cdots\cdots\begin{array}{c}Cl\\|\\C\\|\\H\end{array}\!-\!\begin{array}{c}Cl\\|\\C\\|\\H\end{array}\!-\!\begin{array}{c}Cl\\|\\C\\|\\H\end{array}\!-\!\begin{array}{c}H\\|\\C\\|\\Cl\end{array}\!-\!\begin{array}{c}H\\|\\C\\|\\Cl\end{array}\!-\!\begin{array}{c}H\\|\\C\\|\\Cl\end{array}\!-\!\begin{array}{c}Cl\\|\\C\\|\\H\end{array}\!-\!\begin{array}{c}Cl\\|\\C\\|\\H\end{array}\!-\!\begin{array}{c}Cl\\|\\C\\|\\H\end{array}\!-\cdots\cdots$$

，下列说法不正确的是（　　）。

A. 聚合物的链节是 $-\begin{array}{c}Cl\\|\\C\\|\\H\end{array}\!-\!\begin{array}{c}Cl\\|\\C\\|\\H\end{array}\!-\!\begin{array}{c}Cl\\|\\C\\|\\H\end{array}-$

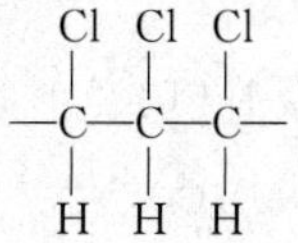

B. 聚合物的分子式是 $(C_2H_5Cl_2)_n$

C. 聚合物的单体是 $CHCl{=}CHCl$

D. 若 n 为聚合度，则其相对分子质量为 $97n$

解析　因为高分子链中只有碳是加聚产物，由于单体是重复的结构单元，且碳碳单键可以旋转，所以链节是：

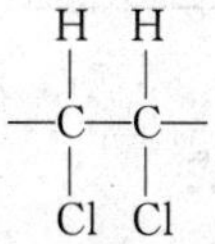

$$-\begin{array}{c}H\\|\\C\\|\\Cl\end{array}\!-\!\begin{array}{c}H\\|\\C\\|\\Cl\end{array}-$$

，单体是 $CHCl{=}CHCl$

答案：A

【例 16-3】工业上以甘油为原料合成聚丙烯醛树脂的过程可简要表示如下：

$$\text{甘油}\xrightarrow[\text{脱水}]{KHSO_4}A\xrightarrow{\text{脱水}}B\xrightarrow{\text{加聚}}\text{聚丙烯醛树脂}$$

B既可以使溴水褪色，又可进行银镜反应。(1) 写出上述各步反应的化学方程式。(2) 若将丙烯醛树脂分别进行氧化和还原反应，各自可得什么树脂？写出其结构简式和名称。

解析　(1)

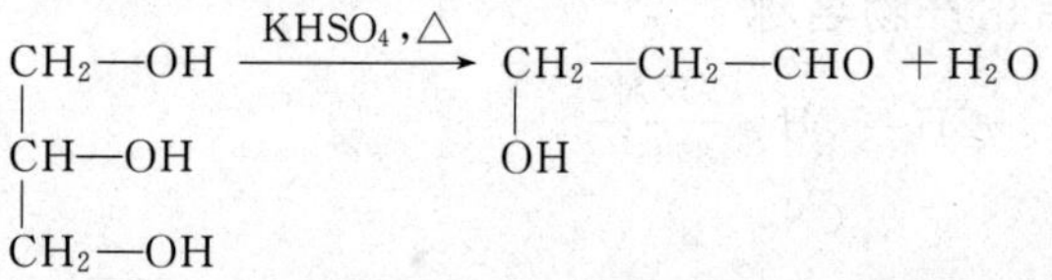

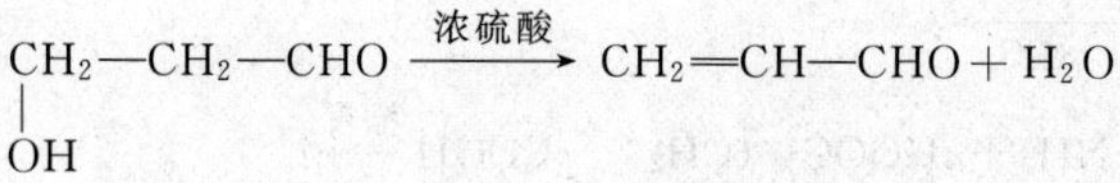

$$\begin{array}{l}CH_2\text{—}OH\\|\\CH\text{—}OH\\|\\CH_2\text{—}OH\end{array}\xrightarrow{KHSO_4,\triangle}\begin{array}{l}CH_2\text{—}CH_2\text{—}CHO\\|\\OH\end{array}+H_2O$$

$$\begin{array}{l}CH_2\text{—}CH_2\text{—}CHO\\|\\OH\end{array}\xrightarrow{\text{浓硫酸}}CH_2{=}CH\text{—}CHO+H_2O$$

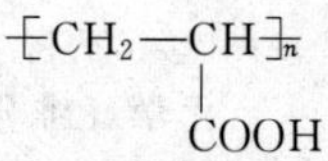

(2) $\mathrm{-\!\!\![CH_2\text{—}\underset{\displaystyle COOH}{\underset{|}{CH}}]\!\!\!-_n}$　聚丙烯酸　　$\mathrm{-\!\!\![CH_2\text{—}\underset{\displaystyle CH_2OH}{\underset{|}{CH}}]\!\!\!-_n}$　聚丙烯醇

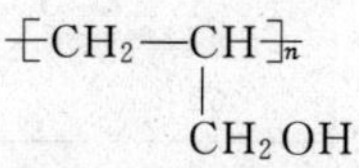

【例 16-4】酚醛树脂俗称电木，是用单体苯酚和甲醛通过缩聚反应制得的：

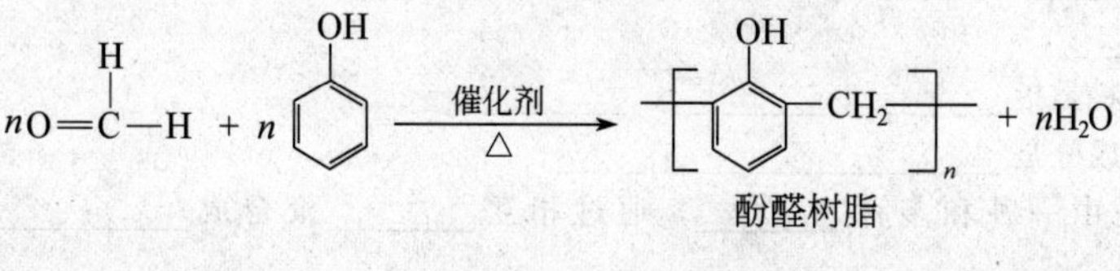

$$nO{=}\overset{\displaystyle H}{\overset{|}{C}}\text{—}H+n\,C_6H_5OH\xrightarrow[\triangle]{\text{催化剂}}\left[\text{—}C_6H_3(OH)\text{—}CH_2\text{—}\right]_n+nH_2O$$

酚醛树脂

试用苯、甲醇、食盐、水、空气为原料在一定条件下来制取合成酚醛树脂的原料。写出有关反应的化学方程式。

解析 合成酚醛树脂的原料为苯酚和甲醛，本题就需考虑应用所给物质来制取，可形成如下思路：

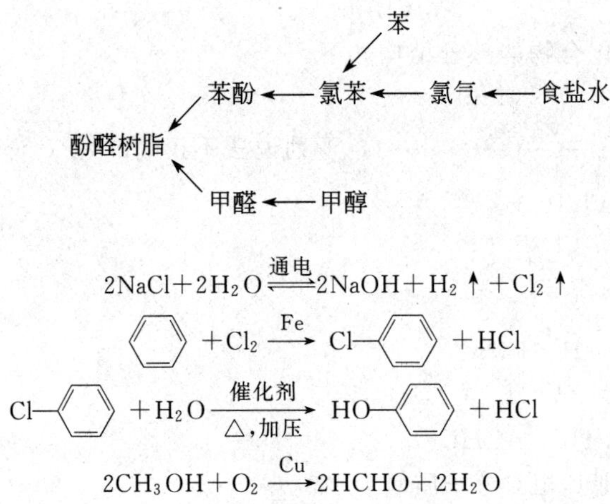

$$2NaCl+2H_2O \xrightarrow{\text{通电}} 2NaOH+H_2\uparrow+Cl_2\uparrow$$

$$C_6H_6+Cl_2 \xrightarrow{Fe} Cl-C_6H_5+HCl$$

$$Cl-C_6H_5+H_2O \xrightarrow[\triangle,\text{加压}]{\text{催化剂}} HO-C_6H_5+HCl$$

$$2CH_3OH+O_2 \xrightarrow{Cu} 2HCHO+2H_2O$$

习　题

一、写出下列化合物的名称及其单体的构造式

A. $\mathrm{[CH_2-CH(OH)]_n}$　　B. $\mathrm{[CH_2-CH(C_6H_5)]_n}$　　C. $\mathrm{[CH_2-CH(CH_3)]_n}$

D. $\mathrm{[CH_2-C(CH_3){=}CH-CH_2]_n}$　　E. $\mathrm{[C(=O)-(CH_2)_4-C(=O)-NH(CH_2)_6NH]_n}$

二、完成反应方程式并写出产物名称

1. $nCH_2{=}CH-CH{=}CH_2 + nCH_2{=}CH(CN) \xrightarrow[35℃]{\text{引发剂}} ?$

2. $nCH_2{=}CH-CN \xrightarrow[35℃]{\text{引发剂}} ?$

3. $nH_2N-(CH_2)_6-NH_2+nHOOC-(CH_2)_4-COOH \xrightarrow{\text{缩聚}} ?$

三、填空题

1. 常见的天然纤维有______、______、______、______、______。化学纤维分为两大类，一是人造纤维，如人造丝、人造棉，它们的化学成分都是______。二是合成纤维，通常讲的“六大纶”是______、______、______、______、______、______。它们都具有以下特点，__________。

2. 三大合成材料是指______、______、______。

3. 人造羊毛的成分是____________。

4. 加聚反应是由一种和多种______，通过相互______聚合成________的过程。反应中______物质析出。

四、选择题

1. 下列物质中属于天然有机高分子化合物的是（　　）。

A. 油脂　　B. 纤维素　　C. 聚乙烯　　D. 蛋白质

2. 下列说法正确的是（　　）。

A. 线型结构的高分子材料可溶解在相应的有机溶剂中

B. 体型结构的高分子材料难溶于有机溶剂

C. 线型结构的高分子材料具有热固性

D. 体型结构的高分子材料具有热塑性

3. 不可用来生产食品袋的物质是（　　）。

A. 牛皮纸　　B. 聚乙烯　　C. 聚丙烯　　D. 聚氯乙烯

4. 俗称“塑料王”的聚四氟乙烯，有着许多优良性能。下列有关塑料王的叙述不正确的是（　　）。

A. 在高温下稳定，不与浓酸、浓碱、强氧化剂反应

B. 耐严寒但不耐高温

C. 耐磨，且润滑性能良好

D. 电绝缘性能较差

5. 纳米陶瓷是指显微结构具有纳米量级水平的陶瓷材料。纳米陶瓷晶粒细化，材料中的气孔和其他缺陷尺寸减小，可获得少缺陷甚至无缺陷的陶瓷，其力学性能得到了大幅度提高。试问纳米微粒的直径范围是（　　）。

A. 10^{-7} m　　B. 10^{-9} m　　C. 10^{-12} m　　D. 10^{-7}～10^{-9} m

6. 发展绿色食品、避免“白色污染”、增强环保意识，是保护环境、提高人类生存质量的重要措施。绿色食品是指（　　）。

A. 绿颜色的营养食品　　B. 有叶绿素的营养食品

C. 经济附加值高的营养食品　　D. 安全、无公害的营养食品

7. 下列物质中属于合成高分子的是（　　）。

A. 棉花　　B. 人造棉　　C. 淀粉　　D. 有机玻璃

8. 下列有机物中含有醇羟基的是（　　）。

A. 苯甲酸　　B. 纤维素　　C. 纤维素三硝酸酯　　D. 葡萄糖

9. 从环境保护的角度出发，下列燃料中最为理想的是（　　）。

A. 氢气　　B. 煤　　C. 柴油　　D. 汽油

10. 在有机溶剂中，难溶解只能有所胀大的高聚物，它的结构通常是（　　）。

A. 线型结构　　B. 无定形结构　　C. 晶体结构　　D. 体型结构

11. 人造象牙中，重要成分的结构是$\mathrm{\lbrack CH_2—O \rbrack_n}$，它是通过加聚反应制得的，则合成人造象牙的单体是（　　）。

A. $(CH_3)_2O$　　B. HCHO　　C. CH_3CHO　　D. $H_2N—CH_2—\underset{\underset{O}{\|}}{C}—NH_2$

12. 科技文献中经常出现下列词汇，其中与相关物质的颜色并无联系的是（　　）。

A. 赤色海潮　　B. 绿色食品　　C. 白色污染　　D. 棕色烟气

五、判断题（下列叙述对的在括号中打“√”，错的打“×”）

1. 通常所说的“白色污染”是指聚乙烯等白色塑料垃圾。（　　）

2. 倡导“免赠贺卡”、“免用一次性木筷”的出发点是节约木材。（　　）

3. 合成高分子材料制作的人工器官具有较差的生物相容性。（　　）

4. 用焚烧法处理废弃塑料最合适。（　　）

5. 导电塑料是应用于电子工业的一种新型有机高分子材料。（　　）

6. 现代以石油化工为基础的三大合成材料是合成橡胶、合成塑料、合成洗涤剂。（　　）

7. 酚醛树脂的制成品——电木不能进行热修补，其主要原因是因为体型高分子材料不具有热塑性。（　　）

8. 缩聚反应一定有小分子化合物析出。（　　）

六、推导题

某有机物 A 在一定条件下能发生加聚反应，生成高分子化合物；也能在一定条件下发生水解反应，生成两种有机物；A 还能使溴水褪色。从下面的几种结构中判断该有机物 A 的分子中一定含有哪些基团？

（1）$—OH$　（2）$—\underset{\underset{O}{\|}}{C}—H$　（3）$—CH_3$　（4）$—CH=CH_2$

（5）$—\underset{\underset{O}{\|}}{C}—OH$　（6）$—\underset{\underset{O}{\|}}{C}—O—CH_3$

第十四章～第十六章　自测题

一、填空题

1. 在蛋白质溶液中加入 $HgCl_2$ 溶液，蛋白质会________，这种变化叫做蛋白质________。

2. 有些蛋白质遇浓硝酸变成________色；淀粉遇碘水变成________色。

3. 在蔗糖、淀粉、纤维素、油脂这 4 种物质中，水解的最终产物中不含有葡萄糖的是________。

4. α-呋喃甲醛也可发生________的一些反应，如________、与羰基试剂的反应。

5. 人造羊毛的成分是________。

6. 化学纤维分为________和________。

7. 由缩合聚合反应得到的高聚物叫________，其命名是在单体的简称后加________二字。如由苯酚和甲醛缩聚得到的化合物叫________。

二、选择题

1. 下列现象并非环境污染所引起的是（　　）。

A. 酸雨　　B. 温室效应　　C. 赤潮　　D. 海市蜃楼

2. 下列物质中属于混合物的是（　　）。

A. 淀粉　　B. 纤维素　　C. 油脂　　D. 蔗糖

3. 下列物质中主要成分是纤维素的是（　　）。

A. 胶棉　　B. 火棉　　C. 人造棉　　D. 纯棉制品

4. 以下方法不能达到消毒灭菌目的的是（　　）。

A. 加热　　B. 冷冻　　C. 紫外线照射　　D. 用 75%的酒精浸泡

5. 下列过程中没有颜色变化的是（　　）。

A. 往蛋白质溶液中加入热的浓硝酸

B. 往淀粉和溴水的混合溶液中滴加 KI 溶液

C. 将葡萄糖溶液和新制的 $Cu(OH)_2$ 混合后，加热至沸

D. 往醋酸溶液中加入氢氧化钠溶液

6. 能将蔗糖、甲醛、葡萄糖、乙酸 4 种溶液鉴别出来的一种试剂是（　　）。

A. Na　　B. 新制 $Cu(OH)_2$　　C. 银氨溶液　　D. 溴水

7. 在下列物质中，能使蛋白质变性的是（　　）。

A. K_2SO_4　　B. HClO　　C. $MgSO_4$　　D. $Hg(NO_3)_2$

8. 下列事实能用同一原理解释的是（　　）。

A. SO_2、Cl_2 均能使品红溶液褪色

B. NH_4Cl 晶体、固态碘受热时均能变成气体

C. 福尔马林、葡萄糖与新制的 $Cu(OH)_2$ 共热均有红色沉淀生成

D. 苯酚、乙烯均能使溴水褪色

9. 下列叙述中不正确的是（　　）。

A. 橡胶难溶于有机溶剂

B. 不能用橡胶塞试剂瓶盛装溴水

C. 生产橡胶和塑料时都要加入防老剂

D. 用焚烧法处理废弃塑料最合适

三、判断题（下列叙述对的在括号中打“√”，错的打“×”）

1. 凡是能发生银镜反应的物质都是醛。（　　）

2. 葡萄糖、果糖是还原糖，蔗糖、纤维素是非还原糖。（　　）

3. 不能发生水解反应的多羟基醛或多羟基酮叫做单糖，如葡萄糖和果糖。（　　）

4. 牛、马、羊等食草动物的消化道中孳生着一些微生物，能分泌纤维素酶，因此可以用富含纤维素的植物茎、叶、根等为主要食物。（　　）

5. 酚醛树脂的制成品不能进行热修补，主要原因是合成材料具有热塑性。（　　）

6. 在有机溶剂中难溶解只能有所胀大的高聚物，它的结构通常是无定形结构。（　　）

7. 丙烯腈在适当的条件下能发生加聚反应。（　　）

8. 生产塑料和橡胶时都要加入防老剂。（　　）

9. 除去甲苯中含有少量噻吩常用的试剂是浓硫酸。（　　）

四、完成下列反应

1.

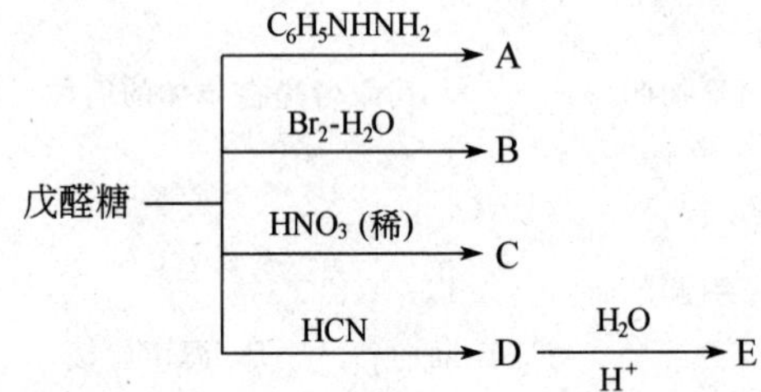

2. 以甲醇和氯苯为原料合成酚醛树脂。

五、合成题

1. 用含淀粉的物质制备陈醋（醋酸），用化学方程式表示主要过程。

2. 有人说“乙醇是可再生的燃料”。请用化学方程式表达这句话的理由。

习题及自测题参考答案

第一章　绪　　论

一、填空题

1. 14，$C_{14}H_{20}O$　　2. 降低

3. 4，4。碳碳单键、碳碳双键、碳碳三键 碳链 碳环

4. 决定有机化合物主要化学性质　　5. 1000 万，同分异构现象

二、选择题

1. B　2. D　3. C　4. A、D

三、判断题

1. ×　2. ×　3. ×　4. √　5. ×　6. √　7. ×　8. √

第二章　烷　　烃

一、命名或写构造式

1. (1) $CH_3CH_2CH_2—$　(2) $\begin{array}{l}CH_3—CH—\\ \qquad\ \ |\\ \qquad CH_3\end{array}$　(3) $\begin{array}{l}CH_3CHCH_2—\\ \qquad\ |\\ \qquad CH_3\end{array}$

(4) $\begin{array}{c}CH_3\\ |\\ CH_3—C—\\ |\\ CH_3\end{array}$　(5) $\begin{array}{l}CH_3—CHCH_2CH_2—\\ \qquad\ \ |\\ \qquad CH_3\end{array}$

2. (1) $CH_3CH_2CH_3$；丙烷　(2) $\begin{array}{l}CH_3CH—CH—CH_3\\ \qquad |\qquad |\\ \quad CH_3\ \ CH_3\end{array}$；2,3-二甲基丁烷

(3) CH_3CH_3；乙烷　(4) $\begin{array}{l}\qquad\qquad\qquad CH_3\\ \qquad\qquad\qquad |\\ CH_3CH_2CH—CCH_3\\ \qquad\qquad |\qquad |\\ \qquad\quad CH_3\ \ CH_3\end{array}$；2,2,3-三甲基戊烷

3. (1) $\begin{array}{l}CH_3CH—CHCH_3\\ \qquad |\qquad |\\ \quad CH_3\ \ CH_3\end{array}$　(2) $CH_3CH_2CH_2CH_2CH_2CH_3$；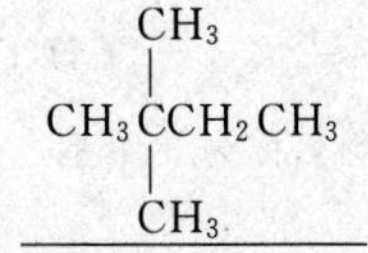

(3) $\begin{array}{l}\qquad\qquad CH_3\\ \qquad\qquad |\\ CH_3CH_2CHCH_2CH_3\end{array}$　(4) $\begin{array}{l}CH_3CHCH_2CH_2CH_3\\ \quad\ \ |\\ \quad CH_3\end{array}$

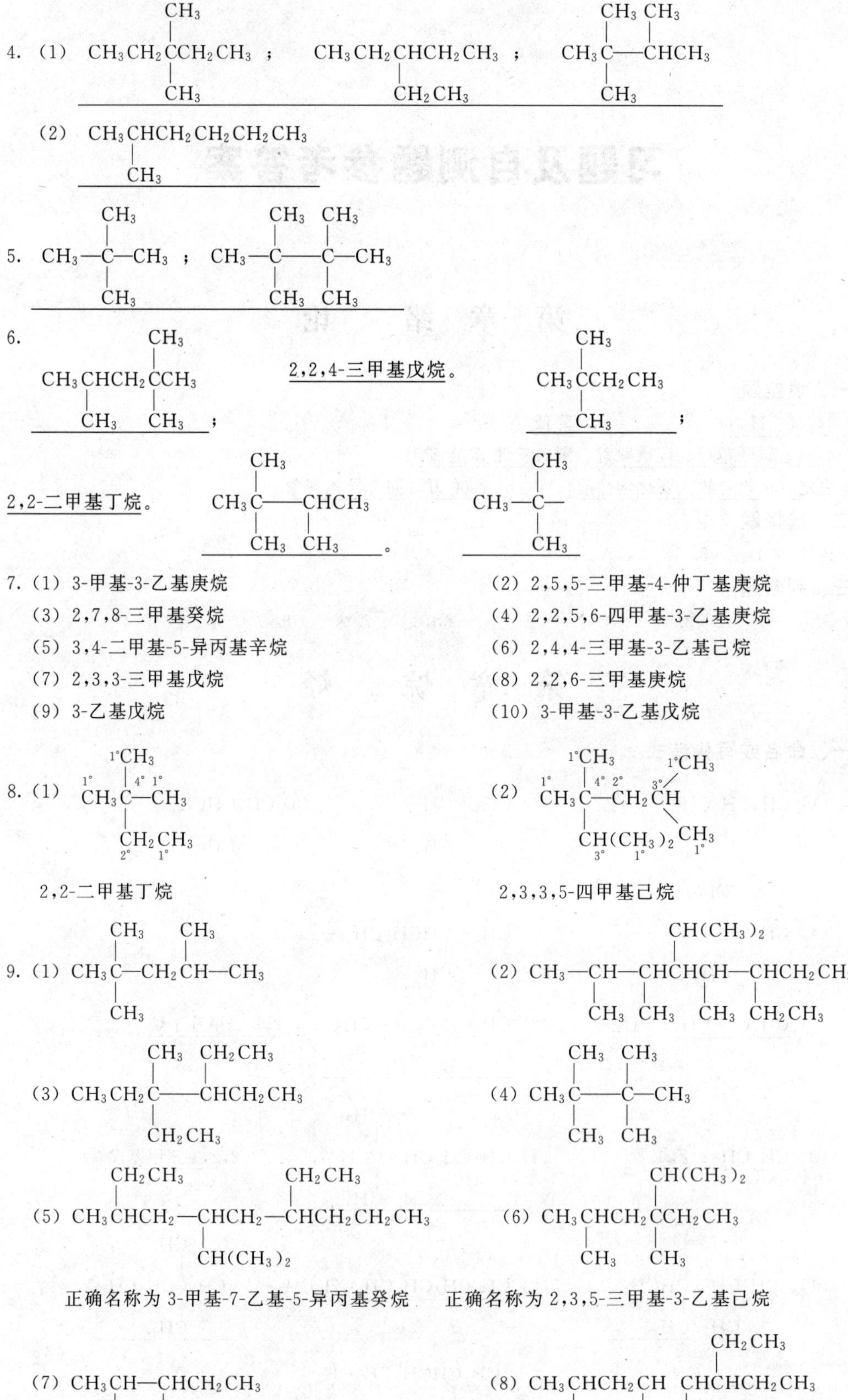
4.（1）
（2）
5.
6.
2,2,4-三甲基戊烷。
2,2-二甲基丁烷。
7.（1）3-甲基-3-乙基庚烷
（2）2,5,5-三甲基-4-仲丁基庚烷
（3）2,7,8-三甲基癸烷
（4）2,2,5,6-四甲基-3-乙基庚烷
（5）3,4-二甲基-5-异丙基辛烷
（6）2,4,4-三甲基-3-乙基己烷
（7）2,3,3-三甲基戊烷
（8）2,2,6-三甲基庚烷
（9）3-乙基戊烷
（10）3-甲基-3-乙基戊烷
8.（1）
（2）
2,2-二甲基丁烷
2,3,3,5-四甲基己烷
9.（1）
（2）
（3）
（4）
（5）
（6）
正确名称为3-甲基-7-乙基-5-异丙基癸烷
正确名称为2,3,5-三甲基-3-乙基己烷
（7）
（8）

(9) $CH_3\underset{\underset{CH_3}{|}}{CH}—\underset{\underset{CH(CH_3)_2}{|}}{CH}———\overset{\overset{CH_3}{|}}{\underset{\underset{CH_3}{|}}{C}}—\underset{\underset{CH_2CH_3}{|}}{CH}CH_2CH_3$

(10) $CH_3\underset{\underset{CH_3}{|}}{CH}—\underset{\underset{CH(CH_3)_2}{|}}{CH}CH_3$

正确名称为 2,3,4-三甲基戊烷

10.（1）错了。它违背了每个取代基都要有位次编号的原则，应叫 2,2-二甲基戊烷。

（2）错了。它违背了相同取代基要合并，并用汉字数字表示的原则，应叫 2,3-二甲基丁烷。

（3）错了。它违背了简单取代基名称写在前的原则，应叫 4-甲基-3-乙基辛烷。

（4）错了。它违背了要选取最长且取代基最多的碳链为主链的原则，应叫 2,3,6-三甲基-4-乙基-4-（正）丙基庚烷。

11. 共代表两种物质。其中（1）、（2）、（3）、（5）、（6）代表同一种化合物，（4）代表另一种化合物。

二、完成反应方程式

1. $CH_4+Cl_2\xrightarrow{\triangle}CH_3Cl+HCl$；　　$2CH_4\xrightarrow{1500℃}HC\equiv CH+3H_2$

2. $CH_3CH_2CH_2CH_2CH_3+Cl_2\xrightarrow{\triangle}CH_3CH_2CH_2CH_2CH_2Cl+CH_3CH_2CH_2\underset{\underset{Cl}{|}}{CH}CH_3+$

$CH_3CH_2\underset{\underset{Cl}{|}}{CH}CH_2CH_3+HCl$　　$CH_3CH_2\underset{\underset{CH_3}{|}}{CH}CH_3+Cl_2\xrightarrow{\triangle}CH_3CH_2\underset{\underset{CH_3}{|}}{CH}CH_2Cl+CH_3CH_2\overset{\overset{Cl}{|}}{\underset{\underset{CH_3}{|}}{C}}CH_3+$

$CH_3\overset{\overset{Cl}{|}}{CH}\underset{\underset{CH_3}{|}}{CH}CH_3+\underset{\underset{Cl}{|}}{CH_2}CH_2\underset{\underset{CH_3}{|}}{CH}CH_3+HCl$　　$CH_3\overset{\overset{CH_3}{|}}{\underset{\underset{CH_3}{|}}{C}}CH_3+Cl_2\xrightarrow{\triangle}CH_3\overset{\overset{CH_3}{|}}{\underset{\underset{CH_3}{|}}{C}}CH_2Cl+HCl$

3. $CH_3\underset{\underset{CH_3}{|}}{CH}CH_3+Cl_2\xrightarrow{\triangle}CH_3\underset{\underset{CH_3}{|}}{C}ClCH_2Cl+CH_3\underset{\underset{CH_2Cl}{|}}{CH}CH_2Cl+CH_3\underset{\underset{CH_3}{|}}{CH}CHCl_2$

三、填空题

1. 相似，不同，CH_2，同一，同系列。同分异构体。同系物；同分异构体
2. 增强，多，高
3. 最高，较低，愈低
4. 圆柱（或圆筒）。可以
5. 石油 天然气。烷烃、环烷烃、芳香
6. 常、减压。裂化。裂解。裂化；裂解
7. 不低于 93。愈高，愈好
8. 无水、干燥，高。丙酮
9. 甲烷；爆炸极限。加强通风，严禁烟火
10. (2)；(1)；(3)
11. （1）①>②>③　　（2）③>④>②>①>⑤　　（3）②>③>⑤>①>④
12. C—C 键和 C—H 键断裂。键能小

四、选择题

1. B　2. B、D　3. B、C　4. B　5. A　6. B　7. B　8. C　9. A　10. C　11. C

12. D　13. B　14. A　15. B　16. B

五、判断题

1. √　2. ×　3. √　4. ×　5. ×　6. √　7. ×　8. ×　9. ×　10. √　11. ×

六、计算题

1. 该混合气体中甲烷的体积分数为 80%。　　2. CH_4O。

3. C_6H_{14}；$CH_3CH_2CH_2CH_2CH_2CH_3$ 和 $CH_3CH_2\overset{CH_3}{\underset{CH_3}{C}}—CH_3$。

4. 甲烷、乙烷和氮气的体积分数分别为 30%、60%、10%。

第三章　烯　　烃

一、命名或写出构造式

1. (1) $CH_3CH_2CH_2CH=CH_2$　1-戊烯
   (2) $CH_3CH_2CH=CHCH_3$　2-戊烯
   (3) $CH_3CH_2\underset{CH_3}{C}=CH_2$　2-甲基-1-丁烯
   (4) $CH_3CH=\underset{CH_3}{C}—CH_3$　2-甲基-2-丁烯
   (5) $CH_2=CH\underset{CH_3}{CH}—CH_3$　3-甲基-1-丁烯

2. (1) 乙烯基　(2) 丙烯基　(3) 烯丙基　(4) 2-丁烯
   (5) 2-甲基-1-丁烯　(6) 2,3,4-三甲基-2-戊烯　(7) 2,4-二甲基-3-己烯

3. $CH_3CH_2CH_2CH=CH_2$、$CH_2=CH\overset{CH_3}{C}HCH_3$ 含有乙烯基；$CH_3CH_2CH=CHCH_3$ 含有丙烯基；$CH_3CH_2CH_2CH=CH_2$ 含有烯丙基；$CH_3CH_2CH=CHCH_3$ 有顺反异构体。

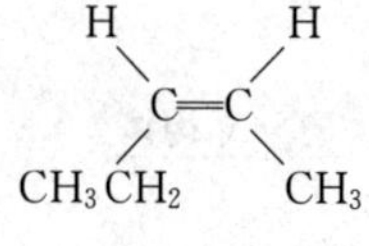

顺-2-戊烯

H　　　CH_3
C=C
CH_3CH_2　　H

反-2-戊烯

4. (1) 3-甲基-2-异丙基-1-戊烯
   (2) 2,3,4-三甲基-3-己烯（有顺、反异构体）

H_3C　　　CH_3
C=C
CH_3CH_2　　$\underset{CH_3}{CH}—CH_3$

顺（或 *Z*)-2,3,4-三甲基-3-己烯

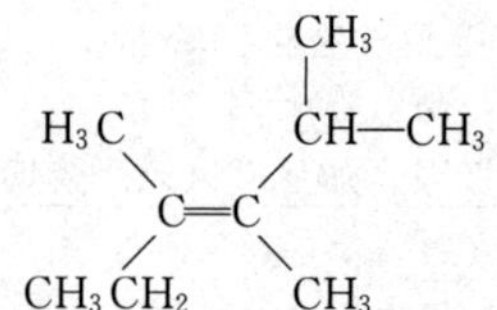

反（或 *E*)-2,3,4-三甲基-3-己烯

(3) 6,6-二甲基-3-乙基-3-庚烯
(4) 4,4-二甲基-2-乙基-1-己烯
(5) 2-甲基-4-乙基-3-辛烯（有顺、反异构体）

$$\begin{array}{c} CH_3(CH_2)_3 \quad CH(CH_3)CH_3 \\ C{=}C \\ CH_3CH_2 \quad H \end{array}$$

Z-2-甲基-4-乙基-3-辛烯

$$\begin{array}{c} CH_3(CH_2)_3 \quad H \\ C{=}C \\ CH_3CH_2 \quad CH(CH_3)CH_3 \end{array}$$

E-2-甲基-4-乙基-3-辛烯

(6) 3-甲基-4-异丙基-3-庚烯（有顺、反异构体）

$$\begin{array}{c} CH_3CH_2 \quad CH(CH_3)CH_3 \\ C{=}C \\ H_3C \quad CH_2CH_2CH_3 \end{array}$$

Z-3-甲基-4-异丙基-3-庚烯

$$\begin{array}{c} CH_3CH_2 \quad CH_2CH_2CH_3 \\ C{=}C \\ H_3C \quad CH(CH_3)CH_3 \end{array}$$

E-3-甲基-4-异丙基-3-庚烯

(7) 2,4-二甲基-3-氯-2-戊烯

(8) 1-碘-2-戊烯（有顺、反异构体）

$$\begin{array}{c} CH_3CH_2 \quad CH_2I \\ C{=}C \\ H \quad H \end{array}$$

顺（或 *Z*）-1-碘-2-戊烯

$$\begin{array}{c} CH_3CH_2 \quad H \\ C{=}C \\ H \quad CH_2I \end{array}$$

反（或 *E*）-1-碘-2-戊烯

5. (1) $CH_3C(CH_3){=}CH_2$ (2) $CH_3C(CH_3){=}CH{-}CH(CH(CH_3)_2)CH_2CH_2CH_3$ (3) $CH_2{=}C(CH_3){-}CH(CH_2CH_3){-}CH_2CH_3$

(4) $$\begin{array}{c} H_3C \quad CH_2CH_2CH_3 \\ C{=}C \\ H \quad CH_3 \end{array}$$

(5) $CH_3C(CH_3){=}C(CH_3)CH_2CH_3$

(6) $$\begin{array}{c} CH_3CH_2 \quad H_3C \\ C{=}C \\ H_3C \quad CH_2CH_2CH_3 \end{array}$$

(7) $$\begin{array}{c} H_3C \quad CH_2CH_3 \\ C{=}C \\ H \quad H \end{array}$$

(8) $$\begin{array}{c} CH_3CH_2 \quad CH_2CH_2CH_3 \\ C{=}C \\ H_3C \quad CH(CH_3)CH_3 \end{array}$$

其中，(2) 与 (8)、(4) 与 (5) 互为同分异构体。

6.

(1) $$\begin{array}{c} H_3C \quad CH_3 \\ C{=}C \\ H \quad CH_2CH_3 \end{array}$$

E-3-甲基-2-戊烯

(2) $$\begin{array}{c} H_3C \quad H \\ C{=}C \\ H \quad C(CH_3)_3 \end{array}$$

E-4,4-二甲基-2-戊烯

(3) $$\begin{array}{c} CH_3CH_2 \quad CH_2CH_3 \\ C{=}C \\ H_3C \quad CH_3 \end{array}$$

Z-3,4-二甲基-3-己烯

(4) $$\begin{array}{c} CH_3CH_2 \quad Cl \\ C{=}C \\ H_3C \quad CH_2CH_3 \end{array}$$

Z-3-甲基-4-氯-3-己烯

二、完成下列反应方程式

1. $CH_3CH_2OH \xrightarrow[170℃]{\text{浓 } H_2SO_4} CH_2{=}CH_2 + H_2O$

$$nCH_2{=}CH_2 \xrightarrow[100℃\text{以上}]{\text{三乙基铝-四氯化钛}} \left[CH_2—CH_2\right]_n$$

2. (1) $CH_3\overset{Br}{\underset{CH_3}{C}}—\overset{Br}{CH_2}$　　(2) $\overset{Br}{CH_2}\underset{CH_3}{C}{=}CH_2$　　(3) $CH_3\overset{OH}{\underset{CH_3}{C}}—CH_2Br$

(4) $CH_3\overset{Br}{\underset{CH_3}{C}}CH_2Br + CH_3\overset{I}{\underset{CH_3}{C}}CH_2Br$　　(5) $CH_3\overset{Br}{\underset{CH_3}{C}}CH_2Br + CH_3\overset{NO_2}{\underset{CH_3}{C}}CH_2Br$

3. (1) A. $CH_3CH_2\overset{Cl}{\underset{CH_3}{C}}CH_2Cl$　　B. $CH_3\underset{Cl}{CH}\underset{CH_3}{C}{=}CH_2 + CH_3CH_2\underset{CH_2Cl}{C}{=}CH_2 + HCl$

(2) A. $CH_3CH_2\overset{Br}{\underset{CH_3}{C}}CH_3$　　B. $CH_3CH_2\underset{CH_3}{CH}CH_2Br$

(3) A=B $CH_3CH_2\underset{CH_3}{C}ClCH_2CH_3$　　(4) A. $CH_3\overset{CH_3}{\underset{OSO_2OH}{C}}CH_3$　　B. $CH_3\overset{CH_3}{\underset{OH}{C}}CH_3$

(5) A. $CH_3CH_2\underset{OH}{CH}CH_3$　　(6) A. $CH_3\overset{OH}{\underset{CH_3}{C}}CH_2Cl$

(7) A. $CH_3—\overset{OH}{\underset{CH_3}{C}}—\overset{OH}{C}HCH_3$　　B. $CH_3\overset{O}{\overset{\|}{C}}CH_3 + CH_3COOH$

(8) A. $CH_3COOH + CO_2 + H_2O$　　B. $CH_3CH_2CH_3$

(9) A. CH_3CHO　　(10) A. $\left[\underset{CH_3}{CH}CH_2\right]_n$

三、填空题

1. 官能团。 $\gt C{=}C\lt$ ， C_nH_{2n}
2. 键轴方向； 侧面交盖（或重叠）
3. 不同的原子或基团
4. 高、低、稳定
5. 多；少。$X^{\delta+}$；$HO^{\delta-}$

6. $CH_3C(Br)(CH_3)—CH_3$ ，加成反应。$CH_2(Br)C(CH_3)═CH_2$ ，α-氢取代

7. CH_3CH_2OH、 $CH_3CH(OH)CH_3$ 、 $CH_3—C(CH_3)_2—OH$

8. (1) $(CH_3)_2CHCH═CH_2$ (2) $CH_3C(CH_3)═CH_2$ (3) $CH_2═C(CH_3)CH_2CH_3$ 或 $CH_3C(CH_3)═CHCH_3$

9. (4) > (3) > (2) > (1) > (5)

10. 溴的 CCl_4 稀 $KMnO_4$，溴的红棕色和高锰酸钾的紫红色均褪色

11. 乙烯；乙醚；快

12. NaOH；SO_2、CO_2

四、选择题

1. B 2. C 3. D 4. C 5. B、D 6. D 7. A、C 8. A、C 9. A 10. C 11. C
12. B 13. A、B 14. A、D 15. C 16. A、B

五、判断题

1. × 2. × 3. × 4. √ 5. × 6. √ 7. × 8. × 9. × 10. √

六、鉴别、分离和提纯题

1. 加入浓硫酸洗涤，静置，并弃去下层分离。

2. 不相同。因为甲基与碳碳双键形成的偶极方向不一致。

$H_3C(H)C═C(H)CH_3$（顺式） $H_3C(H)C═C(CH_3)H$（反式）

顺式异构体比反式异构体偶极矩较大，分子间作用力较强，沸点也较高。由于顺式异构体结构对称性较低，在晶格中排列不紧密，熔点比反式异构体低。通过测定物理常数，偶极矩较大，沸点较高，熔点较低的为顺式异构体，即顺-2-丁烯，反之为反-2-丁烯。

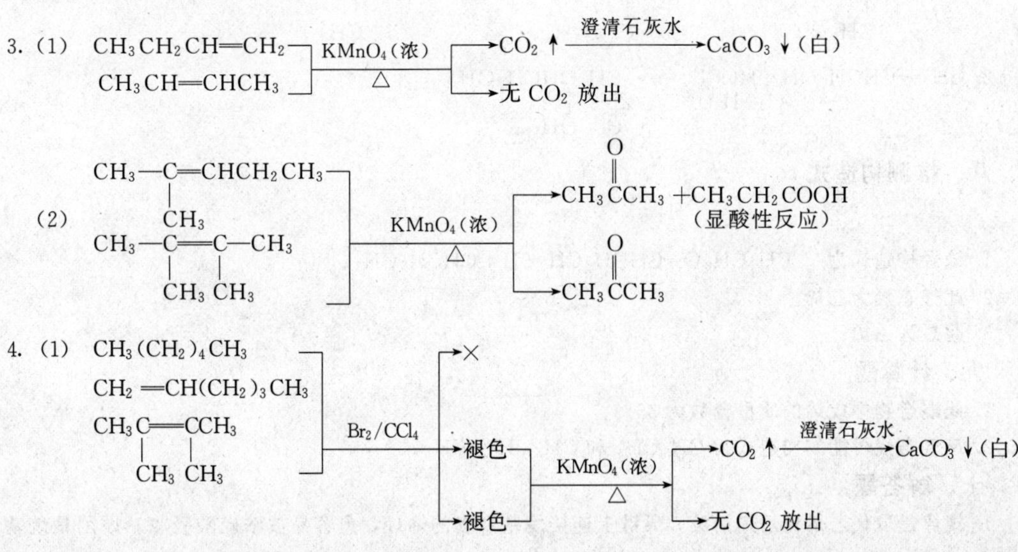

(2) 解法与 (1) 相似 (略)。

5. 加入溴的 CCl_4 溶液或加入稀高锰酸钾溶液，若褪色，表示有烯烃存在。若烷烃中有烯烃杂质存在，可用浓硫酸洗涤，静置，分离弃去下层。

6. 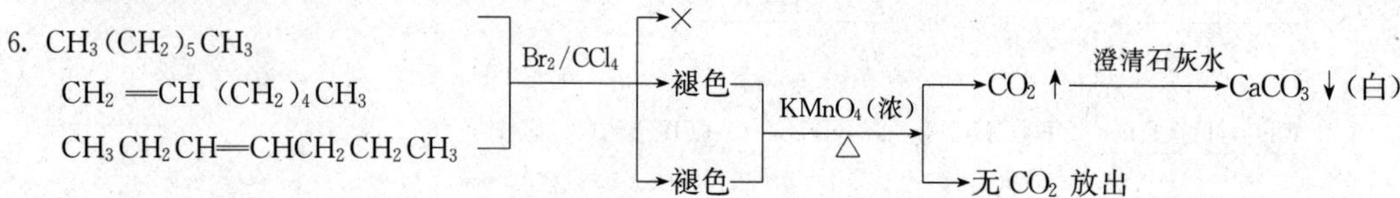

再测 3-庚烯的沸点或熔点，确定其构型。

七、合成题

1. (1) $CH_3CH{=}CH_2 + HBr \xrightarrow{过氧化物} CH_3CH_2CH_2Br$

(2) $CH_3CH{=}CH_2 + HBr \longrightarrow CH_3\underset{\displaystyle Br}{\underset{|}{C}}HCH_3$

(3) $CH_3CH{=}CH_2 + Br_2 \xrightarrow{500℃} \underset{\displaystyle Br}{\underset{|}{C}}H_2CH{=}CH_2 \xrightarrow[过氧化物]{HBr} \underset{\displaystyle Br}{\underset{|}{C}}H_2CH_2\underset{\displaystyle Br}{\underset{|}{C}}H_2$

(4) $CH_3CH{=}CH_2 + HOBr \longrightarrow CH_3\underset{\displaystyle HO}{\underset{|}{C}}H\underset{\displaystyle Br}{\underset{|}{C}}H_2$

(5) $CH_3CH{=}CH_2 + Cl_2 \xrightarrow{500℃} \underset{\displaystyle Cl}{\underset{|}{C}}H_2CH{=}CH_2 \xrightarrow{HOCl} \underset{\displaystyle Cl}{\underset{|}{C}}H_2\underset{\displaystyle HO}{\underset{|}{C}}H\underset{\displaystyle Cl}{\underset{|}{C}}H_2$

(6) $CH_3CH{=}CH_2 + H_2O \xrightarrow[500℃]{H_3PO_4} CH_3\overset{\displaystyle OH}{\overset{|}{C}}HCH_3$

(7) $CH_3\underset{\displaystyle CH_3}{\underset{|}{C}}{=}CH_2 + H_2O \xrightarrow[\triangle]{H_3PO_4} CH_3\overset{\displaystyle CH_3}{\overset{|}{\underset{\displaystyle CH_3}{\underset{|}{C}}}}OH$

(8) $CH_3\underset{\displaystyle CH_3}{\underset{|}{C}}{=}CH_2 + Cl_2 \xrightarrow{500℃} \underset{\displaystyle Cl}{\underset{|}{C}}H_2\underset{\displaystyle CH_3}{\underset{|}{C}}{=}CH_2 \xrightarrow{HOCl} \underset{\displaystyle Cl}{\underset{|}{C}}H_2\overset{\displaystyle OH}{\overset{|}{\underset{\displaystyle CH_3}{\underset{|}{C}}}}{-}CH_2Cl$

2. $CH_2{=}CHCH_2OH + \underset{(Cl_2+H_2O)}{HOCl} \longrightarrow \underset{\displaystyle Cl}{\underset{|}{C}}H_2\underset{\displaystyle OH}{\underset{|}{C}}HCH_2OH$

八、推测构造式

1. 该烃构造式为 $CH_3CH_2\overset{\displaystyle CH_3}{\overset{|}{C}}{=}CHCH_2CH_2CH{=}CHCH_2CH_3$。

2. 此气态烃为乙烯。

3. 此烃为乙烯。

九、计算题

1. 此混合物中戊烯的质量分数为 35%。

2. 该气态烃可能的构造式为 CH_3CH_3 和 $CH_3CH{=}CH_2$。

十、解答题

1. 规律是取代乙烯比乙烯活泼，烯键上连接烷基愈多的烯烃，愈容易被浓硫酸吸收。原因是烷基的供电子效应，使碳碳双键电子云密度增加，更利于亲电加成。同时，酸中的 H^+ 与烯烃双键碳原子结合后形成碳正离子，碳正离子的稳定性是 3°>2°>1°。因此，下列各组烯烃与硫酸加成活性大小的顺序为：

(1) $CH_3CH=CHCH_3 > CH_3CH=CH_2 > CH_2=CH_2$

(2) 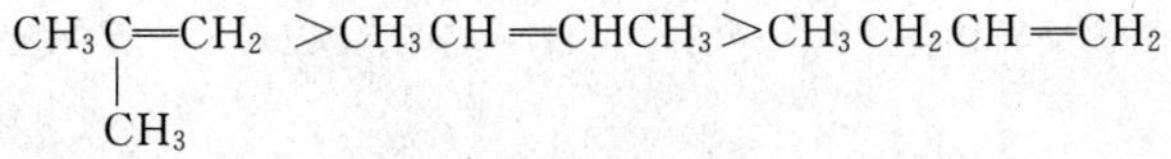 $CH_3C(CH_3)=CH_2 > CH_3CH=CHCH_3 > CH_3CH_2CH=CH_2$

(3) $CH_3C(CH_3)=CHCH_3 > CH_3CH_2C(CH_3)=CH_2 > CH_3CH_2CH_2CH=CH_2$

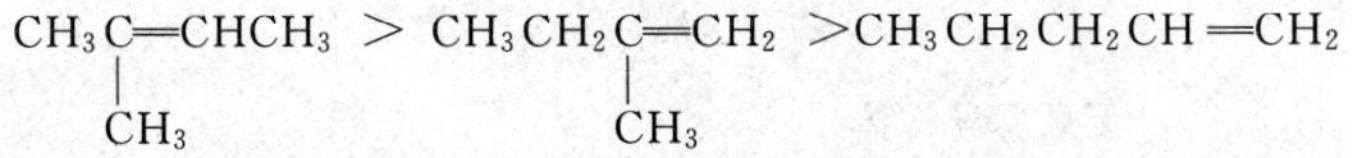

2. F_3C—是吸电子的取代基，使 $\rangle C=C \langle$ 的 π 电子云偏向于 F_3C—一方，即 $F_3C-\overset{\delta-}{C}H=\overset{\delta+}{C}H_2$，HBr 离解出来的 H^+，向上述带微量负电荷的碳（$\overset{\delta-}{C}$）进攻，Br^- 向带微量正电荷的碳（$\overset{\delta+}{C}$）进攻，因此产物不符合马氏规则。

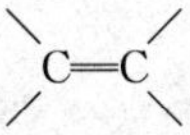

第四章　炔烃和二烯烃

一、命名或写出构造式

1. (1) 3-甲基-1-戊炔　　(2) 2,2,5-三甲基-3-己炔

(3) 5-甲基-1,3-己二烯　　(4) 5-甲基-3-异丙基-1-庚炔

(5) 3-叔丁基-2,4-己二烯　　(6) 3-乙基-1,3-己二烯

(7) *Z*-5-乙基-1,5-庚二烯

2. $CH_3CH_2CH_2C\equiv CH$　1-戊炔

$CH_3CH_2C\equiv CCH_3$　2-戊炔

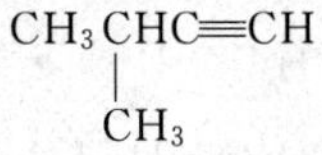

$CH_3CH(CH_3)C\equiv CH$　3-甲基-1-丁炔

$CH_3CH_2CH=C=CH_2$　1,2-戊二烯

$CH_3CH=CHCH=CH_2$　1,3-戊二烯

$CH_2=CHCH_2CH=CH_2$　1，4-戊二烯

$CH_3CH=C=CHCH_3$　2,3-戊二烯

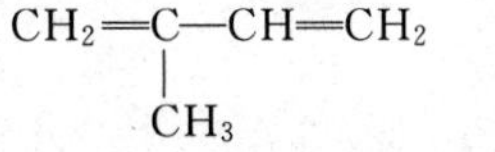

$CH_2=C(CH_3)-CH=CH_2$　2-甲基-1,3-丁二烯

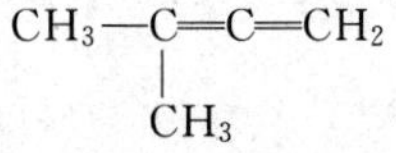

$CH_3-C(CH_3)=C=CH_2$　3-甲基-1,2-丁二烯

其中，$CH_3CH=CHCH=CH_2$ 有顺反异构体

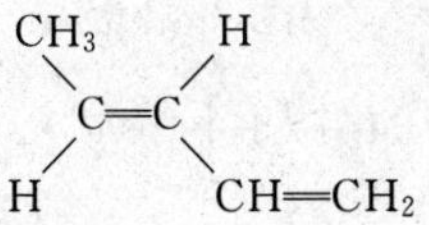

$(CH_3)(H)C=C(H)(CH=CH_2)$（CH_3 与 $CH=CH_2$ 处于异侧）　反（或 *E*）-1,3-戊二烯

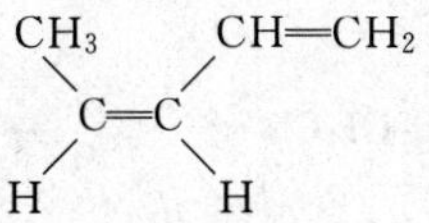

$(CH_3)(H)C=C(CH=CH_2)(H)$（CH_3 与 $CH=CH_2$ 处于同侧）　顺（或 *Z*）-1,3-戊二烯

3. 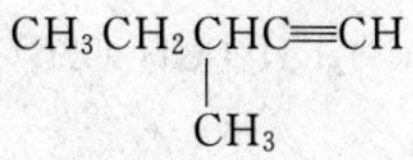 $CH_3CH_2CH(CH_3)C\equiv CH$　3-甲基-1-戊炔

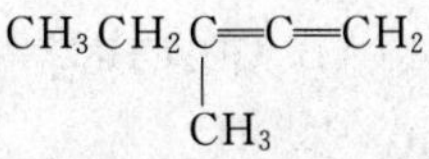

$CH_3CH_2C(CH_3)=C=CH_2$　3-甲基-1,2-戊二烯

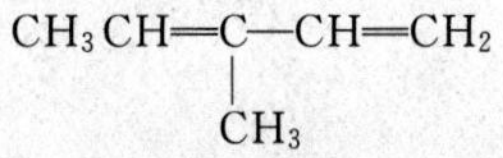

$CH_3CH=C(CH_3)-CH=CH_2$　3-甲基-1,3-戊二烯

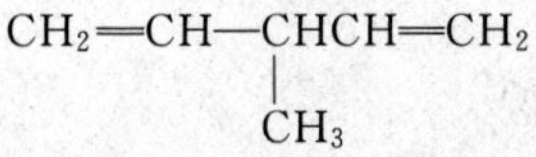

$CH_2=CH-CH(CH_3)CH=CH_2$　3-甲基-1,4-戊二烯

4. (1) $CH_3CH=CHCH=CH_2$　　有顺反异构体

$$\begin{matrix} CH_3 & & CH{=}CH_2 \\ & C{=}C & \\ H & & H \end{matrix}$$（顺式）

$$\begin{matrix} CH_3 & & H \\ & C{=}C & \\ H & & CH{=}CH_2 \end{matrix}$$（反式）

（2） $CH_2{=}C(CH_3){-}CH{=}CH_2$ 无顺反异构体 （3） $CH_2{=}CHC{\equiv}CH$ 无顺反异构体

（4） $CH_3CH_2CH(CH_3)CH(C(CH_3)_3)C{\equiv}CH$ 无顺反异构体

5.（1）与（5）是相同化合物；（2）与（4）是同系物；（2）与（3）是同分异构体。

二、完成反应方程式

1.（1） $CH_3CH(CH_3)C{\equiv}CH + Br_2 \xrightarrow{CCl_4} CH_3CH(CH_3){-}C(Br){=}CHBr$

（2） $CH_3CH(CH_3)C{\equiv}CH + Br_2$（过量）$\xrightarrow{CCl_4} CH_3CH(CH_3)CBr_2CHBr_2$

（3） $CH_3CH(CH_3)C{\equiv}CH + H_2O \xrightarrow[\triangle]{Hg^{2+},H^+} CH_3CH(CH_3){-}\overset{O}{\overset{\|}{C}}CH_3$

（4）难反应，炔钠才与 RX 反应。

（5）I_2 不活泼，难与炔烃加成。

（6） $CH_3CH(CH_3)C{\equiv}CH + Cu(NH_3)_2Cl \longrightarrow CH_3CH(CH_3)C{\equiv}CCu\downarrow$（红）$+ NH_4Cl + NH_3$

（7） $CH_3CH(CH_3)C{\equiv}CH \xrightarrow[\triangle]{KMnO_4,H^+} CH_3CH(CH_3)COOH + CO_2 + H_2O$

2.（1）A. $RCH{=}CHR'$ B. RCH_2CH_2R' （2）A. $CH_3CH(CH_3)CBr_2CH_3$ B. $CH_3CH(CH_3)CH{=}CHBr$

（3）A. $CH_3\overset{O}{\overset{\|}{C}}{-}OCH{=}CH_2$ （4）A. 1-羟基环己基甲基酮（环己烷环上同一碳连 $-\overset{O}{\overset{\|}{C}}{-}CH_3$ 和 OH）

（5）A. $nCH_2{=}CHCN$ B. $\left[CH_2{-}CH(CN)\right]_n$

（6）A. $CH_3CH_2C{\equiv}CNa$ B. $CH_3CH_2C{\equiv}CCH_2CH_3$ C. $CH_3CH_2\overset{O}{\overset{\|}{C}}CH_2CH_2CH_3$

（7）A. $CH_2{=}CHC{\equiv}CH$ B. $\begin{matrix}COOH\\ |\\ COOH\end{matrix}$ （8）A. $CH_3CH(CH_3)C{\equiv}CAg$ B. $CH_3CH(CH_3)C{\equiv}CH$

（9）A. 环状结构：CH_2、$CH{=}CH$、CH_2 与两个 CH 组成六元环，两个 CH 分别连 $-\overset{O}{\overset{\|}{C}}-$，经 O 相连成酸酐环

（10）A. $CH_3{-}CH{=}CHCH(Br)CH_3$（主）$+ CH_3{-}CH(Br)CH{=}CHCH_3$

3. (1) CH_3-C（$=CH$）环：CH_2、$CH-C(=O)$、O、$CH-C(=O)$、CH_2　(2) CH_3-C（$=CH$）环：CH_2、$CH-COOH$、$CH-COOH$、CH_2　(3) CH_3-C（$=CH$）环：CH_2、CH_2、$CHCHO$、CH_2

三、填空题

1. 正四面体，不在。平面，同在。直线型，同在

2. 炔 二烯。 $-C\equiv C-$。 $>C=C-C=C<$　　3. HCN、ROH、CH_3COOH

4. 高聚物；低分子聚合物（或二聚体、三聚体）　　5. 醇。 乙醛或酮

6. Pt、Pd 或 Ni；林德拉催化剂（或 Lindlar）　　7. $-C\equiv CH$

8. 浓硫酸，乙烯、丙酮。氢氧化钠，SO_2、CO_2。硫酸铜，H_2S、PH_3

9. 水洗　　10. $Ag(NH_3)_2NO_3$ 或 $Cu(NH_3)_2Cl$；Lindlar

11. (1) Na_2S 和水。Na_2S 易水解，有生成 H_2S 的可能性　(2) 单质硫。$KMnO_4$ 也会将 $HC\equiv CH$ 氧化

(3) CuS。既能除去 H_2S，又不与 $HC\equiv CH$ 反应

12. 丁苯，$\left[CH_2-CH=CH-CH_2-CH_2-CH(C_6H_5)-CH_2\right]_n$（顺式，两个 H 同侧）。顺丁，$\left[CH_2-CH=CH-CH_2\right]_n$（顺式，两个 H 同侧）。

13. $\left[CH_2-CH=CHCH_2-CH_2-CH(CN)\right]_n$。

14. $\left[CH_2-CH(CN)-CH_2-CH=CH-CH_2-CH(C_6H_5)-CH_2\right]_n$。

四、选择题

1. B、C　2. B　3. C　4. A　5. B　6. D　7. B　8. B　9. D　10. D　11. D　12. B　13. A、C　14. A、C　15. B、C　16. D　17. A

五、判断题

1. ×　2. ×　3. ×　4. ×　5. ×　6. ×　7. √　8. √　9. ×

六、鉴别与分离题

1.

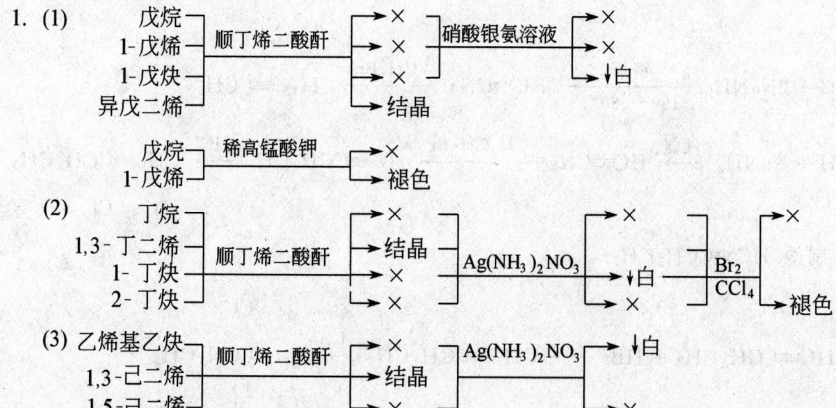

2.

1-己炔、2-己炔 —(乙醚溶解, $Ag(NH_3)_2NO_3$)→ 乙醚层 + 结晶

乙醚层 —(减压蒸馏, 蒸去乙醚)→ 2-己炔

结晶 —(稀硝酸)→ 1-己炔

七、合成题

1.（1）$HC\equiv CH \xrightarrow[\text{Lindlar}]{H_2} CH_2=CH_2 \xrightarrow[H_3PO_4,\ \triangle]{H_2O} CH_3CH_2OH$

（2）$HC\equiv CH + H_2O \xrightarrow[H_2SO_4\ (\text{稀}),\ 100℃]{HgSO_4} CH_3CHO$

（3）$HC\equiv CH + HBr \longrightarrow CH_2=CHBr \xrightarrow{HBr} CH_3CHBr_2$

（4）a. $HC\equiv CH + NaNH_2 \xrightarrow{\text{液氨}} HC\equiv CNa$

b. $HC\equiv CH + H_2 \xrightarrow{\text{林德拉催化剂}} CH_2=CH_2 \xrightarrow{HBr} CH_3CH_2Br \xrightarrow{HC\equiv CNa} CH_3CH_2C\equiv CH$

（5）由（4）制得 $CH_3CH_2C\equiv CH$

$$CH_3CH_2C\equiv CH \xrightarrow[HgSO_4,\ H_2SO_4(\text{稀}),\ \triangle]{H_2O} CH_3CH_2\overset{\displaystyle O}{\overset{\|}{C}}CH_3$$

（6）由（4）制得 CH_3CH_2Br

$$HC\equiv CH + 2NaNH_2 \xrightarrow[190\sim 220℃]{\text{液氨}} NaC\equiv CNa \xrightarrow{2CH_3CH_2Br} CH_3CH_2C\equiv CCH_2CH_3$$

2.（1）$HC\equiv CH + CH_3COOH \xrightarrow[170\sim 230℃]{\text{醋酸锌}} CH_2=CHOC(=O)CH_3$

（2）$HC\equiv CH + NaNH_2 \xrightarrow{\text{液氨}} HC\equiv CNa \xrightarrow{CH_3Br} HC\equiv CCH_3 \xrightarrow[HgSO_4,\ H_2SO_4(\text{稀})]{H_2O,\ \triangle} CH_3\overset{\displaystyle O}{\overset{\|}{C}}CH_3$

（3）由（2）制得 $HC\equiv CCH_3$

$$CH_3C\equiv CH + H_2 \xrightarrow{\text{林德拉催化剂}} CH_3CH=CH_2 \xrightarrow[500℃]{Cl_2} \underset{\displaystyle Cl}{\underset{|}{C}H_2}CH=CH_2$$

（4）$HC\equiv CH + 2NaNH_2 \xrightarrow[190\sim 220℃]{\text{液氨}} NaC\equiv CNa \xrightarrow{2CH_3Br} CH_3C\equiv CCH_3$

（5）$HC\equiv CH + NaNH_2 \xrightarrow{\text{液氨}} HC\equiv CNa \xrightarrow{CH_3CH_2Br} HC\equiv CCH_2CH_3 \xrightarrow{HCl} CH_2=\underset{\displaystyle Cl}{\underset{|}{C}}CH_2CH_3$

（6）由（5）制得 $HC\equiv CCH_2CH_3$

$$HC\equiv CCH_2CH_3 + HBr \longrightarrow CH_2=\underset{\displaystyle Br}{\underset{|}{C}}CH_2CH_3 \xrightarrow{Cl_2} \underset{\displaystyle Cl}{\underset{|}{C}H_2}\overset{\displaystyle Cl}{\overset{|}{\underset{\displaystyle Br}{\underset{|}{C}}}}CH_2CH_3$$

（7）由（5）制得 $CH_2{=}\underset{\substack{|\\ Cl}}{C}CH_2CH_3$

$$CH_2{=}\underset{\substack{|\\ Cl}}{C}CH_2CH_3 + Cl_2 + H_2O \longrightarrow \underset{\substack{|\\ Cl}}{CH_2}\overset{\substack{OH\\ |}}{\underset{\substack{|\\ Cl}}{C}}CH_2CH_3$$

3.

(1) $$\left.\begin{array}{l} CH_2{=}CH_2 + HBr \longrightarrow CH_3CH_2Br \\ HC{\equiv}CH + NaNH_2 \xrightarrow{液氨} HC{\equiv}CNa \end{array}\right\} \longrightarrow HC{\equiv}CCH_2CH_3 \xrightarrow{HBr}$$

$$CH_2{=}\underset{\substack{|\\ Br}}{C}CH_2CH_3 \xrightarrow{Br_2} \underset{\substack{|\\ Br}}{CH_2}\overset{\substack{Br\\ |}}{\underset{\substack{|\\ Br}}{C}}CH_2CH_3$$

（2）由（1）制得 $HC{\equiv}CCH_2CH_3$

$$HC{\equiv}CCH_2CH_3 \xrightarrow[Lindlar]{H_2} CH_2{=}CHCH_2CH_3 \xrightarrow[500℃]{Cl_2} CH_2{=}CH\underset{\substack{|\\ Cl}}{CH}CH_3 \xrightarrow{HBr} CH_3\underset{\substack{|\\ Br}}{CH}\underset{\substack{|\\ Cl}}{CH}CH_3$$

（3）由（2）制得 $CH_2{=}CH\underset{\substack{|\\ Cl}}{CH}CH_3$

$$CH_2{=}CH\underset{\substack{|\\ Cl}}{CH}CH_3 \xrightarrow{Cl_2} \underset{\substack{|\\ Cl}}{CH_2}\underset{\substack{|\\ Cl}}{CH}\underset{\substack{|\\ Cl}}{CH}CH_3$$

4. $$\begin{array}{ccc} & CH_3 & \\ & | & \\ & CH & \\ & \| & \\ C_2H_5O- & C & \\ & | & \\ & CH & \\ & \| & \\ & CH_2 & \end{array} + \begin{array}{ccc} & O & \\ & \| & \\ & C & \\ HC & & CH \\ \| & & \| \\ HC & & CH \\ & C & \\ & \| & \\ & O & \end{array} \xrightarrow{\triangle} \begin{array}{cccccc} & CH_3 & & & O & \\ & | & & & \| & \\ & CH & & & C & \\ C_2H_5O-C & & CH & & & CH \\ \| & & | & & & \| \\ HC & & CH & & & CH \\ & CH_2 & & & C & \\ & & & & \| & \\ & & & & O & \end{array}$$

八、推测构造式

1. A. $CH_3-\overset{\substack{CH_3\\ |}}{C}{=}\overset{\substack{CH_3\\ |}}{C}CH_2CH{=}\overset{\substack{CH_3\\ |}}{C}-CH_3$　　B. $CH_3\overset{\substack{CH_3\\ |}}{CH}-\overset{\substack{CH_3\\ |}}{CH}CH_2CH_2\overset{\substack{CH_3\\ |}}{CH}CH_3$

2. $CH_3(CH_2)_2C{\equiv}CH$　　$CH_3\overset{\substack{CH_3\\ |}}{CH}-C{\equiv}CH$

3. $CH_3CH{=}CHCH_2\underset{\substack{|\\ CH_3}}{C}{=}\underset{\substack{|\\ CH_3}}{C}-CH_3$　　$CH_3\underset{\substack{|\\ CH_3}}{C}{=}CHCH_2\underset{\substack{|\\ CH_3}}{C}{=}CHCH_3$

4. A. $CH_3\underset{\substack{|\\ CH_3}}{CH}C{\equiv}CH$　　B. $CH_3C{\equiv}CCH_2CH_3$　　C. $CH_2{=}CHCH_2CH{=}CH_2$

5. A. $CH_3CH_2CH{=}CHC{\equiv}CH$　　B. $CH_3CH_2CH{=}CHC{\equiv}CCu$

C. $CH_3CH_2CH{=}CHCH{=}CH_2$　　D. $$\begin{array}{cccc} & CH_2 & & O \\ HC & & CH- & \overset{\|}{C} \\ \| & & | & \quad O \\ HC & & CH- & \underset{\|}{C} \\ & CH & & O \\ & | & & \\ & CH_2CH_3 & & \end{array}$$

九、问答题

从乙烷、乙烯、乙炔的热化学方程式看，乙炔生成热虽不比乙烯、乙烷高，但等摩尔数的乙炔、乙烯、乙烷完全燃烧时，乙炔所需氧气的摩尔数最少，生成水的摩尔数也最少。因此，在燃烧时乙炔用以提高氧气的温度以及使水汽化所消耗的反应热也最少，所以，乙炔火焰的温度反而最高。

第五章 脂 环 烃

一、命名或写出构造式

1.（1）异丙基环丙烷　　（2）1,1-二甲基环丁烷

（3）1-甲基-4-烯丙基环己烷　　（4）乙烯基环戊烷

（5）2,2-二甲基-4-环丙基戊烷　　（6）环丙基环丁烷

（7）2,3-二甲基环戊烯　　（8）1-叔丁基-1,3-环戊二烯

（9）反-1,4-二甲基环己烷　　（10）顺-1-甲基-3-乙基环丁烷

2.

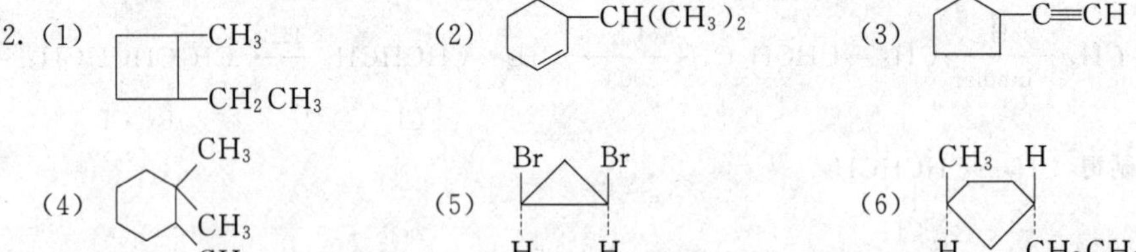

二、完成下列反应方程式

1.（1）A. $CH_3CH_2CH_2CH_3$　　B. $CH_3\underset{Br}{CH}CH_2\underset{Br}{CH_2}$　　C. $CH_3\underset{I}{CH}CH_2CH_3$

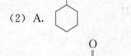

（2）A. 甲基环己烷（环上 CH_3）　B. 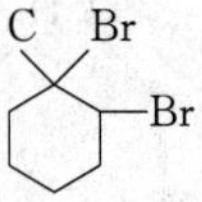 1-溴-1-甲基-2-溴环己烷（H_3C、Br、Br）　C. 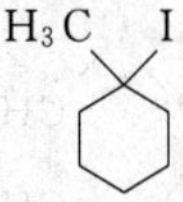 1-碘-1-甲基环己烷（H_3C、I）　D. 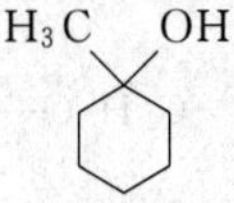 1-甲基环己醇（H_3C、OH）

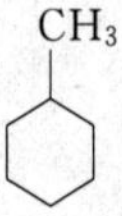

（3）A. 环己烷环上同一碳连有 $\overset{O}{\parallel}CCH_3$ 与 OH

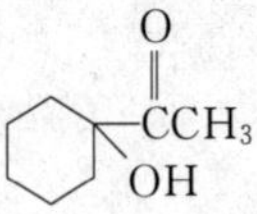

（4）A. Br_2　　B. 500℃

（5）A. $CH_3-\underset{Br}{\overset{CH_3}{C}}-\underset{CH_3}{CH}CH_3$

（6）A. $(H_3C)_2C$ 与 $CH-COOH$、CH_2 成环　＋ $CH_3\overset{O}{\overset{\parallel}{C}}CH_3$

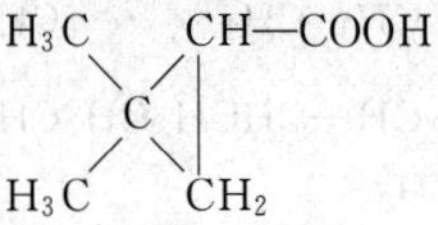

（7）A. 环丙基$-\underset{OH}{CH}-\underset{OH}{\overset{CH_3}{C}}-CH_3$

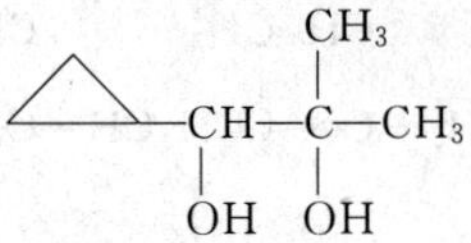

2.（1）溴代环己烷（—Br）　（2）$CH_3\underset{Br}{\overset{CH_3}{C}}-\overset{CH_3}{CH}CH_2CH_3$　（3）CH_3—□—COOH＋CH_3COOH

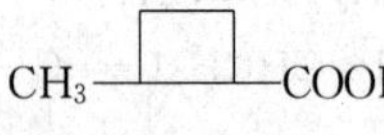

（4）环己烷上 $-CH_3$、$-Br$　（5）环己烷同一碳上 OH、CH_2CH_3

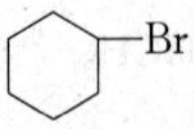

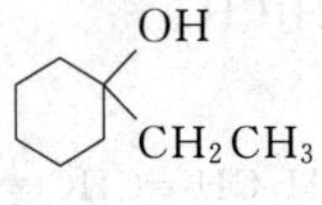

3. 环戊烯：

（1）环戊烷　（2）环戊烷上 —Br、—Br　（3）环戊烯上 Br　（4）环戊烷上 —OH、—OH

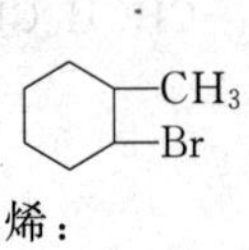

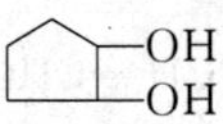

（5）$HOOC(CH_2)_3COOH$　（6）环戊烷—Br　（7）环戊烷—Br

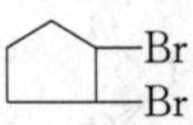

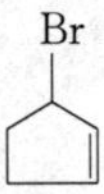

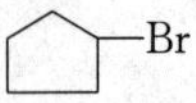

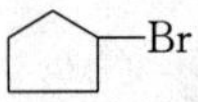

1-甲基环戊烯：

(1) $-CH_3$　(2) $-CH_3$, $-Br$, $-Br$　(3) $-CH_2Br$ + $-CH_3$, Br + Br, $-CH_3$

(4) $-CH_3$, $-OH$, $-OH$　(5) $HOOCCH_2CH_2CH_2\overset{O}{\overset{\|}{C}}CH_3$　(6) $-CH_3$, $-Br$　(7) $-CH_3$, $-Br$

三、填空题

1. CH_4，$HC\equiv CH$；$HC\equiv CH$，CH_4。$CH_3CH=CH_2$、△，CH_4；CH_3CH_3、$CH_3CH_2=CH_2$、△，$HC\equiv CH$
2. 环烷；环烯
3. (4) > (1) > (2) > (3)
4. 环丙烷>环丁烷>环戊烷
5. 连接氢原子最多和连接氢原子最少，马氏
6. 弯曲
7. 戊，取代
8. 30；30。1～2 滴/s；1 滴/2～3s
9. 干燥管，水蒸气
10. 1～1.5，60～70；研细；紧密，2～3；0.5

四、选择题

1. B　2. A、C　3. D　4. C　5. D　6. A、C　7. A　8. B　9. A　10. B　11. D　12. A、B　13. D　14. C　15. C

五、判断题

1. √　2. ×　3. ×　4. √　5. ×　6. ×

六、鉴别与分离题

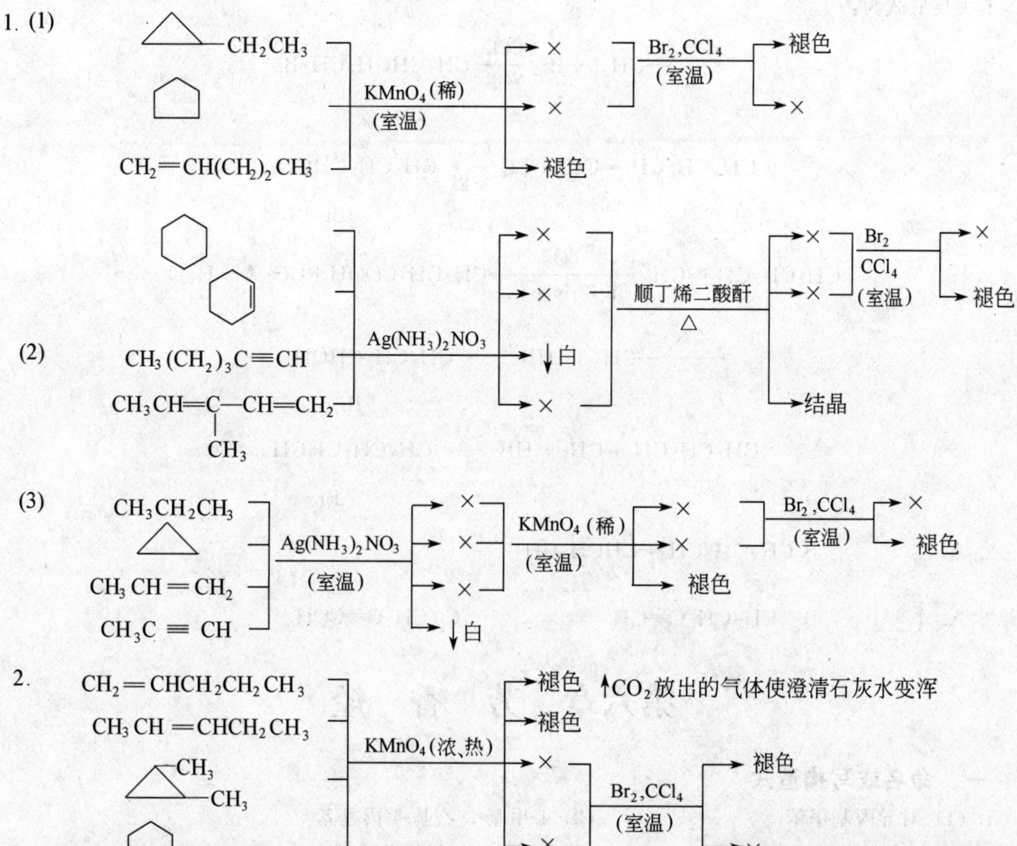

3.（1）催化加氢。同摩尔数的两种未知物质，能吸收较多氢气的为1,7-辛二烯。

（2）用浓、热的 $KMnO_4$ 溶液氧化。放出的气体中能使澄清石灰水变浑的为1,7-辛二烯。

4.（1）加稀 $KMnO_4$ 溶液洗涤，烯烃被氧化成1,2-丙二醇（下层），分离弃去。

（2）加浓硫酸（或溴）洗涤，使环丙烷生成硫酸氢酯（或二溴代烷）（下层），分离弃去。

5. $\triangle + Br_2 \xrightarrow[\text{室温}]{CCl_4} BrCH_2CH_2CH_2Br$　　（加成反应）

$\text{⬠} + Br_2 \xrightarrow{300℃} \text{⬠}\!-\!Br + HBr$　　（取代反应）

可用湿润的蓝石蕊试纸（或 pH 试纸）检验逸出的气体，如试纸变红，示为取代反应；如试纸不变红，示为加成反应。

七、合成题

（1）环己烯 $+ Br_2 \xrightarrow{500℃}$ 3-溴环己烯　　（2）环己烯 $+ HOCl \longrightarrow$ 2-氯环己醇（Cl，OH）

（3）环己烯 $+ Cl_2 \xrightarrow{500℃}$ 3-氯环己烯 $\xrightarrow{Cl_2}$ 1,2,3-三氯环己烷（Cl，Cl，Cl）

八、推测构造式

1. A. $\triangle\!-\!CH_3$　　B. $CH_3CH_2CH{=}CH_2$　　C. $CH_3CH_2CHCH_3$（CH 上连 Br）

有关反应式为：

$$\triangle\!-\!CH_3 + Br_2 \xrightarrow[\text{室温}]{CCl_4} CH_3\underset{Br}{\underset{|}{C}}HCH_2CH_2Br$$

$$CH_3CH_2CH{=}CH_2 + Br_2 \xrightarrow[\text{室温}]{CCl_4} CH_3CH_2\underset{Br}{\underset{|}{C}}H\underset{Br}{\underset{|}{C}}H_2$$

$$CH_3CH_2CH{=}CH_2 \xrightarrow[\text{浓 } KMnO_4,\triangle]{[O]} CH_3CH_2COOH + CO_2\uparrow + H_2O$$

$$\triangle\!-\!CH_3 + HBr \longrightarrow CH_3CH_2\underset{Br}{\underset{|}{C}}HCH_3$$

$$CH_3CH_2CH{=}CH_2 + HBr \longrightarrow CH_3CH_2\underset{Br}{\underset{|}{C}}HCH_3$$

2. A. 环己烷　　B. $CH_3CH_2CH{=}CHCH_2CH_3$

3. A. 环丁烯　　B. $CH_3CH_2C{\equiv}CH$　　C. $CH_3C{\equiv}CCH_3$

第六章　芳　香　烃

一、命名或写构造式

1.（1）对异丙基甲苯　　（2）1-甲基-3-乙基-4-丙基苯

（3）1-邻甲苯基-1-丙烯　　（4）2-甲基-3-苯基戊烷

(5) 苯乙烯　　(6) 对烯丙基异丙苯

(7) 2-对甲苯基-2-丁烯　　(8) 4-间甲苯基-1,3-戊二烯

(9) 1,8-二甲基萘　　(10) 1,4-二苯基-2-丁炔

2. (1) 邻氯甲苯　　(2) 对硝基苯胺

(3) 4-羟基-1,3-苯二磺酸　　(4) 4-羟基-3-甲氧基苯甲醛

(5) 3-甲基-4-溴苯甲酸　　(6) 8-甲基-2-萘酚

(7) 5-硝基-2-萘磺酸　　(8) 4-溴-1-萘磺酸

3. (1) 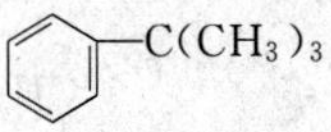 $C(CH_3)_3$　　(2) CH_3 CH_3　　(3) Cl NO_2 NO_2

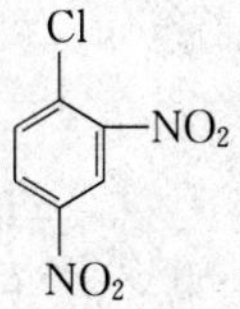

(4) 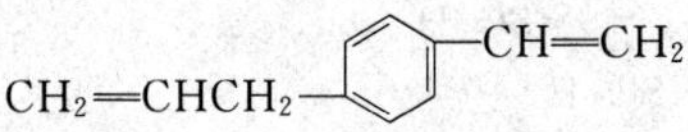 $CH_2{=}CHCH_2$ $CH{=}CH_2$　　(5) 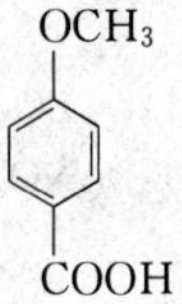 OCH_3 COOH　　(6) 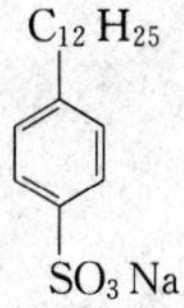 $C_{12}H_{25}$ SO_3Na

(7) 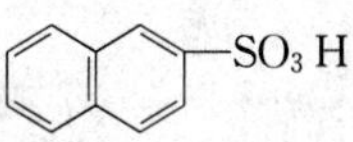 SO_3H　　(8) 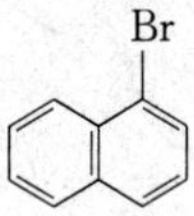 Br

二、完成反应方程式

1. (1) 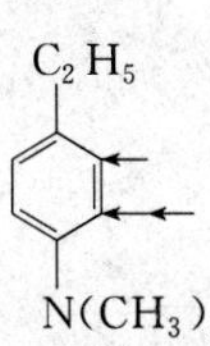 C_2H_5 $N(CH_3)_2$　　(2) CH_3 SO_3H　　(3) O NHC—CH_3 Br　　(4) OH

(5) OH　　(6) 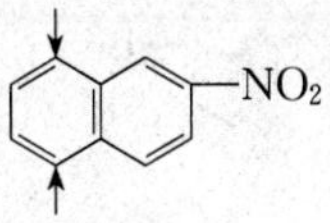 NO_2　　(7) 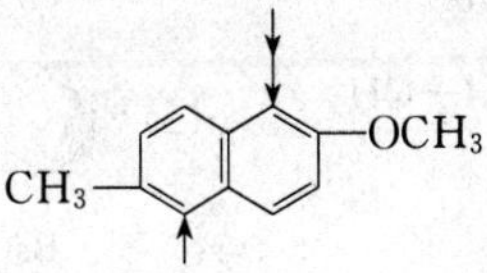 OCH_3 CH_3

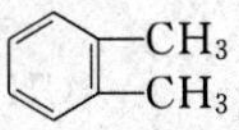

(8) 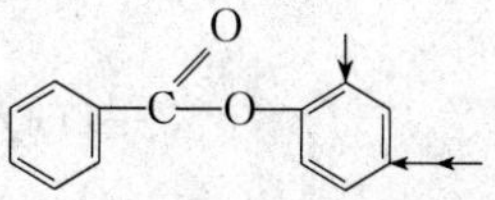 O C O　　(9) 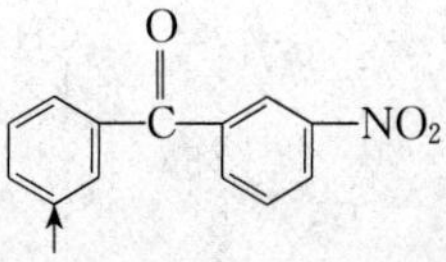 O C NO_2

(10) 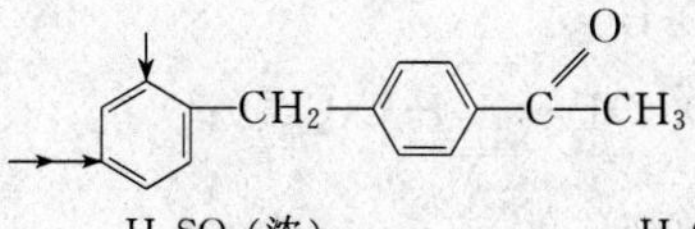 CH_2 O C CH_3

2. (1) A. $\xrightarrow[70\sim80℃]{H_2SO_4(浓)}$　　B. $\xrightarrow[150\sim200℃]{H_2O,H^+}$

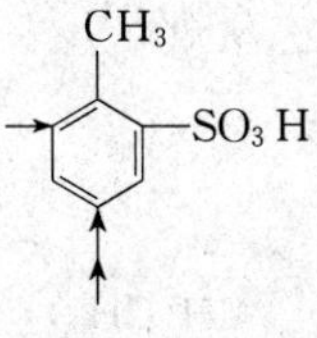

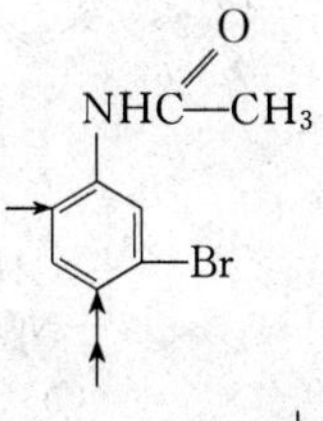

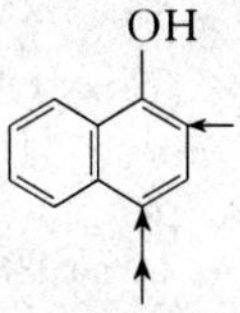

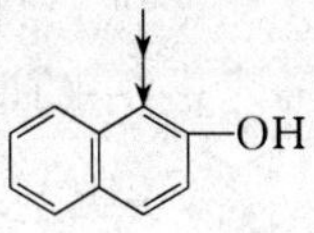

(2) A. 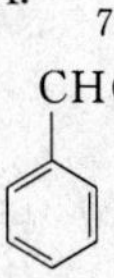 $CH(CH_3)_2$　　B. 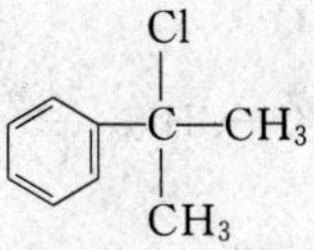 Cl C—CH_3 CH_3　　C. $CH(CH_3)_2$ Cl　　D. 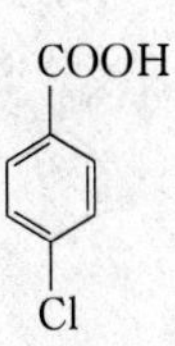 COOH Cl

(3) A. 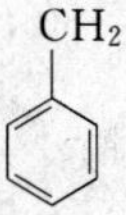 CH_2CH_3　　B. 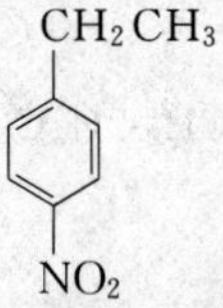 CH_2CH_3 NO_2　　C. 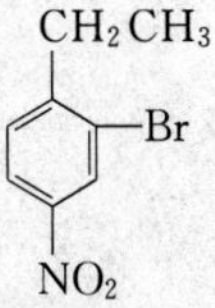 CH_2CH_3 Br NO_2　　D. 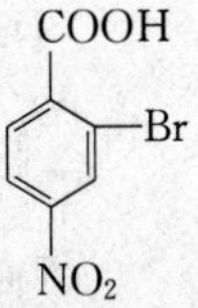 COOH Br NO_2

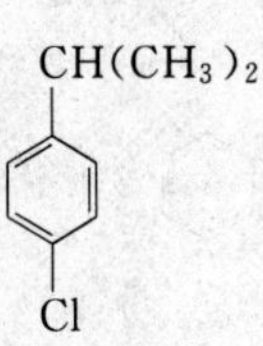

(4) A. $C_6H_5C(CH_3)_3$ B. p-$(CH_3)_3C-C_6H_4-CH_2CH_3$ C. p-$(CH_3)_3C-C_6H_4-COOH$

(5) A. p-$CH_3-C_6H_4-CH_2Cl$ B. $CH_3-C_6H_4-CH_2-C_6H_5$

(6) A. $C_6H_5CH_3$ B. p-$CH_3-C_6H_4-SO_3H$ C. CH_3, NO_2, SO_3H substituted benzene (2-nitro-4-sulfo toluene) D. o-$CH_3-C_6H_4-NO_2$

(7) A. 1-naphthalenesulfonic acid (SO_3H) B. 8-NO_2-1-SO_3H naphthalene + 5-NO_2-1-SO_3H naphthalene

C. 2-naphthalenesulfonic acid (SO_3H) D. 8-NO_2-2-SO_3H naphthalene + 5-NO_2-2-SO_3H naphthalene

(8) A. 1-ONO_2... (ON_2)-2-OH naphthalene (主) + 3-NO_2-2-OH naphthalene

3. (1) $C_6H_{11}-CH(CH_3)-CH_3$ (2) p-$Br-C_6H_4-CH(CH_3)_2$ (主) + o-$Br-C_6H_4-CH(CH_3)_2$ (3) $C_6H_5-CBr(CH_3)-CH_3$

(4) p-$NO_2-C_6H_4-CH(CH_3)_2$ (主) + o-$NO_2-C_6H_4-CH(CH_3)_2$ (5) p-$HO_3S-C_6H_4-CH(CH_3)_2$ (6) C_6H_5COOH

(7) $(CH_3)_2CH-C_6H_4-CH_2-C_6H_5$ (8) $(CH_3)_2CH-C_6H_4-C(CH_3)_3$

(9) $(CH_3)_2CH-C_6H_4-CO-CH_3$

4. (1) $C_6H_5-CH_2-C_6H_5$ (2) $C_6H_5-CO-CH_2-C_6H_4-CH_3$ (3) p-$CH_3O-C_6H_4-CH(CH_3)_2$

(4) p-$CH_3-C_6H_4-COCH_3$ (5) $C_6H_5-CO-CH_2CH_2-COOH$ (6) 4,7-dimethylindanone (CH_3, $C=O$, CH_2, CH_2, CH_3)

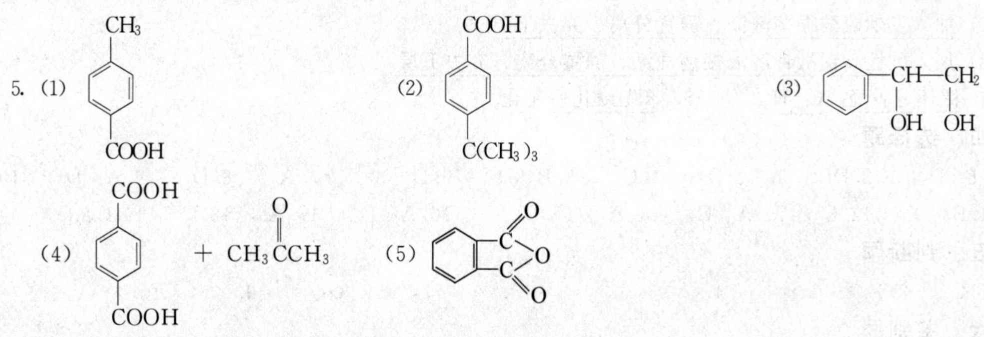

6. (1) ①、②两步都错了。①步进入的丙基应异构化，主要产物是 $C_6H_5—CH(CH_3)_2$ 。②步应在 α 位氧化，主要产物为 $C_6H_5—COOH$ 。

(2) 错了。酰基化反应一般不发生异构化，主要产物应为 $C_6H_5—\overset{O}{\overset{\|}{C}}CH_2CH_2CH_3$ 。

(3) ①、②两步都错了。在①步，苯环上存在着强烈吸电子基团，不能进行烷基化反应。在②步，应发生 α-氢原子氯代，主要生成 $m\text{-}NO_2C_6H_4—\overset{Cl}{\overset{|}{C}}H—CH_3$ 。

(4) 错了。苯环上存在着碱性氨基，会与 $AlCl_3$（路易斯酸）作用，不发生傅-克反应。如果发生了傅-克反应，$(CH_3)_2CHCH_2$—也应异构化为 $(CH_3)_3C$—。

(5) ① 步对，②步错了。②步苯环上存在着吸电子的间位基 $CH_3\overset{O}{\overset{\|}{C}}—$ ，难于再进行酰基化反应。

(6) 错了。苯环上存在着强烈吸电子的—SO_3H，一般不进行氯甲基化反应。

三、填空题

1. $CH_2═CH_2$、△； $HC≡CH$ 、C_6H_6（苯）； CH_4

2. 烯烃、炔烃、二烯烃（包括环烯、环炔、不饱和芳烃）；环烷；具有 α-氢原子的烷基苯

3. $C_6H_5—C(CH_3)_3$

4. $C_6H_5—CH_2CH_2CH_2CH_3$、$C_6H_5—CH(CH_3)CH_2CH_3$、$C_6H_5—CH_2CH(CH_3)CH_3$

5. 1,3,5-三甲苯（H_3C、CH_3、CH_3）、1,2,3-三甲苯（H_3C、CH_3、CH_3）、1,2,4-三甲苯（CH_3、CH_3、CH_3）

6. $CH_3—C_6H_4—CH═CHCH_3$（对位）

7. $\left[\!—CH(C_6H_5)—CH_2—\!\right]_n$

8. ① 增加反应物硫酸的浓度；　②使水（生成物）尽快蒸出。酸性水解

9. —NO_2、—SO_3H 等强吸电子　　10. 含 α-氢原子的长的、结构复杂的

11. 邻、对，—$N(CH_3)_2$＞—OH＞—OCH_3＞—$NHCOCH_3$＞—CH_3＞—Cl

12. 间，—NO_2＞—SO_3H＞—CHO＞—$COCH_3$＞—$COOH$

13. (1) 常温下加入浓硫酸或稀 $KMnO_4$ 溶液振荡洗涤、静置分离、弃去下层

(2) 加入发烟硫酸振荡洗涤、静置分离、弃去下层

(3) 加入酸性高锰酸钾溶液振荡洗涤、静置分离、弃去下层

14. 稠环芳香烃，$C_{20}H_{12}$　　15. 苯先磺化后硝化

四、选择题

1. B　2. D　3. A、D　4. C　5. B、D　6. D　7. A　8. D　9. A、D　10. C

11. B、D　12. C　13. A、C　14. A　15. D　16. A、D　17. A　18. C　19. C、D

五、判断题

1. ×　2. ×　3. ×　4. √　5. ×　6. √　7. √　8. √　9. ×　10. ×

六、鉴别题

(1)

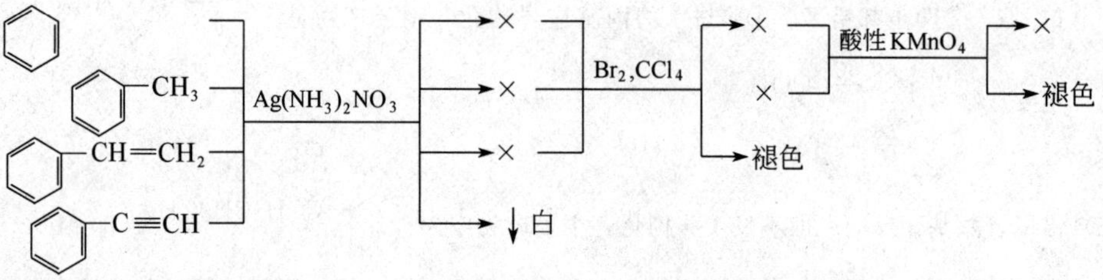

苯、甲苯（$-CH_3$）、苯乙烯（$-CH=CH_2$）、苯乙炔（$-C\equiv CH$） —$Ag(NH_3)_2NO_3$→ ×、×、×、↓白

×、×、× —Br_2,CCl_4→ ×、×、褪色

×、× —酸性$KMnO_4$→ ×、褪色

(2) 在室温下分别加入80%的硫酸溶液，振荡，首先溶于其中的为间二甲苯；其次为邻二甲苯。把余者分别加入浓硫酸，加热至80℃，溶于其中的为苯，不溶的为环已烷。

七、合成题

1. (1) 甲苯（CH_3） —Br_2，Fe，△→ 对溴甲苯（CH_3，Br） —Br_2，光→ CH_2Br，Br

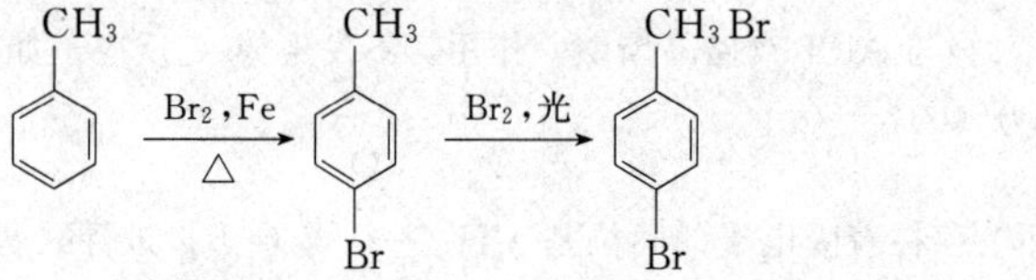

(2) 苯 + $CH_3C(=O)Cl$ —$AlCl_3$→ $COCH_3$ —HNO_3，H_2SO_4，△→ $COCH_3$，$-NO_2$（间位）

(3) 苯 + Cl_2 —$FeCl_3$，60℃→ Cl —H_2SO_4（浓），高温→ Cl，SO_3H —$2Cl_2$，$FeCl_3$，△→ Cl—，Cl，—Cl，SO_3H

(4) 甲苯（CH_3） —H_2SO_4（浓），100℃→ CH_3，SO_3H —Cl_2，Fe，△→ CH_3，—Cl，SO_3H —HNO_3，H_2SO_4，△→

CH_3，Cl—，—NO_2，SO_3H —H_2SO_4（稀），150～200℃→ CH_3，Cl—，—NO_2

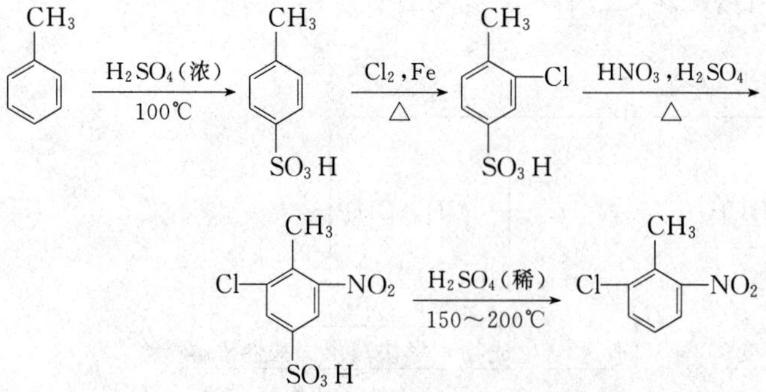

(5) 苯 + $CH_3CH=CH_2$ —BF_3，△→ $CH(CH_3)_2$ —HNO_3，H_2SO_4，△→

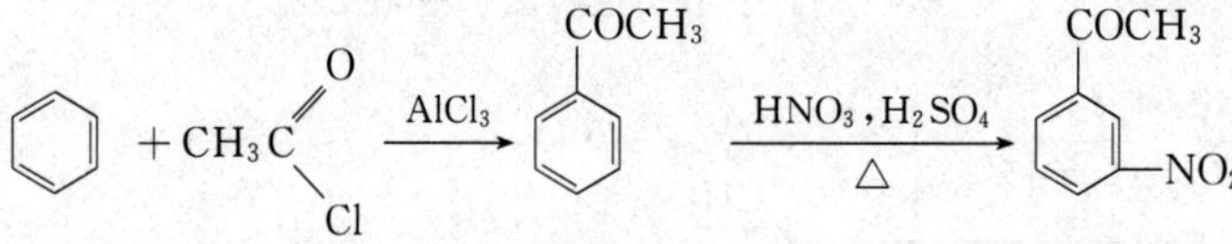

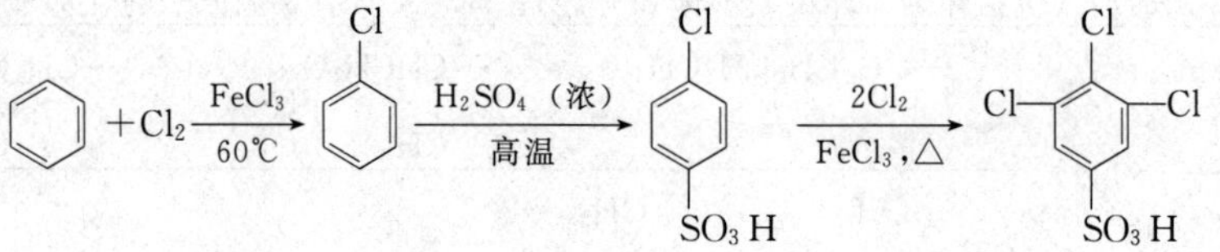

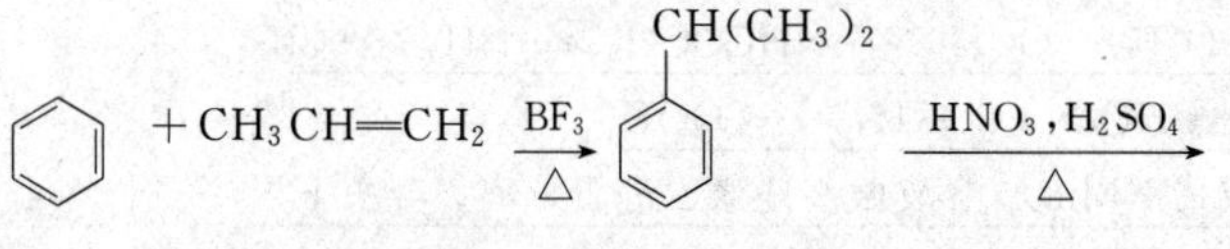

$$p\text{-}O_2N\text{-}C_6H_4\text{-}CH(CH_3)_2 \xrightarrow[\triangle]{H_2SO_4(浓)} 2\text{-}CH(CH_3)_2\text{-}5\text{-}NO_2\text{-}C_6H_3SO_3H$$

(6) $$C_6H_5CH_3 \xrightarrow[30℃]{HNO_3,H_2SO_4} o\text{-}CH_3C_6H_4NO_2 \xrightarrow[\triangle]{Br_2,Fe} 1\text{-}CH_3\text{-}2\text{-}NO_2\text{-}4\text{-}Br\text{-}C_6H_3 \xrightarrow{KMnO_4,H^+} 1\text{-}COOH\text{-}2\text{-}NO_2\text{-}4\text{-}Br\text{-}C_6H_3$$

2.（1）能。 $$C_6H_6 \xrightarrow[AlCl_3]{(CH_3CO)_2O} C_6H_5COCH_3 \xrightarrow[\triangle]{H_2SO_4(浓)} m\text{-}CH_3COC_6H_4SO_3H$$

（2）不能。因为苯环上引入第一个乙酰基后，乙酰基是强的吸电子基团，会使苯环钝化，就不能再发生酰基化了。

（3）不能。若先导入甲基，由于甲基是邻对位定位基，不可能再把硝基导入其间位；若先导入硝基，由于硝基是强烈吸电子基团，又不能再发生烷基化了。

（4）不理想。 $$C_6H_6 \xrightarrow[\triangle]{CH_3Br,AlBr_3} C_6H_5CH_3 \xrightarrow[\triangle]{Br_2,Fe} p\text{-}CH_3C_6H_4Br + o\text{-}CH_3C_6H_4Br$$

邻溴甲苯和对溴甲苯沸点较接近，分离较困难。最有效的分离方法可能是色谱层析分离法 。

3.（1）能。 $$p\text{-}CH_3C_6H_4COCH_3 + HNO_3 \xrightarrow[\triangle]{H_2SO_4} 1\text{-}CH_3\text{-}2\text{-}NO_2\text{-}4\text{-}COCH_3\text{-}C_6H_3$$

（2）能。 $$m\text{-}HOOCC_6H_4COCH_3 + HNO_3 \xrightarrow{H_2SO_4} 1\text{-}COOH\text{-}3\text{-}COCH_3\text{-}5\text{-}NO_2\text{-}C_6H_3$$

（3）不能。因为—CH_3、—$CH(CH_3)_2$、—Cl 都是邻对位定位基，且定位效能接近，反应时不可能得单一产物。

（4）能。 $$p\text{-}CH_3OC_6H_4NO_2 + HNO_3 \xrightarrow[\triangle]{H_2SO_4} 1\text{-}OCH_3\text{-}2,4\text{-}(NO_2)_2C_6H_3$$

八、推测构造式

1. A. $C_6H_5CH_2CH_2CH_3$ 或 $C_6H_5CH(CH_3)_2$ B. $CH_3\text{-}C_6H_4\text{-}CH_2CH_3$（对位） C. 1,2,3-三甲苯（$C_6H_3(CH_3)_3$）

2. A. $p\text{-}CH_2{=}CH\text{-}C_6H_4\text{-}C{\equiv}CH$ B. $p\text{-}CH_3CH_2\text{-}C_6H_4\text{-}CH_2CH_3$ C. $p\text{-}HOOC\text{-}C_6H_4\text{-}COOH$ D. 2-Br-1,4-$C_6H_3(COOH)_2$

第一章～第六章　自测题

一、命名下列化合物或根据名称写出构造式

1. 2,4,4-三甲基-3-乙基己烷　　2. Z-3-甲基-4-异丙基-3-庚烯

3. 3-甲基-4-对甲苯基-1-戊炔　　4. 2-甲基-1,3-丁二烯

5. 环丙基环戊烷　　6. 2-甲基-3-间甲苯基-2-丁烯

7. 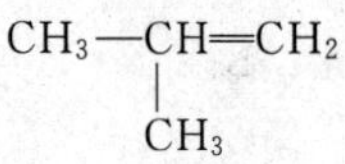 $CH_3-CH(CH_3)-CH=CH_2$　　8. 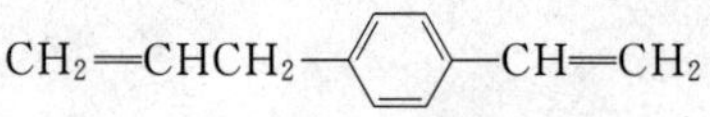 $CH_2=CHCH_2-C_6H_4-CH=CH_2$（对位）　　9. 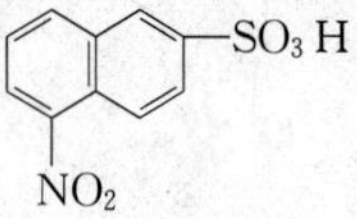 5-硝基萘-2-磺酸（$-SO_3H$，NO_2）

二、完成下列反应方程式

1. A. 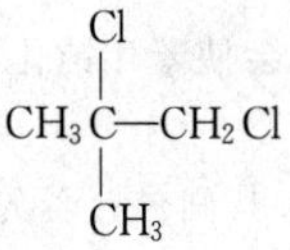 $CH_3C(Cl)(CH_3)-CH_2Cl$　B. 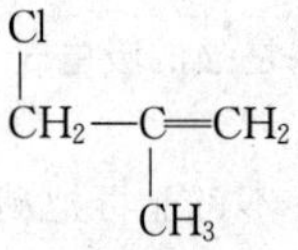 $ClCH_2-C(CH_3)=CH_2$　　2. A. 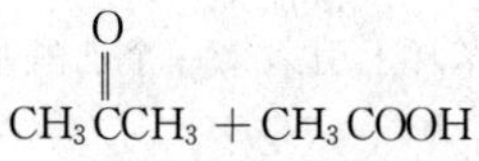 $CH_3\overset{O}{\overset{\|}{C}}CH_3+CH_3COOH$　B. 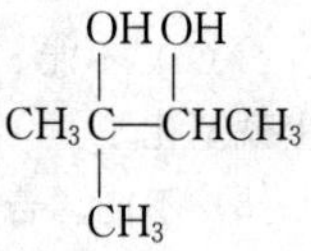 $CH_3C(OH)(CH_3)-CH(OH)CH_3$

3. A. 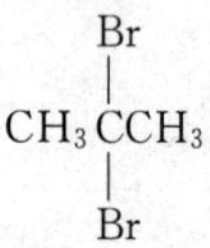 $CH_3CBr_2CH_3$　B. $CH_3CH=CHBr$　　4. A. 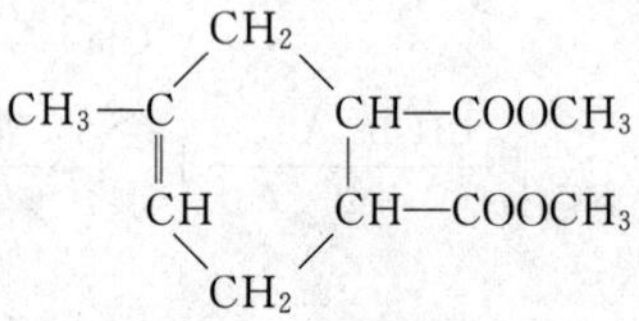 环己烯环：$CH_3-C=CH$（环中），CH_2，$CH-COOCH_3$，$CH-COOCH_3$，CH_2

5. A. 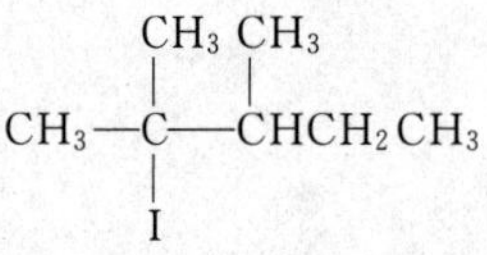 $CH_3-C(CH_3)(I)-CH(CH_3)CH_2CH_3$　　6. A. 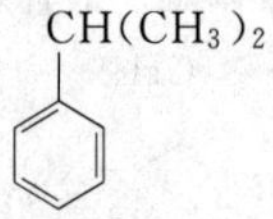 $C_6H_5CH(CH_3)_2$　B. $p\text{-}BrC_6H_4CH(CH_3)_2$　C. $C_6H_5CBr(CH_3)_2$

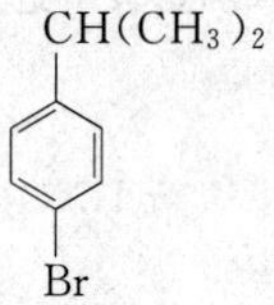

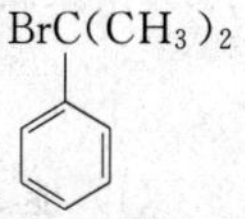

7. A. 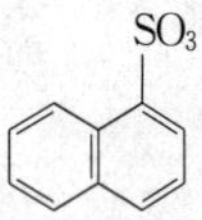 1-萘磺酸（SO_3H）　B. 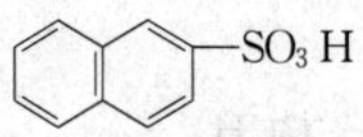 2-萘磺酸（SO_3H）

8. A. 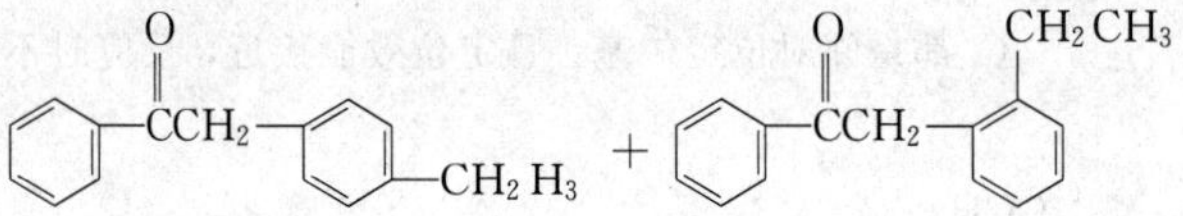 $C_6H_5\overset{O}{\overset{\|}{C}}CH_2-C_6H_4-CH_2H_3$（对位） + $C_6H_5\overset{O}{\overset{\|}{C}}CH_2-C_6H_4-CH_2CH_3$（邻位）

9. A. 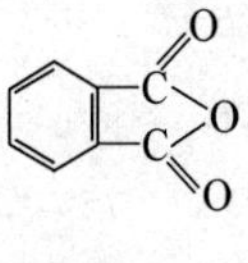 邻苯二甲酸酐

三、填空题

1. 灼烧，能够燃烧或炭化变黑　　2. 常、减压。裂化，裂解。裂化；裂解

3. 辛烷值，辛烷值不低于 95，愈好　　4. $\text{-}[CH_2C\equiv CCH_2]_{50}\text{-}$；50

5. 丁苯，$\text{-}[CH_2-CH=CH-CH_2-CH_2-CH(C_6H_5)]_n\text{-}$（顺式）。顺丁，$\text{-}[CH_2-CH=CH-CH_2]_n\text{-}$（顺式）

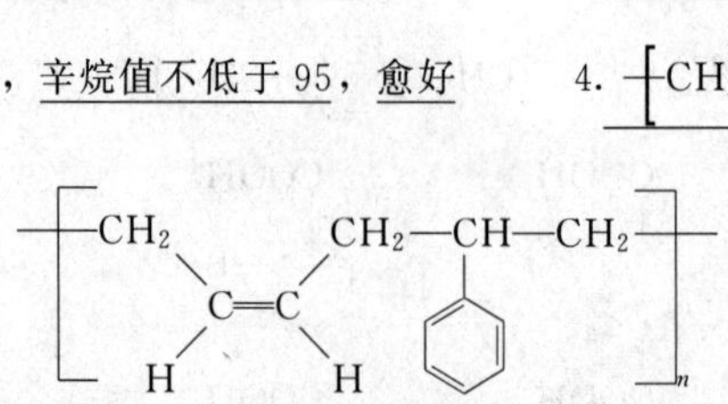

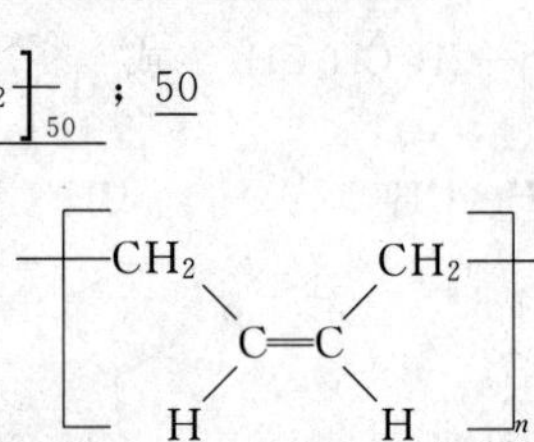

6. $-NO_2$、$-SO_3H$ 等强吸电子

7. 烯烃、炔烃、二烯烃（包括环烯、环炔、不饱和芳烃）；环烷；具有 α-氢原子的烷基苯

8. 稠环芳香烃，$C_{20}H_{12}$

9. （1）加入浓硫酸（或 $KMnO_4$ 溶液），振荡、静置，弃去下层

（2）加入硝酸银氨溶液，振荡、静置，弃去下层沉淀物

（3）加入顺丁烯二酸酐，加热后静置，弃去下层结晶物

（4）常温加入浓硫酸，振荡、静置，弃去下层

10. 浓硫酸，乙烯、丙酮。氢氧化钠（碱），SO_2、CO_2。硫酸铜，H_2S、PH_3

四、选择题

1. D　2. D　3.（C）（A、D）（B、E）　4. B、C　5. C、D　6. A、D　7. A、C　8. B　9. D　10. A、C

五、鉴别与分离题

1.

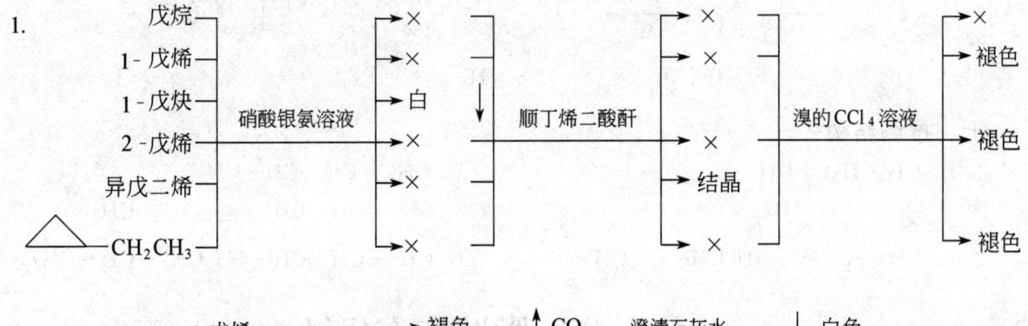

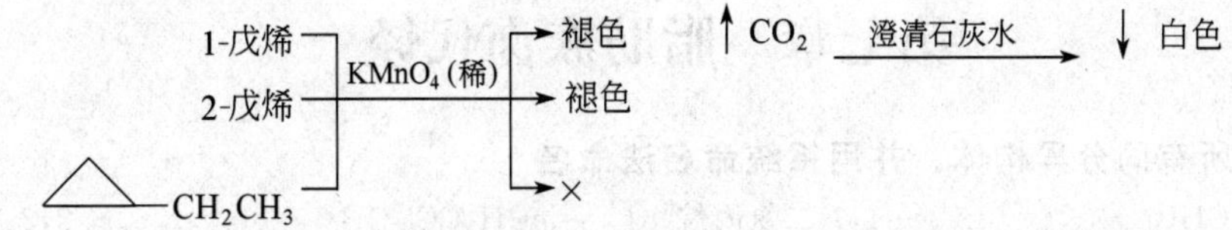

2.

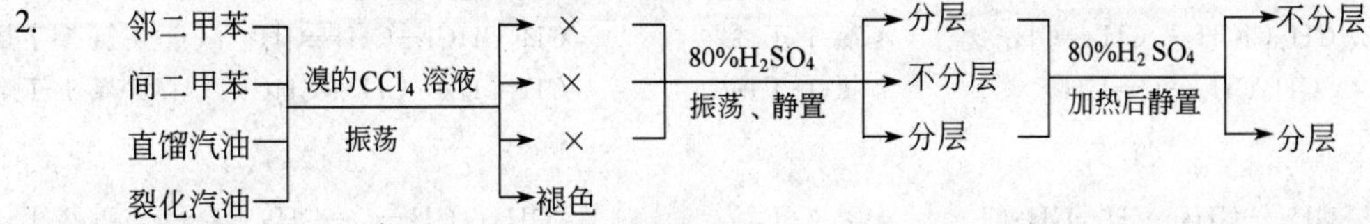

另取少量裂化汽油置于洁净试管中，逐滴加入溴的 CCl_4 溶液并振荡，滴至溴不再褪色为止。然后再加入 2～3 滴酸性高锰酸钾溶液并用力振荡，若褪色，则证明裂化汽油中含有甲苯或二甲苯等苯的同系物存在。

3.

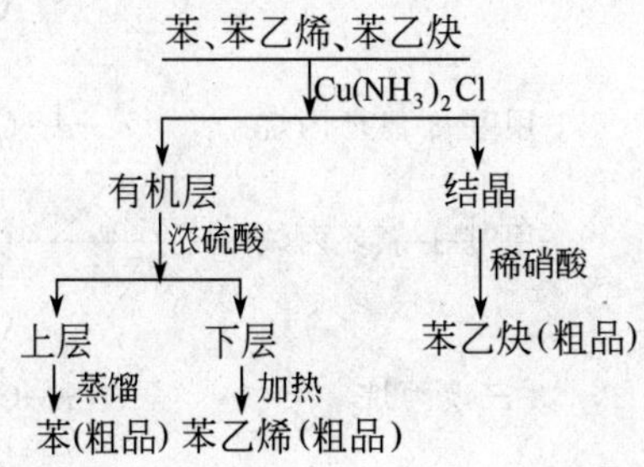

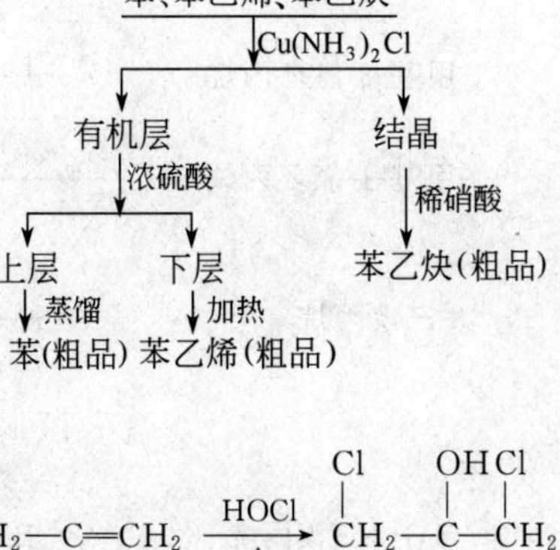

六、合成题

1. $$CH_3-\underset{\underset{CH_3}{|}}{C}=CH_2 \xrightarrow[500℃]{Cl_2} \overset{\overset{Cl}{|}}{CH_2}-\underset{\underset{CH_3}{|}}{C}=CH_2 \xrightarrow[\triangle]{HOCl} \overset{\overset{Cl}{|}}{CH_2}-\underset{\underset{CH_3}{|}}{\overset{\overset{OH}{|}}{C}}-\overset{\overset{Cl}{|}}{CH_2}$$

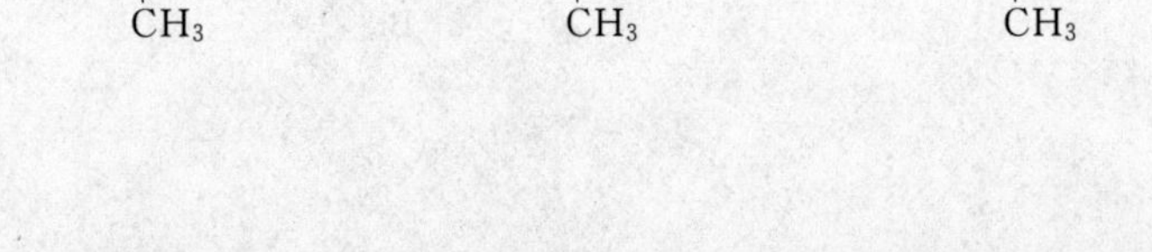

2.

① $CH_3CH=CH_2 \xrightarrow{HBr} CH_3-\underset{\displaystyle CH_3}{\underset{|}{C}}HBr$

② $CH_3C\equiv CH \xrightarrow{NaNH_2} CH_3C\equiv CNa$

$\xrightarrow{\triangle} CH_3C\equiv C-\underset{\displaystyle CH_3}{\underset{|}{C}}H-CH_3$

3. 苯 $\xrightarrow[AlCl_3\triangle]{CH_3Cl}$ 甲苯 $\xrightarrow[\triangle]{HNO_3、H_2SO_4}$ 对硝基甲苯 $\xrightarrow[\triangle]{Br_2、Fe}$ 2-溴-4-硝基甲苯 $\xrightarrow[KMnO_4]{[O]}$ 2-溴-4-硝基苯甲酸（COOH, Br, NO_2）

4. 甲苯 $\xrightarrow[100℃]{H_2SO_4}$ 对甲苯磺酸（CH_3, SO_3H）$\xrightarrow[\triangle]{2Cl_2,Fe}$ 2,6-二氯-4-甲基苯磺酸（Cl, CH_3, Cl, SO_3H）$\xrightarrow[150\sim200℃]{H_2SO_4(稀)}$ 2,6-二氯甲苯（Cl, CH_3, Cl）

七、推测结构式

1. A. $CH_3CH_2C\equiv CH$　　B. $CH_2=CH-CH=CH_2$

2. A. $CH_3-\overset{\displaystyle CH_3}{\overset{|}{C}}=\overset{\displaystyle CH_3}{\overset{|}{C}}-CH_2CH=\overset{\displaystyle CH_3}{\overset{|}{C}}-CH_3$　　B. $CH_3-\overset{\displaystyle CH_3}{\overset{|}{C}}H-\overset{\displaystyle CH_3}{\overset{|}{C}}H-CH_2CH_2-\overset{\displaystyle CH_3}{\overset{|}{C}}H-CH_3$

第七章　脂肪族卤代烃

一、写出所有同分异构体，并用系统命名法命名

1. $CH_3CH_2CHCl_2$　1,1-二氯丙烷　　$CH_3CCl_2CH_3$　2,2-二氯丙烷

$CH_3CHClCH_2Cl$　1,2-二氯丙烷　　$CH_2ClCH_2CH_2Cl$　1,3-二氯丙烷

2. $CH_2ClCH_2-CH=CH_2$　4-氯-1-丁烯　　$CH_3CHCl-CH=CH_2$　3-氯-1-丁烯

$CH_3CH_2-\underset{\displaystyle Cl}{\underset{|}{C}}=CH_2$　2-氯-1-丁烯　　$CH_3CH_2-CH=CHCl$　1-氯-1-丁烯

$CH_3-CH=CH-CH_2Cl$　1-氯-2-丁烯　　$CH_3-CH=\underset{\displaystyle Cl}{\underset{|}{C}}-CH_3$　2-氯-2-丁烯

$CH_3-\underset{\displaystyle CH_3}{\underset{|}{C}}=CHCl$　2-甲基-1-氯丙烯　　$CH_2Cl-\underset{\displaystyle CH_3}{\underset{|}{C}}=CH_2$　2-甲基-3-氯丙烯

CH_3—▽—Cl　1-甲基-2-氯环丙烷　　□—Cl　氯代环丁烷

H_3C—▽(Cl)　1-甲基-1-氯环丙烷　　▽—CH_2Cl　氯甲基环丙烷

3. $\underset{\displaystyle Br}{\underset{|}{C}}H_2\underset{\displaystyle Br}{\underset{|}{C}}H\underset{\displaystyle Br}{\underset{|}{C}}H_2$　1,2,3-三溴丙烷　　$Br-\underset{\displaystyle Br}{\underset{|}{C}}H\underset{\displaystyle Br}{\underset{|}{C}}HCH_3$　1,1,2-三溴丙烷

$Br\underset{\displaystyle Br}{\underset{|}{C}}HCH_2CH_2Br$　1,1,3-三溴丙烷　　$BrCH_2\underset{\displaystyle Br}{\overset{\displaystyle Br}{C}}CH_3$　1,2,2-三溴丙烷

$CH_3CH_2CBr_3$　　1,1,1-三溴丙烷

二、命名下列化合物或写出构造式

1. 2-甲基-3-溴丁烷　　2. 2,3-二甲基-3-氯戊烷

3. 3-乙基-4-氯-1-溴-2-戊烯　　4. 3-甲基-3-溴-2-碘戊烷

5. 3-甲基-2-氯戊烷　　6. *E*-2,3-二氯-2-丁烯

7. 1,4-二溴-2-丁烯　　8. 1-甲基-2-氯环戊烷

9. $CH_2=CH-CH_2Br$

10. $$\begin{array}{c} CH_3 \\ | \\ CH_3-C-CH_3 \\ | \\ I \end{array}$$

11. $$\begin{array}{c} Cl \\ | \\ Cl-C-F \\ | \\ F \end{array}$$

12. $$\begin{array}{l} CH_3-CH-CH-CH_2-CH_3 \\ \qquad\ \ | \qquad | \\ \qquad\ Cl \quad\ CH_3 \end{array}$$

13. CHI_3

14. $$\begin{array}{l} CH_3-CH=CH-CH-CH_2Br \\ \qquad\qquad\qquad\quad\ | \\ \qquad\qquad\qquad\quad Cl \end{array}$$

三、完成下列化学反应式

1. A. $$\begin{array}{l} CH_3C=CHCH_2CHCH_3 \\ \quad\ \ | \qquad\qquad\ \ | \\ \quad CH_3 \qquad\quad CH_3 \end{array}$$

2. A. $CH_2ClCH=CH_2$　　B. $CH_2ClCHClCH_2Cl$　　C. $CH_2=CH-CH_2OCH_2CH_3$

3. A. $CH_3-CH_2CH_2Br$　　B. $CH_3CH_2CH_2MgBr$

4. A. $$\begin{array}{l} CH_3CH-CH-CH_2 \\ \quad\ \ | \qquad | \qquad | \\ \quad CH_3 \quad Br \quad\ Br \end{array}$$　　B. $$\begin{array}{l} CH_3-CH-C\equiv CH \\ \qquad\ \ | \\ \qquad CH_3 \end{array}$$

5. A. $$\begin{array}{l} CH_3-C=CH_2 \\ \qquad\ \ | \\ \qquad CH_3 \end{array}$$　　B. $$\begin{array}{c} Cl \\ | \\ CH_3-C-CH_3 \\ | \\ CH_3 \end{array}$$

C. $$\begin{array}{l} \qquad\ \ Cl \\ \qquad\ \ | \\ CH_3-C-CH_2Cl \\ \qquad\ \ | \\ \qquad CH_3 \end{array}$$　　D. $$\begin{array}{l} CH_3-C=CHCl \\ \qquad\ \ | \\ \qquad CH_3 \end{array}$$

6. A. $HC\equiv CH$　　B. $CH_2=CH-Cl$

7. A. $CH_3CH_2CH_2CH_2C\equiv CH$　　B. $CH_3CH_2CH_2CH_2CH=CH_2$

C. $CH_3CH_2CH_2CH_2CH_2CH_2Br$　　D. $CH_3CH_2CH_2CH_2CH_2CH_2NH_2$

E. $CH_3CH_2CH_2CH_2CH_2CH_2CN$

8. A. $$\begin{array}{l} (CH_3)_2C-CH_2CH_2CH_2Cl \\ \qquad\quad\ | \\ \qquad\quad ONO_2 \end{array}$$（室温下伯氯原子不反应）　　B. $AgCl\downarrow$

9. A. 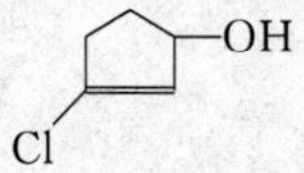 （环戊烯结构：3-位 $-OH$，1-位 Cl）　　（乙烯氯不反应）

四、下列各步反应有无错误，错误的请改正并指出原因

1. 错。乙烯基氯不活泼，一般不发生水解反应，产物应为 $$\begin{array}{l} CH_3-C=CH-CH_2OH \\ \qquad\ \ | \\ \qquad Br \end{array}$$ 。

2.① 步错。炔烃与氯化氢加成时，不存在过氧化物效应，反应仍按马氏规则加成，生成 $CH_3-\underset{\displaystyle Cl}{\underset{|}{C}}=CH_2$ ② 步也错，乙烯基氯不活泼，一般不发生取代反应。

3. 错。CH_3ONa 与（CH_3）$_3$CCl（叔卤烷）之间不易发生取代反应，而易发生消除反应，生成烯烃 $CH_3-\overset{\displaystyle CH_3}{\overset{|}{C}}=CH_2$ 。

4. 错。应生成较稳定的共轭双烯，产物为 (环己烯基)—CH═CH—CH_2—CH_3 。

5. 错。高温下原料与氯分子发生取代反应，产物为 (3-氯环己烯，Cl)

6. 错。强吸电子基的影响，使双键的加成反应违反马氏规则，产物为 $CH_2Br-CH_2-CCl_3$。

五、填空题

1. CCl_4，氟里昂　　2. 氟里昂，氟里昂　　3. 升高，降低

4. CH_3CH_2Cl、(环己烷)；CCl_4、CH_3CH_2Br、CH_3CH_2I　　5. 乙醇、乙醚

6. ① 可防止反应进行时产生大量泡沫，减少副产物乙醚的生成
   ② 避免氢溴酸的挥发，并利于它与乙醇均相反应，提高收率

7. 氢原子，较少，查依采夫

8. 叔卤代烷 仲卤代烷 伯卤代烷

9. 金属镁，绝对乙醚，格氏试剂，RMgX

10. 烯丙型卤代烯烃　孤立型卤代烯烃　乙烯型卤代烯烃

六、选择题

1. D　2. D　3. B　4. B，D　5. B、D　6. D　7. C　8. A、D　9. B

七、判断题

1. ×　2. ×　3. ×　4. √　5. √　6. ×　7. √　8. √

八、鉴别下列各组化合物

1. $CHCl_3$ / $CH_3CH_2CH_2CH_2Cl$ $\xrightarrow[\triangle]{AgNO_3-C_2H_5OH}$ ×；AgCl↓白

2.
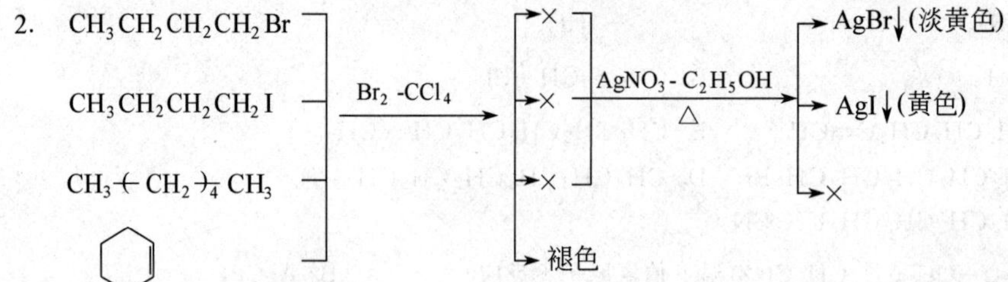

3.
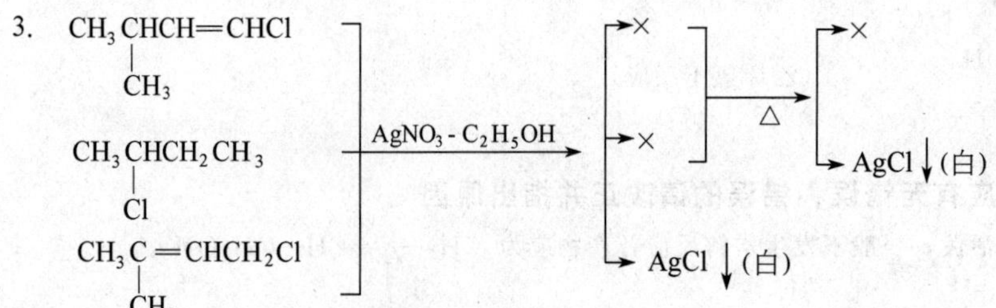

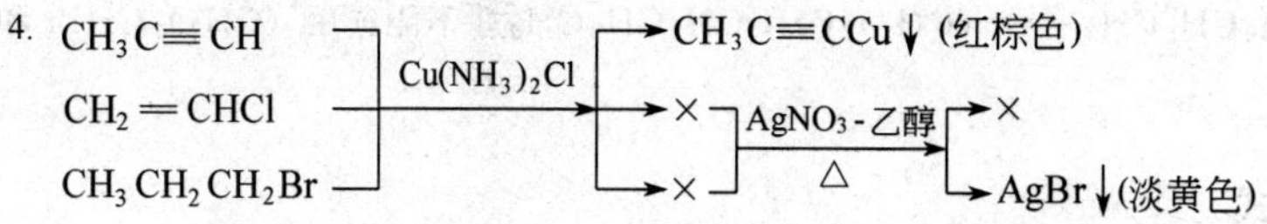

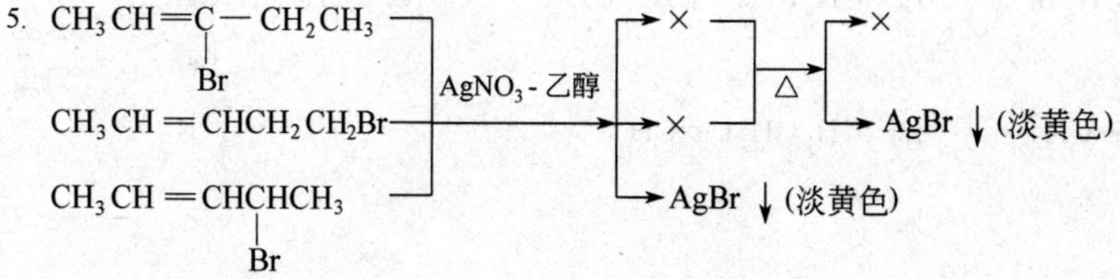

4. $CH_3C\equiv CH$, $CH_2=CHCl$, $CH_3CH_2CH_2Br$ $\xrightarrow{Cu(NH_3)_2Cl}$ $CH_3C\equiv CCu\downarrow$ (红棕色); × ; × $\xrightarrow[\triangle]{AgNO_3\text{-乙醇}}$ × ; $AgBr\downarrow$(淡黄色)

5. $CH_3CH=\underset{\underset{Br}{|}}{C}-CH_2CH_3$, $CH_3CH=CHCH_2CH_2Br$, $CH_3CH=CH\underset{\underset{Br}{|}}{CH}CH_3$ $\xrightarrow{AgNO_3\text{-乙醇}}$ × ; × ; $AgBr\downarrow$ (淡黄色)

× ; × $\xrightarrow{\triangle}$ × ; $AgBr\downarrow$ (淡黄色)

九、完成下列转变

1. $CH\equiv CH \xrightarrow{Cl_2} CHCl=CHCl \xrightarrow[\triangle]{KOH\text{-醇}} CH\equiv CCl \xrightarrow{Cl_2} CHCl=CCl_2$

$CH\equiv CH \xrightarrow{2Cl_2} CHCl_2-CHCl_2 \xrightarrow{NaNH_2} CCl\equiv CCl \xrightarrow{Cl_2} CCl_2=CCl_2$

2. $CH\equiv CH+CH\equiv CH \xrightarrow[\triangle]{Cu_2Cl_2\text{-}NH_4Cl} H_2C=CH-C\equiv CH \xrightarrow[\text{林德拉催化剂}]{H_2} CH_2=CH-CH=CH_2$

$\xrightarrow{Cl_2} \underset{\underset{Cl}{|}}{CH_2}-CH=CH-\underset{\underset{Cl}{|}}{CH_2} \xrightarrow{Cl_2} \underset{\underset{Cl}{|}}{CH_2}-\underset{\underset{Cl}{|}}{CH}-\underset{\underset{Cl}{|}}{CH}-\underset{\underset{Cl}{|}}{CH_2}$

3. $CH_2=CH_2+HCl+O_2 \xrightarrow[285℃]{CuCl_2} \underset{\underset{Cl}{|}}{CH_2}-\underset{\underset{Cl}{|}}{CH_2} \xrightarrow[300℃\text{以上}]{-HCl} CH_2=CH-Cl$

4. $CH_3-\underset{\underset{CH_3}{|}}{C}=CH_2 \xrightarrow{HBr} CH_3-\underset{\underset{CH_3}{|}}{CBr}-CH_3$

5. $CH_3-\overset{\overset{Br}{|}}{\underset{\underset{CH_3}{|}}{C}}-CH_3 \xrightarrow[\triangle]{NaOH\text{-醇}} CH_3-\underset{\underset{CH_3}{|}}{C}=CH_2 \xrightarrow{Br_2} CH_3-\underset{\underset{CH_3}{|}}{CBr}-CH_2Br$

6. $\underset{\underset{I}{|}}{CH_2}-CH_2-CH_3 \xrightarrow[\triangle]{NaOH\text{-醇}} CH_3-CH=CH_2 \xrightarrow{Br_2} CH_3-CHBr-CH_2Br$

$\xrightarrow{NaNH_2} CH_3-C\equiv CH \xrightarrow{HBr} CH_3-\underset{\underset{Br}{|}}{C}=CH_2$

7. $CH_3-\underset{\underset{Br}{|}}{CH}-CH_3 \xrightarrow[\triangle]{NaOH\text{-醇}} CH_3-CH=CH_2 \xrightarrow[\text{高温}]{Br_2} \underset{\underset{Br}{|}}{CH_2}-CH=CH_2$

十、由卤代烃制备下列化合物

1. $CH_3CH_2CH_2I \xrightarrow[\triangle]{NaOH\text{-醇}} CH_3CH=CH_2 \xrightarrow[H_3PO_4,\triangle,\text{加压}]{H_2O} CH_3-\underset{\underset{OH}{|}}{CH}-CH_3$

2. $(CH_3)_2CHONa + BrCH_2CH_2CH_3 \xrightarrow[\triangle]{} (CH_3)_2CHOCH_2CH_2CH_3$［不能选用 $(CH_3)_2CHBr$ 和 $CH_3CH_2CH_2ONa$ 为原料］

十一、推测构造式

1. A. $CH_3CH_2CH_2CH_2Br$ B. $CH_3CH_2—CH═CH_2$ C. $CH_3CH_2CHCH_3$（2-位连 Br）

2. A. $CH_3CH_2CH═CH_2$ B. $CH_3CH_2C≡CH$

3. A. 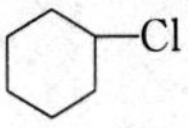 环己基氯（环己烷—Cl） B. 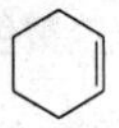 环己烯

第八章 醇 和 醚

一、命名化合物或写出构造式

1. 2-甲基-2-丙醇
2. 3-乙基-3-戊烯-1-醇
3. 2,3-二甲基-1-丁醇
4. 3,3-二甲基-1-戊醇
5. 3-甲基环己醇
6. 2-乙氧基丁烷
7. 2-甲基-3-乙氧基丁烷
8. 2-甲基-4-戊烯-2-醇
9. 3-丁炔-1-醇
10. 3-氯-1-丁醇
11. $HOCH_2—CH_2NH_2$
12. 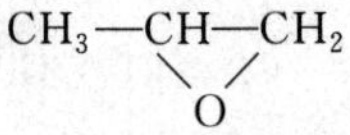 $CH_3—CH—CH_2$（CH 与 CH_2 之间以 O 成环，环氧丙烷）
13. 环戊醇（环戊烷—OH）
14. $CH_3CH_2CHCHCH_3$（3-位连 H_3C，2-位连 OH）
15. $CH_3CHCH_2CH_2OH$（2-位连 CH_3）
16. $CH_2—CH_2—CH_2$（两端 CH_2 各连 OH）

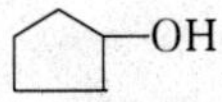

二、完成下列化学反应式

1. A. $CH_3(CH_2)_2CHCH_3$（CH 连 OH） B. $CH_3(CH_2)_2C—CH_3$（C═O）

2. A. $CH_3CH_2CHCH_3$（CH 连 Br） B. $CH_3CH_2CHCH_3$（CH 连 OH） C. $CH_3CH_2CHCH_3$（CH 连 Cl）

3. A. 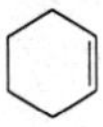 环己烯 B. 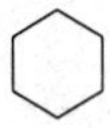 环己烷

4. A. 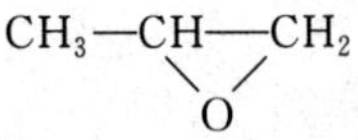 $CH_3—CH—CH_2$（CH 与 CH_2 之间以 O 成环） B. $CH_3—CH—CH_2—CH_3$（CH 连 OMgBr）

C. $CH_3—CH—CH_2—CH_3$（CH 连 OH） D. $CH_3—CH—CH_2NH_2$（CH 连 OH）

5. A. $C_2H_5—CH═CH_2$ B. $C_2H_5—CH—CH_2$（CH 与 CH_2 各连 OH）

6. A. CH_3CH_2Cl B. $CH_3CH_2OCH(CH_3)_2$ C. CH_3CH_2I D. $(CH_3)_2CHOH$

7. A. $CH_3\underset{\underset{CH_3}{|}}{C}HCH{=}CH_2$　　B. $CH_3\underset{\underset{H_3C}{|}}{C}H\underset{\underset{OH}{|}}{C}HCH_3$

C. $CH_3\overset{\overset{CH_3}{|}}{C}{=}CHCH_3$　　D $CH_3-\overset{\overset{OH}{|}}{\underset{\underset{CH_3}{|}}{C}}-CH_2-CH_3$

8. A. ⬠—ONa　　B. ⬠—OCH_3

三、下列各步合成反应是否正确，错误的请指正

1.① 步错，因为乙烯醇不稳定，通常条件下不存在，它会重排成乙醛，与 HCl 反应，不可能生成氯乙烯。②步也错，氯乙烯中的氯原子不活泼，一般不发生威廉森合成反应。

2. 错，叔醇与浓硫酸共热主要发生分子内脱水反应，生成烯烃。

3.② 步错，混合醚与氢碘酸反应时，一般是较小的烷基生成卤代烷，较大的生成醇。

4.① 步错，仲醇脱水的产物应符合查依采夫规则，产物应为 $CH_3-\underset{\underset{CH_3}{|}}{C}{=}CHCH_3$ 。

四、填空题

1. 饱和碳原子，极性　2. 升高。低。高　3. 消除；取代　4. 乙二醇，凝固　5. 甲　6. 碘化钾淀粉，蓝；硫酸亚铁与硫氰化钾，血红　7. 乙，重　8. 氢键，氢键　9. 浓盐酸 无水氯化锌，伯醇、仲醇、叔醇或烯丙基型　10. 磺酸钾型阳离子，99.5%　11. 碱、氧化剂、还原剂。钠、镁　12. 重铬酸，橙红色绿色

五、选择题

1.B　2.A　3.B、D　4.D　5.C　6.C　7.A　8.A　9.B　10.D　11.E　12.C　13.D　14.B　15.A、D　16.C

六、判断题

1.√　2.×　3.×　4.√　5.√　6.×　7.×　8.×　9.×　10.√　11.√　12.×　13.×

七、鉴别与分离题

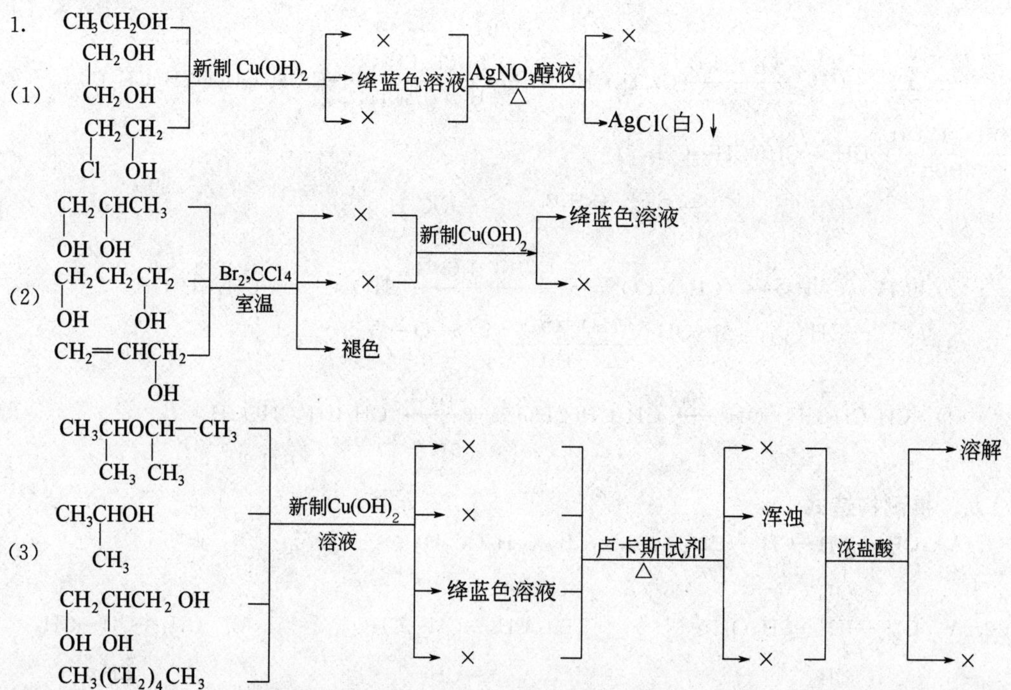

（4） $(CH_3)_3COH$、$CH_3CH=CHCH_2OH$、$CH_3CH_2CH(OH)CH_3$、$CH_3(CH_2)_3CH_3$ —卢卡斯试剂，室温→
- $(CH_3)_3COH$ → 迅速浑油 —Br_2,CCl_4→ ×
- $CH_3CH=CHCH_2OH$ → 迅速浑油 —Br_2,CCl_4→ 褪色
- $CH_3CH_2CHCH_3$（OH） → 静置片刻才浑油 —Na→ 有H_2↑
- $CH_3(CH_2)_3CH_3$ → × —Na→ ×

2. 1-丁醇、二丁基醚、1-溴丁烷 —H_2SO_4(浓) 多次洗涤→
- 酸层（含1-丁醇，二丁基醚）弃去
- 有机层 —饱和$NaHCO_3$洗涤→ —水洗→ —无水$CaCl_2$干燥→ —蒸馏→ 纯1-溴丁烷

八、合成题

1.（1） $CH_3-CH=CH_2 + H_2O \xrightarrow[\triangle]{H_2SO_4} CH_3-\underset{OH}{CH}-CH_3$

（2） $CH_2=CH_2 \xrightarrow[\triangle,加压]{O_2,Ag} \underset{O}{CH_2-CH_2} \xrightarrow{H_2O} HOCH_2CH_2OH \xrightarrow{2Na} NaOCH_2CH_2ONa \xrightarrow{2C_2H_5Cl}$

$CH_3CH_2OCH_2CH_2OCH_2CH_3$

$CH_2=CH_2 + HCl \xrightarrow[\triangle]{AlCl_3} CH_3CH_2Cl$

（3） $CH_2=CH-CH_3 \xrightarrow[500℃]{Cl_2} CH_2=CH-CH_2Cl \xrightarrow[H_2O]{NaOH} CH_2=CH-CH_2OH$

（4） $CH_2=CH_2 \xrightarrow[AlCl_3,\triangle]{HCl} CH_3CH_2Cl \xrightarrow{(CH_3)_2CHONa} CH_3CH_2OCH(CH_3)_2$

$CH_3-CH=CH_2 \xrightarrow[\triangle]{85\%H_2SO_4} CH_3-\underset{OH}{CH}-CH_3 \xrightarrow{Na} CH_3-\underset{ONa}{CH}-CH_3$

（5） $CH_3-\overset{CH_3}{C}=CH_2 + H_2O \xrightarrow[\triangle]{H_2SO_4} CH_3-\overset{CH_3}{\underset{OH}{C}}-CH_3$

（6） $CH_2=CH_2 \xrightarrow{Cl_2+H_2O} ClCH_2CH_2OH \xrightarrow[浓H_2SO_4,约140℃]{HOCH_2CH_2Cl} ClCH_2CH_2OCH_2CH_2Cl$

$\xrightarrow[(-2HCl)]{2KOH-C_2H_5OH} CH_2=CHOCH=CH_2$

2.（1） 环己醇（$C_6H_{11}-OH$） $\xrightarrow{Na}$ $C_6H_{11}-ONa$ $\xrightarrow{C_2H_5Cl}$ $C_6H_{11}-OC_2H_5$

（2） $(CH_3)_3COH \xrightarrow{Na} (CH_3)_3CONa \xrightarrow{CH_3CH_2CH_2Cl} (CH_3)_3C-O-CH_2CH_2CH_3$

（3） $C_6H_{11}-OH + C_6H_{11}-OH \xrightarrow[\triangle,-H_2O]{H_2SO_4（浓）} C_6H_{11}-O-C_6H_{11}$

（4） $CH_3CH_2\underset{CH_3}{CH}-OH \xrightarrow{Na} CH_3CH_2\underset{CH_3}{CH}ONa \xrightarrow{CH_3Cl} CH_3CH_2\underset{CH_3}{CH}OCH_3$

九、推测构造式

1. A. $CH_3-\underset{OH}{CH}-CH_2-CH_3$　　B. $C_2H_5OC_2H_5$

2. A. $CH_3-\underset{CH_3}{CH}-CH_2OH$　　B. $CH_3-\underset{CH_3}{CH}-CHO$　　C. $CH_3-\underset{CH_3}{CH}=CH_2$

3. A. $(CH_3)_2C(OH)—CH(CH_3)_2$　　B. $(CH_3)_2C=C(CH_3)_2$　　C. $CH_3—C(=O)—CH_3$

4. A. $CH_3OCH_2CH_2CH_3$ 或 $CH_3OCH(CH_3)_2$　　B. $CH_3CH_2CH_2OH$ 或 $(CH_3)_2CHOH$

第九章　脂肪族醛和酮

一、用系统命名法命名下列化合物

1. 2,2-二甲基丙醛　　2. 2,4-戊二酮

3. 三氯乙醛　　4. 3-甲基丁醛

5. 3-溴-2-丁酮　　6. 4-甲基环己酮

7. 4-羟基-2-丁酮　　8. 4-甲基-2-己酮

9. 丙烯醛　　10. 3-甲基戊醛

二、写出下列化合物的构造式

1. $CH_3C(=O)CH(CH_3)C(=O)CH_3$　　2. $CH_2=CH—CH_2—CHO$

3. CHI_3　　4. $CH_3CH(CH_3)CH_2—C(=O)—CH_3$

5. 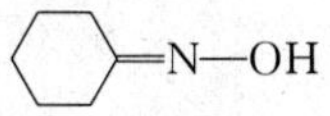 环己基=N—OH（环己酮肟）　　6. 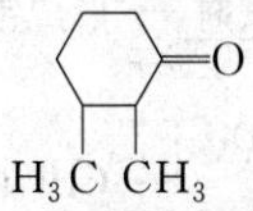 2,3-二甲基环己酮（环己酮，C=O 邻位碳上连 CH_3，其邻位碳上再连 CH_3；H_3C　CH_3）

7. 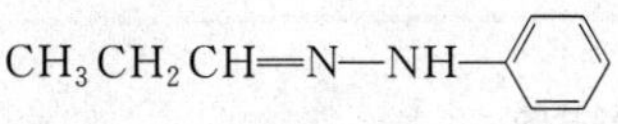 $CH_3CH_2CH=N—NH—C_6H_5$　　8. $CH_3CH(OCH_2CH_3)_2$

三、完成下列化学反应

1. A. $CH_3CH_2CH_2CHO$　　B. $CH_3CH_2CH_2C(H)(OH)SO_3Na$

2. A. 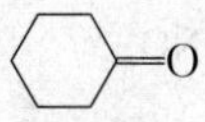 环己酮（环己基=O）　　B. 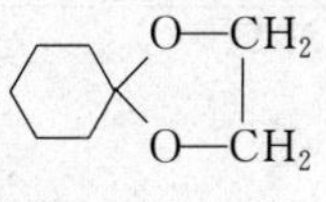 环己烷螺环缩酮（环己基连 O—CH_2—CH_2—O）

3. A. HCOONa　　B. CH_3OH

4. A. 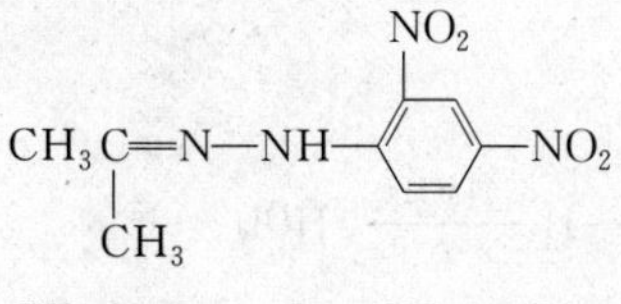 $CH_3C(CH_3)=N—NH—C_6H_3(NO_2)_2$（2,4-二硝基苯基）

5. A. $CH_3CH(CH_3)Br$　　B. $CH_3CH(CH_3)MgBr$　　C. $CH_3CH(CH_3)CH_2OMgBr$　　D. $CH_3CH(CH_3)CH_2OH$

6. A. $CH_2(OH)CH(C_2H_5)CHO$　　B. $CH_2=C(C_2H_5)—CHO$　　C. $Ag(NH_3)_2OH$

7. A. $K_2Cr_2O_7 + H_2SO_4$，25℃　　B. HCN

8. A. O_2，$PdCl_2$-$CuCl_2$　　B. $I_2 + NaOH$

9. A. $I_2 + NaOH$　　B. H^+

四、填空题

1. 羰基，羰基，双键
2. 蚁醛，刺激气味的气。易，福尔马林。分子间脱水，多聚甲醛
3. 甲醛，丙酮　4. 氢键，缔合现象　5. 稀酸，稀碱　6. 碱、氧化剂、还原剂
7. 羰基的碳原子上，羰基的氧原子上
8. 氢气，催化剂，加热、加压，碳原子的醛，羰基
9. 羰基试剂；托伦试剂；次碘酸钠；席夫试剂（Schiffs 试剂）

五、选择题

1. A　2. B、D　3. A、B　4. E　5. B、D　6. D　7. A　8. A　9. B　10. C　11. A　12. C　13. B　14. D

六、判断题

1. √　2. ×　3. ×　4. ×　5. ×　6. √　7. ×　8. √　9. √　10. ×　11. ×

七、用化学方法鉴别下列各组化合物

1. 丙醛、丙酮、乙醇、乙醚 —2,4-二硝基苯肼→ 丙醛：黄色结晶；丙酮：黄色结晶；乙醇：×；乙醚：×

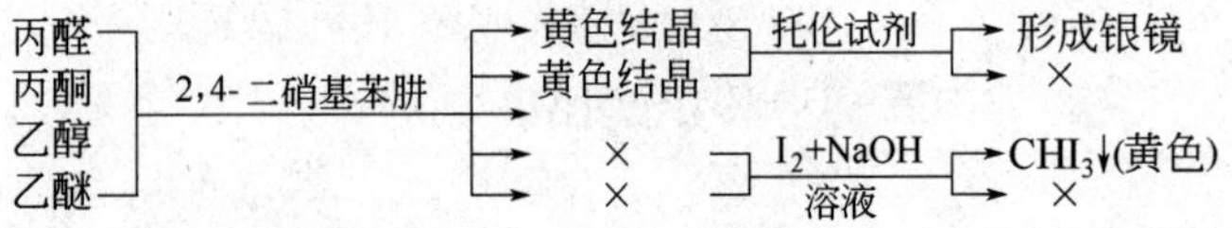

黄色结晶（丙醛、丙酮）—托伦试剂→ 丙醛：形成银镜；丙酮：×

乙醇、乙醚 —I_2+NaOH 溶液→ 乙醇：$CHI_3\downarrow$(黄色)；乙醚：×

2. 己醛、环己酮 —斐林试剂→ 己醛：$Cu_2O\downarrow$(红色沉淀)；环己酮：×

3. 戊醛、2-戊酮、3-戊酮、2-戊醇 —饱和 $NaHSO_3$ 溶液→ 戊醛：白色结晶；2-戊酮：白色结晶；3-戊酮：×；2-戊醇：×

白色结晶（戊醛、2-戊酮）—托伦试剂→ 戊醛：形成银镜；2-戊酮：×

3-戊酮、2-戊醇 —I_2+NaOH 溶液→ 3-戊酮：×；2-戊醇：$CHI_3\downarrow$（黄色）

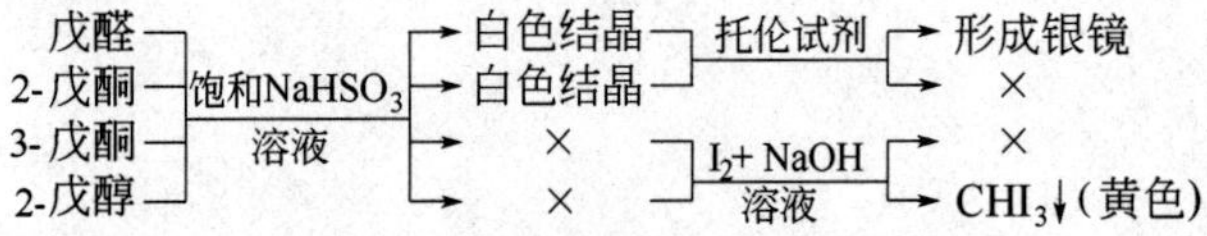

八、提纯或分离下列各组混合物

1. 戊醇、己醛 —①$NaHSO_3$饱和溶液 ②过滤→ 滤液：粗戊醇等；沉淀：$CH_3\text{-}(CH_2)_4\text{-}C(OH)(SO_3Na)\text{-}H$ —稀盐酸，△→ 粗己醛

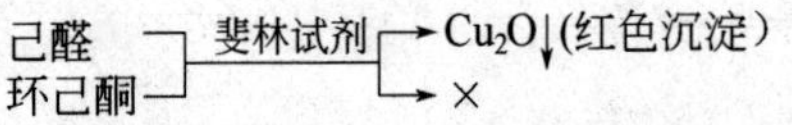

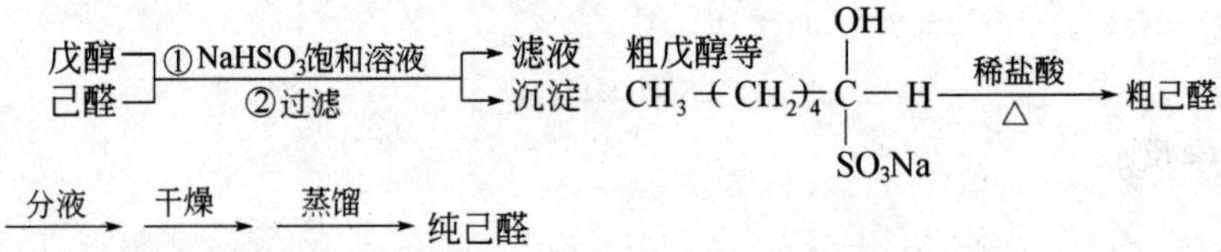

—分液→ —干燥→ —蒸馏→ 纯己醛

2. 异戊醇、2-戊酮 —① $H_2N\text{—}NH\text{-}C_6H_3(NO_2)_2$（2,4-二硝基苯肼） ② 过滤→ 滤液：粗异戊醇 —蒸馏→ —干燥→ 纯异戊醇；黄色结晶：$C_2H_5\text{—}C(C_2H_5)\text{=}N\text{—}NH\text{-}C_6H_3(NO_2)_2$

—稀盐酸→ 粗2-戊酮 —分液→ —干燥→ —蒸馏→ 纯2-戊酮

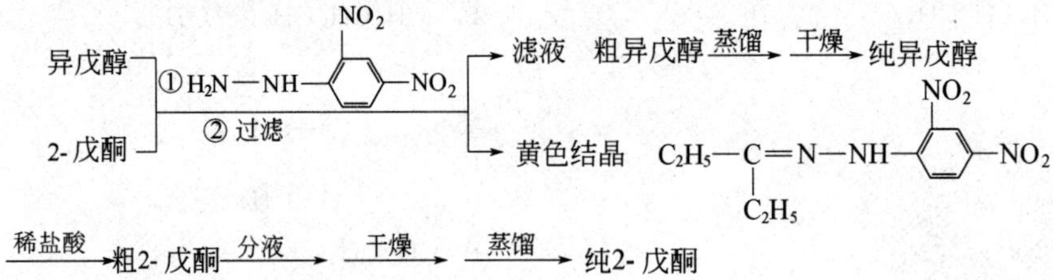

九、由指定原料合成下列化合物

1. $CH_2\text{=}CH_2 \xrightarrow[PdCl_2,CuCl_2]{O_2} CH_3CHO \xrightarrow[\text{或漂白粉}]{NaOCl} CCl_3\text{—}\overset{O}{\overset{\|}{C}}\text{—}H \xrightarrow[\triangle]{NaOH} CHCl_3$

2. $CH\equiv CH \xrightarrow[HgSO_4,H_2SO_4]{H_2O} CH_3CHO \xrightarrow[\text{溶液}]{NaOH(\text{稀})} CH_3\overset{OH}{\overset{|}{C}H}CH_2CHO \xrightarrow[\triangle]{} CH_3CH\text{=}CHCHO$

$\xrightarrow[Ni]{H_2} CH_3CH_2CH_2CH_2OH$

3. $CH_3CH_2OH \xrightarrow[H_2SO_4]{K_2Cr_2O_7} CH_3CHO \xrightarrow[溶液]{NaOH(稀)} CH_3\underset{}{\overset{OH}{\overset{|}{C}}}HCH_2CHO \xrightarrow[Ni]{H_2} CH_3\overset{OH}{\overset{|}{C}}HCH_2CH_2OH$

4. $CH_3CH{=}CH_2 \xrightarrow[过氧化物]{HBr} CH_3CH_2CH_2Br \xrightarrow[\triangle]{NaOH 溶液} CH_3CH_2CH_2OH \xrightarrow[H_2SO_4]{K_2Cr_2O_7} CH_3CH_2CHO$

$\xrightarrow[\triangle]{NaOH(稀)} CH_3CH_2CH{=}\underset{CH_3}{\underset{|}{C}}CHO \xrightarrow[②H_2O]{①NaBH_4} CH_3CH_2CH{=}\underset{CH_3}{\underset{|}{C}}CH_2OH$

5. (1) $CH_3—\underset{OH}{\underset{|}{CH}}—CH_2—CH_3 \xrightarrow[H_2SO_4]{K_2Cr_2O_7} CH_3—\overset{O}{\overset{\|}{C}}—CH_2—CH_3 \xrightarrow[②H_2O,H^+]{①CH_3—\overset{CH_3}{\overset{|}{CH}}—CH_2—MgBr}$

$CH_3—CH_2—\underset{CH_3}{\underset{|}{\overset{OH}{\overset{|}{C}}}}—CH_2—\overset{CH_3}{\overset{|}{CH}}—CH_3$

$CH_3—\overset{CH_3}{\overset{|}{CH}}—CH_2—OH \xrightarrow[\triangle]{HBr} CH_3—\overset{CH_3}{\overset{|}{CH}}—CH_2—Br \xrightarrow[绝对乙醚]{Mg} CH_3—\overset{CH_3}{\overset{|}{CH}}—CH_2MgBr$

(2) $CH_3CH_2\underset{OH}{\underset{|}{C}}HCH_3 \xrightarrow{PBr_3} CH_3CH_2\underset{Br}{\underset{|}{C}}HCH_3 \xrightarrow[绝对乙醚]{Mg} CH_3CH_2\underset{MgBr}{\underset{|}{C}}HCH_3 \xrightarrow{HCHO}$

$CH_3CH_2\underset{CH_3}{\underset{|}{C}}HCH_2OMgBr \xrightarrow[H^+]{H_2O} CH_3CH_2\underset{CH_3}{\underset{|}{C}}HCH_2OH \xrightarrow[H_2SO_4]{K_2Cr_2O_7} CH_3CH_2\underset{CH_3}{\underset{|}{C}}HCHO$

$CH_3OH \xrightarrow[H_2SO_4]{K_2Cr_2O_7} HCHO$

十、推测构造式

1. A. $CH_3\overset{OH}{\overset{|}{C}}H\overset{CH_3}{\overset{|}{C}}HCH_3$　　B. $CH_3\overset{O}{\overset{\|}{C}}—\overset{CH_3}{\overset{|}{CH}}—CH_3$　　C. $CH_3CH{=}C(CH_3)_2$

2. A. $CH_3CH_2CH_2CH_2CH_2CHO$　　B. $CH_3CH_2\overset{O}{\overset{\|}{C}}CH_2CH_2CH_3$

C. $CH_3\overset{O}{\overset{\|}{C}}CH_2CH_2CH_2CH_3$　　D. 环己基—OH

3. ①、④ A. $\overset{H_3C}{\underset{H}{}}\!C{=}C\!\overset{HOC}{\underset{H}{}}$ 、 $\overset{H_3C}{\underset{H}{}}\!C{=}C\!\overset{H}{\underset{CHO}{}}$

4. A. CH_3CH_2CHO　　B. $CH_3CH_2COONH_4$　　C. $CH_3CH_2\overset{OH}{\overset{|}{C}}HCH_2CH_3$

D. $CH_3CH_2\overset{Cl}{\overset{|}{C}}HCH_2CH_3$　　E. $CH_3CH_2\overset{CH_2CH_3}{\overset{|}{C}}HCH_2OH$

5. A. $CH_3—\underset{CH_3}{\underset{|}{C}}{=}CHCH_2CH_2—\underset{O}{\underset{\|}{C}}—CH_3$ 或 $CH_3—\underset{H_3C}{\underset{|}{C}}{=}\underset{CH_3}{\underset{|}{C}}CH_2CH_2CHO$　　B. $CH_3\underset{O}{\underset{\|}{C}}CH_2CH_2COOH$

第十章　脂肪族羧酸及其衍生物

一、用系统命名法命名下列化合物

1. 2,2,3-三甲基丁酸
2. 乙二醇二甲酸酯
3. 丁烯二酸
4. 甲酸乙酯
5. N-甲基-2-甲基丁酰胺
6. 甲基丁二酸酐
7. 2,3-二甲基戊酰氯
8. 环己烷甲酰胺
9. 2-甲基-3-溴丁酸
10. 甲基丁二酸二乙酯
11. 三氯乙酸甲酯
12. 乙丙酸酐

二、写出下列化合物的构造式

1. 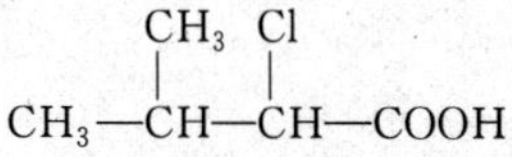 $CH_3—CH(CH_3)—CH(Cl)—COOH$

2. 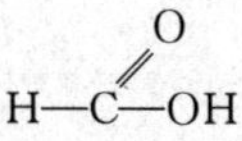 $H—C(=O)—OH$

3. $CH_2═C(CH_3)—COOCH_3$

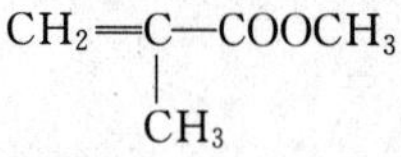

4. $CH_3(CH_2)_{16}COOH$

5. 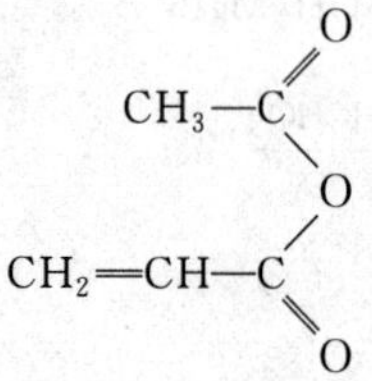 $CH_3—C(=O)—O—C(=O)—CH═CH_2$

6. 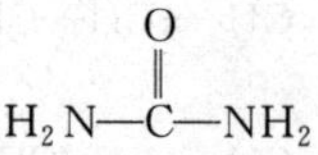 $H_2N—C(=O)—NH_2$

7. 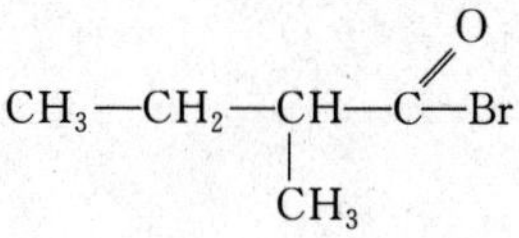 $CH_3—CH_2—CH(CH_3)—C(=O)—Br$

8. 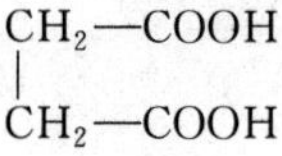 $CH_2—COOH$ / $|$ / $CH_2—COOH$

9. 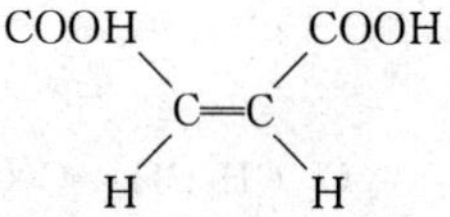 (HOOC)(H)C═C(H)(COOH)（构型异构）

10. 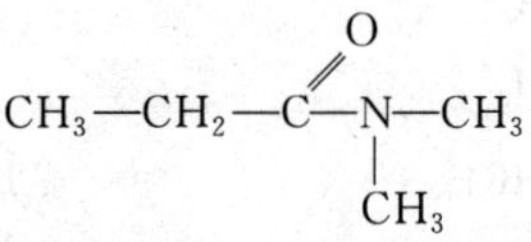 $CH_3—CH_2—C(=O)—N(CH_3)—CH_3$

三、完成下列化学反应

1. A. C_2H_5OH+Na

2. A. Cl_2　B. 光　C. NaCN　D. H_2O，H^+　E. Br_2，P

3. A. $CH_3CH_2CH_2Br$　B. $CH_3CH_2CH_2MgBr$　C. $CH_3CH_2CH_2CH_2OMgBr$　D. $CH_3CH_2CH_2CH_2OH$　E. $CH_3CH_2CH_2COOH$

4. A. 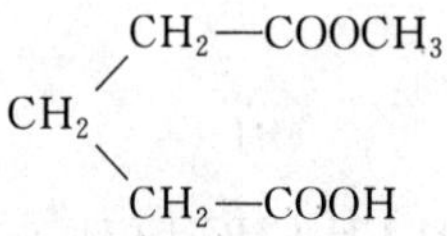 $CH_2(CH_2—COOCH_3)(CH_2—COOH)$　B. 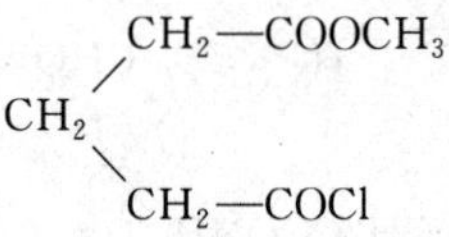 $CH_2(CH_2—COOCH_3)(CH_2—COCl)$　C. 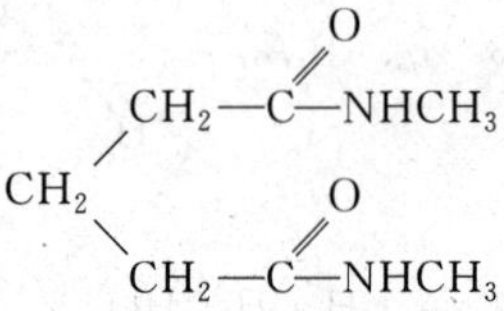 $CH_2(CH_2—C(=O)—NHCH_3)_2$

5. A. CH_3CH_2COOH　B. 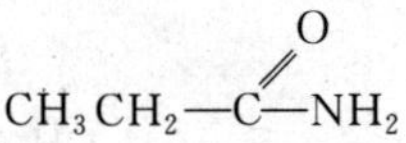 $CH_3CH_2—C(=O)—NH_2$　C. $CH_3CH_2NH_2$　D. 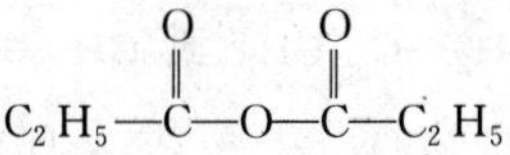 $C_2H_5—C(=O)—O—C(=O)—C_2H_5$

6. A. $(CH_3)_3CMgCl$　　B. $(CH_3)_3C—\overset{O}{\overset{\|}{C}}—OMgCl$

C. H_2O，H^+　　D. $(CH_3)_3C—\overset{O}{\overset{\|}{C}}—Cl$

7. A. ▷◁ H / COOH

8. A. H_2O，H^+　B. $SOCl_2$　C. ①$LiAlH_4$，②H_2O，H^+　D. P_2O_5，△　E. $NaOBr+NaOH$

9. A. HBr　B. 过氧化物　C. KOH，H_2O　D. $CH_3CH_2CH_2OH$　E. $K_2Cr_2O_7$，H^+

F. $(CH_3)_2CHOH$，H^+

四、填空题

1. 蚁酸，草酸，醋酸
2. 特殊，羧，醛，酸，还原，高锰酸钾溶液，银镜
3. 强，羧基，吸电子，诱导
4. 氢键，沸点，固体，烷基，缔合
5. 沸点，氢键
6. 酸或碱，乙酸（或乙酸钠），乙醇，水解
7. 水解，水，适当增加醇量，添加带水剂
8. 吸电子，供电子，增强，减弱

五、选择题

1. A、C　2. A. 顺丁烯二酸　B. CH_3COOH　C. HCOOH　D. CF_3COOH　3. B　4. A，B、D

5. C，E　6. D　7. A　8. A　9. B、D　10. A、C　11. C　12. B　13. A　14. B

六、判断题

1. ×　2. √　3. ×　4. ×　5. √　6. ×　7. ×　8. √　9. √　10. ×　11. ×

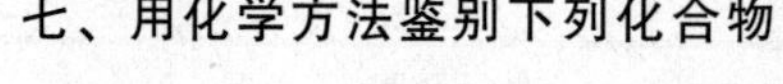

七、用化学方法鉴别下列化合物

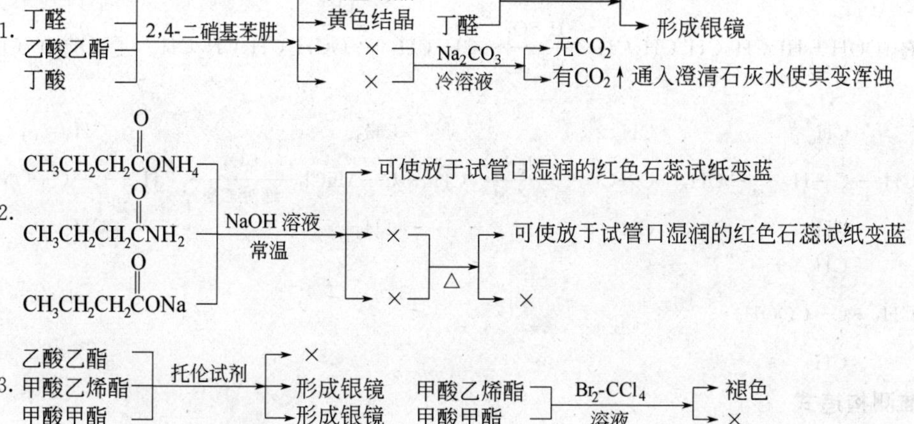

八、分离或提纯下列各组混合物

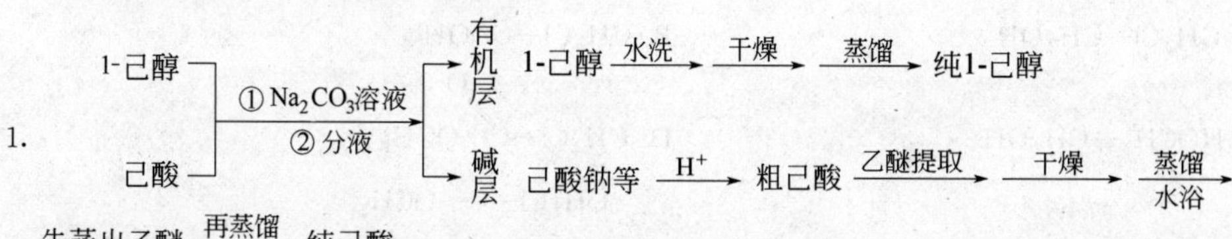

先蒸出乙醚 $\xrightarrow{再蒸馏}$ 纯己酸

2\.
乙酸、水、丁醇、乙酸丁酯 $\xrightarrow[\text{②分液}]{\text{①}Na_2CO_3\text{溶液}}$ 碱层：乙酸钠，H_2O等；有机层：乙酸丁酯、丁醇等 $\xrightarrow[\text{②分液}]{\text{①饱和食盐水洗}}$ $\xrightarrow[\text{②分液}]{\text{①饱和}CaCl_2\text{溶液洗}}$ $\xrightarrow[\text{无水}MgSO_4]{\text{干燥}}$ $\xrightarrow{\text{过滤}}$ $\xrightarrow{\text{蒸馏}}$ 纯乙酸丁酯

九、由指定原料合成下列化合物

1\. $CH_3CH_2CH_2CH_2OH \xrightarrow{SOCl_2} CH_3CH_2CH_2CH_2Cl \xrightarrow{NaCN} CH_3CH_2CH_2CH_2CN \xrightarrow{H_2O,\ H^+}$

$CH_3CH_2CH_2CH_2COOH \xrightarrow[P]{Cl_2} CH_3CH_2CH_2\underset{\underset{Cl}{|}}{C}HCOOH \xrightarrow[\triangle]{KOH\text{-乙醇}} CH_3CH_2CH{=}CHCOOH$

2\. (1) $CH_3CH_2OH \xrightarrow[H_2SO_4(\text{浓})]{HBr} CH_3CH_2Br \xrightarrow{NaCN} CH_3CH_2CN \xrightarrow[H^+]{H_2O} CH_3CH_2COOH$

$2CH_3CH_2COOH \xrightarrow[\triangle]{P_2O_5} CH_3CH_2{-}\overset{O}{\overset{\|}{C}}{-}O{-}\overset{O}{\overset{\|}{C}}{-}CH_2CH_3$

(2) $CH_3CH_2COOH \xrightarrow{NH_3} CH_3CH_2\overset{O}{\overset{\|}{C}}{-}ONH_4 \xrightarrow{\triangle} CH_3CH_2\overset{O}{\overset{\|}{C}}{-}NH_2$ ［丙酸由（1）题方法制得］

(3) $CH_3CH_2COOH \xrightarrow{PCl_3} CH_3CH_2\overset{O}{\overset{\|}{C}}{-}Cl$ ［丙酸由（1）题方法制得］

(4) $C_2H_5OH \xrightarrow[H_2SO_4(\text{浓})]{HBr} C_2H_5Br \xrightarrow[\text{绝对乙醚}]{Mg} CH_3CH_2MgBr \xrightarrow{\text{环氧乙烷 }(CH_2{-}CH_2{-}O)} CH_3CH_2CH_2CH_2OMgBr$

$\xrightarrow{H_2O,H^+} CH_3CH_2CH_2CH_2OH$

$CH_3CH_2OH \xrightarrow[\text{约 }170℃]{H_2SO_4(\text{浓})} CH_2{=}CH_2 \xrightarrow[\triangle,\text{加压}]{O_2,Ag} \text{环氧乙烷 }(CH_2{-}CH_2{-}O)$

$CH_3CH_2COOH + HOCH_2CH_2CH_2CH_3 \xrightarrow[H^+,\triangle]{H_2SO_4} CH_3CH_2\overset{O}{\overset{\|}{C}}{-}OCH_2CH_2CH_2CH_3$ ［丙酸由（1）题方法制得］

3\. $(CH_3)_3C{-}H \xrightarrow[\text{光}]{Cl_2} (CH_3)_3C{-}Cl \xrightarrow[\text{绝对乙醚}]{Mg} (CH_3)_3C{-}MgCl \xrightarrow[\text{绝对乙醚}]{CO_2} (CH_3)_3C{-}\overset{O}{\overset{\|}{C}}{-}OMgCl$

$\xrightarrow{H_2O,H^+} (CH_3)_3C{-}COOH$

十、推测构造式

1\. A. CH_3CH_2COOH　　B. $H{-}\overset{O}{\overset{\|}{C}}{-}OC_2H_5$

2\. A. $CH_2Cl{-}CH_2OH$　　B. $CH_2Cl{-}COOH$

C. $HOCH_2{-}CH_2OH$　　D. $CH_2Cl{-}\overset{O}{\overset{\|}{C}}{-}OCH_2{-}CH_2O{-}\overset{O}{\overset{\|}{C}}{-}CH_2Cl$

3. A. $CH_3-\overset{\overset{O}{\|}}{C}-OCH{=}CH_2$　　B. $H-\overset{\overset{O}{\|}}{C}-O\underset{\underset{CH_3}{|}}{C}{=}CH_2$

4. A. $CH_3-COO\underset{\underset{CH_2COOCH_2CH_2CH_2CH_3}{|}}{\overset{\overset{CH_2COOCH_2CH_2CH_2CH_3}{|}}{C}}-COOCH_2CH_2CH_2CH_3$　　B. CH_3COOH

D. $CH_3CH_2CH_2CH_2OH$　　E. H_2O_2　　F. $\begin{matrix}CHCOOH\\ \|\\ CCOOH\\ |\\ CH_2COOH\end{matrix}$　　G. $CH_3CH_2CH_2CHO$

第十一章　脂肪族含氮化合物

一、命名下列化合物

1. 二乙基异丙胺　　2. 甲胺乙酸盐　　3. 氯化四甲基铵
4. 1,4-丁二胺　　5. 异丙胺　　6. 己二腈
7. 2,3-二甲基-2-氨基丁烷　　8. 溴化三乙基铵
9. 3-甲基环己胺　　10. 2-甲基-3-乙氨基丁烷

二、写出下列化合物的构造式

1. $(CH_3)_2NCH_2CH_2CH_3$　　2. $H_2NCH_2CH_2\overset{\overset{CH_3}{|}}{C}HCH_2NH_2$
3. $(C_2H_5)_3N$　　4. $NCCH_2CH_2CN$
5. $CH_2{=}CH-CN$　　6. $CH_3-\underset{\underset{NHC_2H_5}{|}}{CH}-CH_2-CH_3$
7. $[(C_2H_5)_4N]^+OH^-$　　8. $[(C_2H_5)_2NHCH_2CH_2CH_3]^+Cl^-$
9. 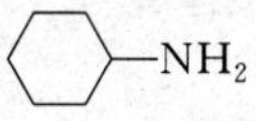 环己基$-NH_2$　　10. $CH_3-\underset{\underset{CH_3}{|}}{CH}-CH_2-CH_2NH_2$

三、完成下列化学反应

1. A. CH_3CH_2COOH　　B. $CH_3CH_2\overset{\overset{O}{\|}}{C}-Cl$
C. $CH_3CH_2\overset{\overset{O}{\|}}{C}-NHCH_2CH_3$　　D. $CH_3CH_2CH_2NHCH_2CH_3$

2. A. 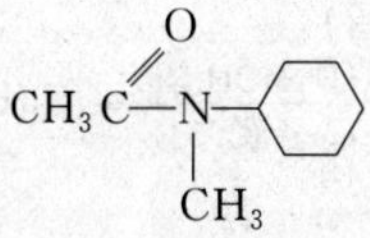 $CH_3\overset{\overset{O}{\|}}{C}-\underset{\underset{CH_3}{|}}{N}-$环己基　　B. HCl

3. A. $HOCH_2CH_2NHCH_2COONa$　　B. HCl

4. A. $[$环己基$-N(CH_3)_3]^+I^-$　　B. $[$环己基$-N(CH_3)_3]^+OH^-$
C. $(CH_3)_3N$　　D. 环己烯

5. A. $(CH_3)_3C-NH_2$

6. A. $(C_2H_5)_3N$　　B. $CH_3CH{=}CHCH_3$

7. A. ▷—C(=O)—Cl　　B. ▷—C(=O)—NH_2　　C. ▷—CH_2NH_2

四、填空题

1. 8，1°（伯），2°（仲），3°（叔）　2. 低，不能　3. 游离　有机物　4. 减弱，增强　5. 氮气，黄色油状液体，亚硝酸盐，胺，鉴别伯胺、仲胺、叔

五、选择题

1. B　2. A，B　3. B，D　4. D　5. B　6. A　7. B　8. D　9. B　10. D，B

六、判断题

1. ×　2. ×　3. ×　4. √　5. ×　6. ×　7. ×　8. √

七、比较下列化合物的碱性强弱

1. $CH_3CH_2CH_2NH_2$ > $HOCH_2CH_2CH_2NH_2$ > $CH_3CH(OH)CH_2NH_2$

2. 氢氧化四丁铵>甲丁胺>丁胺

3. $C_2H_5OCH_2CH_2NH_2$ > $CH_3CH_2CH_2NH_2$

4. $(C_2H_5)_3N$ > $(C_2H_5)_2NCH_2C \equiv N$

八、用简单的化学方法鉴别下列各组化合物

1. 加亚硝酸来鉴别 3 种胺。

环己基—NH_2、$(CH_3)_2NH$、$(CH_3)_3N$ $\xrightarrow[(NaNO_2, HCl)]{HNO_2, 0℃}$ 分别：N_2↑；$(CH_3)_2N$—NO（黄色油状液体）；×

2. 先加 I_2 + NaOH 溶液鉴别出乙醇和乙醛，乙酸和丙胺不反应，然后再分别加银氨溶液及 $NaHCO_3$ 溶液来鉴别它们。

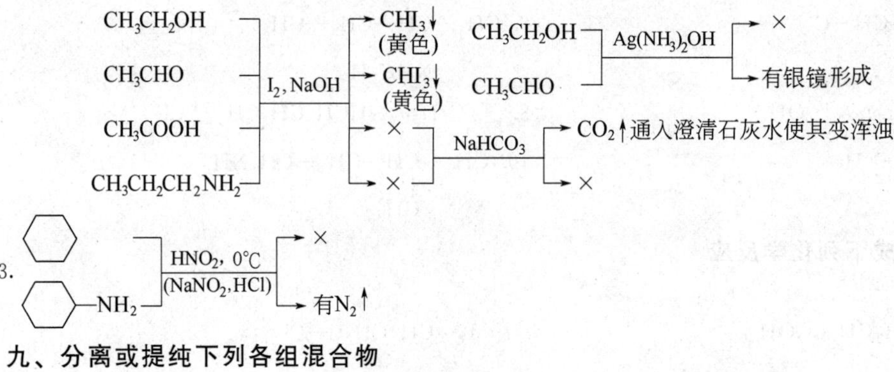

九、分离或提纯下列各组混合物

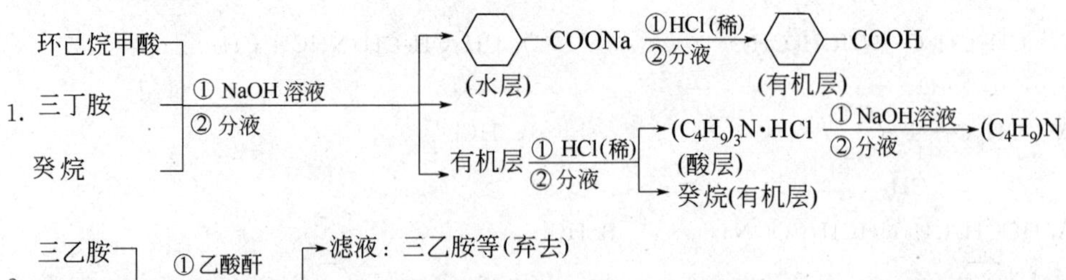

2. 三乙胺、乙胺 $\xrightarrow[②过滤]{①乙酸酐}$ 滤液：三乙胺等（弃去）；结晶：$\xrightarrow[\triangle]{NaOH溶液}$ $\xrightarrow[提取]{乙醚}$ $\xrightarrow{干燥}$ $\xrightarrow[水浴]{蒸馏}$ 先蒸出乙醚 $\xrightarrow{再蒸馏}$ 纯乙胺

十、由指定原料合成下列化合物

1. $CH_3CH_2OH \xrightarrow[约170℃]{H_2SO_4(浓)} CH_2=CH_2 \xrightarrow[FeCl_3]{Cl_2} ClCH_2—CH_2Cl \xrightarrow{2NaCN} NCCH_2CH_2CN \xrightarrow[Ni]{H_2}$

$H_2NCH_2CH_2CH_2CH_2NH_2$

2. $CH_3CH_2CH_2CH_2OH \xrightarrow[\triangle]{NaBr, H_2SO_4} CH_3CH_2CH_2CH_2Br \xrightarrow{NaCN} CH_3CH_2CH_2CH_2CN \xrightarrow[Ni]{2H_2}$ $CH_3CH_2CH_2CH_2CH_2NH_2$

$CH_3CH_2CH_2CH_2OH \xrightarrow{K_2Cr_2O_7, NaOH} CH_3CH_2CH_2COOH \xrightarrow[\triangle]{NH_3} CH_3CH_2CH_2C(=O)—NH_2$ $\xrightarrow{NaOBr + NaOH} CH_3CH_2CH_2NH_2$

3. $CH_3—CH═CH_2 \xrightarrow[\text{过氧化物}]{HBr} CH_3CH_2CH_2Br \xrightarrow[\triangle]{NH_3(\text{过量})} CH_3CH_2CH_2NH_2$

4. $CH_3—CH(CH_3)—CH_2CH_2OH \xrightarrow[\triangle]{K_2Cr_2O_7, H_2SO_4} CH_3—CH(CH_3)—CH_2COOH \xrightarrow[\triangle]{NH_3}$

$CH_3—CH(CH_3)—CH_2C(=O)—NH_2 \xrightarrow[\triangle]{NaOBr, NaOH} CH_3—CH(CH_3)—CH_2NH_2$

5. $CH_2═CH—CH_3 \xrightarrow[500℃]{Cl_2} CH_2═CH—CH_2Cl \xrightarrow{NaCN} CH_2═CH—CH_2CN \xrightarrow[\text{室温}]{H_2O, H_2SO_4(\text{浓})}$

$CH_2═CH—CH_2C(=O)—NH_2 \xrightarrow[②H_2O]{①LiAlH_4} CH_2═CH—CH_2—CH_2NH_2$

6. $CH_3CH_2CH_2CH_2Br \xrightarrow{KOH\text{-乙醇}} CH_3CH_2CH═CH_2 \xrightarrow{HBr} CH_3CH_2CHBrCH_3 \xrightarrow[\triangle, \text{加压}]{\text{过量 } NH_3} CH_3CH_2CH(NH_2)CH_3$

十一、推测构造式

1. A. $CH_3—CH(CH_3)—CH(NH_2)—CH_3$ B. $CH_3—CH(CH_3)—CH(OH)—CH_3$ C. $CH_3—C(CH_3)═CH—CH_3$

2. A. $(CH_3)_2NC_2H_5$ B. $[(CH_3)_2N(C_2H_5)_2]^+ OH^-$

3. A. $(CH_3)_2CHCH_2NH_2$ B. $CH_3—CH(NH_2)—CH_2—CH_3$ C. $CH_3—N(CH_3)—CH_2CH_3$

第十二章 芳香族含氧化合物

一、命名下列化合物或写出构造式

1. 对(或 4)-溴苯甲醇　2. 2,4-二氯苯酚　3. 1,3-苯二酚　4. 苯乙酮

5. 3-溴苯甲醛　6. 2-乙基苯甲酰氯　7. 4-氯苯乙酸　8. 3-甲氧基-4-羟基苯甲醛

9. $CH_3O—C_6H_4—OH$ (对位)　10. $HO—C_6H_4—OH$ (对位)　11. 邻-$HO—C_6H_4—C(=O)—OH$　12. $C_6H_5—C(=O)—CH_3$

13. $C_6H_5—C(=O)—NH_2$　14. 间-$Cl—C_6H_4—C(=O)—OC_2H_5$

二、完成下列化学反应

1. A. OH, HO_3S, CH_3　　B. OH, CH_3, SO_3H　　C. ONa, CH_3

D. O—C(=O)—CH_3, CH_3　　E. OH, CH_3, NO_2　　F. OH, O_2N, CH_3

2. A. ONa　　B. OH, COONa　　C. OH, COOH　　D. O—C(=O)—CH_3, COOH

3. A. —COOH　　B. —C(=O)—Cl　　C. —C(=O)—NH_2　　D. —NH_2

4. A. $CH_3CH=CH_2$，$AlCl_3$　　B. H_2，Ni

5. A. —CH_2OH　　B. —COONa　　C. —CH=N—OH

D. —CHO, NO_2　　E. —CH(OH)—CH_2—CHO　　F. —CH=CH—CHO

G. —$COONH_4$　　H. NH_3　　I. Ag↓

6. A. CH_3Cl，$AlCl_3$　　B. $KMnO_4$，H^+　　C. $SOCl_2$

7. A. —C(=O)—OC_2H_5　　B. —C(=O)—OC_2H_5, NO_2

8. A. CH_3, CH_3—, —MgBr, CH_3　　B. CH_3, CH_3—, —C(=O)—OMgBr, CH_3

C. CH_3, CH_3—, —COOH, CH_3　　D. CH_3, CH_3—, —C(=O)—NH_2, CH_3

三、填空题

1. 芳烃的羟基，羟基，芳环相连，酚，羟基，芳环的侧链相连的，芳醇
2. 石炭酸，焦五倍子酸，来苏尔
3. 醇羟基，酚羟基和苯环，醇羟基，区别，羟基，芳烃，取代反应

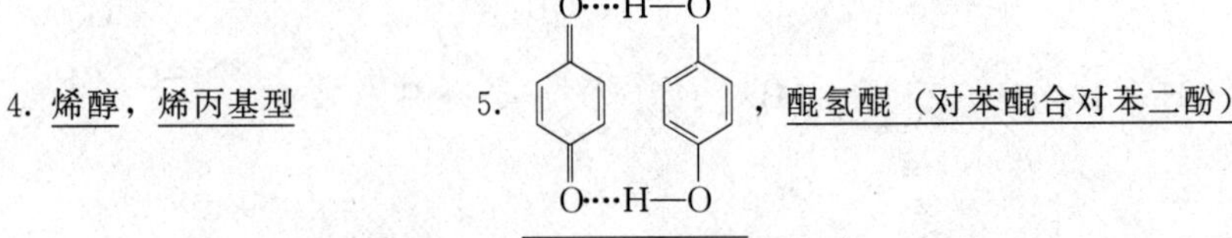

4. 烯醇，烯丙基型　　5. O···H—O, O···H—O，醌氢醌（对苯醌合对苯二酚）

6. 分子内氢键，沸点，水蒸气蒸馏　　7. 芳烃的羰基，芳环，芳环侧链，烃基，芳环

8. 芳烃的羧基，芳环，芳环侧链　　9. 强，强，甲酸

10. $FeCl_3$，颜色，颜色，鉴别　　11. 酸酐或酰氯

四、选择题

1. D，A　2. B、C，D、E　3. C　4. A、B　5. C、F　6. A　7. D、E　8. B　9. A　10. (1) B　(2) C　(3) B（或 D）(4) G（或 E）　(5) D

五、判断题

1. ×　2. ×　3. √　4. ×　5. ×　6. ×　7. ×　8. √

六、用化学方法鉴别下列各组化合物

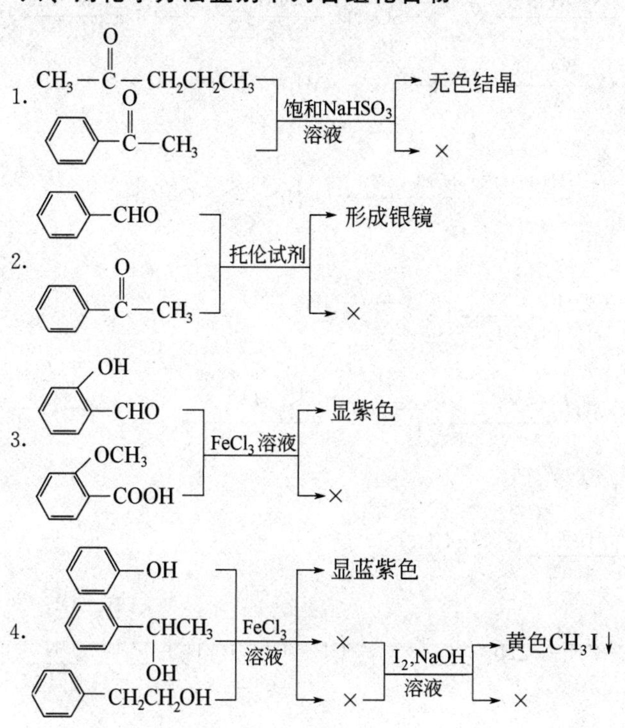

七、分离或提纯下列各组混合物

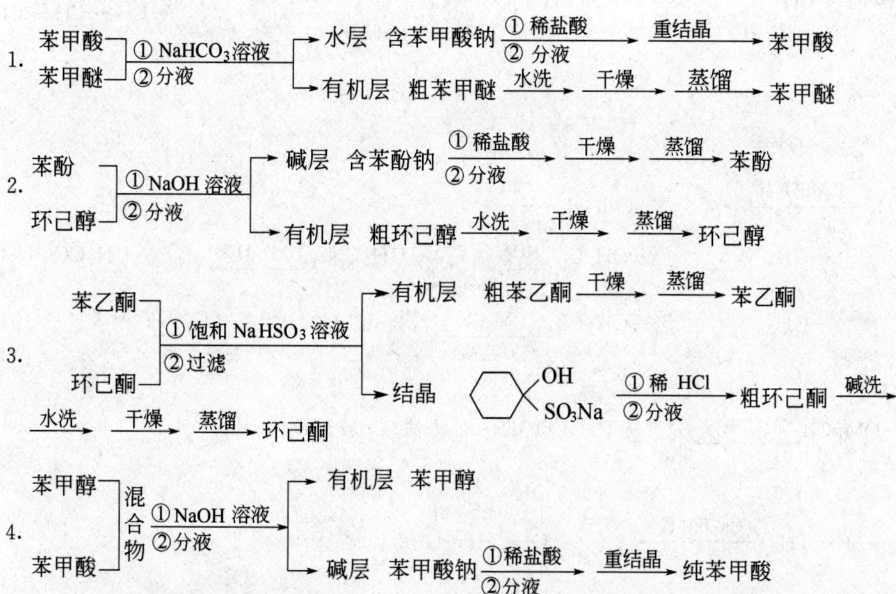

八、由苯、甲苯和4个碳原子及其以下的有机试剂为原料合成下列化合物

1. $C_6H_5-CH_3 \xrightarrow[光]{Cl_2} C_6H_5-CH_2Cl \xrightarrow[H_2O]{NaOH} C_6H_5-CH_2OH$

2. $CH_3-CH=CH_2 \xrightarrow{HCl} CH_3CH(Cl)CH_3$　　$C_6H_6 \xrightarrow{H_2SO_4(浓)} C_6H_5-SO_3H \xrightarrow[溶液]{NaOH} C_6H_5-SO_3Na \xrightarrow[熔融]{NaOH}$

$C_6H_5-ONa \xrightarrow{(CH_3)_2CHCl} C_6H_5-OCH(CH_3)_2$

3. $C_6H_6 \xrightarrow{H_2SO_4(浓)} C_6H_5-SO_3H \xrightarrow{NaOH溶液} C_6H_5-SO_3Na \xrightarrow[熔融]{NaOH} C_6H_5-ONa \xrightarrow{稀HCl}$

$C_6H_5-OH \xrightarrow[10℃]{NaCr_2O_7, H_2SO_4} O=C_6H_4=O \xrightarrow{SO_2, H_2O} OH-C_6H_4-OH$

4. $C_6H_6 \xrightarrow[AlCl_3]{CH_3-C(=O)-Cl} C_6H_5-C(=O)-CH_3 \xrightarrow{HNO_3(浓), H_2SO_4(浓)} O_2N-C_6H_4-C(=O)-CH_3$

5. $C_6H_5-CH_3 \xrightarrow{KMnO_4, H^+} C_6H_5-COOH \xrightarrow[②H_2O]{①NH_3} C_6H_5-C(=O)-NH_2$

6. $C_6H_5-CH_3 \xrightarrow{KMnO_4, H^+} C_6H_5-COOH \xrightarrow{SOCl_2} C_6H_5-C(=O)-Cl \xrightarrow{C_6H_5-ONa} C_6H_5-C(=O)-O-C_6H_5$

（C_6H_5-ONa 由2题方法制得）

7. $C_6H_5-CH_3 \xrightarrow[光]{Cl_2} C_6H_5-CHCl_2 \xrightarrow[Fe, 100℃]{H_2O} C_6H_5-CHO$

$C_6H_5-CHO \xrightarrow[NaOH(稀)]{CH_3CHO} C_6H_5-CH(OH)-CH_2-CHO \xrightarrow{\triangle} C_6H_5-CH=CH_2-CHO \xrightarrow[干燥HCl]{CH_2-OH, CH_2-OH}$

$C_6H_5-CH=CH-CH(O-CH_2)(O-CH_2) \xrightarrow[Ni]{H_2} C_6H_5-CH_2-CH_2-CH(O-CH_2)(O-CH_2) \xrightarrow{HCl(稀)} C_6H_5-CH_2-CH_2-CHO$

8. $CH_3-C_6H_5 + C_6H_5-C(=O)-Cl \xrightarrow{AlCl_3} CH_3-C_6H_4-C(=O)-C_6H_5$

$C_6H_5-CH_3 \xrightarrow{KMnO_4, H^+} C_6H_5-COOH \xrightarrow{SOCl_2} C_6H_5-C(=O)-Cl$

9. 方法(1) $C_6H_5-CH_3 \xrightarrow[光]{Cl_2} C_6H_5-CH_2Cl \xrightarrow{KCN} C_6H_5-CH_2CN \xrightarrow{H_2O, H^+} C_6H_5-CH_2COOH$

方法(2) $C_6H_5-CH_3 \xrightarrow[光]{Cl_2} C_6H_5-CH_2Cl \xrightarrow[绝对乙醚]{Mg} C_6H_5-CH_2MgCl \xrightarrow[绝对乙醚]{CO_2}$

$C_6H_5-CH_2C(=O)-OMgCl \xrightarrow{H_2O, H^+} C_6H_5-CH_2COOH$　　方法(1)较简单

10. $2\ C_6H_5-C(=O)-CH_3 \xrightarrow{NaOH(稀)} C_6H_5-C(OH)(CH_3)-CH_2-C(=O)-C_6H_5$

$$\text{C}_6\text{H}_6 + CH_3-\overset{O}{\overset{\|}{C}}-Cl \xrightarrow{\text{无水 } AlCl_3} C_6H_5-\overset{O}{\overset{\|}{C}}-CH_3 + HCl$$

九、推测构造式

1. A. $3\text{-}BrC_6H_4-\overset{O}{\overset{\|}{C}}-CH_2-C_6H_4\text{-}2\text{-}Cl$　　B. $3\text{-}BrC_6H_4-\overset{N-OH}{\overset{\|}{C}}-CH_2-C_6H_4\text{-}2\text{-}Cl$

2. A. $2\text{-}HOC_6H_4-\overset{O}{\overset{\|}{C}}-CH_3$　　B. $2\text{-}HOC_6H_4-\underset{CH_3}{\underset{|}{C}}=N-NH-C_6H_3(NO_2)_2$（2,4-二硝基）

3. A. $C_6H_5-\overset{O}{\overset{\|}{C}}-CH_3$　　B. $C_6H_5-C_2H_5$

4. A. $CH_3O-C_6H_4-CH=CH-CH_3$　　B. $CH_3O-C_6H_4-CH_2-CH=CH_2$

5. A. $C_6H_5-OCH_3$　　B. C_6H_5-OH　　C. $CHI_3\downarrow$

第十三章　芳香族含氮化合物

一、命名下列化合物或写构造式

1. β-萘胺　　2. N,N-二甲基苯胺　　3. 4-甲基苄胺
4. 2-甲基-4-甲氨基苯甲酸　　5. 二苯胺　　6. 氯化重氮苯
7. 氯化三甲基对溴苯铵　　8. 1,3-苯二胺　　9. 4-甲基偶氮苯
10. 氢氧化甲基二乙基苯基铵　　11. $ON-C_6H_4-NH_2$　　12. $H_2N-C_6H_4-NH_2$
13. $[(C_2H_5)_3N-C_6H_5]^+HSO_4^-$　　14. $[(CH_3)_2CH\underset{CH_3}{\underset{|}{N}}(C_6H_5)_2]^+OH^-$
15. $O_2N-C_6H_4-N_2^+HSO_4^-$　　16. $C_6H_5-N=N-C_6H_4-N(CH_3)_2$

二、完成下列化学反应式

1. A. 发烟 HNO_3，浓 H_2SO_4（95～100℃）　　B. $3\text{-}O_2NC_6H_4NH_2$（NH_2、NO_2 间位）

2. A. 1-萘基$-CH_2CN$　　B. 1-萘基$-CH_2CH_2NH_2$

3. A. $C_6H_5-NHCOCH_3$　　B. $4\text{-}BrC_6H_4-NHCOCH_3$　　C. H_2O，H^+

D. 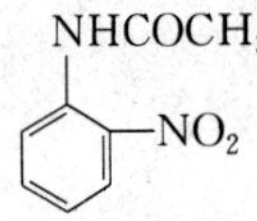 邻硝基乙酰苯胺（$NHCOCH_3$、NO_2 邻位取代苯）　E. H_2O，OH^-　F. 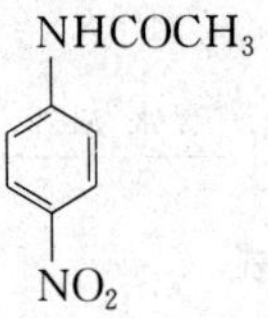 对硝基乙酰苯胺（$NHCOCH_3$、NO_2 对位取代苯）

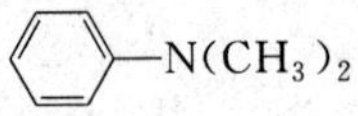

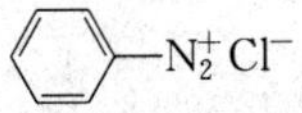

4. A. 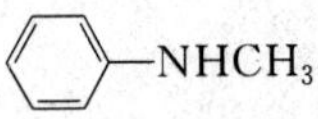 $C_6H_5-NHCH_3$　B. $C_6H_5-N(CH_3)_2$　C. $(CH_3)_2N-C_6H_4-N{=}N-C_6H_5$

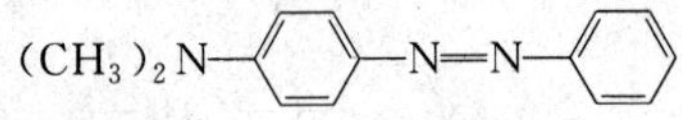

5. A. 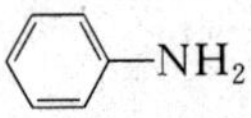 $C_6H_5-NH_2$　B. $C_6H_5-N_2^+Cl^-$　C. $C_6H_5-N{=}N-C_6H_4-OH$

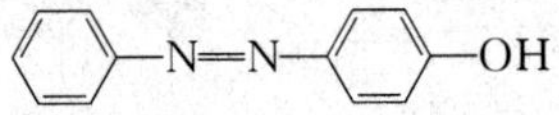

6. A. $NaNO_2+H_2SO_4$（0～5℃）　B. 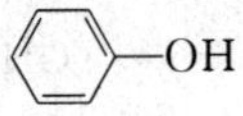 C_6H_5-OH　C. C_6H_6

D. 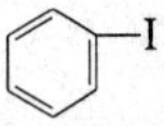 C_6H_5-I　E. 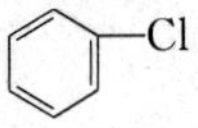 C_6H_5-Cl　F. 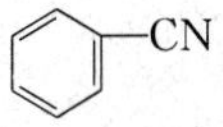 C_6H_5-CN

三、指出下列反应中错误的步骤并改正

1. 错，温度为180℃时，产物应为 $H_2N-C_6H_4-SO_3H$ 。

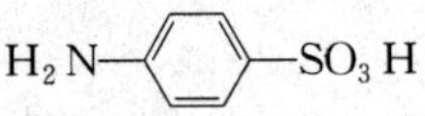

2. ①步错，产物应为 4-甲基-2-溴苯胺（CH_3、Br、NH_2 取代苯）（$—NH_2$ 的定位效应大于$—Br$）。②步也错，因芳胺易被氧化，要得到所需产物，必须经酰基化反应保护氨基，再溴化、水解即可得到所需产物。

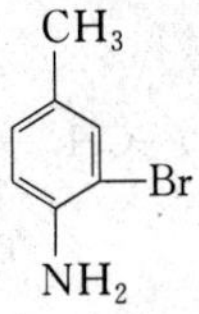

3. 错，产物应为 $C_6H_5-NHCOCH_3$ 。

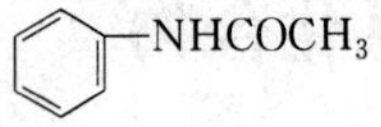

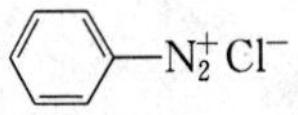

4. ②步错，$C_6H_5-N_2^+Cl^-$ 不能与 $C_6H_5-OCH_3$ 发生偶合反应。

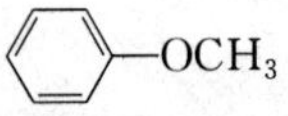

四、填空题

1. 水解，酰基化反应，酰基化，分离，精制

2. 氨基，磺酸基，内盐（ $H_2N^+-C_6H_4-SO_3^-$ ）

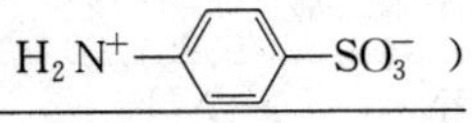

3. （1） 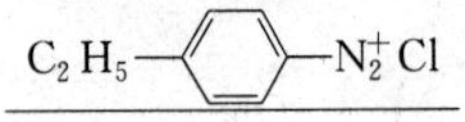 $C_2H_5-C_6H_4-N_2^+Cl$ ，C_6H_5-OH　（2） $O_2N-C_6H_4-N_2^+Cl^-$ ，间苯二胺（NH_2、NH_2 间位取代苯）

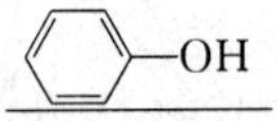

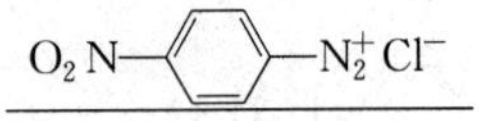

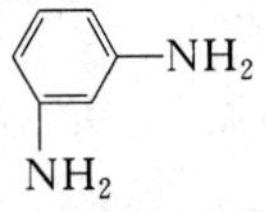

（3） 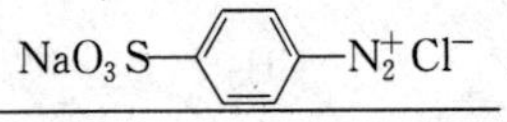 $NaO_3S-C_6H_4-N_2^+Cl^-$ ，$C_6H_5-N(CH_3)_2$

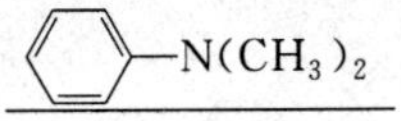

4. 更偏向苯环（与苯酚相比），氢原子，酸性，则更强

5. 5，4，1

五、选择题

1. A，B	2. C	3. C，F	4. A，C	5. D
6. F，B	7. B	8. B	9. B	10. A、D

六、判断题

1. √　2. √　3. ×　4. ×　5. ×

七、将下列化合物按碱性强弱排列成序

1. 苄胺＞对甲基苯胺＞苯胺

2. 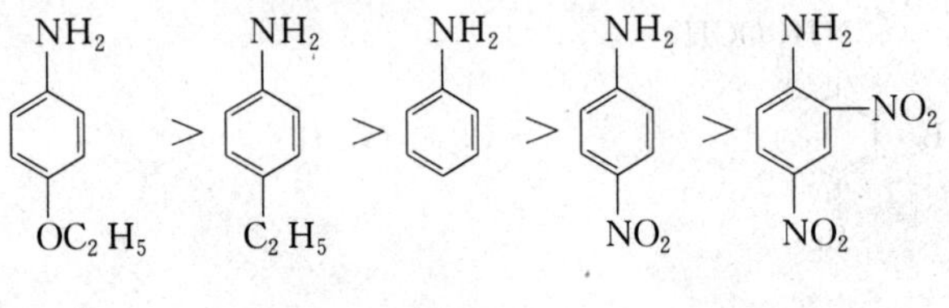 对乙氧基苯胺（NH_2、OC_2H_5）＞对乙基苯胺（NH_2、C_2H_5）＞苯胺（NH_2）＞对硝基苯胺（NH_2、NO_2）＞2,4-二硝基苯胺（NH_2、NO_2、NO_2）

3. $CH_3NH_2 > C_6H_5NHCH_3 > C_6H_5NH_2 > C_6H_5NHCOCH_3$

八、将下列化合物按酸性强弱排列成序

1. 2,4,6-三硝基苯酚（O_2N、NO_2、NO_2 取代的苯酚）> 2,4-二硝基苯酚 > 邻硝基苯酚 > 间硝基苯酚 > 苯酚

2. 对硝基苯酚（p-$NO_2C_6H_4OH$）> 苯酚 > 对甲基苯酚（p-$CH_3C_6H_4OH$）> 对乙氧基苯酚（p-$OC_2H_5C_6H_4OH$）

九、用化学方法鉴别下列各组化合物

1. $C_6H_5CH_2NH_2$、六氢吡啶（N—H） $\xrightarrow[0\sim5℃]{NaNO_2+HCl}$ → $N_2\uparrow$（$C_6H_5CH_2NH_2$）；→ 黄色油状液体（六氢吡啶）

2. $C_6H_5NHCOCH_3$、$C_6H_5COCH_3$ $\xrightarrow{I_2+NaOH}$ → ×（$C_6H_5NHCOCH_3$）；→ $CHI_3\downarrow$（黄色沉淀）（$C_6H_5COCH_3$）

3.

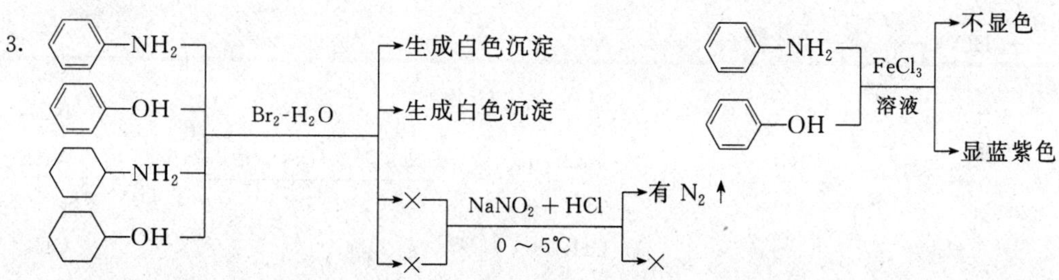

4. $C_6H_5CH_2NH_2$、$C_6H_5NH_2$、$C_6H_5N(CH_3)_2$ $\xrightarrow[0\sim5℃]{NaNO_2+HCl}$ → 有 $N_2\uparrow$；→ 无 $N_2\uparrow$ $\xrightarrow{\triangle,>25℃}$ 有 $N_2\uparrow$；→ 绿色固体

十、分离或提纯下列混合物

1.

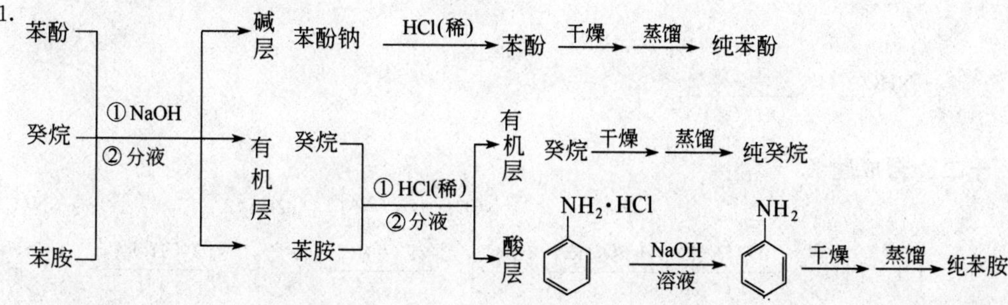

2. 苯甲酸（COOH）、苯甲酰胺（$CONH_2$）、N,N-二甲基苯胺（$N(CH_3)_2$）混合物 $\xrightarrow[\text{②分液}]{\text{①NaOH溶液}}$

碱层：苯甲酸钠（COONa）$\xrightarrow{HCl(稀)}$ 苯甲酸（COOH）$\xrightarrow{重结晶}$ 纯苯甲酸

有机层：苯甲酰胺（$CONH_2$）、N,N-二甲基苯胺（$N(CH_3)_2$）$\xrightarrow[\text{②分液}]{\text{①HCl(稀)}}$

有机层：苯甲酰胺（$CONH_2$）$\xrightarrow{干燥}$ $\xrightarrow{蒸馏}$ 纯苯甲酰胺

酸层：$N(CH_3)_2 \cdot HCl$ $\xrightarrow[\text{溶液}]{\text{NaOH}}$ N,N-二甲基苯胺（$N(CH_3)_2$）

$\xrightarrow{干燥}$ $\xrightarrow{蒸馏}$ 纯 *N,N*-二甲基苯胺

3. 苯胺（C_6H_5—NH_2）、N-甲基苯胺（C_6H_5—$NHCH_3$）、N,N-二甲基苯胺（C_6H_5—$N(CH_3)_2$）$\xrightarrow[\text{△，②过滤}]{\text{①}(CH_3CO)_2O}$

结晶：C_6H_5—$NHCOCH_3$、C_6H_5—$N(CH_3)COCH_3$ 杂质除去

滤液：C_6H_5—$N(CH_3)_2$ $\xrightarrow[\text{多次提取}]{\text{稀HCl}}$ 提取液 C_6H_5—$N(CH_3)_2 \cdot HCl$

$\xrightarrow[\text{溶液}]{\text{NaOH}}$ C_6H_5—$N(CH_3)_2$ $\xrightarrow[\text{提取}]{\text{乙醚}}$ $\xrightarrow{干燥}$ $\xrightarrow[\text{水浴}]{\text{蒸馏}}$ 先蒸出乙醚 $\xrightarrow{蒸馏}$ 纯 *N*，*N*-二甲基苯胺

十一、完成下列转变

1. CH_3—C_6H_4—NH_2 $\xrightarrow{(CH_3CO)_2O}$ CH_3—C_6H_4—$NHCOCH_3$ $\xrightarrow[H^+]{KMnO_4}$ HOOC—C_6H_4—$NHCOCH_3$

$\xrightarrow[\triangle]{H_2O,H^+}$ HOOC—C_6H_4—NH_2

2. 间二甲苯（1,3-二甲基苯）$\xrightarrow[AlCl_3]{CH_3Br}$ 1,2,4-三甲基苯 $\xrightarrow{HNO_3(浓),H_2SO_4(浓)}$ 2,4,5-三甲基硝基苯

$\xrightarrow{Fe+HCl}$ 2,4,5-三甲基苯胺（NH_2）

3. 2-萘胺（NH_2）$\xrightarrow{(CH_3CO)_2O}$ 2-乙酰氨基萘（$NHCOCH_3$）$\xrightarrow[\text{乙酐中}]{HNO_3(浓),H_2SO_4(浓)}$

1-硝基-2-乙酰氨基萘（NO_2，$NHCOCH_3$）$\xrightarrow[OH^-(稀)]{H_2O}$ 1-硝基-2-萘胺（NO_2，NH_2）

十二、合成题

1.（1）苯 $\xrightarrow[50\sim60℃]{HNO_3(浓),H_2SO_4(浓)}$ 硝基苯（NO_2）$\xrightarrow{Fe+HCl}$ 苯胺（NH_2）$\xrightarrow{2(CH_3)_2Br}$ N,N-二甲基苯胺（$N(CH_3)_2$）

$\xrightarrow{HNO_3(稀), H_2SO_4}$ ($N(CH_3)_2$, NO_2) $\xrightarrow{Fe+HCl}$ ($N(CH_3)_2$, NH_2)

（2） C_6H_6 $\xrightarrow[50\sim60℃]{HNO_3(浓), H_2SO_4(浓)}$ (NO_2) $\xrightarrow[Fe]{Br_2}$ (NO_2, Br) $\xrightarrow{Fe+HCl}$ (NH_2, Br) $\xrightarrow[0\sim5℃]{NaNO_2+HCl}$ ($N_2^+Cl^-$, Br) $\xrightarrow[\triangle]{H_2O}$ (OH, Br)

（3） C_6H_6 $\xrightarrow[50\sim60℃]{HNO_3(浓), H_2SO_4(浓)}$ (NO_2) $\xrightarrow[Fe]{Cl_2}$ (NO_2, Cl) $\xrightarrow{Fe+HCl}$ (NH_2, Cl) $\xrightarrow[0\sim5℃]{NaNO_2+HCl}$ (N_2Cl, Cl) $\xrightarrow{Cu_2Cl_2\text{-}HCl}$ (Cl, Cl)

（4） (CH_3) $\xrightarrow[30℃]{HNO_3, H_2SO_4}$ (CH_3, NO_2) $\xrightarrow{Fe+HCl}$ (CH_3, NH_2) $\xrightarrow{(CH_3CO)_2O}$ (CH_3, $NHCOCH_3$) $\xrightarrow{Br_2\text{-}H_2O}$ (CH_3, Br, $NH-COCH_3$) $\xrightarrow[H^+]{H_2O}$ (CH_3, Br, NH_2) $\xrightarrow[0\sim5℃]{NaNO_2+HCl}$ (CH_3, Br, N_2Cl) $\xrightarrow{SnCl_2\text{-}HCl}$ (CH_3, Br, $NH-NH_2$)

（5） C_6H_6 $\xrightarrow[95\sim100℃]{HNO_3(发烟), H_2SO_4}$ (NO_2, NO_2) $\xrightarrow{NH_4HS}$ (NO_2, NH_2) $\xrightarrow[0\sim5℃]{NaNO_2+HCl}$ (NO_2, N_2Cl) $\xrightarrow{CuCN\text{-}KCN}$ (NO_2, CN) $\xrightarrow[H^+]{H_2O}$ (NO_2, COOH)

（6） C_6H_6 $\xrightarrow[50\sim60℃]{HNO_3(浓), H_2SO_4(浓)}$ (NO_2) $\xrightarrow{Fe+HCl}$ (NH_2) $\xrightarrow{3Br_2}$ (NH_2, Br, Br, Br) $\xrightarrow[0\sim5℃]{NaNO_2+H_2SO_4}$ ($N_2^+HSO_4^-$, Br, Br, Br) $\xrightarrow{H_3PO_2}$ (Br, Br, Br)

（7） $CH_3-C_6H_5$ $\xrightarrow[30℃]{HNO_3, H_2SO_4}$ $CH_3-C_6H_4-NO_2$ $\xrightarrow{Fe+HCl}$ $CH_3-C_6H_4-NH_2$ $\xrightarrow[0\sim5℃]{NaNO_2+HCl}$

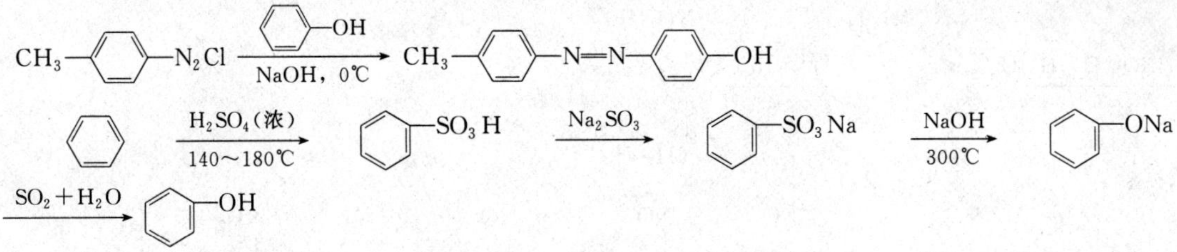

$CH_3-C_6H_4-N_2Cl \xrightarrow[NaOH，0℃]{C_6H_5OH} CH_3-C_6H_4-N{=}N-C_6H_4-OH$

$C_6H_6 \xrightarrow[140\sim180℃]{H_2SO_4(浓)} C_6H_5SO_3H \xrightarrow{Na_2SO_3} C_6H_5SO_3Na \xrightarrow[300℃]{NaOH} C_6H_5ONa$

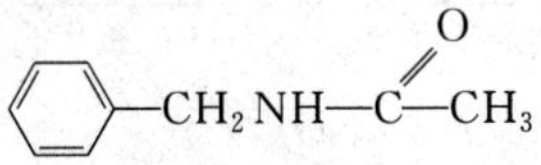

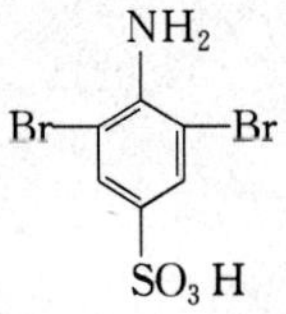

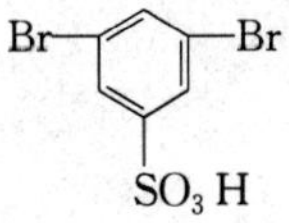

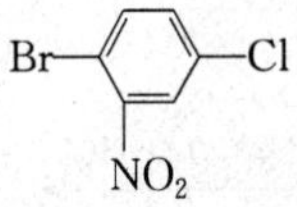

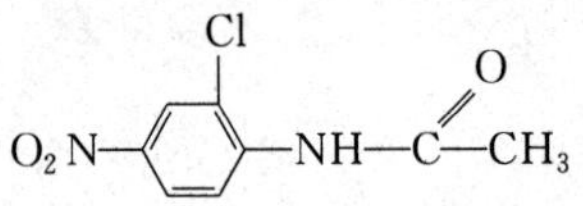

$\xrightarrow{SO_2+H_2O} C_6H_5OH$

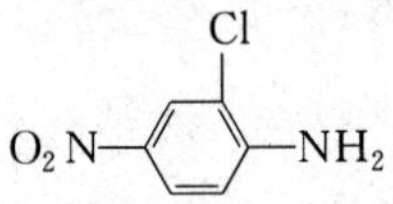

2. 邻硝基氯苯 $\xrightarrow[\triangle]{NH_3}$ 邻硝基苯胺 $\xrightarrow[0\sim5℃]{NaNO_2+HCl}$ 邻硝基重氮苯盐酸盐（NO_2，$N_2^+Cl^-$）

$\xrightarrow[NaOH 溶液]{对甲苯酚 (HO, CH_3)}$ 偶氮产物（NO_2，$N{=}N$，HO，CH_3）

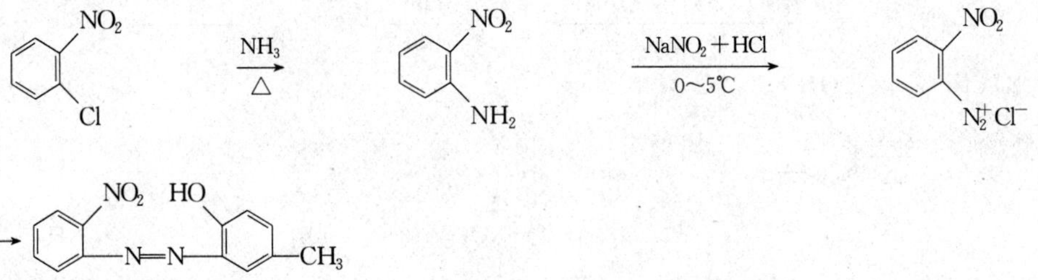

十三、推测构造式

1. A. 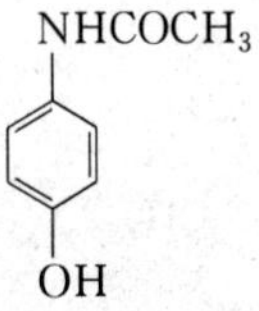 $HO-C_6H_4-NHCOCH_3$（对位） B. 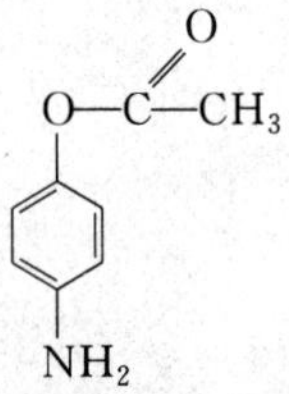 $CH_3-C(=O)-O-C_6H_4-NH_2$（对位）

2. A. 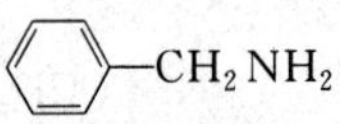 $C_6H_5-CH_2NH_2$ B. $C_6H_5-CH_2NH-C(=O)-CH_3$

3. A. 4-氨基-3,5-二溴苯磺酸（NH_2，Br，Br，SO_3H） B. 3,5-二溴苯磺酸（Br，Br，SO_3H）

4. A. Br，Cl，NO_2 取代苯

5. A. $O_2N-C_6H_3(Cl)-NH-C(=O)-CH_3$ B. $O_2N-C_6H_3(Cl)-NH_2$ C. $O_2N-C_6H_3(Cl)-Br$

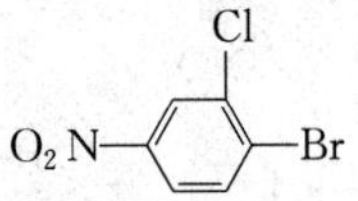

第七章～第十三章 自测题

一、命名下列化合物或写出构造式

1. 2,2-二甲基-3-氯-1-丁醇
2. 丁烯二酸酐
3. 4-硝基-2-氨基苯酚
4. N,N-二甲基对甲苯胺
5. 氢氧化三甲基苯基铵
6. 3-甲基-2-丁酮
7. $C_6H_5-CH{=}CH-COOH$
8. 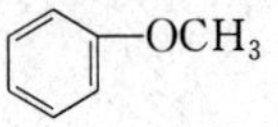 $C_6H_5-OCH_3$
9. 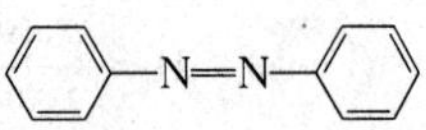 $C_6H_5-N{=}N-C_6H_5$
10. 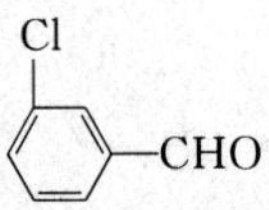 间氯苯甲醛结构（Cl，CHO）

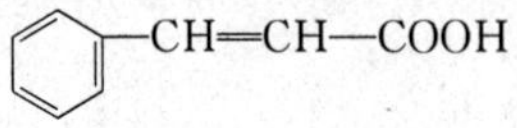

二、完成下列化学反应

1. A. $ClCH_2COONa$　　B. $NCCH_2COONa$　　C. $H_2C(COOH)_2$

2. A. 对溴苯酚（4-溴苯酚）　　B. 2,4,6-三溴苯酚 ↓（白色）

3. A. C_6H_5—$CH(OH)$—CH_2CHO　B. C_6H_5—CH═CH—CHO　C. C_6H_5—CH═CH—COOH

4. A. C_6H_5—COOH　　B. C_6H_5—C(═O)—Cl　　C. C_6H_5—C(═O)—NH_2　　D. C_6H_5—NH_2

5. A. C_6H_5—$N_2^+Cl^-$　　B. C_6H_5—N═N—C_6H_3(Br)—OH（3-溴-4-羟基）

6. A. C_2H_5Cl　　B. $C_2H_5OCH(CH_3)_2$　　C. $(CH_3)_2CHOH$　　D. C_2H_5I

7. A. CH_3—CH(OMgCl)—CH_3　　B. CH_3—CH(OH)—CH_3

8. A. C_6H_5—COONa　　B. CHI_3 ↓

三、填空题

1. （1）A＞B＞D＞C　　（2）A＞C＞B＞D
2. （1）B＞A＞C＞D＞E　　（2）F＞D＞C＞A＞B＞E
3. 醇，缩醛，水解　　4. 氢键，缔合现象　　5.（1）＞（2）＞（3）
6. 聚丙烯腈，$\text{—}[\text{CH}_2\text{—CH(CN)}]_n\text{—}$，纤维，人造羊毛
7. 浓盐酸，无水氯化锌，伯醇、仲醇、叔（或烯丙基型）醇
8.（1）增大反应物乙醇的浓度，有利于反应向产物乙酸乙酯的方向进行。（2）增加乙酸的浓度减小生成物乙酸乙酯的浓度有利于酯化反应向产物乙酸乙酯的方向进行。（3）碳酸钠粉末。（4）除去粗产品中的乙醇。（5）除去粗产品中的水

四、选择题

1. B、C　2. A、D，B、F　3. A、B　4. B、D　5. C　6. B　7. B、C，C，D　8. B　9. C　10. A

五、用化学方法鉴别下列各组化合物

1. CH_3NH_2、$C_2H_5NHCH_3$、$C_6H_5NH_2$、$C_6H_5N(CH_3)_2$ —— $NaNO_2+HCl$，0～5℃ →

- CH_3NH_2：有 N_2 ↑
- $C_2H_5NHCH_3$：黄色油状液体
- $C_6H_5NH_2$：无现象 —— △（＞25℃）→ 有 N_2 ↑
- $C_6H_5N(CH_3)_2$：绿色固体

2. 苯甲醛(C_6H_5CHO)、CH_3CHO、$CH_3\overset{O}{\overset{\|}{C}}CH_3$、苯酚($C_6H_5OH$) $\xrightarrow[\triangle]{\text{托伦试剂}}$ 苯甲醛：形成银镜；CH_3CHO：形成银镜；丙酮：×；苯酚：×

苯甲醛、CH_3CHO $\xrightarrow{\text{斐林试剂}}$ 苯甲醛：×；CH_3CHO：$Cu_2O\downarrow$（红色）

丙酮、苯酚 $\xrightarrow{Br_2\text{-}H_2O}$ 丙酮：×；苯酚：2,4,6-三溴苯酚$\downarrow$（白色）

六、由指定原料合成化合物

1. $C_2H_5OH \xrightarrow{SOCl_2} C_2H_5Cl \xrightarrow[\text{绝对乙醚}]{Mg} C_2H_5MgCl$

$C_2H_5OH \xrightarrow[25℃]{CrO_3+CH_3COOH} CH_3CHO \xrightarrow[\text{绝对乙醚}]{C_2H_5MgCl} CH_3\underset{OMgCl}{\underset{|}{C}}HCH_2CH_3 \xrightarrow{H_2O,H^+} CH_3\underset{OH}{\underset{|}{C}}HCH_2CH_3$

2. $C_2H_5OH \xrightarrow{PBr_3} C_2H_5Br \xrightarrow{NaCN} C_2H_5CN \xrightarrow[\triangle,\text{加压}]{H_2,Hi} CH_3CH_2CH_2NH_2$

3. $C_6H_5CH_3 \xrightarrow[\text{光}]{Cl_2} C_6H_5CH_2Cl \xrightarrow[NaOH]{H_2O} C_6H_5CH_2OH$

4. 氯苯 $\xrightarrow[H_2SO_4(\text{浓})]{HNO_3(\text{浓})}$ 邻硝基氯苯(o-$ClC_6H_4NO_2$) $\xrightarrow{Fe+HCl}$ 邻氯苯胺(o-$ClC_6H_4NH_2$) $\xrightarrow[0\sim5℃]{NaNO_2+HCl}$ o-$ClC_6H_4N_2^+Cl^-$

$\xrightarrow[\triangle]{CuCN\text{-}KCN}$ 邻氯苯甲腈(o-ClC_6H_4CN)

七、推测构造式

1. A. $CH_3\underset{}{\overset{HO}{\overset{|}{C}}}H\overset{CH_3}{\overset{|}{C}}HCH_3$　　B. $CH_3\overset{O}{\overset{\|}{C}}\overset{CH_3}{\overset{|}{C}}H—CH_3$　　C. $CH_3CH═\overset{CH_3}{\overset{|}{C}}CH_3$

2. A. 苯甲醚($C_6H_5OCH_3$)　　B. 苯酚(C_6H_5OH)　　C. CH_3I

第十四章　杂环化合物

一、命名或写出构造式

1. 2 氨基吡啶　　2. 7-甲基喹啉
3. 碘化 1,1-二甲基四氢吡咯　　4. 2-硝基-3-溴噻吩
5. 5-甲基呋喃甲酸　　6. 3-吡啶磺酸

7. 4-甲基吡啶（结构式）　　8. 2-乙酰基噻吩（结构式：噻吩环—$\overset{O}{\overset{\|}{C}}$—$CH_3$）　　9. 8-氨基喹啉（结构式，$NH_2$）

10. 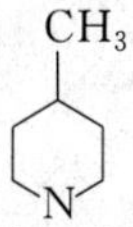 CH_3 N

11. 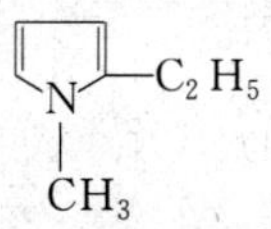 N C_2H_5 CH_3

12. 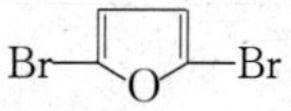 Br O Br

13. 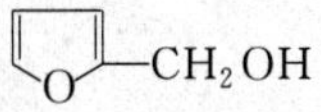 O CH_2OH

14. 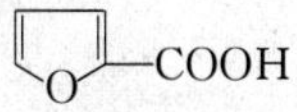 O COOH

15. 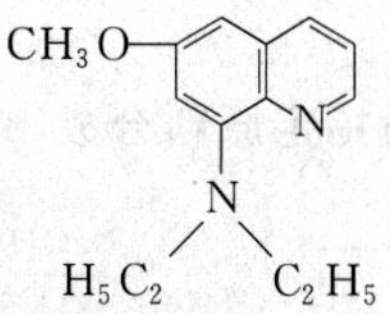 CH_3O N N H_5C_2 C_2H_5

16. 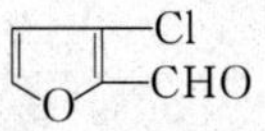 O Cl CHO

17. 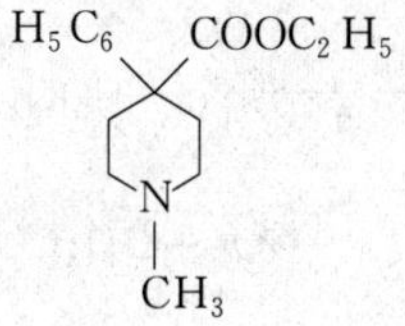 H_5C_6 $COOC_2H_5$ N CH_3

18. 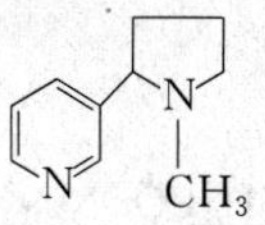 N N CH_3

二、完成下列化学反应

1.  S SO_3H

2. A. 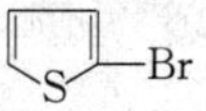 S Br

B. 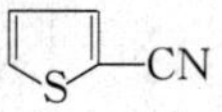 S CN

C. 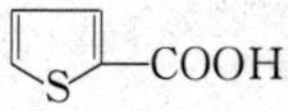 S COOH

3. A. 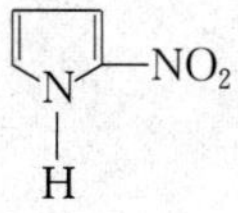 N NO_2 H

B. 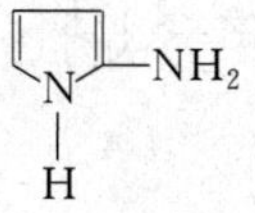 N NH_2 H

4. A. 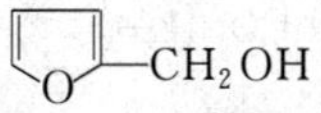 O CH_2OH

B. 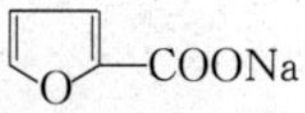 O COONa

5. 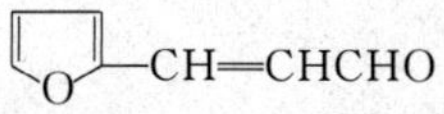 O CH═CHCHO

6. A. 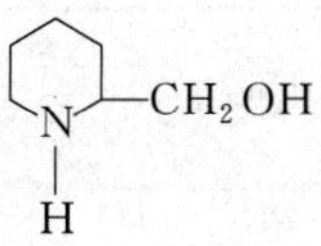 N CH_2OH H

B. 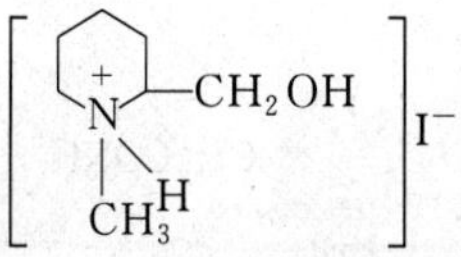 [$\overset{+}{N}$ CH_2OH CH_3 H] I^-

7. A. 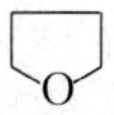 O

B. 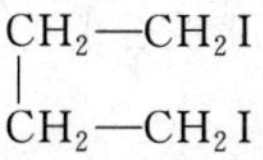 $CH_2—CH_2I$ | $CH_2—CH_2I$

C. 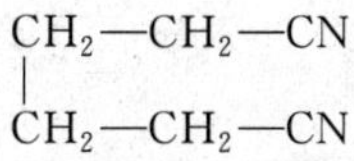 $CH_2—CH_2—CN$ | $CH_2—CH_2—CN$

D. 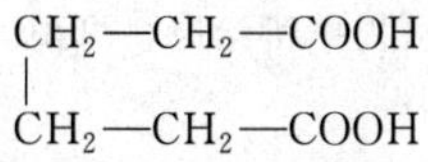 $CH_2—CH_2—COOH$ | $CH_2—CH_2—COOH$

8. A. 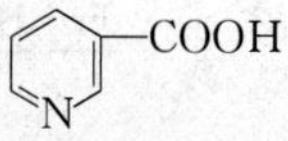 N COOH

B. 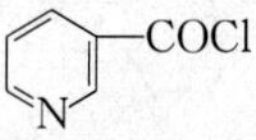 N COCl

C. 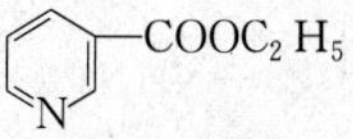 N $COOC_2H_5$

9. 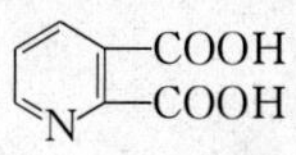 N COOH COOH

10. 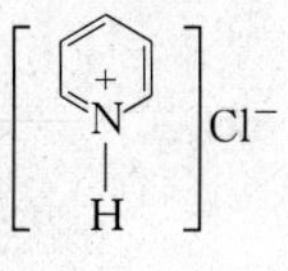 [$\overset{+}{N}$ H] Cl^-

11. 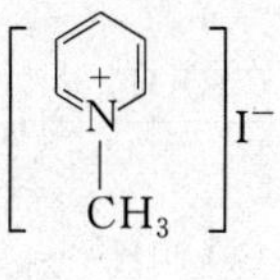 [$\overset{+}{N}$ CH_3] I^-

12. A. 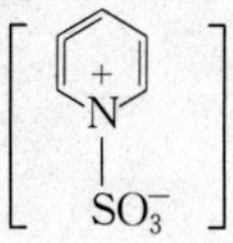 [$\overset{+}{N}$ SO_3^-]

B. 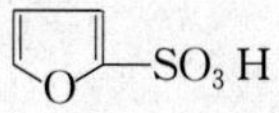 O SO_3H

13. A. 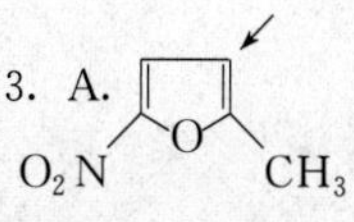 O_2N O CH_3

B. 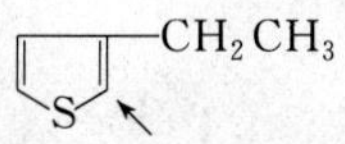 S CH_2CH_3

C. 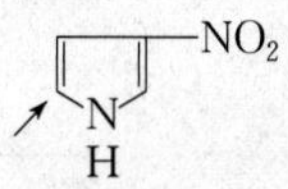 N NO_2 H

三、填空题

1. 苯环，芳香性

2. p轨道上的一对未共用电子，亲电取代，不饱和 加成

3. 未共用电子对，石蕊试纸，苯胺，氨和脂肪族胺

四、选择题

1. C　2. B　3. A　4. A　5. D　6. D　7. A　8. C

五、判断题

1. √　2. √　3. √　4. ×　5. √

六、由指定原料合成

1. 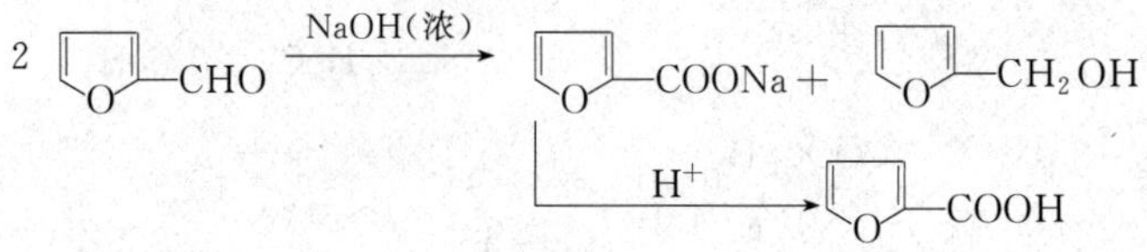 2 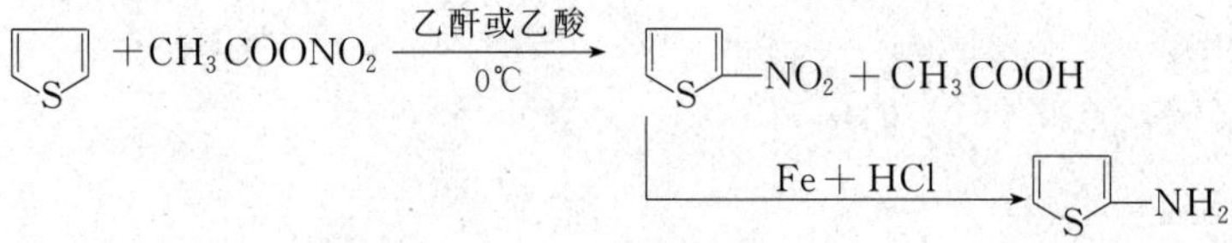 (2-呋喃甲醛) —CHO $\xrightarrow{NaOH(浓)}$ (呋喃)—COONa + (呋喃)—CH_2OH

(呋喃)—COONa $\xrightarrow{H^+}$ (呋喃)—COOH

2. (噻吩) + CH_3COONO_2 $\xrightarrow[0℃]{乙酐或乙酸}$ (噻吩)—NO_2 + CH_3COOH

(噻吩)—NO_2 $\xrightarrow{Fe+HCl}$ (噻吩)—NH_2

3. 此题产物为 CH_3CONH—(苯环)—SO_2NH—(2-吡啶基)，可把产物切割成两部分，则可看出A可由B与C合成：

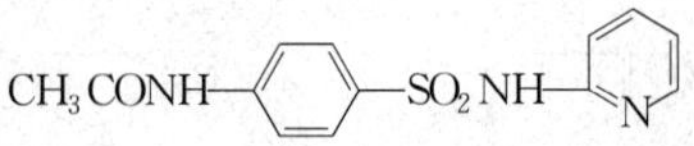

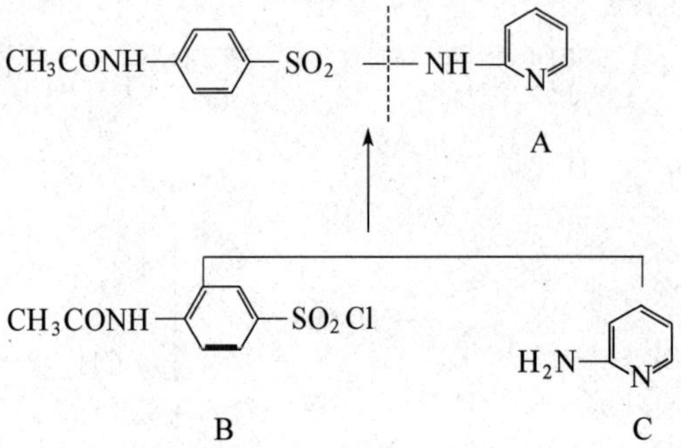

CH_3CONH—(苯环)—SO_2 ┆ —NH—(2-吡啶基)

A

↑

CH_3CONH—(苯环)—SO_2Cl　　H_2N—(2-吡啶基)

B　　C

再根据所给原料可由 (苯) 经 H_2N—(苯环) 合成B。由吡啶合成C，全部合成反应如下：

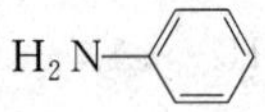

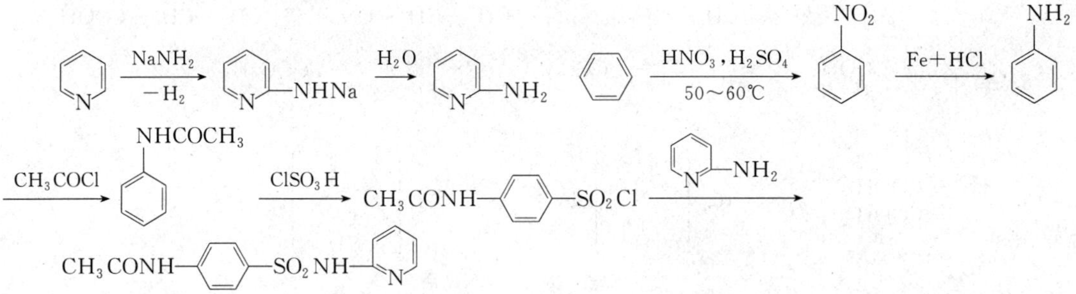

(吡啶) $\xrightarrow[-H_2]{NaNH_2}$ (吡啶)—NHNa $\xrightarrow{H_2O}$ (吡啶)—NH_2　(苯) $\xrightarrow[50\sim60℃]{HNO_3,H_2SO_4}$ (苯)—NO_2 $\xrightarrow{Fe+HCl}$ (苯)—NH_2

$\xrightarrow{CH_3COCl}$ (苯)—$NHCOCH_3$ $\xrightarrow{ClSO_3H}$ CH_3CONH—(苯环)—SO_2Cl $\xrightarrow{(吡啶)—NH_2}$

CH_3CONH—(苯环)—SO_2NH—(2-吡啶基)

七、推测构造式

1. 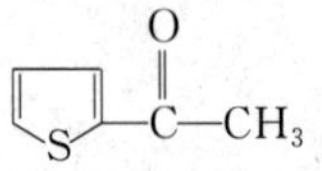 (噻吩)—C(=O)—CH_3

2. A. 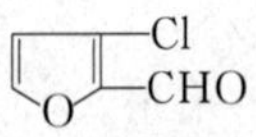 (呋喃，2-位CHO，3-位Cl)

3. A. 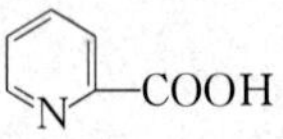 (吡啶)—COOH (2-位)　B. 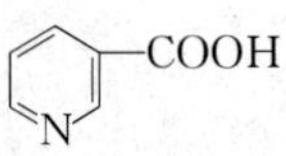 (吡啶)—COOH (3-位)　C. 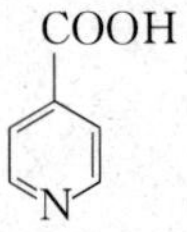 (吡啶)—COOH (4-位)

第十五章　蛋白质和碳水化合物

一、写出下列化合物的投影式

1. CHO—CHOH—CHOH—CH_2OH

$$\begin{array}{l} CHO \\ | \\ CHOH \\ | \\ CHOH \\ | \\ CH_2OH \end{array}$$

2.

$$\begin{array}{l} CHO \\ | \\ CHOH \\ | \\ CHOH \\ | \\ CHOH \\ | \\ CH_2OH \end{array}$$

3.

$$\begin{array}{l} CH_2OH \\ | \\ C{=}O \\ | \\ CHOH \\ | \\ CH_2OH \end{array}$$

二、完成下列反应式

1. A. Cl_2，P　　B. $\begin{array}{l} CH_3(CH_2)_2CHCOOH \\ \qquad\qquad\quad | \\ \qquad\qquad\ NH_2 \end{array}$

2. A. HCN　B. PCl_5　C. $\begin{array}{l} CH_3CH_2CHCN \\ \qquad\quad\ | \\ \qquad\quad NH_2 \end{array}$　D. $\begin{array}{l} CH_3CH_2CHCOOH \\ \qquad\quad\ | \\ \qquad\quad NH_2 \end{array}$

3. $\underset{\text{蔗糖}}{C_{12}H_{22}O_{11}} + H_2O \xrightarrow{H_2SO_4(\text{稀})} \underset{\text{葡萄糖}}{C_6H_{12}O_6} + \underset{\text{果糖}}{C_6H_{12}O_6}$

4. $\underset{\text{淀粉}}{(C_6H_{10}O_5)_n} + nH_2O \xrightarrow{H_2SO_4(\text{稀})} \underset{\text{葡萄糖}}{nC_6H_{12}O_6}$

5. $C_6H_{12}O_6 \xrightarrow{\text{酒化酶}} 2C_2H_5OH + 2CO_2$

6. $\underset{\text{纤维素}}{(C_6H_{10}O_5)_n} + nH_2O \xrightarrow[\triangle]{\text{催化剂}} nC_6H_{12}O_6$

三、填空题

1. 高温使细菌的蛋白质凝固，从而达到灭菌的目的；皮肤中含芳环的蛋白质遇浓硝酸发生蛋白黄反应，使皮肤留下黄色痕迹；在蛋白质的水溶液中加入某些无机盐，使蛋白质的溶解度降低并从溶液中析出，即盐析法

2. 氨基，羧基，两性，酸，碱

3. 条件温和、不需加热；催化对象具有高度的专一性；催化效率高

4. 醛，醛

5. 黄，蓝

四、选择题

1. D　2. D　3. A、D　4. B　5. B　6. C　7. D　8. D　9. C　10. D　11. D　12. D　13. D　14. A

五、判断题

1. √　2. √　3. ×　4. ×　5. ×　6. √

六、推测构造式

1. A. $HOC^*HCl—CH_2—CH_3$　B. $HOCH_2—C^*HCl—CH_3$　C. $CH_2OH—CH_2—CH_2Cl$

D. $\begin{array}{c} Cl \\ | \\ CH_3—C—CH_3 \\ | \\ OH \end{array}$　E. $\begin{array}{l} CH_3—C^*H—CH_2Cl \\ \qquad\ \ | \\ \qquad\ OH \end{array}$

含一个手性碳原子化合物的费歇尔投影式如下：

A. 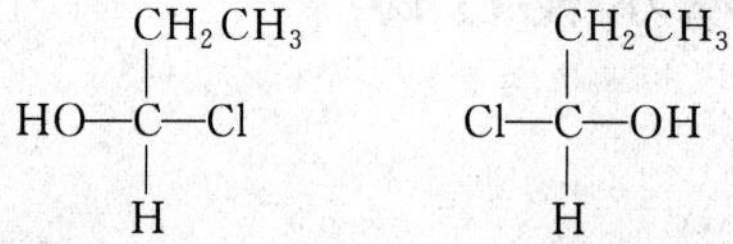
$$\begin{array}{c} CH_2CH_3 \\ | \\ HO—C—Cl \\ | \\ H \end{array} \qquad \begin{array}{c} CH_2CH_3 \\ | \\ Cl—C—OH \\ | \\ H \end{array}$$

B. 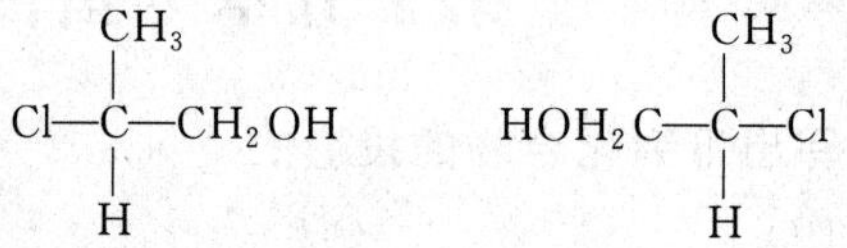
$$\begin{array}{c} CH_3 \\ | \\ Cl—C—CH_2OH \\ | \\ H \end{array} \qquad \begin{array}{c} CH_3 \\ | \\ HOH_2C—C—Cl \\ | \\ H \end{array}$$

E. 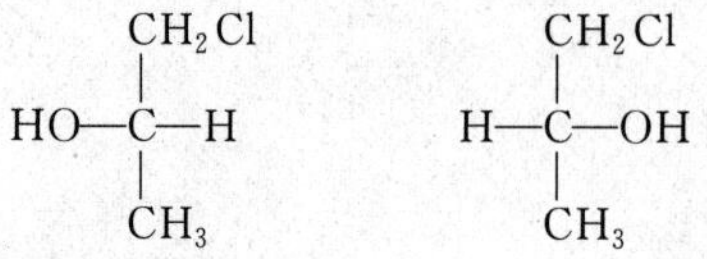
$$\begin{array}{c} CH_2Cl \\ | \\ HO—C—H \\ | \\ CH_3 \end{array} \qquad \begin{array}{c} CH_2Cl \\ | \\ H—C—OH \\ | \\ CH_3 \end{array}$$

2. 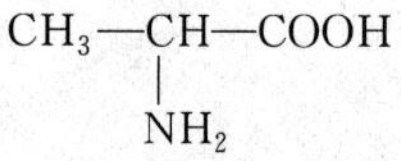
$$\begin{array}{l} CH_3—CH—COOH \\ \qquad\ | \\ \qquad NH_2 \end{array}$$

第十六章　高分子化合物

一、写出下列化合物的名称及其单体的构造式

A. 聚乙烯醇　$CH_2{=}CH{-}OH$　　B. 聚苯乙烯　$CH_2{=}CH{-}C_6H_5$

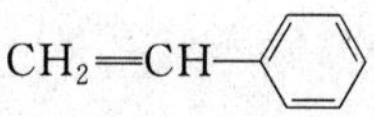

C. 聚丙烯　$CH_2{=}CH{-}CH_3$　　D. 聚异戊二烯　$CH_2{=}CH{-}\underset{\displaystyle CH_3}{\underset{|}{C}}{=}CH_2$

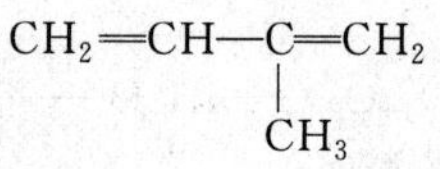

E. 聚己二酰己二胺或尼龙-66　$HOOC(CH_2)_4COOH$，$H_2N(CH_2)_6NH_2$

二、完成反应方程式并写出产物名称

1. 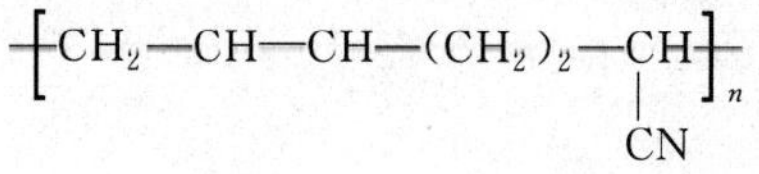 $\left[CH_2—CH—CH—(CH_2)_2—\underset{\displaystyle CN}{\underset{|}{CH}}\right]_n$　　丁腈橡胶

2. 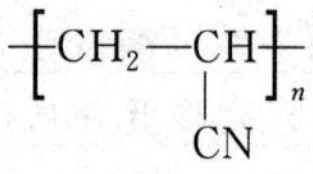 $\left[CH_2—\underset{\displaystyle CN}{\underset{|}{CH}}\right]_n$　　聚丙烯腈或腈纶

3. 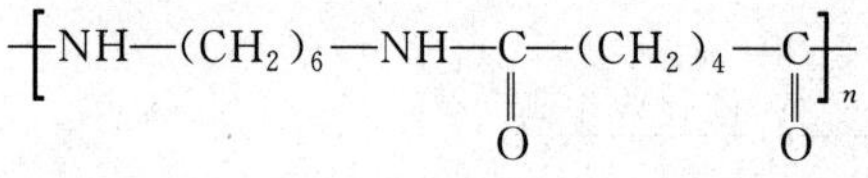 $\left[NH—(CH_2)_6—NH—\underset{\displaystyle O}{\underset{\|}{C}}—(CH_2)_4—\underset{\displaystyle O}{\underset{\|}{C}}\right]_n + (2n-1)H_2O$

尼龙-66

三、填空题

1. 蚕丝、羊毛、棉花、麻、稻草。纤维素。腈纶、涤纶、锦纶、丙纶、维纶、氯纶。强度高，弹性好，耐磨，耐化学腐蚀，不发霉，不缩水

2. 合成橡胶、合成塑料、合成纤维

3. 聚丙烯腈

4. 单体，加成的反应　高聚物。无低分子

四、选择题

1. B、C　2. A、B　3. D　4. B、D　5. B　6. D

7. D　8. B、D　9. A　10. D　11. B　12. B

五、判断题

1. √　2. √　3. ×　4. ×　5. √　6. ×　7. √　8. √

六、推导题

(4) 和 (6)

第十四章~第十六章 自测题

一、填空题

1. 凝结，变性　2. 黄，蓝　3. 油脂　4. 醛，银镜反应

5. 聚丙烯腈　6. 人造纤维，合成纤维　7. 缩聚物，树脂，酚醛树脂

二、选择题

1. D　2. D　3. C、D　4. B　5. D　6. B　7. B、D　8. C　9. D

三、判断题

1. ×　2. √　3. √　4. √　5. ×　6. ×　7. √　8. √　9. √

四、完成下列反应

1. A. $CH{=}NNHC_6H_5$—$C{=}NNHC_6H_5$—$(CHOH)_2$—CH_2OH

B. $COOH$—$(CHOH)_3$—CH_2OH

C. $COOH$—$(CHOH)_3$—$COOH$

D. CN—$(CHOH)_4$—CH_2OH

E. $COOH$—$(CHOH)_4$—CH_2OH

2. $2CH_3OH+O_2 \xrightarrow{Cu} 2HCHO+2H_2O$

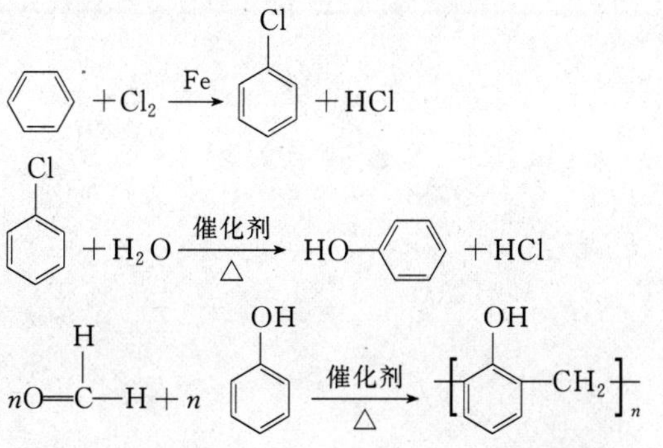

$C_6H_6 + Cl_2 \xrightarrow{Fe} C_6H_5Cl + HCl$

$C_6H_5Cl + H_2O \xrightarrow[\triangle]{\text{催化剂}} HO{-}C_6H_5 + HCl$

$nO{=}C(H){-}H + n\,C_6H_5OH \xrightarrow[\triangle]{\text{催化剂}} {+}C_6H_3(OH){-}CH_2{+}_n$

酚醛树脂

五、合成题

1. $2(C_6H_{10}O_5)_n + nH_2O \xrightarrow{\text{淀粉酶}} nC_{12}H_{22}O_{11}$

淀粉　麦芽糖

$C_{12}H_{22}O_{11} + H_2O \xrightarrow{\text{麦芽糖酶}} 2C_6H_{12}O_6$

麦芽糖　葡萄糖

$CH_2OH(CHOH)_4CHO \xrightarrow{\text{酒化酶}} 2C_2H_5OH + 2CO_2\uparrow$

$2C_2H_5OH + O_2 \xrightarrow{\text{催化剂}} 2CH_3CHO + 2H_2O$

$2CH_3CHO + O_2 \longrightarrow 2CH_3COOH$

2. $C_2H_5OH + 3O_2 \xrightarrow{\text{点燃}} 2CO_2\uparrow + 3H_2O$

$6CO_2 + 6H_2O \xrightarrow[\text{叶绿体}]{\text{光}} \underset{\text{葡萄糖}}{C_6H_{12}O_6} + 6O_2\uparrow$

$\underset{\text{葡萄糖}}{C_6H_{12}O_6} \xrightarrow{\text{酶}} 2C_2H_5OH + 2CO_2\uparrow$

参 考 文 献

1 齐万山，刘福安编．有机化学例题与习题．吉林：吉林人民出版社，1983

2 丁新腾，黄乃聚编．有机化学纲要・习题・解答．北京：高等教育出版社，1984

3 有机化学课程教学指导小组编．有机化学解题指导．北京：高等教育出版社，1998

4 尹一冰．化学导学精五点（高中二年级）．延吉：延边人民出版社，1999

5 朱壁合，莫柏松．学王一拖三（中学化学・高二）．珠海：珠海出版社，新疆青少年出版社，1999

6《学与练》编写组．（高中化学）学与练．武汉：武汉出版社，2000

7 黄冈市教学创新课题组编．黄冈高考兵法．化学．西安：陕西师范大学出版社，2004

8 龚跃法，彭红编．有机化学同步习题解答．武汉：华中科技大学出版社，2004

9 聂进，马敬中主编．有机化学题解．武汉：华中科技大学出版社，2002

10 庞金兴主编．有机化学习题精解．成都：西南交通大学出版社，2004

11 王长凤，曹玉蓉编．有机化学例题与习题．北京：高等教育出版社，2003

12 江家发主编．北大考典化学．北京：北京大学出版社，2005

13 刘春华主编．高考前沿．高中化学．长春：东北师范大学出版社，2003

14 刘强主编．彻底复习．高考化学．北京：九州出版社，2004

15 于敬海，安哲主编．有机化学．北京：科学技术出版社，2002

内 容 提 要

本书是与《有机化学》教材相配套使用的教材。全书共分 16 章，包括烃及其衍生物、杂环化合物、高分子化合物等内容。每章由主要内容要点、例题解析、习题 3 部分组成。书中还编有 3 个单元自测题，并附习题及自测题答案。主要内容要点是对每章所涉及的重要基本概念、基础知识和化学反应的应用，进行系统的归纳和概括。通过例题解析，使学生从中熟悉各类习题的解题思路、方法、步骤及一般规则，提高解题技能和技巧。各章选编的习题及标准化练习题具有代表性、典型性、实用性和贴近生活。

本书可供中等职业学校化工类专业教材及其他工科、医科、农科的教师和学生作为有机化学课程的教学参考书。也可供其他专业技术人员学习或参考。